U0161794

食品科技译丛

冷等离子体在食品安全和保藏中的应用研究进展

Advances in Cold Plasma Applications for Food Safety and Preservation

[美]丹妮拉·贝穆德斯·阿吉雷　著
相启森　白艳红　译

中国纺织出版社有限公司

内 容 提 要

本书内容包括冷等离子体的基本原理和产生方法；冷等离子体对细菌、真菌、病毒和生物被膜的失活效果，作用机制和杀灭微生物的动力学规律；冷等离子体技术在高水分食品、谷物和坚果杀菌、食品内源酶失活和食品包装材料灭菌等领域的应用；冷等离子体在太空食品等特殊领域的应用等。本书内容全面丰富，可作为食品类相关院校师生的参考书，也适合相关研究人员阅读。

著作权合同登记号：图字：01-2022-5997

图书在版编目（CIP）数据

冷等离子体在食品安全和保藏中的应用研究进展 /（美）丹妮拉·贝穆德斯·阿吉雷著；相启森，白艳红译. -- 北京：中国纺织出版社有限公司，2023.5

书名原文：Advances in Cold Plasma Applications for Food Safety and Preservation

ISBN 978-7-5180-9998-6

Ⅰ. ①冷… Ⅱ. ①丹… ②相… ③白… Ⅲ. ①冷等离子体—应用—食品安全—研究 ②冷等离子体—应用—食品保鲜—研究 ③冷等离子体—应用—食品贮藏—研究 Ⅳ. ① TS201.6 ② TS205

中国版本图书馆 CIP 数据核字（2022）第 204310 号

责任编辑：毕仕林 国 帅　　　　责任校对：楼旭红
责任印制：王艳丽

中国纺织出版社有限公司出版发行
地址：北京市朝阳区百子湾东里 A407 号楼　邮政编码：100124
销售电话：010—67004422　传真：010—87155801
http://www.c-textilep.com
中国纺织出版社天猫旗舰店
官方微博 http://weibo.com/2119887771
北京华联印刷有限公司印刷　各地新华书店经销
2023 年 5 月第 1 版第 1 次印刷
开本：710 × 1000　1/16　印张：23.25
字数：388 千字　定价：168.00 元

原书名：Advances in Cold Plasma Applications for Food Safety and Preservation
原作者：Daniela Bermudez–Aguirre
原 ISBN: 9780128149218

《冷等离子体在食品安全和保藏中的应用研究进展》（相启森，白艳红译）
ISBN: 978–7–5180–9998–6

注意

本书涉及领域的知识和实践标准在不断变化。新的研究和经验拓展我们的理解，因此须对研究方法、专业实践或医疗方法作出调整。从业者和研究人员必须始终依靠自身经验和知识来评估和使用本书中提到的所有信息、方法、化合物或本书中描述的实验。在使用这些信息或方法时，他们应注意自身和他人的安全，包括注意他们负有专业责任的当事人的安全。在法律允许的最大范围内，爱思唯尔、译文的原文作者、原文编辑及原文内容提供者均不对因产品责任、疏忽或其他人身或财产伤害及/或损失承担责任，亦不对由于使用或操作文中提到的方法、产品、说明或思想而导致的人身或财产伤害及/或损失承担责任。

本书翻译人员

主译

相启森　　郑州轻工业大学

白艳红　　郑州轻工业大学

参译（按姓氏笔画排序）

丁　甜　　浙江大学

马若男　　郑州大学

马燕青　　郑州轻工业大学

牛力源　　郑州轻工业大学

张百强　　郑州轻工业大学

胡　筱　　浙江大学

皇甫露露　郑州轻工业大学

廖新浴　　浙江大学

薛　冬　　郑州轻工业大学

简　介

食品生产过程中的安全控制措施是保障食品安全的关键环节，也是影响食品工业发展的限制因素之一。传统的热加工技术在有效杀灭微生物、失活内源酶的同时，也会对食品的营养和感官品质造成不良影响。随着生活水平的不断提高，消费者对食品的安全和品质提出了更高的要求。食品非热加工技术可以最大限度地保留食品原有的营养和感官品质，成为当前食品加工领域的研究热点。近年来，冷等离子体（cold plasma）作为一种新兴的非热加工技术，在食品加工领域的应用受到了国内外的广泛关注。

本书全面、系统地介绍了冷等离子体的基本原理、产生方法、在食品领域的实际应用及作用机制。全书共分为13章。第1~第4章主要介绍了冷等离子体的基本原理和产生方法，冷等离子体对细菌、真菌、病毒及生物被膜的失活效果和作用机制，杀灭微生物的动力学规律；第5~第9章介绍了冷等离子体技术在高水分食品、谷物和坚果杀菌、食品内源酶失活和食品包装材料灭菌等领域的应用，并总结了冷等离子体处理对食品品质的影响规律；第10~第11章介绍了应用于食品加工的一些冷等离子体设备，主要包括电晕放电、介质阻挡放电、射频放电冷等离子体设备的基本原理，结构和在食品加工保藏领域的实际应用；第12~第13章介绍了冷等离子体在太空食品等特殊领域的应用及将冷等离子体技术进行产业化推广应用所需要遵循的监管流程。

本书内容全面丰富，条理清晰，特色突出，理论与实践紧密结合，有很强的科学性和实用性，是一本系统全面介绍冷等离子体技术在食品工业领域应用的专业著作。本书可作为高等学校食品科学与工程专业、食品质量与安全专业及相关专业本科生、研究生的教材或参考用书；也可作为食品、轻工、物理、电气工程等领域科技工作者的学习和参考用书。

译者的话

等离子体（plasma）是由中性粒子、阳离子、阴离子、自由基、基态或激发态分子、自由电子等组成的整体呈电中性的电离气体，被认为是继液体、固体以及气体以外物质存在的第4种形态。1879年，英国化学家兼物理学家威廉·克鲁克斯（William Crookes）在研究阴极射线管时首次发现等离子体。1928年，美国物理学家欧文·朗缪尔（Irving Langmuir）最先将等离子体的概念引入物理学领域，并将其用来描述气体放电管里的物质形态，从而开创了近代等离子体物理学。根据带电粒子、电子等温度的不同，可将等离子体分为高温等离子体（也称为热力学平衡等离子体）和低温等离子体（也称为局部热力学平衡等离子体）两大类。低温等离子体又可分为热等离子体和冷等离子体。冷等离子体总体处于非热力学平衡状态，宏观表现为温度相对较低，并具有独特的物理和化学特性，在生物医药、食品安全、消毒杀菌、生物诱变、环保农业等领域具有广阔的应用前景。

随着经济的不断发展和生活水平的不断提高，消费者对食品的新鲜度、营养、安全和功能的要求越来越高，推动了食品非热加工技术的发展。作为一种新型非热加工技术，冷等离子体具有效率高、操作简单、处理时间短、安全、无残留等优点，在食品杀菌保鲜、杀虫、降解农药残留和真菌毒素、失活食品内源酶、食品包装材料灭菌、食品组分改性等领域均展现出良好的应用前景。近年来，国内外学者围绕冷等离子体技术在农业和食品领域的应用开展了一系列研究工作并取得了丰硕的成果。围绕冷等离子体技术在食品安全和保藏领域的应用，Daniela Bermudez-Aguirre博士组织来自美国、中国、德国、日本、加拿大等9个国家的38位食品科学、生物工程、电气工程、航空航天等相关领域的学者编著了*Advances in Cold Plasma Applications for Food Safety and Preservation*，并由爱思唯尔（Elsevier）出版集团下属的学术出版社（Academic Press）在2019年正式出版发行。

译著原文共分为四个部分，第1部分主要介绍了冷等离子体的基本原理、杀菌作用、杀菌机制和杀灭微生物的动力学规律；第2部分介绍了冷等离子体技术在高水分食品、谷物和坚果杀菌、食品内源酶失活和食品包装材料灭菌等领域的最新应用研究进展，并总结了其对食品品质的影响规律；第3部分介绍了多种类型的冷等离子体设备及其在食品加工领域的应用；第4部分介绍了冷等离子体在一些航天食品等特殊领域的应用及对冷等离子体技术的监管现状。本书是一部全面介绍冷等离子体基本原理及在食品工业领域应用的专著，反映了冷等离子体技术领域的最新研究进展和发展动态。为了推动冷等离子体技术的发展和在食品领域的推广应用，满足食品、生物、农业等领域科技人员及企业的需求，2021年，中国纺织出版社有限公司引进该书并精心组织了翻译工作。本书由郑州轻工业大学相启森和白艳红担任主译，相启森负责翻译前言部分；郑州轻工业大学张百强翻译第1~第4章内容；郑州轻工业大学牛力源翻译第5~第9章内容；郑州轻工业大学白艳红翻译第10章内容；郑州轻工业大学薛冬、马燕青和皇甫露露共同翻译第11章内容；郑州大学马若男和浙江大学胡筱共同翻译第12章内容；浙江大学丁甜和廖新浴共同翻译第13章内容。本书的翻译工作还得到了郑州轻工业大学和郑州市协同创新专项（项目批准号：2021ZDPY0201）的支持，在此一并表示感谢。本书可作为高等学校食品科学与工程专业，食品质量与安全专业及相关专业教师、学者、本科生和研究生使用，也可作为食品、轻工、物理、电工等领域科技工作者的学习和参考用书。

最后，本书虽经团队仔细校译，但由于自身水平及条件有限，书中不免有不当和疏漏之处，恳请广大专家和读者批评指正。

郑州轻工业大学　相启森　白艳红
2022年9月

前 言

在过去的20年里，食品科学和食品工程领域的新兴技术不断快速发展，其主要目标是寻找能够替代传统食品加工和保藏方法的新技术以提高食品的营养和感官品质，同时有效保障食品安全。近年来，脉冲电场、超声波、紫外线等非热加工技术及其在食品工业领域的应用一直备受关注；其中高静水压等非热加工技术已被官方认可并批准为一种新型食品加工技术，已应用于果汁等食品的加工。目前，作为一种新型非热加工技术，冷等离子体在食品科学和技术领域的应用受到了广泛关注。

冷等离子体是在电磁场作用下形成的部分或完全电离的气体。在电磁场的作用下，除产生紫外线外，气体会被电离为自由基、阳离子和阴离子、电子和带电物质等，进而形成等离子体。上述物质均能够作用于细胞膜而杀灭微生物，这是冷等离子体杀灭食品微生物的作用机制之一。然而，等离子体技术之前已被广泛应用于纺织、包装材料、医疗器械和电子产品加工等领域。在食品杀菌早期研究中，多采用其他领域的或者实验室研究使用的冷等离子体设备。除应用于食品杀菌外，冷等离子体还可以应用于其他领域。例如，在农业领域，适当的冷等离子体处理可以促进种子萌发，也可以有效降解农产品中的农药残留或特定食品中的过敏原。虽然降解农药残留和过敏原也是食品安全的重要内容且冷等离子体在上述领域的应用也非常重要，但这两个领域的研究尚处于起步阶段，还没有收集到足够的文献资料来撰写一个全面、详细的章节，因此本书并未对该部分的研究进展进行深入论述。虽然本书在某些章节简要介绍了冷等离子体降解食品农药残留和过敏原领域的研究进展，但主要目的只是让读者对相关内容有一个简单了解并及时跟踪最新的研究进展。

本书重点介绍了冷等离子体应用于食品安全和保鲜领域的最新研究成果。大约10年前，冷等离子体开始被用于杀灭食品（主要是生鲜农产品）中的致病菌。目前，涉及冷等离子体的相关研究还在继续评价其对致病菌的杀灭作用，但也扩大到了生物被膜、芽孢、酵母和霉菌、病毒甚至农业害虫的控制等。目前，大量研究聚焦于提高冷等离子体处理效果、优化加工过程及设计专用于食品加工的新型冷等离子体设备等方面。此外，一些研究还关注了冷等离子体处理后食品成分、酶活力及贮藏过程中的品质变化，也重点研究了冷等离子体技术在包装食品、高水分食品和干制食品、食品包装材料等杀菌领域的应用。

本书共分为四个部分：第1部分（第1~第4章）介绍了冷等离子体的基本原理；第2部分（第5~第9章）重点介绍了冷等离子体技术在食品保藏领域的应用研究进展；第3部分（第10~第11章）介绍了冷等离子体设备的设计和研发进展；第4部分（第12~第13章）介绍了冷等离子体在一些特殊领域的应用及对冷等离子体技术的监管流程和现状。

本书的第1部分简要介绍了常见的食品非热加工技术并讨论了为什么需要研发食品加工和保藏新技术；除了介绍冷等离子体技术的一些潜在应用外，还简要介绍了冷等离子体的概念及其工程原理。第1章介绍了不同类型的冷等离子体发生器，还详细介绍了有关冷等离子体的工程原理。虽然需要拥有一定的物理学和微积分知识才能很好地理解本章中的一些物理方程，但对于从事食品安全和对冷等离子体设备设计感兴趣的读者来说，了解这些知识是非常必要的。对于没有工程知识背景的读者，建议多自学一些基础的物理学和电学方面的课程。即便如此，读者仍会发现本书所介绍的冷等离子体现象和冷等离子体设备工作原理的内容比较生动有趣。第2章介绍了冷等离子体杀灭芽孢、病毒和真菌领域的最新研究进展。近年来，关于冷等离子体杀灭微生物机制的一些理论和认识得到了进一步发展。此外，由于寄生虫也会引发一些食源性疾病，因此杀灭寄生虫也是食品安全领域的重要研究内容之一，但目前冷等离子体杀灭寄生虫的相关研究尚不充分。与其他新兴食品加工技术类似，冷等离子体对食品中微生物的杀灭作用一般也不遵循对数线性回归模型（Log-Linear Model）。因此，第3章讨论了一些可用于拟合冷等离子体杀灭微生物规律的非线性数学模型，并明确了构建冷等离子体杀灭微生物数学模型所面临的主要技术瓶颈。第4章介绍了冷等离子体失活生物被膜方面的最新研究进展。尽管冷等离子体技术已被证实能够有效杀灭微生物，但冷等离子体对生物被膜的杀灭效果则相对较弱，需要更长的处理时间；相对于单一微生物形成的生物被膜，冷等离子体对由多种微生物所形成生物被膜的处理效果明显减弱。此外，本章还讨论了如何通过冷等离子体对材料进行表面改性处理来减少生物被膜的形成。

本书的第2部分主要介绍了冷等离子体技术在食品保鲜领域的实际应用。第5章总结了冷等离子体应用于高水分食品（如生鲜农产品、肉类和禽类产品、液态食品等）杀菌领域的最新研究进展，同时也介绍了等离子体活化水（plasma-activated water，PAW）清洗对某些食品的杀菌保鲜作用。第6章详细介绍了冷等离子体对种子、谷物和坚果等的杀菌作用，这类产品表面较为粗糙，其表面污染的微生物很难被完全杀灭。研究发现，低压冷等离子体处理能够有效地杀灭种子、谷物和坚果等表面的微生物，同时不会对其品质造成不良影响。第7章介绍了冷等离子体失活食品内源酶领域的最新研究进展。使用冷等离子体可以有效失活食品内源酶，从而大大抑制贮藏过程中由于酶促反应导致的食品品质劣变；同时详细讨论了冷等离子体中活性物质与蛋白质之间发生的化学反应及相互作用，并介绍了一些冷等离子体失活模拟体系和真实食品中不同酶的实例。第8章介绍了冷等离子体中的活性物质对碳水化合物、蛋白质、脂质等典型食品组分的影响。等离子体放电过程中所产生的一些自由基在冷等离子体杀灭微生物过程中发挥了重要作用，同时也会与食品组分发生一系列复杂化学反应，造成高分子碳水化合物解聚、脂质氧化或从植物组织中释放维生素等活性物质。本章强调了研究水果和蔬菜、谷物和谷类产品、肉品和乳制品加工过程中冷等离子体与食品组分之间所发生化学反应的重要性。第9章介绍了冷等离子体应用于包装食品和食品包装材料杀菌处理的研究进展。首先，使用冷等离子体处理能够有效降低包装食品发生微生物交叉污染的风险，同时也能有效降低农产品中的农药残留，并介绍了一些应用实例；其次，介绍了冷等离子体在食品包装材料灭菌处理中的应用，主要涉及一些常规的食品包装材料，如聚对苯二甲酸乙二酯（polyethylene terephthalate，PET）、聚乙烯（polyethylene，PE）、尼龙（nylon）、聚苯乙烯（polystyrene）、聚丙烯（polypropylene，PP）等，以及一些新型可生物降解食品包装材料。

本书的第3部分专门介绍了冷等离子体设备设计和研发领域的研究进展。正如前所述，许多早期研究采用的都是非食品专用冷等离子体设备。在设计研发食品加工专用的冷等离子体设备时需要考虑多方面的因素，例如，要确保冷等离子体处理效果均匀，加工液态食品时要考虑冷等离子体的穿透力，还要考虑设备的操作模式（间歇式还是连续式操作）、一台设备能否应用于多种食品的处理和设备的运行成本等多方面的因素。第10章详细介绍了应用于食品加工的一些冷等离子体设备，重点介绍了在食品加工领域应用较多的电晕放电（corona discharge）及介质阻挡放电（dielectric barrier discharge，DBD）冷等离子体设备的基本原理和结构；并以在日本进行的实验室规模水果冷等离子体杀菌处理为例，对冷等离子体设备的运行成本进行了简单分析。需要指出的是，本章仅初步分析了冷等离子体设备的运行成本，影响冷等离子体设备运行成本的因素很多，如使用冷等离子体设备的国家/地区。第11章介绍了微波和射频放电冷等离子体设备。研究证实，这两类冷等离子体设备对细菌芽孢具有很好的杀灭作用，因此本章主要介绍了微波和射频放电冷等离子体设备在杀灭病原菌和保持食品品质方面的应用研究进展。此外，本章也论述了低压微波放电冷等离子体在涂层材料领域的应用研究进展。

本书的第4部分主要介绍了冷等离子体技术的一些特殊应用以及推动该技术商业化应用所需要的监管流程。第12章介绍了冷等离子体技术在太空食品领域中的应用进展。相关机构正在评估冷等离子体技术应用于未来太空探测项目（如火星探测任务等）的可行性，届时当生活在离地球数百英里远的太空站时，宇航员将需要自己种植蔬菜并对蔬菜进行杀菌处理以消除任何微生物风险。研究结果表明，冷等离子体技术具有不需要水、不需要化学物质和无残留等诸多优点，有望应用于太空蔬菜杀菌处理，并能够满足美国国家航空航天局（National Aeronautics and Space Administration，NASA）对太空食品微生物安全的相关要求。然而，在今后的工作中仍需深入研究在仅使用航天舱气体的情况下如何增强冷等离子体对微生物的杀灭效果。作为本书的最后一章，第13章向读者展示了任何新技术都必须在经监管机构的评估和批准后才能在食品工业进行产业化应用。虽然目前冷等离子体技术仍处于前期研发阶段，但已经开展了大量的研究，预计在未来几年将会取得更为丰硕的研究成果，这将为监管机构提供足够的研究数据并推动冷等离子体技术在食品工业中的实际应用。

本书不仅可以作为食品科学与食品工程专业本科生和研究生的参考书，也可作为电气工程专业学生的参考书。本书所介绍的内容也可供学术界、政府、研究中心甚至工业界从事新兴食品加工技术的研究人员学习参考。此外，本书不仅可为从事微生物学、物理学或化学工作的人提供参考，也可供对冷等离子体在食品安全和保藏中的应用感兴趣的读者参考学习。

非常感谢参与本书撰写的每一位同事，他们怀着极大的热情参与了这项工作并撰写了高质量的书稿，体现了他们渊博的学识和良好的专业素养。我还要感谢爱思唯尔（Elsevier）出版集团专业团队在本书出版过程中所付出的努力工作，包括Nina Bandeira、Carly Demetre、Kelsey Connors以及参与本书出版的所有编辑人员。

最后将这本书献给所有从事冷等离子体研究的年富力强的研究人员，让我们能够更好地了解冷等离子体技术，并向我们展示冷等离子体在未来几年的发展前景。

Daniela Bermudez-Aguirre

引 言

在过去的10年中，冷等离子体技术的相关研究有了重要的发展和突破。在最初的几年中，相关研究多集中于评价冷等离子体对微生物的杀灭作用，每年仅发表少量的研究论文。然而，由于冷等离子体技术已被证实不仅能够有效杀灭微生物，在其他领域同样有着广泛的应用前景，因此截至目前已经出版了几百种涉及冷等离子体在食品科学技术领域应用的论文和书籍。目前，冷等离子体在食品领域的新应用主要包括降解农药残留、促进种子萌发、改善食品功能和等离子体活化水（plasma-activated water，PAW）等多个方面。世界各地的研究团队已经开发了多种冷等离子体设备并将其应用于各类食品的处理，其主要目的是研发基于冷等离子体的食品加工新方法和新技术，从而保障食品安全。

在食品安全和保鲜领域，亟须研发安全、有效的杀菌保鲜新技术，其中冷等离子体是目前备受关注的一项新型食品非热加工技术。在食品加工领域，食品研究人员发现冷等离子体不仅能够用于蛋白质、糖类和淀粉等食品成分的改性处理，也能够有效保持一些产品的新鲜度，甚至也能改善某些食品的营养功能。

本书将系统介绍冷等离子体技术在食品加工和保鲜领域中的应用研究进展。需要指出的是，本书只重点关注了与食品安全和保鲜相关的冷等离子体技术应用研究，如微生物的杀灭和食品内源酶的灭活、食品和食品包装材料的杀菌处理、冷等离子体设备的设计和研发、冷等离子体技术的具体应用以及当前的监管状态。此外，为了向读者展示冷等离子体技术在食品工业领域的应用范围的广阔性及处理样品的多样性，本书还简要介绍了冷等离子体技术在食品加工和农业其他领域中的一些潜在应用。

1 食品加工与保鲜

由于目前缺乏有效的食品杀菌方法，且所使用的传统加工技术存在明显不足，食品在加工、贮藏等环节易发生交叉污染，导致食品召回事件的发生和食源性疾病的暴发。从食品安全和保藏方面来看，微生物对常规食品加工处理方法的抵抗力越来越强，并且能够抵抗低温、低水分活度（A_w）等造成的环境胁迫，对人类健康造成潜在危害。随着经济的发展和生活水平的提高，消费者越来越追求无化学添加食品、最少加工食品和健康食品。此外，近年来国际食品贸易发展十分迅速，但如果在加工、贮藏和运输过程中不能很好地保障食品安全，食品就容易污染微生物，影响国际食品贸易的健康发展。在进入市场销售之前，人们一般不会对香辛料、面粉和某些坚果等进行杀菌处理，仅依靠食品工业中常使用的危害分析与关键控制点（Hazard Analysis Critical Control Point，HACCP）体系或良好生产规范（Good Manufacturing Practices，GMP）来保障产品的微生物安全。上述产品大多数都污染一定数量的微生物（如嗜温细菌），有时也能检测到沙门氏菌（*Salmonella* spp.）、大肠杆菌O157:H7（*Escherichia coli* O157:H7）或单增李斯特菌（*Listeria monocytogenes*）等常见食源性致病菌。通常，消费者一般将食品完全加热或煮熟后才食用，因此微生物风险较低。但仍有一些食品通常被消费者生食，如鳄梨酱（guacamole，也称为墨西哥牛油果酱，是一种使用打碎的牛油果酱加入洋葱、番茄、辣椒等调味料调制而成的调味酱）和沙拉等存在较大的微生物安全风险。例如，沙门氏菌极易污染黑胡椒粉和红辣椒粉，进而引发食源性疾病并危害消费者健康（Jeong和Kang，2014；Gieraltowski et al.，2013）。再以坚果为例，坚果富含维生素、矿物质和抗氧化剂等多种营养素，如核桃富含人体所必需的Omega-3脂肪酸。几年前在导致美国和加拿大暴发食源性疾病的巴旦木中多次检测到沙门氏菌等食源性致病菌（Isaacs et al.，2005；CDC，2004）。自2007年以来，美国农业部（US Department of Agriculture，USDA）加强了对巴旦木杀菌的监管和指导（Gao et al.，2011）。然而，除了加强对巴旦木的常规监管外，目前尚未出台对其他坚果在销售前进行强制杀菌处理的相关规定。此外，如果不对太空食品等进行杀菌处理，就有可能给消费者健康造成巨大风险。除坚果外，禽蛋、生鲜农产品、肉类和海鲜等食品也经常发生食品安全召回事件。

巴氏杀菌等传统技术主要通过特定温度下对产品加热处理一定时间来失活微生物和食品内源酶，进而保障食品安全。上述技术所需要的热量来自外部，但由于杀灭微生物一般需要很长的处理时间，所以会对食品的一些感官品质和营养特性造成不良影响，如维生素等热敏性物质在加热几秒后就会发生降解。与此同时，在采用化学消毒剂进行处理时，含氯消毒剂等能够通过破坏微生物细胞膜等途径发挥杀菌作用，但同时会在产品中造成致癌性有毒物质的残留。为解决上述问题，食品研究人员正在研发能够在有效失活微生物的同时又不破坏食品感官/营养特性，也不会造成有毒化学物质残留的食品加工和保藏新技术，其中就包括一些新型热加工技术和非热加工技术。就新型热加工技术而言，目前的研究重点一直集中在食物内部进行加热，而不是外部施加热量以灭活微生物和食品内源酶。微波和射频是常见的两种新型热加工技术，主要是在食品内部快速产生热量来杀灭微生物，同时又能够有效保持食品的营养和感官品质。非热加工技术的特点是在加工过程中不会产生热量或者产生较少的热量，而是使用热以外的因素来杀灭微生物并达到巴氏杀菌的标准。表0.1列举了目前在食品工业中常见的新型热加工技术和非热加工技术。需要指出的是，振荡磁场（oscillating magnetic fields，OMFs）等技术目前研究相对较少；而另外一些技术正处于研究验证阶段，以期能够尽快获得政府监管机构的批准。

表0.1 在食品加工和保鲜领域应用的一些新技术

非热加工技术	热加工技术
高静水压（high hydrostatic pressure，HHP）	微波（microwave，MW）
脉冲电场（pulsed electric fields，PEFs）	射频（radiofrequency，RF）
脉冲光（pulsed light）	欧姆加热（ohmic heating）
紫外线（ultraviolet，UV）	感应加热（induction heating）
超声波（ultrasound）	
高密度二氧化碳（dense phase carbon dioxide，DPCD）	
振荡磁场（oscillating magnetic fields，OMFs）	
冷等离子体（cold plasma）	
辐照（irradiation）	
臭氧（ozone）	
膜分离（membrane separation）	

2 非热加工技术

在30年前，研究人员开始重新评估早年难以实现有效杀菌的一些食品加工技术。例如，Hite早在1899年首次评估了使用压力灭活微生物的可行性（Jay et al.，2005）。1960年，Doevenspeck申请了第一项关于脉冲电场（pulsed electric field，PEF）杀菌技术的专利。几年后，Sale和Hamilton详细分析了脉冲电场对微生物细胞的影响（Grahl和Märkl，1996）。然而，大约在30年前，研究人员才开始重新关注压力、可见光和紫外线、电流和超声波等技术对食品微生物的杀灭作用。在食品科学领域，一般将高静水压力、脉冲光、紫外线、脉冲电场、声波和高密度二氧化碳等归为非热加工技术。大量研究证实，上述非热加工技术能够有效杀灭各种微生物，也能失活一些酶。由于微生物污染和酶促褐变是影响食品安全和品质的重要因素，因此相关研究重点关注了上述非热技术对微生物和食品内源酶的影响。此外，研究证实，压力或声波处理能够改变一些食品的结构或功能性质，有望用于新产品开发。大量研究表明，非热加工处理能够改善食品的营养成分和感官品质。例如，采用脉冲电场技术，可将处理时间从几分钟或几秒大幅缩短到几微秒。截至目前，高静水压技术已得到政府监管机构的批准，在多个国家应用于许多产品的加工，并且已有许多采用高静水压技术加工的食品在市场上销售。其他非热加工技术仍处于研究和改进阶段，当前的主要任务是研发和放大非热加工装备并解决实际应用过程中存在的关键技术问题。此外，食品研究人员也正在积极探索冷等离子体等其他新型非热加工技术在食品领域的应用。

1850年，西门子（Siemens）采用介质阻挡放电装置产生臭氧并用于污水的消毒处理（Laroussi，2008）。1926年，荷兰物理学家潘宁（Penning）采用空气和氩气进行了低压气体放电相关研究工作（Penning，1926）。在潘宁等人的研究基础上，1928年美国物理学家欧文·朗缪尔（Irving Langmuir）首次将“等离子体”（Plasma）一词引入物理学，用来描述包含相等数量离子和电子的电离气体的集体振荡行为。目前，等离子体被认为是继液体、固体以及气体以外物质存在的第四种形态，也是宇宙中物质存在的主要形式。物质形态的转变需要施加能量，如从固体变为液体，然后变为气体，最后变为电离气体或等离子体状态（Thirumdas et al.，2015；Niemira，2012）。依据不同的分类标准，等离子体有多种分类方法，既可以按等离子体的产生来分类，也可以按其温度来分类，还可以按气体的电离程度来分类。通常，根据等离子体中重粒子（例如离子和受激发的中性原子）和电子是否处于热力学平衡状态，可将等离子体分为热等离子体（也称为高温等离子体）和非热等离子体（也称为低温等离子体）两大类。当被加热到高温（20000 K）时，气体被电离，从而产生热等离子体，并且由于其含有的所有粒子均处于热力学平衡状态，因此温度很高，如受控核聚变等离子体等。低温等离子体又可分为两类，即温度为100~150℃的准平衡态等离子体（quasi-equilibrium plasma）和温度$<$ 60℃的

非平衡态等离子体（nonequilibrium plasma）（Mandal et al.，2018）。在低温等离子体中，通过施加能量以促进气体粒子、原子和电子之间发生弹性碰撞；其中的粒子并不处于热力学平衡状态，电子与其他分子不断碰撞，导致离子与电子之间的温度不同；电子的能量为1~10 eV；而中子、离子和自由基的温度较低，一般接近室温（Muhammad et al.，2018），如电晕放电等离子体、介质阻挡放电（dielectric barrier discharge，DBD）等离子体、微波放电等离子体、脉冲放电等离子体等。

在几年前，相关研究开始评价冷等离子体对一些生物材料的消毒和杀菌作用。1960—1990年，有许多将冷等离子体用于杀菌处理的研究报道，但相关工作并没有进一步阐明冷等离子体杀灭微生物的作用机制（Laroussi，2008）。在1990年，有一项研究评价了介质阻挡放电冷等离子体装置对细菌的杀灭作用，使用的是空气或惰性气体混合物，这是第一项将冷等离子体应用于生物学领域的研究报道；该研究同时综合分析了冷等离子体作用于微生物细胞的机制（Laroussi，2015）。由于冷等离子体具有处理时间短、处理方式灵活等优点，前期冷等离子体研究主要集中于医学领域及与医学相关的微生物和器械，但一些研究人员也正积极将冷等离子体应用于处理食品等热敏性样品（Laroussi，1996；Kelly-Wintenberg et al.，2000）。由于具有处理温度较低、可在常压或真空条件下操作等诸多优点，冷等离子体被认为是处理热敏感材料的理想技术（Laroussi，1996），尤其适用于食品的加工和保藏。

一般可通过对气体或气体混合物进行放电来产生等离子体。在放电过程中，气体被部分或完全电离成自由电子、离子、质子、激发态原子和分子、活性自由基并产生UV辐射，进而形成所谓的等离子体辉光。尽管也能通过热能、光能或辐照等电离气体来产生冷等离子体，但目前使用最多的仍是通过气体放电法来产生冷等离子体（Pankaj et al.，2018a）。这是因为气体放电法比加热的办法更加简便和高效。当以空气为放电工作气体时，所产生的冷等离子体含有大量的自由基，包括以原子氧（O）、超氧阴离子（O_2^-）、单线态氧（$^1O_2$）、羟基自由基（·OH）、臭氧（O_3）等为代表的活性氧（reactive oxygen species，ROS）和以激发态氮（N_2）、原子氮（N）、一氧化氮（NO）和二氧化氮（NO_2）等为代表的活性氮（reactive nitrogen species，RNS），此外还包括紫外光子、阳离子和阴离子以及自由电子等；上述物质共同促进微生物细胞膜上的脂质和蛋白质发生氧化（Muhammad et al.，2018；Laroussi，2015）。在冷等离子体处理过程中，所用的放电气体主要包括氩气（Ar）、氦气（He）等惰性气体，也包括用于气调包装的气体混合物。尽管采用氩气和氦气所产生冷等离子体对某些微生物具有很好的杀灭效果，但从经济成本的角度来看，处理大量食品和农产品时，采用这些气体来产生冷等离子体的成本相对较高。此外，采用氧气和氮气混合物（如空气）进行放电所形成的自由基具有更强的杀菌活性，使用成本也更低，因此在研究中应用广泛。一些研究证实，当处理预包装食品时，冷等离子体处理的气体或产生的自由基等也能够在加工、贮藏过程中发挥良好的杀菌作用（Sarangapani et al.，2018）。甚至在冷等离子体处理之后，一些自由基也能够继续作用于那些幸存的微生物细胞或亚致死损伤细胞，从而导致微生物死亡。

在食品科学研究中，研究人员使用了不同类型的冷等离子体设备。表0.2列出了在微生物灭活、酶灭活、生物被膜失活、生物活性化合物研究或包装材料杀菌等领域常用的冷等离子体设备。迄今为止，在已发表文献中，使用最多的是介质阻挡放电（dielectric barrier discharge，DBD）冷等离子体设备，广泛应用于杀灭微生物、灭活酶、破坏生物被膜等方面的研究。如图0.1所示，DBD等离子体装置由两个平行的金属电极组成，一个电极接地，一个电极连接到高压电源；至少一个电极覆盖有绝缘介电阻挡层以维持放电稳定并有效避免放电过程中产生电弧。在处理时，将待处理的食品放置在两个电极之间，充入气体并打开电源，所产生的冷等离子体就会作用于食品表面。在DBD等离子体装置中，两个电极之间的距离一般为0.1毫米到几厘米。DBD等离子体装置可以利用多种气体放电产生

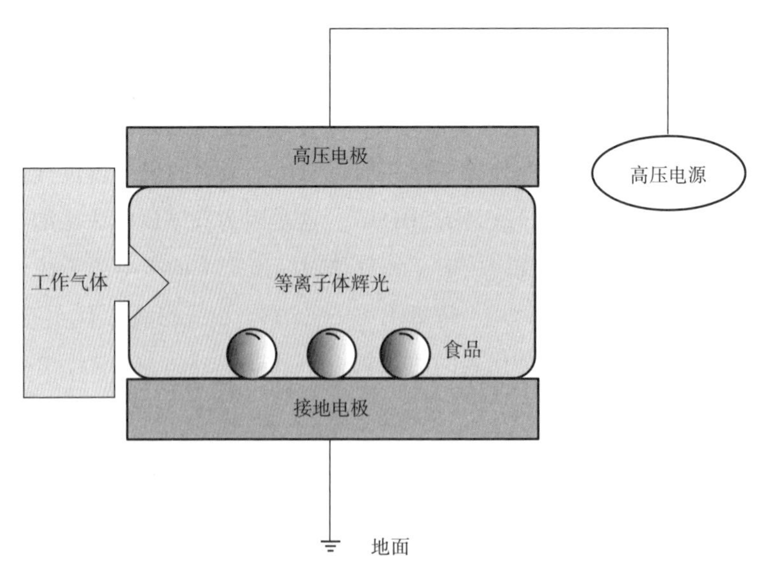

图0.1　用于食品加工保藏的介质阻挡放电等离子体设备示意图

表0.2 在食品科学技术研究中采用的一些冷等离子体设备

等离子体类型	用途	参考文献
介质阻挡放电（dielectric barrier discharge，DBD）等离子体	杀灭微生物	Misra等（2014）；Prasad等（2017）；Min等（2017）；Shah等（2019）；Trevisani等（2017）；Noriega等（2011）；Georgescu等（2017）；Kim等（2013）；Albertos等（2019）；Liao等（2018）；Kim等（2015a）；Muhammad等（2019）；Mehta等（2019）；Lee等（2012）；Yong等（2015）；Wan等（2019；Kulawik等（2018）；Lee等（2016）；Dirks等（2012）；Han等（2016a）；Kim和Min（2018）
	杀灭芽孢	Butscher等（2016）
	失活酶	Khani等（2017）；Tappi等（2014）；Chen等（2015）；Lackmann等（2013）；Segat等（2016）；Zhang等（2015）
	食品中的活性物质	Liao等（2018）
电阻性介质阻挡放电（resistive barrier discharge，RBD）等离子体	失活生物被膜	Ragni等（2010）
级联介质阻挡放电（cascaded dielectric barrier discharge，CDBD）	包装材料灭菌	Muranyi等（2007，2008，2010）
等离子体清洗笔（plasma pen）	杀灭微生物	Perni等（2008）
电晕放电等离子体（plasma corona discharge）	杀灭微生物	Santos Jr等（2018）；Gurol等（2012）；Bermudez-Aguirre等（2013）
高压大气压冷等离子体（high-voltage atmospheric cold plasma，HVACP）	杀灭微生物	Wan等（2017）；Olatunde等（2019）；Mahnot等（2019）；Pankaj等（2017）；Xu等（2017）
	杀灭芽孢	Patil等（2014）
	失活生物被膜	Han等（2016b）；Ziuzina等（2015）
	食品中的活性物质	Pankaj和Keener（2017）；Xu等（2017）

续表

等离子体类型	用途	参考文献
微波放电等离子体（microwave-powered plasma）	杀灭微生物	Oh等（2017）；Won等（2017）；Lee等（2015）；Fröhling等（2012）；Kim等（2014a）
	杀灭芽孢	Hertwig等（2015）；Roth等（2010）；Kim等（2014a）
	失活酶	Bußler等（2017）
	食品中的活性物质	Yeon等（2017）；Kim等（2017）
滑动弧放电冷等离子体（gliding arc cold plasma）	杀灭微生物	Niemira和Sites（2008）
气体沿面放电等离子体（gas-phase surface discharge plasma）	杀灭微生物	Zhang等（2019）；Wang等（2018）；Wang等（2019）
	食品中的活性物质	Herceg等（2016）；Garofulić等（2015）
间歇电晕放电等离子体射流（intermittent corona discharge plasma jet，ICDPJ）	杀灭微生物	Lee等（2018）
冷等离子体射流（cold plasma jet）	杀灭微生物	Ukuku等（2019）；Rossow等（2018）；Choi等（2016）；Dasan和Boyaci（2018）；Lacombe等（2015）；Puligundla等（2017a）
	失活酶	Chauvin等（2017）；Attri等（2012）；Surowsky等（2013）
	失活生物被膜	Helgadóttir等（2017）；Mai-Prochow等（2016）
	包装材料灭菌	Lee等（2017）
大气压等离子体射流（atmospheric pressure plasma jet，APPJ）	杀灭微生物	Niemira（2012b）；Hertwig等（2015）；Kim等（2016）；Puligundla等（2017b）
	失活酶	Attri和Choi（2013）；Ali等（2016）
	失活生物被膜	Kim等（2015b）；Yong等（2014）
	食品中的活性物质	Grzegorzewski等（2011）

续表

等离子体类型	用途	参考文献
低频等离子体射流（low-frequency plasma jet）	失活酶	Takai等（2012）
脉冲放电等离子体（pulsed discharge plasma）	杀灭微生物	Zhang等（2019）
大气压均匀辉光放电等离子体（one atmosphere uniform glow discharge plasma，OAUGDP）	杀灭微生物	Critzer等（2007）
射频大气压冷等离子体（radio frequency atmospheric cold plasma）	杀灭微生物	Kim等（2014b）；Baier等（2015）
	包装材料灭菌	Yang等（2009）
	食品中的活性物质	Grzegorzewski等（2010）；Matan等（2015）
弥散共面表面阻挡放电等离子体（diffuse coplanar surface barrier discharge plasma）	杀灭微生物	Hertwig等（2017）
	失活酶	Henselová等（2012）
低压冷等离子体（low-pressure cold plasma）	杀灭微生物	Segura-Ponce等（2018）
等离子体电筒（plasma flashlight）	失活生物被膜	Pei等（2012）

微放电以确保处理均匀。由于DBD等离子体装置可以安装不同几何形状的电极，所以该装置能够很好地适用于不同领域（Pankaj et al.，2018a；Coutinho et al.，2018）。此外，大多数DBD等离子体装置可以在常压条件下工作。

3　在食品加工中的应用

众所周知，许多食品加工新技术主要用于杀灭微生物，同时也被用来改善食品的某些品质或开发新型食品原料。如前所述，尽管本书仅关注冷等离子体在食品安全和保藏相关领域的应用，但冷等离子体技术在食品其他加工领域也有很广泛的应用。表0.3总结了目前冷等离子体技术在食品加工、食品保藏和农业等不同领域的应用，其中一些内容将在下文进行简要介绍。

由于冷等离子体中的活性物质会作用于食品表面，冷等离子体处理会造成食品表面改性，从而赋予其特定的性质和功能。例如，一些研究证实，冷等离子体处理会改变几种大米的表面和加工特性。经冷等离子体处理后，大米蒸煮时间会缩短，质地和微观结构也会发生明显的变化（Sarangapani et al.，2018）。与微生物类似，冷等离子体处理可对谷物表面产生蚀刻作用，从而使内部组织暴露于外部环境中。

表0.3　冷等离子体技术在食品科学研究中的不同应用

食品加工	食品安全和保鲜	农业领域	其他领域
改变蛋白质、淀粉等的功能特性 提升产品品质 油脂氢化 促进细胞膜结合态化合物的释放，提高营养素的含量	杀灭致病性和致腐性微生物 杀灭细菌芽孢 杀灭酵母和霉菌 杀灭害虫及其幼虫 降解黄曲霉毒素 延长产品货架期 失活酶 破坏生物被膜 破坏食品过敏原	降解农药 杀虫作用 种子萌发 污水消毒	包装材料灭菌 除异味 空气杀菌

冷等离子体技术在食品加工领域中的另一个重要应用是对淀粉进行改性处理。冷等离子体中的活性物质可能与淀粉发生一系列复杂化学反应，进而影响其功能特性。研究发现，冷等离子体可作用于淀粉中的某些特定化学基团，从而将疏水表面转化为亲水表面。冷等离子体可通过交联、解聚等途径实现对淀

粉的改性。目前一些研究评价了冷等离子体对小麦淀粉、马铃薯淀粉、玉米淀粉、大米淀粉和其他糯性谷物淀粉的改性作用。研究结果表明，经冷等离子体处理后，淀粉结构发生明显变化，进而影响其糊化和增稠性（Sarangapani et al.，2018）。同时，冷等离子体处理能够降低淀粉的分子量、黏度和糊化温度（Cullen et al.，2018）。在最近的一项研究中，Abidin等（2018）评价了冷等离子体处理对芒果粉营养强化面条品质的影响。结果表明，与未处理组样品相比，冷等离子体处理组芒果粉营养强化面条表面更为光滑，具有更好的品质和面筋强度（Abidin et al.，2018）。目前，尚未系统研究冷等离子体对果汁中还原糖（如果糖、葡萄糖等）和低聚糖等碳水化合物的影响。但初步研究结果表明，冷等离子体处理可造成果汁中还原糖和低聚糖的降解，这可能与放电过程中产生的臭氧等活性物质有关（Pankaj et al.，2018a）。

对于蛋白质而言，冷等离子体处理会显著影响其结构和性质。例如，氧化会影响蛋白质的起泡性和乳化性，并提高其持水和持油能力（Sarangapani et al.，2018）。然而，当采用冷等离子体处理高蛋白食品时，一些食品组分会与冷等离子体中的活性物质发生反应，进而降低其对微生物的杀灭效果（Bourke et al.，2018）。冷等离子体可以展开和修饰蛋白质的结构，进而影响其理化性质和功能特性。例如，经DBD冷等离子体处理15 min后，乳清蛋白发生氧化和去折叠，从而提高了乳清蛋白的起泡能力和乳化能力（Coutinho et al.，2018）。

当应用于果汁加工时，适当的冷等离子体处理能够很好地保持果汁的营养价值甚至会提高某些营养素的含量，同时也可以改善产品的色泽和感官品质。研究发现，适当的冷等离子体处理可提高果汁中某些生物活性物质的含量，这可能是由于冷等离子体处理促进了膜结合态生物活性物质的释放（Fernandes et al.，2019）。目前，采用冷等离子体加工的果蔬汁主要包括橙汁、苹果汁和番茄汁等常见的传统果汁（Dasan和Boyaci，2018；Xu et al.，2017；Surowsky et al.，2014），也包括针叶樱桃汁（acerola juice）、甜橘汁（tangerine juice）、腰果梨汁（cashew apple juice）和红酸枣汁（siriguela juices）（Fernandes et al.，2019；Yannam et al.，2018；Rodriguez et al.，2017；Paixão et al.，2019）等极具地域特色的果汁。此外，冷等离子体技术也被用于处理其他饮料，如巧克力牛奶饮料（Coutinho et al.，2019）、椰子水（Chutia et al.，2019）、番石榴味乳清饮料（Silveira et al.，2019）和油莎豆奶（Muhammad et al.，2019）等。在上述大多数研究中，尽管研究人员分析了冷等离子体处理前后样品中生物活性物质的变化规律，但多数研究仅对活性物质进行了定量分析。一些研究证实，经冷等离子体处理后，果汁中多酚类物质的含量有所升高，这可能是由于冷等离子体中的活性组分能够破坏细胞膜并促进了多酚等胞内物质的释放，进而提高了其含量。此外，经冷等离子体处理后，果汁中的花青素、总黄酮醇和总酚含量也有所升高。在关于果汁和生鲜农产品的几项研究中，经冷等离子体处理特定时间后，部分样品的维生素含量有所升高，而部分样品的维生素含量变化较小。在迄今为止所做的大多数研究中，冷等离子体处理未对食品中的维生素造成不良影响。然而，随着处理强度的提高和处理时间的延长，冷等离子体处理可能对果汁和饮料中的某些营养物质造成不良影响（Muhammad et al.，2018）。

也有一些研究评价了冷等离子体处理对高脂食品的影响。ROS能够诱导脂质氧化，进而对食品品质造成不良影响。光、热、金属离子和自由基等均能够促进脂质发生氧化。此外，随着不饱和脂肪酸双键数量的升高，脂质对ROS更为敏感，也更容易被氧化。实验结果表明，冷等离子体处理20 min就能改变脂肪酸的化学结构，同时所产生的ROS会对大米、小麦面粉、猪肉、牛肉、海鲜、鸡肉、寿司、奶酪、牛奶和橄榄油等样品中的脂质造成不良影响。上述产品的冷等离子体处理时间多为几分钟，这可能促进脂质发生氧化。对于高脂食品原料，可通过缩短冷等离子体处理时间和添加抗氧化剂等方法来抑制脂质氧化（Gavahian et al.，2018）。此外，最近的一项研究发现采用氢气所产生的冷等离子体可用于大豆油的氢化；与传统植物油氢化技术相比，该方法的突出优点是不会产生反式脂肪酸（Cullen et al.，2018）。

综上所述，这么多年的研究证实冷等离子体处理会影响食品的品质。一方面，冷等离子体处理会改善食品的一些品质指标，如提高某些食品中抗氧化剂的含量，而对西红柿、蓝莓等的质构特性仅造成轻微影响；另一方面，冷等离子体处理会造成某些水果和肉品的色泽发生劣变、高脂食品发生脂质氧化、色素降解或产生令人不悦的异味（Sarangapani et al.，2018；Misra和Jo，2017）。然而，大多数研究的主要目的是杀灭微生物，因此一般会通过延长处理时间来提高对微生物的杀灭效果。在大多数已发表的研究报道中，冷等离子体对食品中活性物质的影响与其处理时间密切相关。在今后的研究工作中，应系统优化冷等离子体处理时间，以期在有效杀灭微生物的同时也能够很好地保持食品的营养和感官品质。

4 在食品安全和保藏领域的应用

本小节将简要介绍冷等离子体技术在食品安全和保藏领域的应用研究进展，更详细的介绍见本书后面的相关章节。研究发现，冷等离子体能够有效杀灭细菌及其芽孢、霉菌、酵母、生物被膜及病毒等多种微生物。大量研究证实，冷等离子体能够有效杀灭纯培养体系和各类食品中的大肠杆菌（*Escherichia coli*）、单增李斯特菌（*Listeria monocytogenes*）和沙门氏菌（*Salmonella* spp.）等常见食源性致病菌。相关工作同时也研究了冷等离子体杀灭微生物的作用机制及其如何损伤革兰氏阳性细菌和革兰氏阴性细菌。最新的一些研究证实，冷等离子体中的活性物质能够攻击革兰氏阴性细菌结构中的脂蛋白和肽聚糖，造成DNA等胞内物质的泄漏和损伤。另外，也有研究发现，冷等离子体处理没有造成革兰氏阳性细菌出现任何胞内物质的泄漏，但会对DNA等胞内物质造成严重损伤（Sarangapani et al.，2018）。研究发现，冷等离子体处理可以杀灭细菌芽孢，这是由于冷等离子体对芽孢外层结构具有蚀刻作用，从而使自由基进入芽孢内部并发挥杀灭作用。此外，冷等离子体被证实能够有效降解坚果等污染的黄曲霉毒素。虽然已有大量研究结果证实，冷等离子体能够降解食品中的黄曲霉毒素，但在今后的工作中仍需系统研究和揭示冷等离子体与食品复杂成分之间的相互作用机制（Pankaj et al.，2018b）。

等离子体活化水（plasma-activated water，PAW）是冷等离子体研究领域的热点，相关研究已经开展了数年，但最近才获得了在食品领域的专利授权。通常采用冷等离子体装置处理水或其他溶液来制备PAW，PAW富含自由基等活性物质并具有良好的抗菌活性。PAW可通过浸泡、喷淋等方式对食品进行清洗和消毒处理。由于PAW富含具有杀菌作用的活性物质，将PAW制成的活性冰也具有一定的抗菌作用（Sarangapani et al.，2018），可用于鱼类和海鲜等的保鲜并延长其货架期。

在食品保鲜领域，酶活是影响储存期间食品品质稳定性的重要因素之一。大量研究证实，冷等离子体处理能够有效失活食品中的内源酶，如多酚氧化酶（polyphenol oxidase）、过氧化物酶（peroxidase）、脂肪酶（lipase）、脱氢酶（dehydrogenase）、胰蛋白酶（trypsin）、α-胰凝乳蛋白酶（α-chymotrypsin）、果胶甲基酯酶（pectin methyl esterase）、超氧化物歧化酶（superoxide dismutase）、脂氧合酶（lipoxygenase）、α-淀粉酶（α-amylase）和碱性磷酸酶（alkaline phosphatase）等（Mandal et al.，2018；Pankaj et al.，2018a；Misra et al.，2016；Thirumdas et al.，2015）。如表1.2所示，目前已开展了使用DBD等离子体、等离

子体射流和微波放电冷等离子体设备进行食品灭酶方面的研究工作。目前普遍认为，冷等离子体主要通过破坏蛋白质二级结构、诱导蛋白质降解等途径来失活食品内源酶。

一些食品加工和保藏新技术也能够改变蛋白质的结构或组成，从而有望用于消减食品中的过敏原。能够引发人体发生过敏反应的食品主要包括牛奶、鸡蛋、鱼类、甲壳类、贝类、坚果、花生、小麦和大豆等（Nayak et al.，2017）。尽管冷等离子体已被证实能够破坏某些食品中的过敏原，但相关研究工作尚处于起步阶段。例如，经冷等离子体处理后，大豆蛋白的免疫反应性降低了89%，小麦蛋白的结构被破坏并发生去折叠（Bourke et al.，2018）。研究也发现，经冷等离子体处理5 min后，虾原肌球蛋白（shrimp tropomyosin）免疫反应性降低了76%；冷等离子体处理也使小麦的过敏原减少了37%。据推测，冷等离子体中的ROS和RNS可能作用于过敏原中的氨基酸残基，进而破坏其与抗体的结合位点。然而，冷等离子体活性物质也可能通过诱导肽键断裂、交联等形成一些新的蛋白质（Sarangapani et al.，2018）。

5 在农业领域的应用

5.1 农药

在农产品种植和加工领域，冷等离子体既可以像农药那样有效杀灭农业害虫，也能够有效降解农产品中残留的农药。研究发现，冷等离子体处理可有效杀灭一些农业害虫，如对谷象（*Sitophilus granarius*）的致死率为100%，对桃蚜（*Myzus persicae*）的致死率为87%，对头虱（*Pediculus humanus humanus* L，又名体虱，属于人虱的一个亚种）和柑橘刺粉蚧（*Planococcus citri*，也称为柑橘粉蚧）的致死率为95%。冷等离子体中的活性物质能够造成上述害虫的细胞膜发生氧化损伤，进而发挥杀灭作用（Sarangapani et al.，2018）。此外，冷等离子体也可用于控制谷物在贮存过程中产生的害虫。研究发现，短时间冷等离子体处理就能有效杀灭害虫，同时具有方法简单、无残留等优点。另外，在农药降解过程中，冷等离子体中的自由基能够通过一系列化学反应将农药转化为毒性较小的降解产物。一些研究还系统评价了冷等离子体对敌敌畏（dichlorvos）、氧化乐果（omethoate）、二嗪磷（diazinon）和对氧磷（paraoxon）等常见农药的降解作用

（Sarangapani et al.，2018），发现冷等离子体处理对上述农药均具有很好的降解效果。

5.2 种子萌发

研究人员评价了冷等离子体处理对种子萌发的影响，发现适当的冷等离子体处理能够促进种子的萌发和生长。放电过程中产生的冷等离子体活性物质能够穿透种子的种皮并影响其发芽率。冷等离子体中的活性物质能够改变种子的表面结构，从而提高种子对氧气和水分等物质的吸收利用，进而促进种子的早期萌发。截至目前，相关研究已经评价了冷等离子体对小麦、豆类、红花、玉米和菠菜等植物种子的影响（Thirumdas et al.，2015）。然而，在研究冷等离子体影响种子萌发时，需重点关注其处理时间，因为长时间冷等离子体处理可能会抑制种子的萌发。研究发现，适当的短时间冷等离子体处理能够促进种子萌发，但需综合考虑放电所用气体、功率和种子类别等因素对冷等离子体处理效果的影响（Bourke et al.，2018）。

6 在其他领域的应用

塑料瓶、瓶盖和薄膜等食品包装材料在正常使用过程中会与食品接触，极易造成微生物污染风险，因此需要对食品包装材料进行杀菌处理。研究证实，冷等离子体可用于热敏性食品包装材料的杀菌处理。目前，冷等离子体已成功应用于聚对苯二甲酸乙二酯（polyethylene terephthalate，PET）、聚苯乙烯（polystyrene）薄膜及PET/聚偏二氯乙烯（polyvinylidene chloride，PVDC）/聚乙烯（polyethylene，PE）复合膜、玻璃、聚丙烯（polypropylene，PP）、尼龙和箔纸（paper foil）等食品包装材料的杀菌处理。此外，冷等离子体处理也能够使一些生物活性物质或抗菌剂（如溶菌酶、乳酸链球菌素和香草醛等）更好地涂覆在食品包装材料表面（Mandal et al.，2018；Thirumdas et al.，2015）。表1.2总结了一些常用于包装材料杀菌处理的冷等离子体设备。

乳制品、肉类、家禽和海鲜等加工过程中会产生大量的富含碳水化合物、蛋白质、脂肪和矿物质的废水，必须对这些废水进行杀菌处理以减少微生物的生长繁殖。一些研究评价了冷等离子体对食品废水中有机物含量的影响。冷等离子体中的活性物质能够氧化乳品厂、啤酒厂和屠宰场等所排放废水中的污染物，从而实现污染物的有效控制（Sarangapani et al.，2018）。在最新的一项研究中，Patange et al.（2018）评价了冷等离子体对乳制品和肉类加工废水的杀菌作用。结果表明，冷等离子体处理300 s就能有效杀灭废水中的所有微生物。研究人员同时评价了冷等离子体处理对废水毒性的影响，发现未处理废水毒性很强，而冷等离子体处理能够降低废水的毒性（Patange et al.，2018）。此外，冷等离子体也被用于防治空气污染，消除卷烟厂和猪舍产生的不良气味，这也是冷等离子体技术在食品工业中的重要应用方向（Sarangapani et al.，2018）。

7 冷等离子体加工技术的优点

冷等离子体是一种效果很好的非热加工新技术，在食品、农业等诸多领域均取得了良好的应用成果。作为一种新型非热加工技术，冷等离子体应用于食品科学领域具有许多优势（见图0.2）。与目前广泛应用于食品加工和保藏的传统热加工技术相比，冷等离子体技术的能耗较低，对食品品质的影响较小，不需要水，且不需要化学试剂和溶剂；此外，冷等离子体处理也不会造成有毒物质残留（Thirumdas et al.，2015）。尽管有几篇关于使用氩气、氦气或它们与空气的混合气体进行冷等离子体研究的报道，但从目前的趋势看，采用空气放电会产生更多的具有强氧化作用的自由基，因此空气更适合用来产生冷等离子体（Sarangapani et al.，2018）。冷等离子体不需要在真空条件下工作，也不需要热量或压力，是一种适于大面积处理/净化的低成本加工技术，也是一种环保型加工技术。与具有类

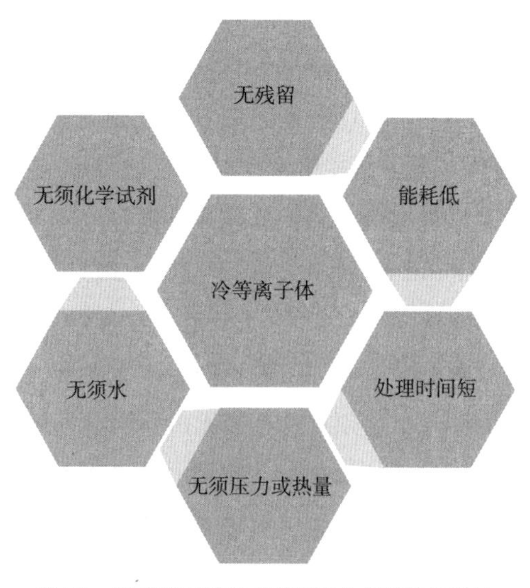

图0.2 冷等离子体技术应用于食品领域的优点

似杀菌作用的传统技术相比，冷等离子体的处理时间更短且不会破坏待处理的样品（Thiyagarajan et al.，2005；Laroussi，1996）。

8 当前冷等离子体技术面临的挑战

冷等离子体是一种在食品科学领域具有很好应用前景的新型非热加工技术。尽管研究人员围绕冷等离子体在食品科学等诸多领域的应用开展了大量研究工作并积极开拓新的应用领域，但该技术的实际应用仍面临一些亟待解决的挑战和瓶颈，主要包括收集相关信息并展示冷等离子体技术的优势，评价该技术的有效性并在未来几年向政府监管机构提交关于批准该技术实际应用的申请等。

冷等离子体加工过程面临的主要挑战之一是难以比较其处理条件和效果，这是因为目前所使用的冷等离子体设备多是由无食品工程背景的研究人员在实验室条件下研发的，且上述设备并不是专门为食品加工而设计开发的。因此，食品领域的工程师和学者应与物理学家和电气领域的工程师开展深度交流合作，从而设计和研发出能够满足食品工业使用需求的冷等离子体设备。此外，还需考虑冷等离子体设备的放大问题，以保证在大规模产业化应用时具有均匀的处理效果。也有一些学者提到需要建立表征冷等离子体处理强度的评价指标（Cullen et al.，2018），但鉴于食品的多样性，目前看来这项工作的难度较大。

在冷等离子体技术被政府监管机构批准用于食品加工之前，需要重点解决的另一个挑战是食品在经冷等离子体处理后和贮藏过程中的安全性。事实上，冷等离子体中的活性物质不仅能够作用于微生物细胞，也能够与蛋白质、淀粉等食品组分发生相互作用并改变其功能特性，同时会形成一些新产物；但必须保证所生成的新物质是安全的，不应在消费者食用后造成任何健康风险。在一些涉及冷等离子体应用于食品领域的研究报道中，研究人员检测了冷等离子体的发射光谱，但仍需深入研究食品加工和保鲜过程中冷等离子体与食品组分间所发生的一系列复杂化学反应，同时还应定量分析食品在冷等离子体加工及贮藏过程中所形成的一些新产物。

最后，与其他新型食品加工技术类似，研究人员需要对冷等离子体加工过程中的电压、频率和时间等因素进行标准化研究，并能够在冷等离子体处理过程中对上述参数进行实时监测。冷等离子体处理条件不统一或在实验过程中遗漏重要细节都会影响实验结果并需要进行重复实验，同时也导致难以比较不同课题组间的研究结果。

9 结论

冷等离子体是一种新型非热加工技术，在食品、农业、生物医学等各领域均具有广阔的应用前景。冷等离子体技术在食品中的应用主要涉及食品加工、食品保鲜和一些农业领域。目前，各领域的学者对冷等离子体技术进行了大量研究。结果表明，冷等离子体处理不仅能有效杀灭食品中的微生物，同时也能有效保持食品的营养和感官品质。目前开展的一些研究工作正在探究冷等离子体活性物质与食品组分之间的相互作用关系，这将为改善食品功能特性提供重要的理论依据和技术支撑。目前亟须研发能够满足实际生产需要的冷等离子体设备，同时系统评价冷等离子体处理食品的安全性及冷等离子体与食品组分间所发生的一系列复杂化学反应。应优先考虑上述研究领域，以期有效解决当前所面临的一些问题。

参考文献

Abidin, N.S.A., Rukunudin, I.H., Zaaba, S.K., Omar, W.A.W., 2018. Atmospheric pressure cold plasma (ACP) treatment a new technique to improve microstructure and textural properties of healthy noodles fortified with mango flour. J. Telecommun. Electr. Computer Eng. 10 (1–17), 65–68.

Albertos, I., Martin-Diana, A.B., Cullen, P.J., Tiwari, B.K., Shikha Ojha, K., Bourke, P.,Rico, D., 2019. Shelf-life extension of herring (*Clupea harengus*) using in-package atmospheric plasma technology. Innov. Food Sci. Emerg. Technol. 53, 85–91.

Ali, A., Ashraf, Z., Kumar, N., Rafiq, M., Jabeen, F., Park, J.H., Choi, K.H., Lee, S., Seo, S.Y., Choi, E.H., Attri, P., 2016. Influence of plasma-activated compounds on melanogenesis and tyrosinase activity. Sci. Rep. 6, 21779.

Attri, P., Choi, E.H., 2013. Influence of reactive oxygen species on the enzyme stability andactivity in the presence of ionic liquids. PLoS One 8, e75096.

Attri, P., Venkatesu, P., Kaushik, N., Han, Y.G., Nam, C.J., Choi, E.H., Kim, K.S., 2012. Effects of atmospheric-pressure non-thermal plasma jets on enzyme solutions. J. Korean Phys. Soc. 60 (6), 959–964.

Baier, M., Jansen, T., Wieler, L.H., Ehlbeck, J., Knorr, D., Schlüter, O., 2015. Inactivation of Shiga toxin-producing *Escherichia coli* O104:H4 using cold atmospheric pressure plasma. J.

Biosci. Bioeng. 120, 275–279.

Bermudez-Aguirre, D., Wemlinger, E., Pedrow, P., Barbosa-Canovas, G., GarciaPerez, M., 2013. Effect of atmospheric pressure cold plasma (APCP) in the inactivation of *Escherichia coli* in fresh produce. Food Control 34, 149–157.

Bourke, P., Ziuzina, D., Boehm, D., Cullen, P., Keener, K., 2018. The potential of cold plasma for safe and sustainable food production. Trends Biotechnol. 36 (6), 615–626.

Bußler, S., Ehlbeck, J., Schlüter, O.K., 2017. Pre-drying treatment of plant related tissues using plasma processed air: impact on enzyme activity and quality attributes of cut apple and potato. Innov. Food Sci. Emerg. Technol. 40, 78–86.

Butscher, D., Zimmermann, D., Schuppler, M., von Rohr, P.R., 2016. Plasma inactivation of bacterial endospores on wheat grains and polymeric model substrates in a dielectric barrier discharge. Food Control 60, 636–645.

CDC (Center for Disease Control and Prevention), 2004. Outbreak of *Salmonella* serotype Enteritidis infections associated with raw almonds-United States and Canada, 2003–2004. MMWRWeek. 53 (22), 484–487.

Chauvin, J., Judee, F., Yousfi, M., Vicendo, P., Merbahi, N., 2017. Analysis of reactive oxygen and nitrogen species generated in three liquid media by low temperature helium plasma jet. Sci. Rep. 7 (1), 4562.

Chen, H.H., Hung, C.L., Lin, S.Y., Liou, G.J., 2015. Effect of low-pressure plasma exposure on the storage characteristics of brown rice. Food Bioprocess Technol. 8 (2), 471–477.

Choi, S., Puligundla, P., Mok, C., 2016. Corona discharge plasma jet for inactivation of *Escherichia coli* O157:H7 and *Listeria monocytogenes* on inoculated pork and its impacton meat quality attributes. Ann. Microbiol. 66 (2), 685–694.

Chutia, H., Kalita, D., Mahanta, C.L., Ojah, N., Choudhury, A.J., 2019. Kinetics of inactivation of peroxidase and polyphenol oxidase in tender coconut water by dielectric barrier discharge plasma. LWT–Food Sci. Technol. 101, 625–629.

Coutinho, N.M., Silveira, M.R., Rocha, R.S., Moraes, J., Ferreira, M.V.S., Pimentel, T.C.,Freitas, M.Q., Silva, M.C., Raices, R.S.L., Ranadheera, C.S., Borges, F.O., Mathias, S.P., Fernandes, F.A.N., Rodrigues, S., Cruz, A.G., 2018. Cold plasma processing of milk and dairy products. Trends Food Sci. Technol. 74, 56–68.

Coutinho, N.M., Silveira, M.R., Fernandes, L.M., Moraes, J., Pimentel, T.C., Freitas, M.Q., Silva,

M.C., Raices, R.S.L., Ranadheera, C.S., Borges, F.O., Neto, R.P.C., Tavares, M.I.B., Fernandes, F.A.N., Fonteles, T.V., Nazzaro, F., Rodrigues, S., Cruz, A.G., 2019. Processing chocolate milk drink by low-pressure coldplasma technology. Food Chem. 278, 276–283.

Critzer, F., Kelly-Wintenberg, K., South, S., Golden, D., 2007. Atmospheric plasma inactivation of foodborne pathogens on fresh produce surfaces. J. Food Prot. 70 (10), 2290–2296.

Cullen, P.J., Lalor, J., Scally, L., Boehm, D., Milosavljevič, V., Bourke, P., Keener, L., 2018. Translation of plasma technology from the lab to the food industry. Plasma Process. Polym. 15(2), 1700085.

Dasan, B.G., Boyaci, I.H., 2018. Effect of cold atmospheric plasma on inactivation of *Escherichia coli* and physicochemical properties of apple, orange, tomato juices and sour cherrynectar. Food Bioprocess Technol. 11, 334–343.

Dirks, B.P., Dobrynin, D., Fridman, G., Mukhin, Y., Fridman, A., Quinlan, A., 2012. Treatment of raw poultry with nonthermal dielectric barrier discharge cold plasma toreduce *Campylobacter jejuni* and *Salmonella enterica*. J. Food Prot. 75 (1), 22–28.

Fernandes, F.A.N., Santos, V.O., Rodrigues, S., 2019. Effects of glow plasma technology onsome bioactive compounds of acerola juice. Food Res. Int. 115, 16–22.

Fröhling, A., Durek, J., Schnabel, U., Ehlbeck, J., Bolling, J., Schlüter, O., 2012. Indirect plasma treatment on fresh pork: decontamination efficiency and effects on quality attributes. Innov. Food Sci. Emerg. Technol. 16, 381–390.

Gao, M., Tang, J., Villa-Rojas, R., Wang, Y., Wang, S., 2011. Pasteurization process development for controlling *Salmonella* in in-shell almonds using radio frequency energy. J. Food Eng. 104, 299–306.

Garofulić, I.E., Režek-Jambrak, A., Milošević, S., Dragović-Uzelac, V., Zorić, Z.,Herceg, Z., 2015. The effect of gas phase plasma treatment on the anthocyanin and phenolic acid content of sour cherry Marasca (*Prunus cerasus* var. Marasca) juice. LWT–Food Sci. Technol. 62 (1), 894–900.

Gavahian, M., Chu, Y.H., Khaneghah, A.M., Barba, F.J., Misra, N.N., 2018. A critical analysis of the cold plasma induced lipid oxidation in foods. Trends Food Sci. Technol. 77, 32–41.

Georgescu, N., Apostol, L., Gherendi, F., 2017. Inactivation of *Salmonella enterica* serovar Typhimurium on egg surface, by direct and indirect treatments with cold atmospheric plasma. Food Control 76, 52–61.

Gieraltowski, L., Julian, E., Pringle, J., Macdonald, K., Quilliam, D., Marsden-Haug, N., Saathoff-Huber, L., Von Stein, D., Kissler, B., Parish, M., Elder, D., HowardKing, V., Besser, J., Sodha, S., Loharikar, A., Dalton, S., Williams, I., BartonBehravesh, C., 2013. Nationwide outbreak of *Salmonella* Montevideo infections associated with contaminated imported black and red pepper: warehouse membership cardsprovide critical clues to identify the source. Epidemiol. Infect. 141, 1244–1252.

Grahl, T., Märkl, H., 1996. Killing of microorganisms by pulsed electric fields. Appl. Microbiol. Biotechnol. 45 (1-2), 148–157.

Grzegorzewski, F., Rohn, S., Kroh, L.W., Geyer, M., Schlüter, O., 2010. Surface morphology and chemical composition of lamb's lettuce (*Valerianella locusta*) after exposure to alow-pressure oxygen plasma. Food Chem. 122 (4), 1145–1152.

Grzegorzewski, F., Zietz, M., Rohn, S., Kroh, L.W., Schülter, O., 2011. Modification of polyphenols and cuticular surface lipids of Kale (*B. oleracea convar. sabellica*) with nonthermal oxygen plasma gaseous species. In: The 11th International Congress on Engineering and Food, Athens, Greece.

Gurol, C., Ekinci, F.Y., Aslan, N., Korachi, M., 2012. Low temperature plasma for decontamination of *E. coli* in milk. Int. J. Food Microbiol. 157 (1), 1–5.

Han, L., Boehm, D., Amias, E., Milosavljević, V., Cullen, P.J., Bourke, P., 2016a. Atmospheric cold plasma interactions with modified atmosphere packaging inducer gases forsafe food preservation. Innov. Food Sci. Emerg. Technol. 38, 384–392.

Han, L., Patil, S., Boehm, D., Milosavljević, V., Cullen, P.J., Bourke, P., 2016b. Mechanisms of inactivation by High-Voltage atmospheric cold plasma differ for *Escherichia coli* and *Staphylococcus aureus*. Appl. Environ. Microbiol. 82, 450–458.

Helgadóttir, S., Pandit, S., Mokkapati, V.R.S.S., Westerlund, F., Apell, P., Mijakovic, I., 2017. Vitamin C pretreatment enhances the antibacterial effect of cold atmospheric plasma. Front. Cell. Infect. Microbiol. 7, 43.

Henselová, M., Slováková, Ľ., Martinka, M., Zahoranová´, A., 2012. Growth, anatomy andenzyme activity changes in maize roots induced by treatment of seeds with low-temperature plasma. Biologia 67 (3), 490–497.

Herceg, Z., Kova čević, D.B., Kljusurić, J.G., Jambrak, A.R., Zorić, Z., DragovićUzelac, V., 2016. Gas phase plasma impact on phenolic compounds in pomegranate juice. Food Chem. 190,

665–672.

Hertwig, C., ReinekeK, E.J., Knorr, D., Schlüter, O., 2015. Decontamination of whole black pepper using cold atmospheric pressure plasma applications. Food Control 55, 221–229.

Hertwig, C., Leslie, A., Meneses, N., Reineke, K., Rauh, C., Schlüter, O., 2017. Inactivation of *Salmonella* Enteritidis PT30 on the surface of unpeeled almonds by cold plasma. Innov. Food Sci. Emerg. Technol. 44, 242–248.

Isaacs, S., Aramini, J., Ciebin, B., Farrar, J.A., Ahmed, R., Middleton, D., Chandran, A.U., Harris, L.J., Howes, M., Chan, E., Pichette, A.S., Campell, K., Gupta, A., Lior, L.Y., Pearce, M., Clark, C., Rodgers, F., Jamieson, F., Brophy, I., Ellis, A., 2005. An international outbreak of Salmonellosis associated with raw almonds contaminated with a rarephage type of *Salmonella* Enteritidis. J. Food Prot. 68 (1), 191–198.

Jay, J.M., Loessner, M.J., Golden, D.A., 2005. Modern Food Microbiology, seventh ed. Springer, New York.

Jeong, S.G., Kang, D.H., 2014. Influence of moisture content on the inactivation of *Escherichia coli* O157:H7 and *Salmonella enterica* serovar Typhimurium in powdered black and red peppers spices by radio-frequency heating. Int. J. Food Microbiol. 176, 15–22.

Kelly-Wintenberg, K., Sherman, D.M., Tsai, P.P.Y., Gadri, R.B., Karakaya, F., Chen, Z., Roth, J.R., Montie, T.C., 2000. Air filter sterilization using a one atmosphere uniform low discharge plasma (The Volfilter). IEEE Trans. Plasma Sci. 28 (1), 64–71.

Khani, M.R., Shokri, B., Khajeh, K., 2017. Studying the performance of dielectric barrier discharge and gliding arc plasma reactors in tomato peroxidase inactivation. J. Food Eng. 197, 107–112.

Kim, J.H., Min, S.C., 2018. Moisture vaporization-combined helium dielectric barrier discharge-cold plasma treatment for microbial decontamination of onion flakes. Food Control 84, 321–329.

Kim, H.J., Yong, H.I., Park, S., Choe, W., Jo, C., 2013. Effect of dielectric barrier discharge plasma on pathogen inactivation and the physicochemical and sensory characteristics of pork loin. Curr. Appl. Phys. 13 (7), 1420–1425.

Kim, J.E., Lee, D.U., Min, S.C., 2014a. Microbial decontamination or red pepper powder by cold plasma. Food Microbiol. 38, 128–136.

Kim, J.S., Lee, E.J., Choi, E.H., Kim, Y.J., 2014b. Inactivation of *Staphylococcus aureus* on the beef jerky by radio-frequency atmospheric pressure plasma discharge treatment. Innov. Food Sci. Emerg. Technol. 22, 124–130.

Kim, H.J., Yong, H.I., Park, S., Kim, K., Choe, W., Jo, C., 2015a. Microbial safety and quality attributes of milk following treatment with atmospheric pressure encapsulated dielectric barrier discharge plasma. Food Control 47, 451–456.

Kim, H.J., Jayasena, D.D., Yong, H.I., Alahakoon, A.U., Park, S., Park, J., Choe, W., Jo, C., 2015b. Effect of atmospheric pressure plasma jet on the foodborne pathogens attached to commercial food containers. J. Food Sci. Technol. 52, 8410–8415.

Kim, J.W., Puligundla, P., Mok, C., 2016. Effect of corona discharge plasma jet on surface borne microorganisms and sprouting of broccoli seeds. J. Sci. Food Agric. 97 (1),128–134.

Kim, J.E., Oh, Y.J., Won, M.Y., Lee, K.S., Min, S.C., 2017. Microbial decontamination of onion powder using microwave-powered cold plasma treatments. Food Microbiol. 62, 112–123.

Kulawik, P., Alvarez, C., Cullen, P.J., Aznar-Roca, R., Mullen, A.M., Tiwari, B., 2018. The effect on non-thermal plasma on the lipid oxidation and microbiological quality of sushi. Innov. Food Sci. Emerg. Technol. 45, 412–417.

Lackmann, J.W., Schneider, S., Edengeiser, E., Jarzina, F., Brinckmann, S., Steinborn, E., Havenith, M., Benedikt, J., Bandow, J.E., 2013. Photons and particles emitted from cold atmospheric-pressure plasma inactivate bacteria and biomolecules independently and synergistically. J. R. Soc. Interface 10(89), 20130591.

Lacombe, A., Niemira, B.A., Gurtler, J.B., Fan, X., Sites, J., Boyd, G., Chen, H., 2015. Atmospheric cold plasma of aerobic microorganisms on blueberries and effects in quality attributes. Food Microbiol. 46, 479–484.

Langmuir, I., 1928. Oscillations in ionized gases. Proc. Natl. Acad. Sci. 14, 627–637.

Laroussi, M., 1996. Sterilization of contaminated matter with an atmospheric pressure plasma. IEEE Trans. Plasma Sci. 24(3), 1188–1191.

Laroussi, M., 2008. The biomedical applications of plasma: a brief history on the development of a new field of research. IEEE Trans. Plasma Sci. 36 (4), 1612–1614.

Laroussi, M., 2015. Low-temperature plasma jet for biomedical applications: a review. IEEE Trans. Plasma Sci. 43(3), 703–712.

Lee, H.J., Jung, S., Jung, H., Park, S., Choe, W., Ham, J.S., Jo, C., 2012. Evaluation of adielectric barrier discharge plasma system for inactivating pathogens on cheese slices. J. Animal Sci. Technol. 54, 191–198.

Lee, H., Kim, J.E., Ching, M.S., Min, S.C., 2015. Cold plasma treatment for the microbiological safety of cabbage, lettuce and dried figs. Food Microbiol. 51, 74–80.

Lee, K.H., Kim, H.J., Woo, K.S., Jo, C., Kim, J.K., Kim, S.H., Park, H.Y., Oh, S.K., Kim, W.H., 2016. Evaluation of cold plasma treatments for improved microbial and physicochemical qualities of brown rice. LWT–Food Sci. Technol. 73, 442–447.

Lee, T., Puligundla, P., Mok, C., 2017. Corona Discharge Plasma Jet Inactivates Food-borne Pathogens Adsorbed onto Packaging Material Surfaces. Packag. Technol. Sci. 30, 681–690.

Lee, T., Puligundla, P., Mok, C., 2018. Intermittent corona discharge plasma jet for improving tomato quality. J. Food Eng. 223, 168–174.

Liao, X., Li, J., Muhammad, A.I., Suo, Y., Chen, S., Ye, X., Liu, D., Ding, T., 2018. Application of a dielectric barrier discharge atmospheric cold plasma (Dbd-acp) for *Escherichia coli* inactivation in apple juice. J. Food Sci. 83 (2), 401–408.

Mahnot, N.K., Mahanta, C.L., Keener, K.M., Misra, N.N., 2019. Strategy to achieve a 5-log *Salmonella* inactivation in tender coconut water using high voltage atmospheric cold plasma (HVACP). Food Chem. 284, 303–311.

Mai-Prochow, A., Clauson, M., Hong, J.M., Murphy, A.B., 2016. Gram positive and Gram negative bacteria differ in their sensitivity to cold plasma. Sci. Rep. 6, 38610.

Mandal, R., Singh, A., Singh, A.P., 2018. Recent developments in cold plasma technology decontamination in the food industry. Trends Food Sci. Technol. 80, 93–103.

Matan, N., Puangjinda, K., Phothisuwan, S., Nisoa, M., 2015. Combined antibacterial activity of green tea extract with atmospheric radio-frequency plasma against pathogens on fresh-cut dragon fruit. Food Control 50, 291–296.

Mehta, D., Sharma, N., Bansal, V., Sangwan, R.S., Yadav, S.K., 2019. Impact of ultrasonication, ultraviolet and atmospheric cold plasma processing on quality parameters of tomato-based beverage in comparison with thermal processing. Innov. Food Sci. Emerg. Technol. 52, 343–349.

Min, S., Roh, S.H., Niemira, B.A., Boyd, G., Sites, J.E., Uknalis, J., Fan, X., 2017. In-package inhibition of *Escherichia coli* O157:H7 on bulk Romaine lettuce using cold plasma. Food Microbiol. 65, 1–6.

Misra, N.N., Patil, S., Moiseev, T., Bourke, P., Mosnier, J.P., Keener, K.M., Cullen, P.J., 2014. In package-atmospheric pressure cold plasma treatment of strawberries. Journal of Food Engineering. 125, 131–138.

Misra, N.N., Pankaj, S.K., Segat, A., Ishikawa, K., 2016. Cold plasma interactions with enzymes in foods and model systems. Trends Food Sci. Technol. 55, 39–47.

Misra, N.N., Jo, C., 2017. Applications of cold plasma technology for microbiological safety in meat industry. Trends Food Sci. Technol. 64, 74–86.

Muhammad, A.I., Liao, X., Cullen, P.J., Liu, D., Xiang, Q., Wang, J., Chen, S., Ye, X., Ding, T., 2018. Effects of nonthermal plasma technology on functional food components. Compr. Rev. Food Sci. Food Saf. 17, 1379–1394.

Muhammad, A.I., Li, Y., Liao, X., Liu, D., Ye, X., Chen, S., Hu, Y., Wang, J., Ding, T., 2019. Effect of dielectric barrier discharge plasma on background microflora and physicochemical properties of tiger nut milk. Food Control 96, 119–127.

Muranyi, P., Wunderlich, J., Heise, M., 2007. Sterilization efficiency of a cascaded dielectric barrier discharge. J. Appl. Microbiol. 103, 1535–1544.

Muranyi, P., Wunderlich, J., Heise, M., 2008. Influence of relative gas humidity on the inactivation efficiency of a low temperature gas plasma. J. Appl. Microbiol. 104, 1659–1666.

Muranyi, P., Wunderlich, J., Langowski, H.C., 2010. Modification of bacterial structures by a low-temperature gas plasma and influence on packaging material. J. Appl. Microbiol. 109, 1875–1885.

Nayak, B., Li, Z., Ahmed, I., Lin, H., 2017. Removal of allergens in some food products using ultrasound. In: Bermudez-Aguirre, D. (Ed.), Ultrasound: advances in Food Processing and Preservation. Elsevier/Academic Press, Oxford, UK, pp. 267–292.

Niemira, B.A., 2012a. Cold plasma disinfection of foods. Annu. Rev. Food Sci. Technol. 3, 125–142.

Niemira, B.A., 2012b. Cold plasma reduction of *Salmonella* and *Escherichia coli* O157:H7 on almonds using ambient pressure gases. J. Food Sci. 77 (3), M171–M175.

Niemira, B.A., Sites, J., 2008. Cold plasma inactivates *Salmonella* Stanley and *Escherichia coli* O157:H7 inoculated on golden delicious apples. J. Food Prot. 71 (7), 1357–1365.

Noriega, E., Shama, G., Laca, A., Diaz, M., Kong, M.K., 2011. Cold atmospheric cold plasma disinfection of chicken meat and chicken skin contaminated with *Listeria innocua*. Food Microbiol. 28(7), 1293–1300.

Oh, Y.J., Song, A.Y., Min, S.C., 2017. Inhibition of *Salmonella typhimurium* on radish sprouts using nitrogen-cold plasma. Int. J. Food Microbiol. 149, 66–71.

Olatunde, O.O., Benjakul, S., Vongkamjan, K., 2019. High voltage cold atmospheric plasma: antibacterial properties and its effect on quality of Asian sea bass slices. Innov. Food Sci. Emerg. Technol. 52, 305–312.

Paixão, L.M.N., Fonteles, T.V., Oliveira, V.S., Fernandes, F.A.N., Rodrigues, S., 2019. Cold plasma effects on functional compounds of siriguela juice. Food Bioprocess Technol. 12 (1), 110–121.

Pankaj, S.K., Keener, K.M., 2017. Cold plasma: background, applications and current trends. Curr. Opin. Food Sci. 16, 49–52.

Pankaj, S.K., Wan, Z., Colonna, W., Keener, K.M., 2017. Effect of high voltage atmospheric cold plasma on white grape juice quality. J. Sci. Food Agric. 97 (12), 4016–4021.

Pankaj, S.K., Wan, Z., Keener, K.M., 2018a. Effects of cold plasma in food quality: a review. Foods 7 (4), 3–21.

Pankaj, S.K., Shi, H., Keener, K.M., 2018b. A review of novel chemical and physical decontamination technologies for aflatoxin in foods. Trends Food Sci. Technol. 71, 73–83.

Patange, A., Boehm, D., Giltrap, M., Lu, P., Cullen, P.J., Bourke, P., 2018. Assessment of the disinfection capacity and eco-toxicological impact of atmospheric cold plasma for treatment of food industries effluents. Sci. Total Environ. 631-632, 298–307.

Patil, S., Moiseev, T., Misra, N.N., Cullen, P.J., Mosnier, J.P., Keener, K.M., Bourke, P., 2014. Influence of high voltage atmospheric cold plasma process parameters and role of relative humidity on inactivation of *Bacillus atrophaeus* spores inside a sealed package. J. Hosp. Infect. 88 (3), 162–169.

Pei, X., Lu, X., Liu, J., Liu, D., Yang, Y., Ostrikov, K., Chu, P.K., Pan, Y., 2012. Inactivation of a 25.5 μm *Enterococcus faecalis* biofilm by a room-temperature, battery-operated, handheld air plasma jet. J. Phys. D-Appl. Phys. 45, 165205–165210.

Penning, F.M., 1926. Scattering of electrons in ionised gases. Nature 118(2965), 301.

Perni, S., Liu, D.W., Shama, G., Kong, M.G., 2008. Cold atmospheric plasma decontamination of the pericarps of fruits. J. Food Prot. 71 (2), 302–308.

Prasad, P., Mehta, D., Bansal, V., Sangwan, R.S., 2017. Effect of atmospheric cold plasma (ACP) with its extended storage on the inactivation of *Escherichia coli* inoculated on tomato. Food Res. Int. 102, 402–408.

Puligundla, P., Kim, J.W., Mok, C., 2017a. Effect of corona discharge plasma jet treatment on decontamination and sprouting of rapeseed (*Brassica napus* L.) seeds. Food Control 71, 376–382.

Puligundla, P., Kim, J.W., Mok, C., 2017b. Effects of nonthermal plasma treatment on decontamination and sprouting of radish (*Raphanus sativus* L.) seeds. Food Bioprocess

Technol. 10(6), 1093–1102.

Ragni, L., Berardinelli, A., Vannini, L., Montanari, C., Sirri, F., Guerzoni, M.E., Guarnieri, A., 2010. Non-thermal atmospheric gas plasma device for surface decontamination of shell eggs. J. Food Eng. 100, 125–132.

Rodriguez, O., Gomes, W.F., Rodrigues, S., Fernandes, F.A.N., 2017. Effect of indirect cold plasma treatment on cashew apple juice (*Anacardium occidentale* L.). LWT–Food Sci. Technol. 84, 457–463.

Rossow, M., Ludewig, M., Braun, P.G., 2018. Effect of atmospheric pressure cold plasma treatment on inactivation of *Campylobacter jejuni* on chicken skin and breast fillet. LWT– Food Sci. Technol. 91, 265–270.

Roth, S., Feichtinger, J., Hertel, C., 2010. Characterization of *Bacillus subtilis* spore inactivation in low-pressure, low-temperature gas plasma sterilization processes. J. Appl. Microbiol. 108, 521–531.

Santos Jr., L.C.O., Cubas, A.L.V., Moecke, E.H.S., Ribeiro, D.H.B., Amante, E.R., 2018. Use of cold plasma to inactivate *Escherichia coli* and physicochemical evaluation in pumpkin puree. J. Food Prot. 81(11), 1897–1905.

Sarangapani, C., Patange, A., Bourke, P., Keener, K., Cullen, P.J., 2018. Recent advances in the application of cold plasma technology in foods. Annu. Rev. Food Sci. Technol. 9, 609–629.

Segat, A., Misra, N.N., Cullen, P.J., Innocente, N., 2016. Effect of atmospheric pressure cold plasma (ACP) on activity and structure of alkaline phosphatase. Food Bioprod. Process 98, 181–188.

Segura-Ponce, L.A., Reyes, J.E., Troncoso-Contreras, G., Valenzuela-Tapia, G., 2018. Effect of low-pressure cold plasma (LPCP) on the wettability and the inactivation of *Escherichia coli* and *Listeria innocua* on fresh-cut apple (*Granny Smith*) skin. Food Bioprocess Technol. 11, 1075–1086.

Shah, U., Ranieri, P., Zhou, Y., Schauer, C.L., Miller, V., Fridman, G., Sekhon, J., 2019. Effects of cold plasma treatments on spot-inoculated *Escherichia coli* O157:H7 and quality of baby kale (*Brassica oleracea*) leaves. Innov. Food Sci. Emerg. Technol. 57, 102104.

Silveira, M.R., Coutinho, N.M., Esmerino, E.A., Moraes, J., Fernandes, L.M.,Pimentel, T.C., Freitas, M.Q., Silva, M.C., Raices, R.S.L., Ranadheera, C.S., Borges, F.O., Neto, R.P.C., Tavares, M.I.B., Fernandes, F.A.N., Fonteles, T.V., Nazzaro, F., Rodrigues, S., Cruz, A.G., 2019.

Guava-flavored whey beverage processed by cold-plasma technology: bioactive compounds, fatty acid profile and volatile compounds. Food Chem. 279, 120–127.

Surowsky, B., Fischer, A., Schlueter, O., Knorr, D., 2013. Cold plasma effects on enzyme activity in a model food system. Innov. Food Sci. Emerg. Technol. 19, 146–152.

Surowsky, B., Frohling, A., Gottschalk, N., Schlüter, O., Knorr, D., 2014. Impact of cold plasma on *Citrobacter freundii* in apple juice: inactivation kinetics and mechanisms. Int. J. Food Microbiol. 174, 63–71.

Takai, E., Kitamura, T., Takai, E., Kitano, K., Kuwabara, J., Shiraki, K., 2012. Protein inactivation by low-temperature atmospheric pressure plasma in aqueous solution. Plasma Process. Polym. 9 (1), 77–82.

Tappi, S., Berardinelli, A., Ragni, L., Dalla Rosa, M., Guarnieri, A., Rocculi, P., 2014. Atmospheric gas plasma treatment of fresh-cut apples. Innov. Food Sci. Emerg. Technol. 21, 114–122.

Thirumdas, R., Sarangapani, C., Annapure, U.S., 2015. Cold plasma: a novel non-thermal technology for food processing. Food Biophys. 10(1), 1–11.

Thiyagarajan, M., Alexeff, I., Parameswaran, S., Beebe, S., 2005. Atmospheric pressure resistive barrier cold plasma for biological decontamination. IEEE Trans. Plasma Sci. 33(2), 322–323.

Trevisani, M., Berardinelli, A., Cevoli, C., Cecchini, M., Ragni, L., Pasquali, F., 2017. Effects of sanitizing treatments with atmospheric cold plasma, SDS and lactic acid onvero-toxin producing *Escherichia coli* and *Listeria monocytogenes* in red chicory (radicchio). Food Control 78, 138–143.

Ukuku, D.O., Niemira, B.A., Ukanalis, J., 2019. Nisin-based antimicrobial combination with cold plasma treatment inactivate *Listeria monocytogenes* on Granny Smith apples. LWT–Food Sci. Technol. 104, 120–127.

Wan, Z., Chen, Y., Pankaj, S.K., Keener, K.M., 2017. High voltage atmospheric cold plasmaof refrigerated chicken eggs for control of *Salmonella* Enteritidis contamination on eggshell. LWT–Food Sci. Technol. 76, 124–130.

Wan, Z., Pankaj, S.K., Mosher, C., Keener, K.M., 2019. Effect of high voltage atmospheric pressure cold plasma on inactivation of *Listeria innocua* on Queso Fresco cheese, cheese model and tryptic soy agar. LWT–Food Sci. Technol. 102, 268–275.

Wang, Y., Wang, T., Yuan, Y., Fan, Y., Guo, K., Yue, T., 2018. Inactivation of yeast on apple juice using gas-phase surface discharge plasma treatment with spray reactor. LWT–Food Sci. Technol. 97, 530–536.

Wang, Y., Wang, Z., Yuan, Y., Gao, Z., Guo, K., Yue, T., 2019. Application of gas phase surface discharge plasma with a spray reactor for *Zygosaccharomyces rouxii* LB inactivation in apple juice. Innov. Food Sci. Emerg. Technol. 52, 450–456.

Won, M.Y., Lee, S.J., Min, S.C., 2017. Mandarin preservation by microwave-powered cold plasma treatment. Innov. Food Sci. Emerg. Technol. 39, 25–32.

Xu, L., Garner, A.L., Tao, B., Keener, K.M., 2017. Microbial inactivation and quality changes on orange juice treated by high voltage atmospheric cold plasma. Food Bioprocess Technol. 10 (10), 1778–1791.

Yang, L., Chen, J., Gao, J., Guo, Y., 2009. Plasma sterilization using the RF glow discharge. Appl. Surf. Sci. 255, 8960–8964.

Yannam, S.K., Estifaee, P., Rogers, S., Thagard, S.M., 2018. Application of high voltage electrical discharge plasma for the inactivation of *Escherichia coli* ATCC 700891 in tangerine juice. LWT–Food Sci. Technol. 90, 180–185.

Yeon, M., Jo, S., Min, S.C., 2017. Mandarin preservation by microwave powered cold plasma treatment. Innov. Food Sci. Emerg. Technol. 39, 25–32.

Yong, H.I., Kim, H.J., Park, S., Choe, W., Oh, M.W., Jo, C., 2014. Evaluation of the treatment of both sides of raw chicken breasts with an atmospheric pressure plasma jet for the inactivation of *Escherichia coli*. Foodborne Pathog. Dis. 11, 652–657.

Yong, H.I., Kim, H.J., Park, S., Kim, K., Choe, W., Yoo, S.J., Jo, C., 2015. Pathogen inactivation and quality changes in sliced cheddar cheese treated using flexible thin-layer dielectric barrier discharge plasma. Food Res. Int. 69, 57–63.

Zhang, H., Xu, Z., Shen, J., Li, X., Ding, L., Ma, J., Lan, Y., Xia, W., Cheng, C., Sun, Q., Zhang, Z., 2015. Effects and mechanism of atmospheric-pressure dielectric barrier discharge cold plasma on lactate dehydrogenase (LDH) enzyme. Sci. Rep. 5, 10031.

Zhang, Y., Wei, J., Yuan, Y., Chen, H., Dai, L., Wang, X., Yue, T., 2019. Bactericidal effect of cold plasma on microbiota of commercial fish balls. Innov. Food Sci. Emerg. Technol. 52, 394–405.

Ziuzina, D., Han, L., Cullen, P.J., Bourke, P., 2015. Cold plasma inactivation of internalized bacteria and biofilms for *Salmonella enterica serovar* Typhimurium, *Listeria monocytogenes* and *Escherichia coli*. Int. J. Food Microbiol. 210, 53–61.

目　录

第1部分

冷等离子体基础

第1章
冷等离子体的工程原理

1 引言

近年来，冷等离子体在食品保鲜领域的潜在应用受到广泛关注。作为一种新兴非热加工技术，冷等离子体能够有效杀灭致病性和致腐性微生物，同时不会对食品组分和品质造成不良影响。此外，与其他杀菌剂或精油联合使用可显著增强冷等离子体的杀菌效能。食品冷等离子体加工是一个复杂的主题，仍然需要开展多学科交叉研究。

冷等离子体发生器类型多样，每种类型的发生器均可产生由自由电子、激发态中性自由基等组成的等离子体。由于带电化学组分极易通过一系列反应而消失，等离子体相可恢复为气相。电子雪崩（electron avalanches）和流注放电（streamers）可导致中性物质的电离；分子间的碰撞会导致化学键断裂，从而产生反应活性很高的中性物质。在许多冷等离子体系统中，这些活化的中性化学物质可到达待处理食品表面并发生一系列化学反应。根据工作气体的不同，等离子体发生器能够产生各种各样的活性化学物质。例如，以含有干燥空气的混合气体所产生的冷等离子体富含多种活性氮氧（reactive oxygen and nitrogen species，RONS），因此能够有效杀灭存在于食品、伤口和水溶液中的微生物。

截至目前，人们可采用气体放电法、热电离法等多种方法产生等离子体，但并不是所有的方法均能够产生冷等离子体。只有冷等离子体能够应用于食品加工领域，这是因为其温度较低，不会产生热效应并且不会对食品品质造成不良影响。热电离法产生的一般是热力学平衡等离子体，其富含中性粒子、正离子、负离子和自由电子等；上述组分的温度相同，但热力学平衡等离子体的温度太高，因此并不适用于食品的加工处理。通过电场加速自由电子可维持等离子体状态，同时产生大量温度较低的化学物质（非自由电子，许多冷等离子体发生器所产生等离子体的温度接近室温）；经电场加速后，自由电子速度会升高，甚至能够引发目标化学物质发生碰撞电离。同样重要的是，许多电子与中性分子的碰撞会产生很高的动能来断裂化学键（非离子化）并同时产生激发态中性化学自由基。食品工程师需要大量的技术细节才能全面分析冷等离子体反应器和其中涉及的一些技术规范，这是本章讨论的重点内容。

尽管紫外线和高速电子束都被证实能够有效杀灭微生物，但冷等离子体杀灭微生物的作用机制不是本章论述的重点，上述内容将在本书的其他章节进行详细论述。本章重点论述能够产生活性化学物质并适用于食品保鲜的冷等离子体发生装置。电磁场理论和等离子体动力学理论是理解食品冷等离子体加工所涉及工程原理的基础。了解冷等离子体发生装置所产生的主要活性物质及其在食品加工过程中的变化极为重要，这将有助于优化自由基等活性物质对微生物的杀灭作用并有效保持加工食品的品质，从而为人类提供安全和高品质的食品。

2　冷等离子体基本原理

冷等离子体反应器的工程学原理主要涉及两个方面的内容：一是以麦克斯韦方程组（Maxwell's equations）为代表的电磁场理论；二是以玻尔兹曼方程（Boltzmann equation）为代表的动力学理论。麦克斯韦方程主要用于确定带电粒子在电场和磁场中的运动轨迹。在玻尔兹曼方程中界定的是用于模拟等离子体现象的框架，如对流、扩散、流动等现象，以及冷等离子体食品加工过程中发现的各种带电粒子和中性化学物质矢量微积分是阐述电磁学和动力学理论的最常见的方法，因此将使用相关符号，读者需要关注的是方程的物理含义，而不是数学细节。本章首先介绍等离子体状态的一般特征，并涵盖电磁学和动力学理论中的重要概念，最后讨论等离子体放电现象。

为了给本章冷等离子体应用于食品加工的工程原理奠定基础，首先介绍一下描述带电粒子在电磁场中运动规律的洛伦兹力方程（Lorentz force equation）：

$$\bar{F} = q(\bar{E} + \bar{v} \times \bar{B}) \tag{1.1}$$

式中，$\bar{F}$ 为力矢量，单位为牛顿（N）；q 为电荷，单位为库仑（C）；$\bar{E}$ 为电场强度矢量（本章称为E-场），单位为V/m；$\bar{v}$ 为速度矢量，单位为m/s；$\bar{B}$为磁通密度矢量（本章称为B-场），单位为T；×为叉乘的矢量算符。在式（1.1）中将B-场设为零，如果E-场的量级足够大，那么自由电子可以被加速以达到足够高的动能水平，从而导致其与原子和分子的电离碰撞，也可以与分子发生碰撞离解。需要注意，式（1.1）中与电子和负离子相关的电荷q需要带负号引入方程。因此，在无磁场作用时，这些带有负电荷的物质受到与E-场方向相反的力。在本章讨论的典型冷等离子体反应器中，通过自由电子的不断电离碰撞可以维持等离子体的状态，自由电子断键而碰撞所产生的中性化学自由基对冷等离子体食品加工至关重要。若将式（1.1）中的E-场设置为零，但考虑到有限速度和有限的B-场（假设压力很低，自由电子和中性粒子之间偶尔发生碰撞），由于自由电子在B-场中的拉莫尔（Larmor）运动，可以有效地限制等离子体中的自由电子（最大限度地减少向反应器壁面的移动和损失）。在E-场和B-场同时存在时，无碰撞带电粒子的运动轨迹更为复杂。文献（Chen，1984b）详细描述了单粒子带电粒子的运动轨迹。

2.1 等离子体状态

等离子体状态无处不在，广泛存在于宇宙中，如恒星、星际空间、照明技术、核聚变研究反应堆、静电除尘器、电力断路器、静电放电等。本书只重点介绍了食品加工领域关注的冷等离子体，而没有详细描述其他领域的等离子体。等离子体是继物质的固态、液态、气态之后的物质存在的第四种状态。电离度（degree of ionization）描述了从纯气体（零电离）到完全电离的等离子体（100%电离）的转变。大多数中性原子（氢原子是唯一的例外）和所有中性分子都可以转变为多种电离物质，这就增加了研究气体电离度的复杂性。此外，由于一些中性粒子具有有限的截面来附着自由电子，它们可以在等离子体中形成负离子，从而增加了等离子体的复杂性。如果将固体和液体气溶胶注入部分电离的等离子体中，物质的四个相可以很容易地共存。

应用于食品加工的冷等离子体具有以下几个特征：①化学物质的相集合（实际上是等离子体相），可能包括中性原子、中性分子、中性活性自由基、自由电子、正离子和负离子；②自由电子是等离子体中唯一携带足够动能导致电离碰撞的物质；③大量化学物质（非自由电子）的温度可被认为是“冷的”或“接近室温的”；④自由电子与具有化学键的物质间发生碰撞断键，从而产生可用于食品加工的活化的中性化学物质；⑤自由电子通过电场的加速获得高动能

[见公式（1.1）]。

等离子体含有大量带电物质（自由电子、正离子、负离子），这是其与气体状态的重要区别。冷等离子体是一种特殊的非平衡状态，在这种状态下，大量物质的温度接近室温，而自由电子具有足够的动能来断裂化学键和进行电离碰撞。与冷等离子体不同的是，处于完全热力学平衡（complete thermodynamic equilibrium，CTE）状态的理想化等离子体作为单一温度的函数受到了广泛关注（Fridman & Kennedy, 2011b），它具有所有等离子体特性（如每种物种的平移速度分布、激发电子态分布、化学物种种群、光子光谱密度分布等）。在静止的背景气体（无漂移速度）和E-场的存在下，通过下式可获得自由电子的流速：

$$\bar{u} = -\left|K_e\right|\bar{E} \tag{1.2}$$

式中，$\bar{u}$ 是自由电子的流速，单位为m/s，是单位为$m^2 \cdot V^{-1} \cdot s^{-1}$的迁移率$|K_e|$与单位为V/m的E-场的乘积。电子迁移率的绝对值出现在公式（1.2）中，其中负号则清楚说明了电子通过其负电荷漂移方向与E-场方向反相平行[见公式（1.1）]。如果电子除了流速之外还有一个随机的热速度，那么适合使用电子温度T_e来表示（在本章中用开尔文温度表示）。采用对流和扩散模型（除了迁移率之外）对电子传输进行建模，可得出$\bar{u}_e$的以下公式：

$$\bar{u}_e = \bar{u}_c - \left|K_e\right|\bar{E} - \frac{1}{n_e} D_e \nabla n_e \tag{1.3}$$

式中，$\bar{u}_c$为中性背景气体流速，单位为m/s；n_e为电子数密度，单位为m^{-3}；D_e为电子扩散系数，单位为m^2/s；∇n_e为自由电子数密度梯度，单位为m^{-4}。在多数反应器中，中性背景气体是惰性载气，如氩气或氦气，因此公式（1.3）中的$\bar{u}_c$下标c。对于离子物质i，其相应的输运方程为：

$$\bar{u}_i = \bar{u}_c \pm \left|K_i\right|\bar{E} - \frac{1}{n_i} D_i \nabla n_i \tag{1.4}$$

式中，$\bar{u}_i$是离子物种i的流体速度，$|K_i|$是离子物种i的迁移率的绝对值，D_i是离子物种i在载气中的扩散系数，∇n_i是离子数密度梯度，± 符号表示离子物种i的极性（正电荷或负电荷）。式（1.4）的单位与式（1.3）的单位相同。相比较电子而言，离子具有随机的热速度，其离子温度为T_i，单位为K，对于冷等离子体而言，该温度接近室温。

对于接近大气压的冷等离子体系统，可使用商业软件包（Ambaw et al.，2017；Defraye Radu，2017；O'Sullivan et al.，2017）同时求解纳维-斯托克斯（Navier-

Stokes，N–S）动量方程和连续性方程，建立载气流场简单的工程模型，分别如以下两个简化方程所示：

$$m_c n_c \left[\frac{\partial \bar{u}_c}{\partial t} + \left(\bar{u}_c \cdot \nabla \right) \bar{u}_c \right] = -\nabla \left(n_c \mathrm{k} T_c \right) + \bar{F}_v + \bar{F}_{\mathrm{ext}} \tag{1.5}$$

$$\frac{\partial \left(m_c n_c \right)}{\partial t} + \nabla \cdot \left(m_c n_c \bar{u}_c \right) = 0 \tag{1.6}$$

式中，m_c是载气原子质量，单位为kg；n_c是载气原子数密度，单位为m^{-3}；$\bar{u}_c$是中性背景气体流速，单位为m/s；t是时间，单位为s；k为玻尔兹曼常数，值为1.38×10^{23}J/K；T_c是载气温度，单位为K；$\bar{F}_v$是黏性力表达式，单位为N/m^3；$\bar{F}_{\mathrm{ext}}$是载气所经历的外力，单位为N/m^3；$\left[\frac{\partial \bar{u}_c}{\partial t} + \left(\bar{u}_c \cdot \nabla \right) \bar{u}_c \right]$是载气流体速度的对流导数，单位为$m/s^2$；$\nabla \left(n_c \mathrm{k} T_c \right)$是载气压力梯度，单位为$N/m^3$；$\nabla \cdot \left(m_c n_c \bar{u}_c \right)$是质量通量的散度，单位为$kg/(m^3{}_s)$。在公式（1.5）中用理想气体定律表示单位为$N/m^2$的载气压力$p_c$：

$$p_c = n_c \mathrm{k} T_c \tag{1.7}$$

在反应器壁面和电极附近产生的载气边界层存在式（1.5）中的黏性力。当冷等离子体反应器在大气压左右工作时，且当载气分压大大超过工作气体分压时，载气数密度约为洛希密特数（Loschmidt's number）的量级：

$$n_0 = 2.687 \times 10^{25}\,\mathrm{m}^{-3} \tag{1.8}$$

即标准温度和压力下理想气体粒子数密度。

公式（1.6）忽略了载气原子与自由电子电离碰撞引起的载气原子的汇（sinks）。常见的载气是氦气和氩气，化学性质稳定且易获取，并具有有助于维持等离子体放电的亚稳态。各种离子与载气之间的动量交换碰撞可以对载气产生有效的作用力，导致离子流和载气流之间的复杂耦合，术语“电风（electric wind）”（Benard et al.，2017；Yanallah et al.，2017）用于描述电场和离子流场通过离子与中性载气原子之间的动量交换碰撞对载气流场的影响。

冷等离子体整体（宏观上）呈现电荷中性；然而从局部来看（微观上），在等离子体/固体或等离子体/液体界面形成的鞘层（sheath）可能存在净电荷积累。当未受干扰的等离子体内部将高流动性的自由电子（相对于流动性较低的正离子）输送到固体或液体表面时，就形成了等离子体鞘层。电子和正离子之间的通量差异导致了等离子体到界面电场的形成，从而增加到界面的正离子通量。固体或液体大粒子的静电势导致该粒子的净电流为零，这种电位称为“悬浮电位（floating potential）”。“等离子体势（plasma potential）”是指未受干扰的等离子体内部的静电势。朗缪尔（Langmuir）探针理论描述了放置于等离子体内部的小型导电探针的伏安特性（Chen，1965）。朗缪尔探针理论与下式给出的德拜屏蔽距离（Debye shielding distance）λ_D有关：

$$\lambda_D = \sqrt{\frac{kT_e\varepsilon_0}{n_e e^2}} \tag{1.9}$$

式中，λ_D是德拜屏蔽距离，单位为m；k是玻尔兹曼常数，为1.38×10^{23} J/K；T_e是自由电子温度，单位为K；ε_0是自由空间的电介电常数，等于8.854×10^{-12} F/m；n_e是电子数密度，单位为m^{-3}；e是电子电荷，等于1.602×10^{-19} C。德拜屏蔽距离是净空间电荷（不存在局部电荷中性）存在于等离子体中的尺度长度。等离子体鞘层的厚度等于几个λ_D。对于许多冷等离子体来说，λ_D是微米级的。冷等离子体将外部施加的电势和伴随的E-场屏蔽在几个德拜屏蔽距离内。如本章后面所述，在雪崩的头部和流注头部存在冷等离子体净空间电荷密度。

复合电磁场由驻留在冷等离子体外部的电荷和电流相关的E-场和B-场以及与等离子体提供的电荷和电流相关的场叠加而产生。也就是说，等离子体中的带电物质不仅对电磁场的形成产生影响，还会对电磁场做出响应。当等离子体外部的电流和电压产生接近等离子体的E-场和B-场时，基于公式（1.1），等离子体中每个带电等离子体粒子根据新的E-场和B-场调整其运动轨迹。这种对外加电场的响应行为，导致等离子体带电粒子系统能够有效地保护等离子体内部不受外加电场的影响。

由于电场和磁场提供了恢复力，等离子体中包含许多行波（traveling wave）现象以及许多振荡的固有频率，这些可以与电源的基本激励频率相互作用。在本章中，我们简要地提到了四个重要的固有频率，在这里用赫兹（Hz）单位表示（Chen，1984a）：

$$f_{pe} = \frac{1}{2\pi}\sqrt{\frac{n_e e^2}{\varepsilon_0 m_e}}\ \text{（电子等离子体频率）} \tag{1.10}$$

$$f_{pi}=\frac{1}{2\pi}\sqrt{\frac{n_i\mathrm{e}^2}{\varepsilon_0 m_i}}\text{（离子等离子体频率）} \tag{1.11}$$

$$f_{ce}=\frac{1}{2\pi}\frac{|\mathrm{e}|B}{m_\mathrm{e}}\text{（电子回旋频率）} \tag{1.12}$$

$$f_{ci}=\frac{1}{2\pi}\frac{|\mathrm{e}|B}{m_i}\text{（离子回旋频率）} \tag{1.13}$$

式中，n_e是电子数密度，单位为m^{-3}；e是电荷，等于1.602×10^{-19}C；ε_0是自由空间的电容率，等于8.854×10^{-12}F/m；m_e是电子质量，等于9.109×10^{-31}kg；n_i是离子物质i的数密度，单位为m^{-3}；m_i是物质i的离子质量，单位为kg；|e|是电荷绝对值，等于1.602×10^{-19}C；B是磁通密度，单位为T。在公式（1.10）和式（1.11）中的两个固有频率分别与电子和离子数密度受到扰动并被允许弛豫回其稳定值时发生的振荡有关，而公式（1.12）和式（1.13）中的两个固有频率分别给出了电子和离子绕局域B-场运行的频率。在公式（1.10）~式（1.13）中，假设离子是单一电离的。在公式（1.12）和式（1.13）中，绝对值符号消除了通常伴随电荷e的负号的模糊性。公式（1.10）和式（1.11）使用的是电子电荷的平方，因此在这些方程中不存在这种模糊性。

低压磁化等离子体带电粒子的轨迹呈螺旋状，如图1.1所示，它显示了电子和正离子在外加B-场中绕行时的回旋运动。图1.1还表明，磁化等离子体是反磁性的，即带电粒子轨道产生的B-场会削弱所施加的B-场（所产生的B-场小于所施加B-场）。对于低压冷等离子体反应器，当这些粒子的回旋运动与背景中性粒子的碰撞较少时，施加的B-场能有效地限制等离子体，从而减少反应器壁上的带电粒子的损失。为此，磁约束是低压冷等离子体反应器的一个优点。回旋运动沿磁力线的漂移方向与外加的B-场平行或反向平行。图1.1中还包含与回旋运动有关的拉莫尔半径（Larmor radii）（Chen，1984a）：

$$R_\mathrm{Le}=\frac{v_{\perp\mathrm{e}}}{2\pi f_\mathrm{ce}}\text{（电子拉莫尔半径）} \tag{1.14}$$

$$R_\mathrm{Li}=\frac{v_{\perp\mathrm{i}}}{2\pi f_\mathrm{ci}}\text{（离子拉莫尔半径）} \tag{1.15}$$

式中，R_Le是电子拉莫尔半径，单位为m；$v_{\perp\mathrm{e}}$是垂直于所施加B-场的电子速度，单位为m/s；f_ce是公式（1.12）给出的电子回旋频率，单位为Hz。R_Li是离子拉莫尔半径，单位为m；$v_{\perp i}$是垂直于所施加B-场的离子速度，单位为m/s；f_{ci}是公式（1.13）给出的离子回旋频率，单位为Hz。在大气压冷等离子体中，带电粒子与背景载气中性粒子相遇时的高碰撞频率不断扰乱其回旋运动，导致磁约束在大气压冷等离子体反应器中不起作用（Lieberman和Lichtenberg，2005d；Chen，1984c）。

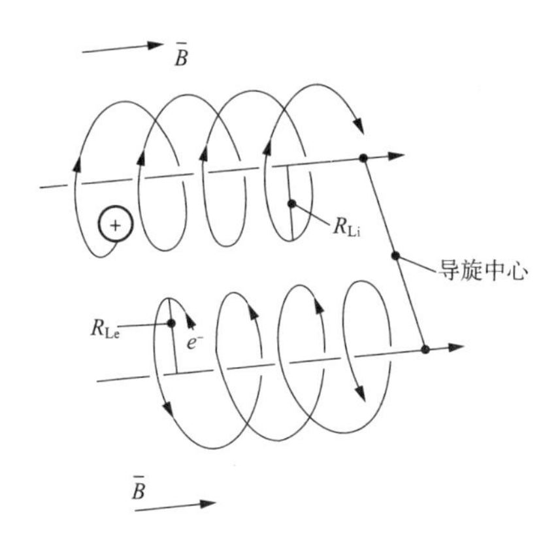

图1.1　正离子和电子的回旋运动示意图。图中箭头标记为磁场方向，离子和电子在磁场中作环绕磁力线的回旋运动，并沿磁力线螺旋向右漂移。离子和电子的拉莫尔半径分别为R_{Li}和R_{Le}。该图未按比例绘制

2.2　麦克斯韦方程组

有四个描述电磁场的基本方程（Jackson，1975；Lorrain和Corson，1970；Paris和Hurd，1969）。历史上，这些方程最初是描述通过实验得出的四种不同的现象：电场的高斯（Gauss's）定律、磁场的高斯定律、法拉第（Faraday's）定律和安培（Ampere's）定律。

詹姆斯·克拉克·麦克斯韦（James Clerk Maxwell）认识到安培定律并未考虑位移电流密度，通过补充该项，安培定律被重新命名为安培-麦克斯韦方程。麦克斯韦的贡献相当重要，以至于四个方程式都被命名为麦克斯韦方程。电磁场与宏观物质以复杂方式相互作用，因此可采用两种不同的形式来表示麦克斯韦方程组。第一种形式被称为位于真空（自由空间）中的电荷源和电流源的麦克斯韦方程，或称为微观介质的麦克斯韦方程。麦克斯韦方程的第二种形式描述了位于宏观介质中的电荷源和电流源的电磁场。关于麦克斯韦方程组的细节描述见下文。

微观介质中的电磁场由以下麦克斯韦方程来描述（Balanis，2012）：

$$\nabla \cdot \bar{E} = \frac{1}{\varepsilon_0}\rho_{v,\text{all}} \text{（E-场的高斯定律）} \tag{1.16}$$

$$\nabla \cdot \bar{B}=0 \text{（B–场的高斯定律）} \tag{1.17}$$

$$\nabla \times \bar{E} = -\frac{\partial \bar{B}}{\partial t} \text{（法拉第定律）} \tag{1.18}$$

$$\nabla \times \bar{B} = \mu_0 \bar{J}_{v,\text{all}} + \mu_0 \varepsilon_0 \frac{\partial \bar{E}}{\partial t} \text{（微观安培–麦克斯韦方程）} \tag{1.19}$$

式中，$\nabla \cdot$是矢量微积分中的散度，单位为m^{-1}；$\bar{E}$是电场强度，单位为V/m；ε_0是由实验确定的常数，称为真空电容率，其近似值为8.854×10^{-12} F/m；$\rho_{v,\text{all}}$是体积电荷密度，单位为C/m^3；$\bar{B}$是磁通密度，单位为T；$\nabla \times$是向量微积分中的旋度，单位为m^{-1}；t是时间，单位为s；μ_0是由实验确定的常数，称为真空磁导率，其近似值为$4\pi \times 10^{-7}$ H/m；$J_{v,\text{ all}}$是电流密度，单位为A/m^2。在公式（1.16）和式（1.19）中下标的v分别表示位于三维空间或“体积”中的空间电荷密度和电流密度，单位分别为C/m^3和A/m^2，而下标的“all”表示这些是微观场，注意必须模拟“all”空间电荷密度和“all”电流密度，简单来说，这意味着空间电荷密度源和电流密度源位于真空（自由空间）中。

当各向同性介质和各向同性铁磁材料存在时，这组麦克斯韦方程（1.16）~方程（1.19）将转变为以下方程（Balanis，2012）：

$$\nabla \cdot \bar{D} = \rho_{v,\text{free}} \text{（D–场的高斯定律）} \tag{1.20}$$

$$\nabla \cdot \bar{B} = 0 \text{（B–场的高斯定律）} \tag{1.21}$$

$$\nabla \times \bar{E} = -\frac{\partial \bar{B}}{\partial t} \text{（法拉第定律）} \tag{1.22}$$

$$\nabla \times \bar{H} = \bar{J}_{v,\text{free}} + \frac{\partial \bar{D}}{\partial t} \text{（微观安培–麦克斯韦方程）} \tag{1.23}$$

式中各种宏观电磁场通过以下方程相关联：

$$\bar{E} = \frac{1}{\varepsilon} \bar{D} \tag{1.24}$$

$$\bar{B} = \mu \bar{H} \tag{1.25}$$

式中，$\nabla \cdot$是矢量微积分中的散度，单位为m^{-1}；$\bar{D}$是电通量密度，单位为C/m^2；$\rho_{v,\text{free}}$是体积电荷密度，单位为C/m^3；$\bar{E}$是电场强度，单位为V/m；$\bar{B}$是磁通密度，单位为T；t是时间，单位为s；$\nabla \times$是向量微积分中的旋度，单位为m^{-1}；$\bar{H}$是磁场强度，单位为A/m；$\bar{J}_{v,\text{free}}$是电流密度，单位为A/m^2；ε是介质材料的电介电常数，单位为F/m；μ是铁磁材料的磁导率。公式（1.20）和式（1.23）中下标的v分别表示位于三维空间或“体积”中的空间电荷密度和电流密度，单位分别为C/m^3和A/m^2，而下标“free”表示这些是宏观场，注意只需模拟“free”空间电荷密度和“free”电流密度，这两者都与带电物质相关，与原子和分子维度相比，它们可以自由移动的距离更远。非自由的电荷密度和电流密度之所以被束缚，与介质中的电极化分子和铁磁材料中的有效束缚电流密度有关。H-场和D-场是导出场，它们的实用性在于只考虑自由电荷和自由电流密度，而不考虑束缚电荷密度和有效束缚电流密度。只有与等离子体相关的工程模型（无介电材料和铁磁材料）可使用方程（1.16）~方程（1.19）。例如，如果忽略介质反应器壁，在导电电极之间会产生辉光（glow）和电晕（corona）放电的等离子体反应器就是例子。包括等离子体态增强（电介质和/或铁磁性）的工程模型可利用方程（1.20）~方程（1.25）进行表述，如包括介质反应器壁、覆盖电极的阻挡介质和可能包围铁磁材料的感应线圈模型。某些反应器的固体介质直接暴露在等离子体状态下，其表面有自由和束缚表面电荷密度ρ_s（单位为C/m^2，而不是ρ_v的单位C/m^3）。铁磁材料很少与等离子体状态直接接触。从麦克斯韦方程的积分形式中可以找到法向D-场、法向B-场、切向E-场和切向H-场上的电磁边界条件，然而，细节超出了本章的范围（Balanis，2012），此处不做详细介绍。

当电磁场处于稳定状态时$\left(\frac{\partial}{\partial t}=0\right)$或者当它们随时间缓慢变化时，就会引入单位为V的静电势ϕ（Ramo等，1994）：

$$\bar{E}=-\nabla\phi \tag{1.26}$$

将方程（1.26）代入方程（1.20），并假设电介电常数均匀，可得到：

$$\nabla^2\phi=-\frac{1}{\varepsilon}\rho_{v,\mathrm{free}} \tag{1.27}$$

这就是泊松（Poisson’s）方程，算子∇^2是拉普拉斯算子（Laplacian），即向量微积分中梯度的散度。方程（1.26）和方程（1.27）用于模拟流注头部的静电势、电场和自由电荷体密度（Brandenburg，2017；Levko和Raja，2017；Teunissen和Ebert，2017）。当不存在自由电荷体密度时，方程（1.27）则将写作：

$$\nabla^2\phi=0 \tag{1.28}$$

这就是拉普拉斯方程（Laplace’s equation）。Zachariades等开发了一个静电模型，证明了方程（1.26）和方程（1.28）的有效性，并将其应用于高压区域（包含电极和介质），然后形成与电晕放电相关的自由电荷体密度（Zachariade et al.,

2016）。需要注意的是，鉴于方程（1.27）和方程（1.28）只适用于体积空间而不适用于表面，故不含自由表面电荷密度。然而，在许多情况下，自由表面电荷密度在导电电极上是普遍存在的，而且在暴露于冷等离子体的固体和液体介质上都可以找到自由表面电荷密度和束缚表面电荷密度。

在本章中对三种不同的电场现象进行分别命名会便于理解，每种现象都主导着特定的冷等离子体环境。在最复杂的反应器中，所有三种电场类型都同时存在，并叠加在一起形成复合电场。这三个电场分别如下：① $\bar{E}_F$ 表示主要由方程式（1.18）和方程（1.22）中给出的法拉第定律产生的E-场；② $\bar{E}_L$ 表示在公式（1.28）的拉普拉斯方程中最能用静电势描述的E-场；以及③ $\bar{E}_P$ 表示在公式（1.27）的泊松方程中最能用静电势描述的E-场。注意，$\bar{E}_P$ 和 $\bar{E}_L$ 是静电场，但 $\bar{E}_F$ 不是静电场，而是以随时间变化的B-场而自洽存在。

冷等离子体反应器的配置将在本章后面介绍，这里简要介绍一下利用这三种E-场类型的一些基本反应器配置。$\bar{E}_F$ 是微波冷等离子体反应器和电感耦合冷等离子体反应器的主要特征。$\bar{E}_L$ 在电晕反应器、低频介质阻挡放电反应器和出现雪崩、辉光和流注之前的低频射流反应器中占主导。$\bar{E}_P$ 主要存在于等离子体鞘层、电子雪崩和流注头部附近。麦克斯韦方程总是对E-场进行完整描述，可使用 $\bar{E}_F$、$\bar{E}_P$ 和 $\bar{E}_L$ 在不需要调用完整的麦克斯韦方程组情况下，获得E-场的精确估计。冷等离子体反应器需要足够大的E-场，这会导致电子雪崩，同时通过自由电子还会导致化学键断裂碰撞，并激活产生冷等离子体食品加工过程中必不可少的中性化学自由基。

2.3 等离子体动力学理论

动力学理论是模拟中性和带电化学物质的气相和等离子体相组合的一门基本学科。玻尔兹曼输运（Boltzmann transport）方程就是这一学科的缩影（Krall和Trivel piece，1973）：

$$\frac{\partial f_i}{\partial t}+\bar{v}\bullet\nabla_{\bar{x}}f_j+\bar{a}\bullet\nabla_{\bar{v}}f_j=\left(\frac{\partial f_j}{\partial t}\right)_{\text{Collisions,Sources,Sinks}} \tag{1.29}$$

式中，f_j 是描述 j 型化学粒子在六维空间（x，y，z，v_x，v_y，v_z）中依赖时间的分布函数，使得在时间 t 处于相空间体积（$dxdydzdv_xdv_ydv_z$）的 j 粒子数由 $f_j(x,y,z,v_x,v_x,v_y,v_z)\ dxdydzdv_xdv_ydv_z$ 给出。在公式（1.29）中，$\nabla_{\bar{x}}$ 是位形空间的常规向量微积分梯度算子，$\nabla_{\bar{v}}$ 是扩展到速度空间的梯度算子：

$$\nabla_{\bar{x}}=\left(\hat{a}_x\frac{\partial}{\partial x}+\hat{a}_y\frac{\partial}{\partial y}+\hat{a}_z\frac{\partial}{\partial z}\right) \tag{1.30}$$

$$\nabla_{\bar{v}}=\left(\hat{a}_x\frac{\partial}{\partial v_x}+\hat{a}_y\frac{\partial}{\partial v_y}+\hat{a}_z\frac{\partial}{\partial v_z}\right) \tag{1.31}$$

式中插入符号表示单位向量。方程式（1.29）中以m/s^2为单位的加速度矢量$\bar{\boldsymbol{a}}$由以下公式给出：

$$\bar{\boldsymbol{a}}=\frac{\bar{F}}{m_j}=\frac{\mathrm{d}\bar{v}}{\mathrm{d}t} \tag{1.32}$$

其中$\bar{F}$是带电粒子在冷等离子体反应器中的力矢量场，单位为N，由式（1.1）中所示的洛伦兹力表达式给出。公式（1.29）的右侧容纳了粒子–粒子相互作用中涉及的微观力（以及伴随的加速度）模型，考虑粒子–粒子动量交换、电子碰撞电离、电子碰撞断键、电子/离子重组、附着、分离等现象。

每种化学物质j的流体方程经过以下两步过程得到：①等式（1.29）乘以与$\bar{v}$的各种幂成比例的项；②在整个速度空间上积分（假设冷等离子体中没有相对速度），细节不在本章的讨论范围内；然而，相关的重要结果将在下面展示。下式给出了在配置空间体积（dx，dy，dz）中粒子j的数量，无论它们的速度分量如何：

$$N_j=(\mathrm{d}x\,\mathrm{d}y\,\mathrm{d}z)\iiint_{-\infty}^{+\infty}f_j\mathrm{d}v_x\mathrm{d}v_y\mathrm{d}v_z \tag{1.33}$$

物质j的单位体积粒子数由变量n_j表示，并由下式给出：

$$n_j=\frac{N_j}{(\mathrm{d}x\,\mathrm{d}y\,\mathrm{d}z)}\iiint_{-\infty}^{+\infty}f_j\mathrm{d}v_x\mathrm{d}v_y\mathrm{d}v_z \tag{1.34}$$

用q_j表示物质j的每个粒子电荷，其自由空间电荷体密度为：

$$\left(\rho_{v,\mathrm{free}}\right)_j=q_jn_j \tag{1.35}$$

类似方法计算物质j的流体速度：

$$\bar{u}_j=\frac{1}{n_j}\iiint_{-\infty}^{+\infty}f_j\bar{v}\mathrm{d}v_x\mathrm{d}v_y\mathrm{d}v_z \tag{1.36}$$

由此得出该物质的自由体电流密度：

$$\left(\bar{J}_{v,\mathrm{free}}\right)_j=q_jn_j\bar{u}_j \tag{1.37}$$

根据公式（1.29），物质j的连续性方程（质量守恒）变为：

$$\frac{\partial n_j}{\partial t}+\nabla\cdot\left(n_j\bar{u}_j\right)=\left|G_j\right|-\left|L_j\right| \tag{1.38}$$

式中右侧的生成（源）率G_j和损耗（汇）率L_j都以$m^{-3}\cdot s^{-1}$为单位，通过绝对值符号明确地表示为正参数，负号表示损耗。如果物质j是氩，那么损耗机制是自由电子的碰撞电离，源项是自由电子和正氩离子的重组。麦克斯韦方程需要净自由电荷体密度和净自由体电流密度，因此必须对所有带电物质作总和：

$$\rho_{v,\text{free}}=\sum_{j=1}^{j=N_{cs}}q_jn_j \tag{1.39}$$

$$\bar{J}_{v,\text{free}}=\sum_{j=1}^{j=N_{cs}}q_jn_j\bar{u}_j \tag{1.40}$$

其中N_{cs}是等离子体中带电物质的总数。

其次考虑物质温度，然后给出一个简单有效的分布函数。对于没有内部自由度的化学物质（例如自由电子），与流体速度随机热运动相关的温度可以表示如下（Liboff，1990b）。相对于流体的速度是：

$$\bar{w}=\left(\bar{v}-\bar{u}_j\right) \tag{1.41}$$

如果所考虑的物质（没有内部自由度）处于局部热力学平衡（相对于流体速度），则根据统计力学中的均分定理（Reif，1965）分割能量，使得每个自由度的平均能量为$\frac{1}{2}\text{k}T_j$，其中k是玻尔兹曼常数（1.38×10^{-23}J/K），T_j是没有内部自由度的独立物质j的温度，单位为K。考虑到x、y和z方向的相对速度分量，我们可以写出：

$$\frac{3}{2}\text{k}T_j=\frac{1}{n_j}\iiint_{-\infty}^{+\infty}f_j\left[\frac{1}{2}m_j\left(w_x{}^2+w_y{}^2+w_z{}^2\right)\right]\text{d}v_x\text{d}v_y\text{d}v_x \tag{1.42}$$

T_j的求解法为：

$$T_j=\frac{m_j}{3\text{k}n_j}\iiint_{-\infty}^{+\infty}f_jw^2\text{d}v_x\text{d}v_y\text{d}v_x \tag{1.43}$$

可获得一个非常重要的分布函数叫作局部麦克斯韦函数（Liboff，1990a）：

$$f_j=n_j\left(\frac{m_j}{2\pi\text{k}T_j}\right)^{3/2}\exp\left[\frac{-\frac{1}{2}m_j\left(\bar{v}-\bar{u}_j\right)^2}{\text{k}T_j}\right] \tag{1.44}$$

式中，n_j、T_j和$\bar{u}_j$都可以作为空间和时间的函数。通过设置$\bar{u}_j=0$，使n_j和T_j在空间上均匀，得到众所周知的麦克斯韦－玻尔兹曼（Maxwell-Boltzmann）分布函数，有时被称为麦克斯韦分布（Lieberman和Lichtenberg，2005c）。

直流（direct current，DC）、交流（alternating current，AC）、射频（radio frequency，RF）和微波E-场中自由电子的更复杂的分布函数一直是研究的热点，已经构建了详细模型，其中包括名为Druyvesteyn和Margenau模型（Fridman和Kennedy，2011c；Liboff，1990c；Lieberman和Lichtenberg，2005g）。

2.4　等离子体放电现象

放电这个术语包括产生瞬态或稳态自由电子源的等离子体。放电现象维持了适当的自由电子数密度，但也激活了加工食品所需的适当的自由基数密度（对于每一种化学物质而言）。图1.2表示等离子体放电的一些细节，其核心包含有电子雪崩的表示符号，其中基本前驱物是一个强烈的拉普拉斯E-场$\bar{E}_L$。最初的假设是与时变$\bar{E}_L$相关的周期时间$\left(T=\frac{1}{f}\right)$远大于离子与电子穿越目标区域的传播时间（如图1.2中的距离d）。在本节的末尾，将讨论$\bar{E}_L$随时间变化更快的情况，即在所施加的电场改变方向之前带电粒子没有足够的时间离开该区域（例如微波频率）。在图1.2中，一个紫外光子$(h\nu)_1$电离了$x=0$平面上的一个背景（载气）原子，产生了引发电子雪崩的原电子，导致自由电子沿着$\bar{E}_L$反向平行迁移，随着单个原电子的扩散而进行。工作气体分子可以参与这些电子雪崩事件；然而，为了将复杂性降至最低，这里主要考虑的是载气原子，而不是工作气体分子，因为在大多数情况下，载气的分压远远超过工作气体的分压，特别是对于食品的大气压冷等离子体加工过程。单个原电子在$\bar{E}_L$作用下加速，然后与中性背景物质发生碰撞，产生两个自由电子，每个自由电子都被加速，并参与随后与目标的电离碰撞，雪崩随之发生。如图1.2的简化雪崩示意图所示，这一过程一直持续到有7个子代电子、原电子和8个正离子为止，表明在图1.2所示的时刻电子雪崩呈整体中性。注意，不需要固体电极作为原电子源。如图1.2所示，在原电子及其子代电子到达$x=d$平面所需的时间内，由于正离子的质量相对于电子的质量较大，它们实际上被冻结在空间中。图1.2中还显示了伴随电子雪崩释放的自由电荷体密度的泊松电场$\bar{E}_p$。

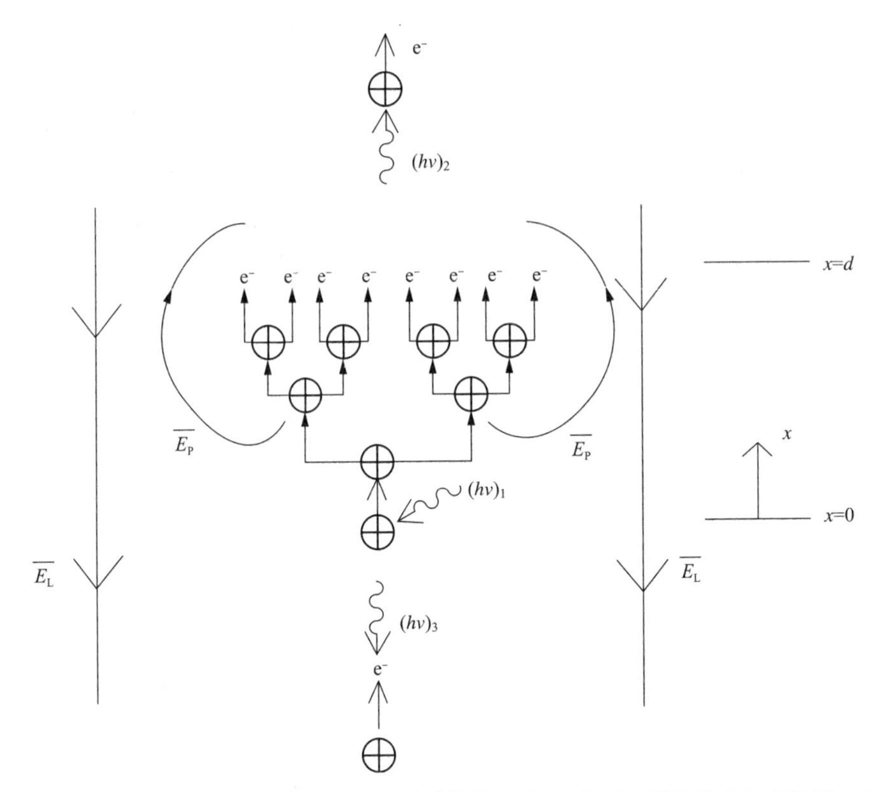

图1.2 电子雪崩现象的简化示意图。在拉普拉斯E-场存在下，紫外光光子入射到x=0平面上，使中性载气原子电离。然后，自由电子反向平行于拉普拉斯E-场加速，并获得足够的动能电离目标原子，从而产生两个自由电子，每个自由电子产生额外的自由电子和正离子。泊松电场伴随着这个新形成的与雪崩有关的自由电荷体密度。两个由中性粒子激发电子态发射的紫外光子从最初的雪崩中脱离，导致光电离发生，从而形成新的雪崩

在图1.2中，最初假设拉普拉斯E–场占主导地位，带电粒子大多受到$\bar{E}_L$而非$\bar{E}_P$的影响；然而，随着雪崩的自由空间电荷增加，$\bar{E}_P$的大小变得与$\bar{E}_L$的大小相当。在$z=d$附近，$\bar{E}_P$和$\bar{E}_L$相当，复合的E–场可以足够大，以至于在$x=d$处的雪崩头部转变为自传播的流注头部（Abdel–Salam et al.，2000a），同时流注与$\bar{E}_L$反向平行传播。如果$\bar{E}_L$在$x>d$处减弱（例如，如果拉普拉斯E–场是不均匀的，如尖端放电），雪崩可以停止（比如在$x=d$处），然后产生足够的自由电荷体密度以过渡到可自传播的流注状态。

当两次碰撞之间的自由程长度不足以使自由电子获得与载气原子第一电离能相等的动能时，自由电子的碰撞电离就会停止。雪崩必须满足以下条件（对于大量的自由电子）才能进行：

$$\left(\frac{1}{2}m_e{v_e}^2=\lambda E_L\right)>|e|V_I \tag{1.45}$$

式中，m_e为电子质量，9.109×10^{-31}kg；v_e为电子速度，单位为m/s；λ为碰撞之间的自由程，单位为m；E_L为拉普拉斯E-场，单位为V/m；$|e|$为电荷大小，1.602×10^{-19}C；V_I为载气原子的第一电离势，单位为V（氩原子V_I=15.755V)。一些工作气体分子与惰性载气原子一起被电离，然而，在许多混合物中，工作气体分压比载气分压低得多。

图1.2对典型带电粒子雪崩过程的分析具有指导意义。在图1.2中，假设电离的单个正离子没有足够的时间自其产生之后沿着x方向充分移动。如果在图1.2所示时间范围内雪崩停止（没有转变为流注放电，且不再满足公式1.45），那么自由电子的命运可能会是以下任何一种：①一些可以通过与自然产生的正离子（非图1.2中所示的正离子）重新结合而消失；②一些自由电子可以通过附着于电负性的中性物质上而形成负离子；③未因重组或附着的自由电子将以公式（1.3）描述的方式漂移；以及④如果在$x=d$以外设置一个正极，假设在带电粒子清除完成之前激发电压极性不会反转，那么漂移的自由电子将被该电极收集（连同漂移的负离子）。在图1.2中，正离子的命运可以是以下任何一种：（i）它们可以与自由电子重新结合，但可能不会与图1.2中$x=d$平面上的电子重新结合；（ii）未经重组消失的正离子将以公式（1.4）所描述的方式在$-x$方向漂移；以及（iii）如果在某个$x<0$的位置有一个负电极（阴极），假设在带电粒子清除完成之前激发电压极性不会反转，那么这些正离子将被该电极收集。

具有足够动能的正离子到达阴极，并从阴极释放二次电子，这些二次电子可以参与等离子体放电现象。这种从阴极产生的二次电子能够维持稳定的辉光放电（通过原电子和二次电子的碰撞电离产生的稳定电流）。

图1.2包括电子激发的中性物质发射紫外线光子（hv_2和hv_3），这些光子可通过光电离产生自由电子，在新的雪崩中成为原电子。阳极流注沿着电子漂移的方向传播（图1.2中的$+x$方向）。光电离提供了一种可能产生阴极流注的机制。尽管电子在$+x$方向漂移，但是阴极流注在$-x$方向传播。对于阴极流注，紫外光子必须不断地传播到流注头部之外，并通过光电离产生新的原电子，从而产生新的电子雪崩来维持阴极流注。曲率半径小的金属电极（如针尖）和具有足够大的正负表面电荷密度的金属电极（强E-场）可以产生从高应力电极传播出去的流注；然而，如图1.2所示，电极不是阳极或阴极流注形成的必要条件。总之，

图1.2所示的形成光电离的重要原因至少有三点：①由于电子只向阳极漂移，光电离于阴极流注的传播是必不可少的；②光电离理论成功解释了放电（雪崩、流注、辉光等）穿过冷等离子体反应器高压间隙的速度比单个自由电子穿过间隙的速度快的原因；③光电离能有效地替代丢失的初级原电子，有助于稳态辉光维持放电。

图1.2没有明确显示等离子体放电的下列特征，使其适合于食品加工。高能量的紫外光光子（hv）和高动能的自由电子（$1/2m_ev_e^2$）可以破坏工作气体分子中的化学键（非电离），并产生使微生物失活至关重要的中性化学自由基。

等离子体放电现象可以用单位为m^2的碰撞截面面积σ和单位为m的平均自由程λ_{mfp}等概念来描述。在图1.3中，一个试验粒子以单位为m/s的速度v_P移动，穿越背景目标粒子（均匀数密度n_T，单位为m^{-3}）的背景气氛。在行进了距离L（单位为m）之后，具有同步碰撞截面的试验粒子扫出了一个体积为σL的圆柱（单位为m^3），其包含被拦截目标的总数σLn_T，因此碰撞之间的平均距离可表示为$L/(\sigma Ln_T)$或：

$$\lambda_{mfp}=\frac{1}{\sigma n_T} \tag{1.46}$$

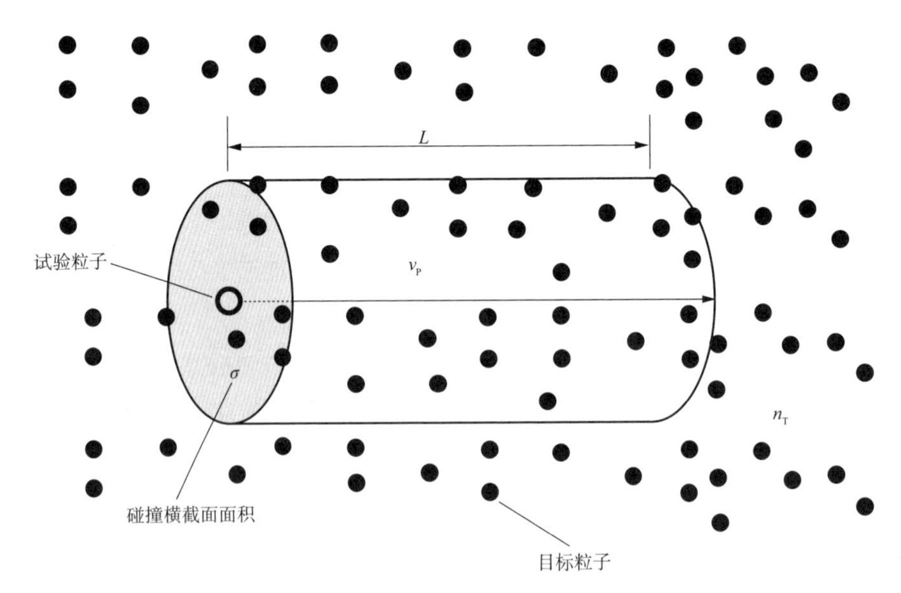

图1.3　碰撞截面示意图（保留了用于模拟气相和等离子体相碰撞的参数之间的基本关系）。该图显示了试验粒子穿过具有均匀数密度的目标的背景气体时的碰撞横截面面积。其中，L是所考虑的行进路径

碰撞截面是试验粒子和目标粒子之间相对速度的函数，考虑存在相对速度的分布，必须使用动力学理论得到λ_{mfp}的严格表达式；然而，公式（1.46）对本章来说足够了。

与平均自由程密切相关的一个概念是汤森第一电离系数（Townsend's first ionization coefficient）α，其被定义为与E-场反向平行的每单位路径长度中由初级电子通过电子碰撞电离而产生的自由电子的数量（Kuffel和Zaengl，1984）。使用公式（1.46）中所示的启发式（非动力学理论）方法，可写为：

$$\alpha = \frac{\mathrm{d}n_\mathrm{e}}{\mathrm{d}x} = \frac{\sigma_1 L n_\mathrm{T}}{L} = \sigma_1 n_\mathrm{T} = \frac{1}{\left(\lambda_\mathrm{mfp}\right)_\mathrm{e}} \tag{1.47}$$

因此，α近似于雪崩的电子平均自由程的倒数。我们对汤森第一电离系数的性质的解释忽略了非电离电子碰撞，而非电离电子碰撞是产生活性中性化学自由基所必需的，它强调了维持等离子体放电的现象（自由电子的碰撞电离）。

类似地，通过将自由电子附着到具有可观截面的背景中性物质上而产生负离子的过程，也可由电子附着系数η来描述：

$$\eta = \frac{\mathrm{d}n_\mathrm{NI}}{\mathrm{d}x} = \frac{\sigma_2 L n_\mathrm{T}}{L} = \sigma_2 n_\mathrm{T} = \frac{1}{\left(\lambda_\mathrm{mfp}\right)_\mathrm{NI}} \tag{1.48}$$

式中NI代表负离子。注意，在公式（1.47）和式（1.48）中，σ_1和σ_2分别是电子碰撞电离和电子附着的近似截面。已经测量了多种气体及其混合物的α和η参数。一旦通过测量获得，α和η则不再由公式（1.47）和式（1.48）来确定。对于气体混合物，通过碰撞电离放大自由电子数密度：

$$n_\mathrm{e}\left(x\right) = n_\mathrm{e}\left(0\right)\mathrm{e}^{(\alpha-\eta)x} \tag{1.49}$$

式中，$n_\mathrm{e}(x)$是距原点x米处的电子数密度，单位为m^{-3}；$n_\mathrm{e}(0)$是原点的电子数密度，单位为m^{-3}；α是汤森第一电离系数，单位为m^{-1}；η是附着系数，单位为m^{-1}；x轴与电场反向平行。

当从阴极发射的二次电子（由于正离子流向阴极）对于维持辉光放电很重要时（通过替换丢失的原电子），则引入二次发射系数γ（secondary emission coefficient）（Huddlestone和Leonard，1965），

$$\gamma = \text{每个入射正离子从阴极发射的二次电子数} \tag{1.50}$$

有助于维持等离子体放电的重要中性原子是可以被激发进入亚稳态电子态的

原子。当单独存在时，亚稳态可能具有很长（s）的辐射寿命，如氩或氦的激发态；然而，在高度碰撞的环境中，如大气压，亚稳态可能只有2 ns寿命（Islam等，2017）。氩和氦都是重要的载气，亚稳态原子在放电等离子体中至关重要（Abdel-Salam等，2000b），其中氦的亚稳态电子态高达19.8 eV。亚稳态对冷等离子体放电的影响包括：①当自由电子通过碰撞促进基态原子进入亚稳态（通过碰撞）时，使自由电子减速；②当其他中性物质与亚稳态相碰撞时，可以提供能量使其电离；③如果亚稳态入射到E-场终止的表面上，则释放二次电子并被带入进一步参与放电。

冷等离子体反应器电源的激励频率与等离子体放电现象密切相关（Abdel-Salam et al.，2000c）。在中性背景气体分压足够大的冷等离子体反应器中，迁移率（mobility）的概念同时适用于离子和电子。对于这些反应器中，有两个频率可以与反应器中带电物质的停留时间（residence time，RT）相关联。分别为：①f_{RT_i}是离子在反应器中的停留时间与激励频率周期接近匹配的电源频率；②f_{RT_e}是自由电子在反应器中的停留时间与激励频率周期接近匹配的电源频率。下面的方程给出了这些停留时间频率的粗略估计，但没有保留这两个频率的精确数值。用S表示反应器规模长度，如电极间隙、反应器内径等，同时考虑到图1.2，两个频率的计算公式被写作：

$$f_{RT_i} = \frac{K_i E_L}{S} \tag{1.51}$$

$$f_{RT_e} = \frac{K_e E_L}{S} \tag{1.52}$$

式中，f_{RT_i}是其周期几乎与正离子在反应器中的停留时间相匹配的电源频率，单位为Hz；K_i是正离子迁移率，单位为$m^2 \cdot s^{-1} \cdot V^{-1}$；$E_L$是拉普拉斯电场，单位为V/m；$S$是反应器规模长度，单位为m；$f_{RT_e}$是其周期几乎与自由电子在反应器中的停留时间相匹配的电源频率，单位为Hz；K_e为电子迁移率，单位为$m^2 \cdot s^{-1} \cdot V^{-1}$。当激励频率远远低于$f_{RT_i}$时，离子和电子都会容易在激发电压改变极性之前离开反应器。对于在f_{RT_i}和f_{RT_e}之间的激励频率，离子保留在间隙中，随后的雪崩增加了正电荷体密度；然而，在激励频率增加到f_{RT_e}之前，电子有足够的时间在激发信号改变极性之前离开间隙。对于比f_{RT_e}大得多的频率，离子和电子都留在间隙中。如果反应器内部压力足够低（碰撞频率足够低），足以允许带电物质发生磁化，那么离子和电子的单粒子轨道将涉及回旋频率。利用等离子体振荡、等离子体波和电磁波在等离子体中的传播等理论来设计和模拟一些反应器类型，对于这类反应器，当给定电源激励频率时，必须考虑不同的等离子体频率。对于本章来说，其余的等离子体物理细节太多，但对于感兴趣的读者来说，可以参考资料拓展阅读（Chen，1984a；Fridman和Kennedy，2011a；Lieberman和Lichtenberg，2005a）。常见的低压冷等离子体反应器的描述符包括“电容耦合”和“电感耦合”，通常使用13.56 MHz的射频激励频率，这是政府监管机构为工业应用保留的许多频率之一，以最大限度地减少对通信系统的干扰。一些冷等离子体反应器利用本地电网频率激发交流电。部分国家使用60Hz作为电网频率，大多数国家使用50 Hz。

如图1.4所示，冷等离子体反应器的频率范围很大。确定图1.4中的不同频率数值，需要对不同章节中的方程参数提出假设，这些假设如表1.1所示。表1.1中不表示单一的等离子体状态。例如，E_L的值在典型的针状电极附近是适用的，但对于在流注头部后面形成的等离子体来说就过大，而表1.1中的电子和离子密度对于流注通道来说是适用的，但对于低压冷等离子体反应器来说则相当高。因此，在低压冷等离子体反应器中，图1.4所示的电子和离子的等离子体频率将向左移动一个或两个数量级，对应的其等离子体密度也会大大降低。同样地，针对针尖电晕反应器，只有在靠近针尖的地方才会具有较高的E_L值。间隙区域E-场的减小将显著延长带电粒子的停留时间。在E-场较小的情况下，假设将f_{RTi}和f_{RTe}向左移动几个数量级可以获得一个新的表1.1。也就是说，E-场较小的反应器将需要额外的时间来清除带电粒子。同样地，表1.1所示的B-场值（导致图1.4中的两个回旋频率）将有效地限制低压冷等离子体，但不限制大气压冷等离子体，这是由于带电粒子和中性背景载气之间发生频繁碰撞引起的。

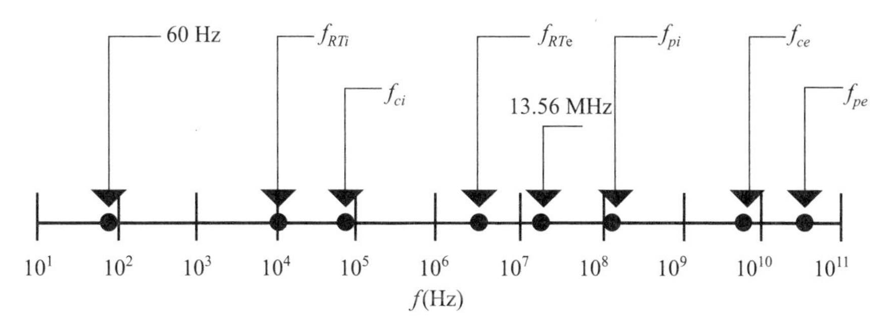

图1.4 与冷等离子体和冷等离子体反应器电源相关的典型频率。微波频率在300 MHz~300 GHz。这些计算中使用的参数假设见表1.1

表1.1 用于确定图1.4中标注的计算频率的假定参数值

参数名称	参数符号	参数假定值	参数单位	使用参数的方程	附加注释和详细信息
正离子种类	Ar	Argon	NA	（1.11，1.13，1.51）	氩气和氦气是典型的惰性载气
正离子的数密度	n_i	1×10^{19}	m^{-3}	（1.11）	大气压力射流的典型数量级值（Naidis，2017）
自由电子数密度	n_e	1×10^{19}	m^{-3}	（1.10）	等离子体中的准中性产生（对于等离子体内部）n_i=n_e的单电离等离子体。n_i见上一行
正离子的质量	m_i	6.64×10^{-26}	kg	（1.11，1.13）	Ar的原子质量约为40个原子质量单位（amu），每个amu约为所示的1.66×10^{-27} kg
电子的质量	m_e	9.11×10^{-31}	kg	（1.10，1.12）	实验测量参数
外加磁通密度	B	0.2	T	（1.12，1.13）	微波加热等离子体的典型数量级数值（Lieberman和Lichtenberg，2005b）和微波在冷磁化等离子体中传播的基础研究（Abelson et al.，2015）
电子电荷	e	-1.9×10^{-19}	C	（1.10~1.13）	这个参数通常用负号表示负电荷，在方程中它可以用平方或绝对值表示
真空电容率	ε_0	8.854×10^{-12}	F/m	（1.10，1.11）	实验测量参数
拉普拉斯E-场	E_L	5×10^{6}	V/m	（1.51，1.52）	电晕产生电极配置中拉普拉斯E-场的典型数量级值（Zhang et al.，2018）
正离子迁移率	K_i	2×10^{-4}	$\frac{m^2}{v\cdot s}$	（1.51，1.52）	典型数量级值（Phelps，1991）
电子迁移率	K_e	5.4×10^{-2}	$\frac{m^2}{v\cdot s}$	（1.51，1.52）	典型数量级值（Nakamura，2010；Nakamura和Kurachi，1988）
冷等离子体反应器规模长度	S	0.1	m	（1.51，1.52）	典型冷等离子体反应器的数量级尺度长度

注 表中所示数据不代表单一的等离子体状态，而是为了在$10\sim10^{11}$ Hz频率内提供一个合理的取值。

设计得当的冷等离子体反应器可以避免冷等离子体放电转变为火花或电弧的热等离子体放电（Bazelyan和Raizer，1997；Fridman和Kennedy，2011a）。可以说，火花和电弧这两个术语可以互换；一些作者将火花用于短时间的热等离子体放电，将电弧用于长时间的热等离子体放电。然而，短时间和长时间之间的界限在文献中并没有明确的定义。如果出现火花，大多数冷等离子体反应器被认为处于失效状态。为此，冷等离子体系统的设计应尽量减少火花的出现，并对可能引发火花的情况进行补救。火花是一种热等离子体放电通道，电子、离子和中性物质处于热力学平衡状态，温度高到足以破坏食物（火花的典型温度为5000~20000 K，具体取决于电流大小）。当等离子体放电支持产生高电导率等离子体通道的电离波时，就会产生火花，通过这些通道可驱动超过100 mA的电流，产生焦耳热，离子温度、电子温度和中性温度升高，最终导致热电离（Fridman和Kennedy，2011d）。

一些冷等离子体反应器（Babaeva和Naidis，2016；Boselli et al.，2015）使用在示波器上显示为方波信号的电压信号，电压从零伏突然上升到某个直流值，保持该电压一段时间，然后突然转变回零伏，过一段时间后重复这一过程，可采用单极或双极电压脉冲。这些方波信号用于驱动强流注前沿穿过间隙，然后在流注转变为火花之前进入零电压状态。电压大小和电压“接通时间”由流注头部的传播速度和间隙间距（阳极到阴极的间距）决定。电压停止时间（关闭时间）允许电极间隙恢复其介电强度，并允许新的载气和工作气体进入间隙。

3 冷等离子体发生器类型

由于冷等离子体设备不是本章的重点，本章只简要介绍6种常见的冷等离子体设备。通常，产生冷等离子体的频率范围很广（典型的直流电源到频率为2.45 GHz的交流电）；可以包含电极，也可以没有电极；电极表面可以有介质阻挡层，也可以没有；等离子体产生的压力范围为1.33~1.01 × 10^5 Pa。利用真空泵可在1.33 Pa的条件下产生典型低压冷等离子体，也可在常压条件下产生大气压冷等离子体。主要的E-场类型为描述最常见的冷等离子体反应器提供了附加术语。反应器中的等离子体放电现象通常由拉普拉斯电场$\bar{E}_L$、泊松电场$\bar{E}_P$或法拉第定律$\bar{E}_F$描述。在一些反应器中，三种电场都存在，但只有一种或两种占主导地位。

3.1 大气压冷等离子体反应器

在常压条件下，可采用多种方式产生冷等离子体。在食品加工过程中所使用的冷等离子体主要通过介质阻挡放电（dielectric barrier discharge，DBD）、射流等离子体（plasma jet）和电晕放电（corona discharge）等产生，本小节将对上述方法做简要介绍。针对食品加工的要求，可以采用单一气体或混合气体来产生冷等离子体。其中，工作气体（working gas）与惰性载气（inert carrier gas）同向流动，在大多数情况下工作气体的压力远低于载气。工作气体提供了带电物质和中性化学物质，这些化学物质通常通过冷等离子体区域的自由电子碰撞而被激活。惰性载气提供稳定的等离子体放电，其较高的分压起到了缓冲作用，可避免工作气体中的活化自由基之间碰撞而淬灭。对于食品加工领域，常用的工作气体是易获得的干燥空气，并可通过冷等离子体反应器产生活性氮氧（RONS）。如果输入气流中需要水分子，为后续所需化学基团提供元素，则水分子的添加方式应是可控制的。为排净冷等离子体反应器中残余的环境空气，必须注意在给冷等离子体区域通电之前，要用载气和工作气体混合气吹扫反应器。吹扫操作使载气和工作气体取代反应器中的环境空气。然而，需要注意的是，环境空气分子也会被吸附到反应器壁和电极上，当固体表面接触到等离子体粒子和光子时，这些被吸附的气体将被激发进入等离子体中。环境空气的射流等离子体看起来似乎只使用了惰性载气；然而，实际上的工作气体基本上是通过对流和扩散输送到射流的冷等离子体区域的。

介质阻挡放电是一种常见的常压冷等离子体产生方法，其反应器结构见图1.5（A）。DBD等离子体反应器主要包含绝缘介质阻挡层（多覆盖在电极上），以防止两个电极直接与等离子体接触，部分DBD反应器只覆盖单个绝缘介质。绝缘介质阻挡层可使DBD反应器中产生$\bar{E}_L$和$\bar{E}_P$，阻止了电极间流注放电到火花放电的转变，从而使所产生等离子体的温度较低。绝缘介电阻挡层的厚度和介电强度的选择是设计关键，以保证在反应器运行期间不会发生介电击穿现象。在DBD反应器中等离子体可以是均匀的辉光，也可以是由许多小直径的流注放电组成。可通过设计表面积更大的电极来放大DBD冷等离子体反应器，以提高其处理能力。电阻性介质阻挡放电（resistive barrier discharge，RBD），是基于介质阻挡放电发展而来的一类放电方法，其电极中至少有一个被电阻性材料覆盖，通过引入足够的电阻阻抗来限制电路中的电流，从而防止流注放电到火花放电的转变。本章重点介绍的是

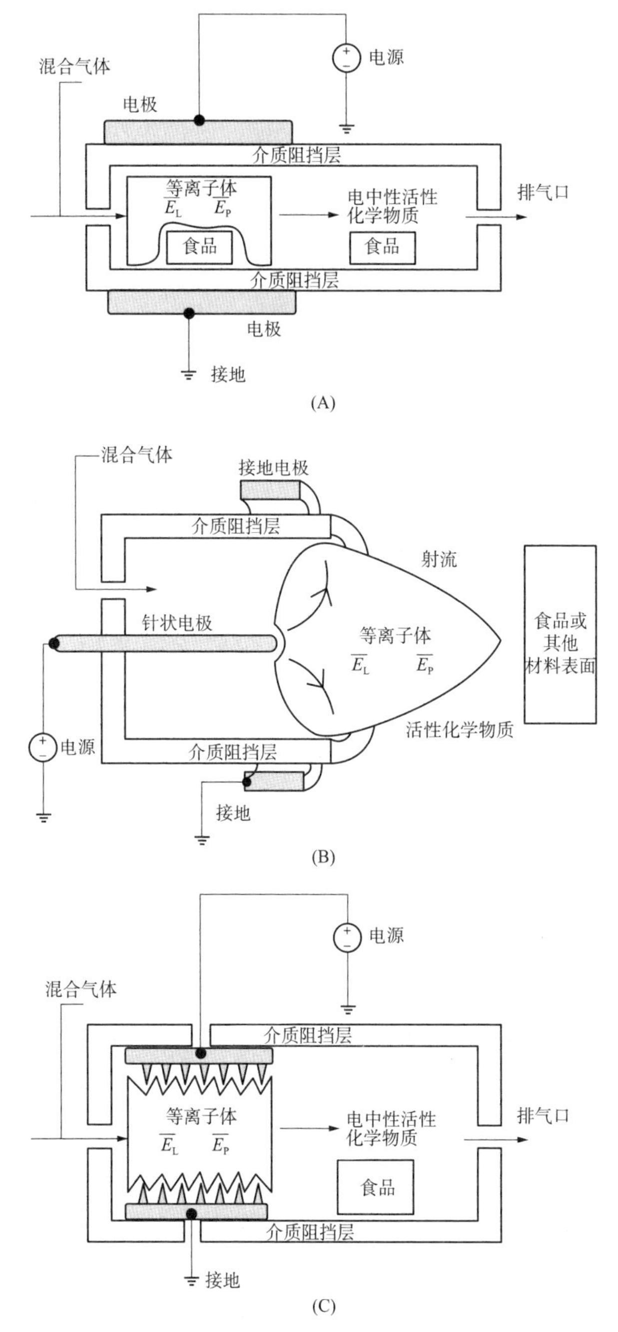

图1.5　（A）大气压介质阻挡放电（DBD）反应器，两个绝缘介质阻挡设置在两个电极之间，避免电极与等离子体直接接触；（B）具有针状电极、介质阻挡层和接地环电极的大气压射流等离子体。绝缘圆筒中喷出含有带电的和中性的活性化学物质的等离子体；（C）基于电晕放电的大气压冷等离子体反应器。在该反应器中，没有设置绝缘介质防止流注放电向火花放电的转变，因此电极间隙必须足够大以防止火花放电的形成

介质阻挡放电。DBD反应器中的气体混合物通常由惰性载气（如氩气或氦气）和工作气体（如干燥空气、氮气或氧气）组成。

图1.5（A）所示的DBD反应器可以有以下3种工作模式：①随着混合气体流过反应器并离开排气口，被加工的食品可以直接暴露于冷等离子体中的带电物质和中性化学物质（和紫外线）中，如图中左侧标有“食品”的方框区域所示；食品也可以放置在冷等离子体区域的下游，并在活化的中性化学物质作用下得到处理；②可以关闭进气口和排气口，在局部循环气体和等离子体流场中进行样品处理，此模式可以明确反应器中的气体成分；③将装有食品的容器（呈敞开的或密封状态）置于两个电极之间，通过冷等离子体处理容器中的食品。在以上3种工作模式中，考虑等离子体的化学作用，需要明确待处理食品的放置位置。密封构造的容器和食品位置可能使食品产生的气体进入等离子体放电区域，使等离子体的化学组成更为复杂，从而可能形成一些残留物，这些残留物本身无法达到美国食品药品监督管理局（US Food and Drug Administration，FDA）所规定的“公认安全（generally recognized as safe，GRAS）”的要求（Basaran et al.，2008；Muhammad et al.，2018）。在DBD等离子体处理食品过程中，特别是当所处理的食品含有大量可以被输送到等离子体区域的分子时，难以实现对非混合气体的绝对控制。

图1.5（B）所示的是一种改进后的DBD反应器，属于射流冷等离子体。该装置有一个高压针状电极，在它和接地的环形电极之间设置有绝缘介质阻挡层，绝缘介质阻挡层阻止了电极间等离子体从流注放电到火花放电的转变。该反应器是一个开放的系统，环境空气通过对流和扩散的方式进入等离子体区域。然而，较高的混合气流速会减少环境空气进入等离子体。放电过程中，带电和中性的活性化学物质所形成的射流会撞击待处理食品或其他材料表面。在上述反应器运行过程中，必须采取措施保护操作人员和被处理样品表面免受高压电极造成的损害，比如优化喷射嘴设计以避免在中心电极和被处理样品之间形成火花放电。可以根据所采用外加电压的时间形状和频率对上述射流进行分类，所施加的电压范围可从脉冲方波电压到微波激励电压。对于采用脉冲直流电压所产生的射流冷等离子体，所用电压通常在千伏范围内，频率在千赫兹范围内，脉冲宽度从纳秒到微秒。

如果去掉图1.5（A）中的DBD反应器中的两个绝缘介质阻挡层，那么就会形成如图1.5（C）所示的基于电晕放电的冷等离子体反应器。该反应器在两个裸露金属电极（电极上没有覆盖绝缘介质阻挡层）之间产生电子雪崩、辉光和流注冷等离子体，使得一个或两个电极具有小曲率半径的特征，如针阵列或小直径导线阵列。尖锐电极附近的大电场会引发雪崩、辉光和流注放电现象，这种情况下统称为电晕放电。反应器中间区域的电场足够低，足以防止流注放电到火花放电的转变。鉴于高压间隙中放置的食品易引起火花放电的形成，因此在电晕反应器中待处理的食品被放置在等离子体区的下游（即高压间隙的下游）。图1.5（C）所示的电晕反应器中，气体流动方向垂直于等离子体电流方向；同时，欲使气体流速方向平行于等离子体电流密度方向也比较简单（Islam et al.，2017）。

3.2 低压冷等离子体反应器

本节将介绍三种典型的低压冷等离子体反应器类型：电容耦合、电感耦合和微波反应器。这些反应器需要附加真空泵并与环境空气隔绝。需要注意的是，用于这类反应器处理的食品需具备不易受到因低气压引起机械性损伤的特性（例如坚果和香辛料的机械强度需足以承受低压条件）。此外，食品在低压环境会释放大量气体，所以实际应用过程中必须考虑食品释放的气体分子会被电离成等离子体状态，所形成的分子碎片可能以固体冷凝物（solid condensates）的形式残留在食品中（Basaran et al.，2008；Muhammad et al.，2018）。与常压冷等离子体反应器相比，低压冷等离子体反应器需要额外的真空系统，这将影响食品的处理量。降低处理压力不仅会对待处理食品造成潜在的机械损伤，还会带来其他不利影响：随着压力的下降，在等离子体与固体界面会形成过渡区，即等离子体鞘层。研究发现，在将食品直接暴露在低压等离子体下加工处理时，会在等离子体与食品界面之间形成等离子体鞘层。E-场（$\bar{E}_p$）是等离子体鞘层的一个组成部分，该电场能够将等离子体中的阳离子加速聚集到食品表面，这样对于保持悬浮电位的食品来说，食品上的自由电子通量与食品上的正离子通量相平衡。温度较低的阳离子可以通过等离子体鞘层电压的作用下来加速，并以足够的动能撞击食物，造成食品表面损伤并增强了食品表面气体的释放。研究人员必须明确等离子体鞘层环境及伴随的带电物质对加工工艺是有利的还是有害的。在一些低压冷等离子体反应器中，电偏置屏蔽电极会通过中性活化的化学物质阻挡电场并阻挡大多数带电物质，此时，应该考虑在下游处理样品。

第一种低压电容耦合冷等离子体反应器，如图1.6（A）所示。该装置类似于图1.5（C）的电晕放电冷等离子体反应器，不同点是该装置增加了真空泵以降低处理压力，且不需要把电极做成尖状（因为电子平均自由程现象允许在光滑的平

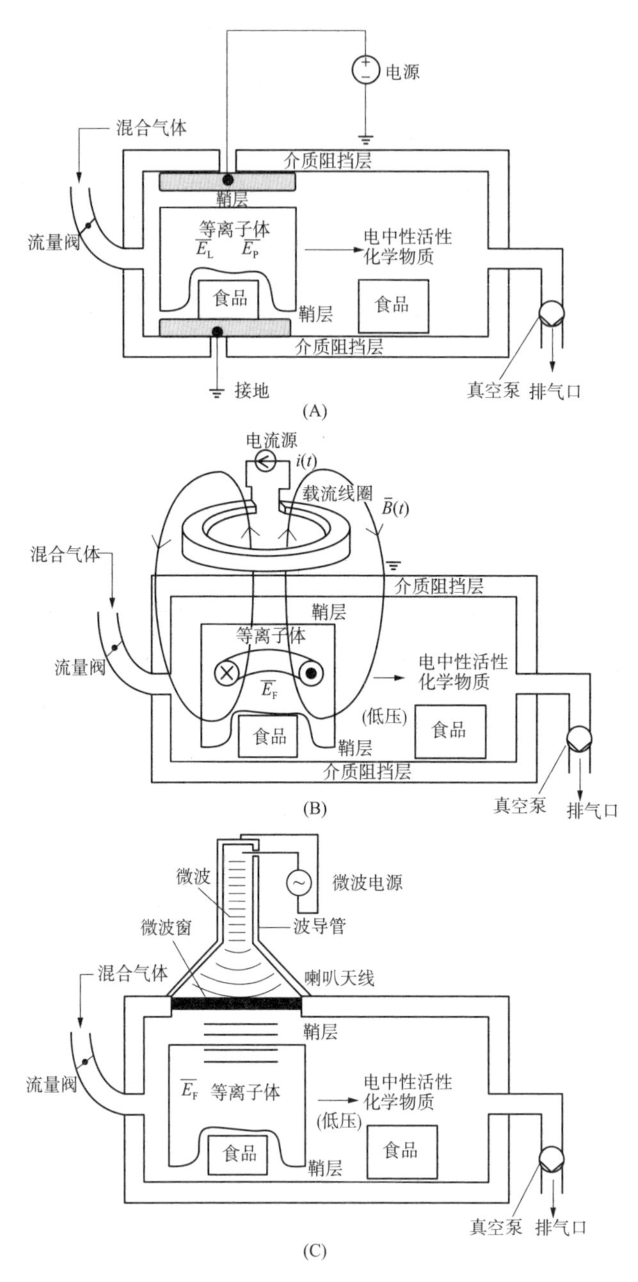

图1.6 （A）电容耦合低压冷等离子体反应器，食物可以放置于等离子体中或从等离子体区下游进行处理。鉴于低压条件，这种等离子体主要是电子雪崩和辉光放电，无流注放电。可以添加直流磁场来增强等离子体约束；（B）电感耦合低压冷等离子体反应器，时变磁场将初级回路（线圈）耦合到次级回路（等离子体电流）。注入线圈的随时间变化的电流提供电激励；（C）微波冷等离子体反应器，微波通过波导传送到反应器，并以足够的强度到达，使微波电场（$\overline{E}_F$）产生电子雪崩和辉光放电。可以添加直流磁场，从而产生电子回旋共振放电等离子体

行板电极之间形成辉光等离子体，而不需要大气压电晕放电所施加的增强电场）。图1.6（A）显示了在与等离子体区域接触的固体周围形成的无碰撞鞘层。由于通过鞘电压加速的正离子会对在等离子体区域中待处理的食品产生损伤，设计者必须考虑等离子体鞘层电压的影响。

第二种低压冷等离子体反应器是低压电感耦合冷等离子体反应器，见图1.6（B）。如图所示，可以将载流线圈视为变压器的初级线圈，等离子体及其电流有效地构成了变压器的次级线圈。利用本章麦克斯韦方程一节中的术语，对电感耦合等离子体反应器的简化描述如下：①向线圈中施加随时间呈正弦变化的电流；②线圈电流在反应器中形成时变磁场；③伴随时变的磁场产生时变的电场$\bar{E}_F$；④$\bar{E}_F$的大小足以产生电子雪崩、等离子体辉光放电和等离子体电流；⑤一旦形成等离子体电流，线圈（可视化为变压器的初级线圈）继续驱动等离子体中的电流（可视化为变压器的次级线圈）。低压感应耦合冷等离子体反应器的优点包括高等离子体密度、无电极金属污染和较小的等离子体鞘层电压。

第三种低压冷等离子体反应器是图1.6（C）所示的微波等离子体反应器。在这个反应器中，与电磁微波相关的E-场足够高，可以导致电子雪崩和等离子体辉光放电。微波冷等离子体反应器可直接在等离子体区域内或在等离子体区域的下游处理食品。在反应器的设计上，DC磁场可以添加到所有三个低压等离子体反应器上。对于微波冷等离子体反应器，外加DC磁场会产生电子回旋共振放电等离子体（Lieberman和Lichtenberg，2005f）。微波等离子体源的一个优点是，由于等离子体电子在改变方向之前只移动了很短的距离（离子由于其高频率和大质量被有效地约束），所以离子和电子对食品表面的轰击（对于在等离子体区域加工的食品）被最小化。

3.3　各种冷等离子体反应器的特点和现象

电气匹配网络用于最大限度地减少从冷等离子体反应器（负载）反射回电源的高频电能，从而提高效率并保护电源免受损害（通过从负载反射的电能）。分布参数传输线理论和波导理论为这些匹配电路的设计奠定基础（Lieberman和Lichtenberg，2005e）。史密斯图表（Smith chart）被应用到与这些匹配网络相关的存根调谐器（stub tuners）的设计中（Iskander，1992）。

本章描述的六种反应器类型有许多改进应用。下面是一个改进冷等离子体反应器的简单例子：在图1.5（C）中已经描述过的双针阵列交流电晕放电反应器的基础上，可以用平面电极（有时是平板）替换一个针阵列，并对针阵列电极施加正或负的直流高电压来实现单极性。但是单极放电可能是不稳定的，因为单极性的带电化学物质可以不断地漂移离开等离子体区，在绝缘表面上积累，并且伴随的E-场（$\bar{E}_P$和$\bar{E}_L$）可以在任意时间产生火花放电。与本章描述的六个冷等离子体反应器密切相关的是反应器及其附属的冷等离子体术语，其中包括：①微空心阴极放电射流（Zhang et al.，2016）；②等离子体子弹（Yoon et al.，2017）；③填充床冷等离子体反应器（Ye et al.，2017）；④螺旋等离子体（Afsharmanesh和Habibi，2017）；⑤滑动电弧反应器（Khani et al.，2017）。

当等离子体状态的带电粒子和中性化学物质向下游移动时，由于不断重组，混合物整体呈电中性。当这种情况发生时，等离子体混合物转变为最初的气相。在没有安装冷却或加热系统时（即室温条件），气相组合接近热力学平衡，所有物质都具有相同的温度。惰性载气的分压（如果在工艺中使用）决定了等离子体相或气相活化的自由基相互碰撞并发生化学反应的频率。对于不处于热力学平衡的带电粒子和中性化学物质的集合来说，其中包含独特的化学物质，因此设计过程中应在被加工的食物或基质上让化学活性物质发生适当的混合。对于大多数冷等离子体反应器，均设置一个区域可不断移动的放置食品的区域，可令食品直接放置于等离子体区域，也可移动到远离等离子体的下游位置。

采用本节所介绍的冷等离子体反应器处理食品时，可使食品的温度保持在室温左右（Scholtz et al.，2015），从而与食品的热处理相比能够更好地保证食品品质。冷等离子体发挥杀菌作用主要与其放电过程中所产生的活性氮氧物质和其他带电物质等有关（Joshi et al.，2011；Han et al.，2016）。放电所用的混合气体是影响冷等离子体杀菌效果的一个重要因素。用于产生冷等离子体的气体主要包括氦气（Dezest et al.，2017；Wu et al.，2012; Darny et al.，2017）；氩气（Limsopatham et al.，2017；Volkov et al.，2017；Amini et al.，2017）；以及氮气和氧气（Reineke et al.，2015）。鉴于冷等离子体化学组成的复杂性，其抗菌机制也极为复杂。进入反应器的气体组成也会影响所产生冷等离子体中活性物质的浓度，从而影响其杀菌活性（Timmons et al.，2018；Min et al.，2016；Misra et al.，2016；Jiang et al.，2017；Oh et al.，2017）。活性氧（reactive oxygen species, ROS）和活性氮（reactive nitrogen species，RNS）等活性物质能够破坏微生物的细胞膜（Lu et al.，2014），造成DNA损伤（Davies et al.，2011），导致细胞形态发生变化（Mendis et al.，2000），最终灭活或杀死食品中的微生物。本节最后的表1.2显示了本节所述的四种类型冷等离子体反应器的典型参数和抗菌效果，即介质阻挡放电冷等离子体反应器、射流冷等离子体反应器、电晕冷等离子体反应器和微波冷等离子体反应器。表1.2列出的食物主要包括杏仁、生菜、苹果、卷心菜、圣女果和草莓等。

4 结论

冷等离子体技术是一种新型加工技术，能够有效杀灭食品中的有害微生物，同时不会对食品的营养品质和感官品质造成不良影响。洛伦兹力方程是研究和预测冷等离子体区域中单个带电粒子（自由电子、阳离子和阴离子等）运动轨迹的基础。与大气压等离子体发生器相比，磁场在限制低压反应器的冷等离子体区（防止带电化学物质漂移到反应器壁上）方面是最有效的。冷等离子体应用于食品保鲜的工程学原理包括以下几个：①以麦克斯韦方程组为代表的电磁场理论；②基于玻尔兹曼方程描述的动力学理论；③以汤森电离为主的等离子体放电现象。目前有许多可以应用于食品加工的冷等离子体发生器，本章介绍了几种重要的应用于食品加工的冷等离子体发生器。在开发应用于食品加工的冷等离子体发生器时，需考虑以下几项技术指标：①大气压条件与低压的对比；②载气/工作气体混合物中的气体种类；③等离子体区域处理与等离子体下游区域处理的对比；④密闭式与通风式食品容器的对比。在今后的工作中还需开展更多的研究，以确保在冷等离子体处理过程中不会产生有毒副产物。

表1.2 不同冷等离子体反应器的典型参数和对微生物的杀灭效果

食品基质	目标	工作气体	处理参数	暴露时间/s	减少值	参考文献
DBD等离子体						
圣女果	沙门氏菌（*Salmonella*）、大肠杆菌（*E. coli*）和单增李斯特菌（*L. monocytogenes*）	湿润的空气	70 kV_{RMS}、50 Hz	10~120	3.1~6.7 log_{10}CFU/样品	Ziuzina等（2014）
草莓	沙门氏菌（*Salmonella*）、大肠杆菌（*E. coli*）和单增李斯特菌（*L. monocytogenes*）	湿润的空气	70 kV_{RMS}、50 Hz	300	3.5~4.2 log_{10}CFU/样品	Ziuzina等（2014）
圣女果	酵母和霉菌	湿润的空气	70 kV_{RMS}、50 Hz	60	2.5log_{10} CFU/样品	Ziuzina等（2014）
草莓	酵母和霉菌	湿润的空气	70 kV_{RMS}、50 Hz	300	1.4log_{10} CFU/样品	Ziuzina等（2014）
长叶莴苣	大肠杆菌O157:H7（*E. coli* O157:H7）、沙门氏菌（*Salmonella*）和单增李斯特菌（*L. monocytogenes*）	湿润的空气	双极性电压激励，峰峰值电压为34.8 kV，2.4 kHz	300	0.5~1.1 log_{10}CFU/g	Min等（2016）
菊苣叶	单增李斯特菌（*L. monocytogenes*）和大肠杆菌O157:H7（*E. coli* O157:H7）	湿润的空气	峰峰值电压15 kV，12.5 kHz	900~1800	2.2 $log_{10}CFU/cm^2$；1.4 $log_{10}MPN/cm^2$	Pasquali等（2016）
水芹种子	大肠杆菌（*E. coli*）	Ar	单极性500 ns方形电压脉冲，2.5~10 kHz，峰峰值电压6~10 kV	600	3.4 log_{10}CFU/g	Butscher等（2016）
苜蓿种子	大肠杆菌（*E. coli*）	Ar	单极性500ns方形电压脉冲，2.5~10 kHz，峰峰值电压6~10 kV	600	约3.0 log_{10}CFU/g	Butscher等（2016）

续表

食品基质	目标	工作气体	处理参数	暴露时间/s	减少值	参考文献
未去皮的杏仁	肠炎沙门氏菌PT30（*S.* Enteritidis PT30）	N_2或空气	峰峰值电压20 kV，频率为15 kHz、350 W	900	2.0~6.0 log_{10}CFU/g	Hertwig等（2017）
奶酪片	大肠杆菌（*E. coli*）、鼠伤寒沙门氏菌（*S.* Typhimurium）和单增李斯特菌（*L. monocytogenes*）	空气	功率为250 W，15 kHz	900	2.3~3.1 log_{10}CFU/g	Yong等（2015）
鸡蛋	鼠伤寒沙门氏菌（*S. enterica* serovar Typhimurium）	He-O_2	交流电压，峰峰值电压为25~30 kV，10~12 kHz，20%负载循环，5 L/min	1200	5.4 log_{10}CFU/egg	Georgescu等（2017）
长叶莴苣	杜兰病毒（Tulane virus）	空气	双极性电压激励，峰-峰值电压34.8 kV，2.4 kHz	300	1.3 log_{10}PFU/g	Min等（2016）
圣女果	沙门氏菌（*Salmonella*）	湿润的空气	峰峰值电压76 kV，35 kV	180	0.8 log_{10}CFU/g	Hertrich等（2017）
长叶莴苣	沙门氏菌（*Salmonella*）	湿润的空气	峰峰值电压76 kV，35 kV	180	0.3 log_{10}CFU/g	Hertrich等（2017）
混合沙拉	沙门氏菌（*Salmonella*）	湿润的空气	峰峰值电压76 kV，35 kV	180	0.3 log_{10}CFU/g	Hertrich等（2017）
射流冷等离子体						
蓝莓	鼠诺如病毒（Murine norovirus）和杜兰病毒（Tulane virus）	空气	电弧放电，549 W，47 kHz和7 CFM	45~90	1.5~5.0 log_{10}PFU/g	Lacombe等（2017）
杏仁	大肠杆菌O157:H7（*E. coli* O157:H7）	干燥空气、N_2	电弧放电，47 kHz，549 W	20	0.9~1.3 log_{10}CFU/mL	Niemira（2012）

续表

食品基质	目标	工作气体	处理参数	暴露时间/s	减少值	参考文献
杏仁	肠炎沙门氏菌（*S.* Enteritidis PT30）	干燥空气、N_2	电弧放电，47 kHz，549 W	20	0.9~1.1 log_{10}CFU/mL	Niemira（2012）
黑胡椒	枯草芽孢杆菌（*B. subtilis*）芽孢和萎缩芽孢杆菌（*B. atrophaeus*）芽孢	Ar	交流电压，27.12 MHz，30 W，10 L/min	900	0.8~1.3 log_{10}CFU/g	Hertwig等（2015）
鲜核桃	黄曲霉（*A. flavus*）孢子	Ar	脉冲直流电压，12 kHz	660	6.2~7.2 log_{10}CFU/g	Amini和Ghoranneviss（2016）
干核桃	黄曲霉（*A. flavus*）孢子	Ar	脉冲直流电压，12 kHz	660	6.5~7.2 log_{10}CFU/g	Amini和Ghoranneviss（2016）
糙米谷物棒	黄曲霉（*A. flavus*）孢子	Ar	10 kV，40 W，50~600 kHz，10 L/min	1200	4.3 log_{10}CFU/g	Suhem等（2013）
电晕冷等离子体反应器						
脱脂牛奶	大肠杆菌（*E. coli*）	空气	交流电源，9 kV	1200	4.4 log_{10}CFU/mL	Gurol等（2012）
油菜籽	大肠杆菌（*E. coli*）、沙门氏菌（*Salmonella*）、蜡样芽孢杆菌（*B. cereus*）、酵母和霉菌	空气	20 kV，58 kHz，2.5 m/s	180	1.2~2.0 log_{10}CFU/g	Puligundla等（2017）
圣女果	酵母和霉菌	空气	8 kV，20 kHz，2.0 m/s	120	约1.8 log_{10}CFU/g	Lee等（2018）

续表

食品基质	目标	工作气体	处理参数	暴露时间/s	减少值	参考文献
西蓝花种子	大肠杆菌（*E. coli*）、沙门氏菌（*Salmonella*）、蜡样芽孢杆菌（*B. cereus*）、酵母和霉菌	空气	20 kV，58 kHz	180	1.2~2.0 log_{10}CFU/g	Kim等（2017）
微波冷等离子体						
卷心菜	单增李斯特菌（*L. monocytogenes*）	He-O_2	2.45 GHz，900 W，667 Pa，1 L/min	600	2.1 log_{10}CFU/g	Lee等（2015）
卷心菜	鼠伤寒沙门氏菌（*S.* Typhimurium）	N_2	2.45 GHz，900 W，667 Pa，1 L/min	600	1.5 log_{10}CFU/g	Lee等（2015）
胡萝卜	大肠杆菌（*E. coli*）	空气	2.45 GHz，1.2 kW，20 L/min	150	5.3 log_{10}CFU/g	Baier等（2015）
苹果	大肠杆菌（*E. coli*）	空气	2.45 GHz，1.2 kW，20 L/min	600	4.6 log_{10}CFU/g	Baier等（2015）
圣女果	鼠伤寒沙门氏菌（*S.* Typhimurium）	He	2.45 GHz，900 W，0.5~30 kPa	600	3.8 log_{10}CFU/样品	Kim和Min（2017）
萝卜芽菜	鼠伤寒沙门氏菌（*S.* Typhimurium）	N_2	2.45 GHz，900 W，667 Pa	1200	2.6 log_{10}CFU/g	Oh等（2017）
黑胡椒颗粒	肠道沙门氏菌（*S. enterica*）、枯草芽孢杆菌（*B. subtilis*）芽孢和萎缩芽孢杆菌（*B. atrophaeus*）芽孢	空气	2.45 GH，1.2 kW，18 L/min	1800	2.4~4.1 log_{10}CFU/g	Hertwig等（2015）
红辣椒粉	黄曲霉（*A. flavus*）孢子	N_2、He	2.45 GHz，900 W，667 Pa	1200	2.0~2.5 log_{10} 芽孢/g	Kim等（2014）

注 CFM，立方英尺/分钟（cubic feet per minute），峰峰值：电压的最大值和最小值的差。

参考文献

Abdel-Salam, M., Anis, H., El-Morshedy, A., Radwan, R., 2000a. High-voltage engineering: theory and practice. In: Electrical Engineering and Electronics, second ed. M. Dekker, New York. Chapters 4–5.

Abdel-Salam, M., Anis, H., El-Morshedy, A., Radwan, R., 2000b. High-Voltage Engineering: Theory and Practice. M. Dekker, New York, p. 90.

Abdel-Salam, M., Anis, H., El-Morshedy, A., Radwan, R., 2000c. High-Voltage Engineering: Theory and Practice. M. Dekker, New York, pp. 137–139.

Abelson, Z., Gad, R., Bar-Ad, S., Fisher, A., 2015. Anomalous diffraction in cold magnetized plasma. Phys. Rev. Lett. 115, 143901.

Afsharmanesh, M., Habibi, M., 2017. A simulation study of the factors affecting the collisional power dissipation in a helicon plasma. IEEE Trans. Plasma Sci. 45, 2272–2278.

Ambaw, A., Mukama, M., Opara, U.L., 2017. Analysis of the effects of package design on the rate and uniformity of cooling of stacked pomegranates: numerical and experimental studies. Comput. Electron. Agric. 136, 13–24.

Amini, M., Ghoranneviss, M., 2016. Effects of cold plasma treatment on antioxidants activity, phenolic contents and shelf life of fresh and dried walnut (*Juglans regia* L.) cultivars during storage. LWT–Food Sci.Technol 73, 178–184.

Amini, M., Ghoranneviss, M., Abdijadid, S., 2017. Effect of cold plasma on crocin esters and volatile compounds of saffron. Food Chem. 235, 290–293.

Babaeva, N.Y., Naidis, G.V., 2016. Modeling of streamer dynamics in atmospheric-pressure air: influence of rise time of applied voltage pulse on streamer parameters. IEEE Trans. Plasma Sci. 44, 899–902.

Baier, M., Ehlbeck, J., Knorr, D., Herppich, W.B., Schlüter, O., 2015. Impact of plasma processed air (PPA) on quality parameters of fresh produce. Postharvest Biol. Technol. 100, 120–126.

Balanis, C.A., 2012. Advanced Engineering Electromagnetics, second ed. John Wiley & Sons, Hoboken, N.J, pp. 1–38. Chapter 1.

Basaran, P., Basaran-Akgul, N., Oksuz, L., 2008. Elimination of *Aspergillus parasiticus* from nut surface with low pressure cold plasma (LPCP) treatment. Food Microbiol. 25, 626–632.

Bazelyan, E.M., Raizer, Y.P., 1997. Spark Discharge. Taylor & Francis.

Benard, N., Noté, P., Caron, M., Moreau, E., 2017. Highly time-resolved investigation of the electric wind caused by surface DBD at various ac frequencies. J. Electrost. 88, 41–48.

Boselli, M., Colombo, V., Gherardi, M., Laurita, R., Liguori, A., Sanibondi, P., Simoncelli, E., Stancampiano, A., 2015. Characterization of a cold atmospheric pressure plasma jet device driven by nanosecond voltage pulses. IEEE Trans. Plasma Sci. 43, 713–725.

Brandenburg, R., 2017. Dielectric barrier discharges: progress on plasma sources and on the understanding of regimes and single filaments. Plasma Sources Sci. Technol. 26, 1–29.

Butscher, D., Van Loon, H., Waskow, A., Rudolf von Rohr, P., Schuppler, M., 2016. Plasma inactivation of microorganisms on sprout seeds in a dielectric barrier discharge. Int. J. Food Microbiol. 238, 222–232.

Chen, F.F., 1965. Electric probes. In: Huddlestone, R.H., Leonard, S.L. (Eds.), Plasma Diagnostic Techniques. Academic Press, New York, pp. 113–200. Chapter 4. Chen, F.F., 1984a. Introduction to Plasma Physics and Controlled Fusion, second ed. Plenum Press, New York.

Chen, F.F., 1984b. Introduction to Plasma Physics and Controlled Fusion, second ed. Plenum Press, New York. Chapter 2.

Chen, F.F., 1984c. Introduction to Plasma Physics and Controlled Fusion, second ed. Plenum Press, New York, pp. 169–172.

Darny, T., Pouvesle, J.M., Fontane, J., Joly, L., Dozias, S., Robert, E., 2017. Plasma action on helium flow in cold atmospheric pressure plasma jet experiments. Plasma Sources Sci. Technol. 26, 1–11.

Davies, B.W., Bogard, R.W., Dupes, N.M., Gerstenfeld, T.A., Simmons, L.A., Mekalanos, J.J., 2011. DNA damage and reactive nitrogen species are barriers to *Vibrio cholera* colonization of the infant mouse intestine. PLoS Pathog. 7, e1001295.

Defraeye, T., Radu, A., 2017. Convective drying of fruit: a deeper look at the air-material interface by conjugate modeling. Int. J. Heat Mass Transf. 108, 1610–1622.

Dezest, M., Bulteau, A.L., Quinton, D., Chavatte, L., Le Bechec, M., Cambus, J.P., Arbault, S., Negre-Salvayre, A., clement, F., Cousty, S., 2017. Oxidative modification and electrochemical inactivation of *Escherichia coli* upon cold atmospheric pressure plasma exposure. PLoS One 12, e0173618.

Fridman, A.A., Kennedy, L.A., 2011a. Plasma Physics and Engineering. CRC Press, Boca Raton, FL.

Fridman, A.A., Kennedy, L.A., 2011b. Plasma Physics and Engineering, second ed. CRC Press, Boca Raton, FL, pp. 166–167.

Fridman, A.A., Kennedy, L.A., 2011c. Plasma Physics and Engineering, second ed. CRC Press, Boca Raton, FL, pp. 183–188.

Fridman, A.A., Kennedy, L.A., 2011d. Plasma Physics and Engineering, second ed. CRC Press, Boca Raton, FL, pp. 590–591.

Georgescu, N., Apostol, L., Gherendi, F., 2017. Inactivation of *Salmonella enteric* serovar Typhimurium on egg surface, by direct and indirect treatments with cold atmospheric plasma. Food Control 76, 52–61.

Gurol, C., Ekinci, F.Y., Aslan, N., Korachi, M., 2012. Low temperature plasma for decontamination of *E. coli* in milk. Int. J. Food Microbiol. 157, 1–5.

Han, L., Patil, S., Boehm, D., Milosavljević, V., Cullen, P.J., Bourke, P., 2016. Mechanisms of inactivation by high-voltage atmospheric cold plasma differ for *Escherichia coli* and *Staphylococcus aureus*. Appl. Environ. Microbiol. 82, 450–458.

Hertrich, S.M., Boyd, G., Sites, J., Niemira, B.A., 2017. Cold plasma inactivation of *Salmonella* in prepackaged, mixed salads is influenced by cross-contamination sequence. J. Food Prot. 80, 2132–2136.

Hertwig, C., Reineke, K., Ehlbeck, J., Knorr, D., Schlüter, O., 2015. Decontamination of whole black pepper using different cold atmospheric pressure plasma applications. Food Control 55, 221–229.

Hertwig, C., Leslie, A., Meneses, N., Reineke, K., Rauh, C., Schlüter, O., 2017. Inactivation of *Salmonella* Enteritidis PT30 on the surface of unpeeled almonds by cold plasma. Innov–Food Sci. Emerg. Technol. 44, 242–248.

Huddlestone, R.H., Leonard, S.L. (Eds.), 1965. Plasma Diagnostic Techniques. Academic Press, New York, pp. 538–542.

Iskander, M.F., 1992. Electromagnetic Fields and Waves. Prentice Hall, Englewood Cliffs, NJ, pp. 548–555.

Islam, R., Pedrow, P.D., Englund, K.R., 2017. Phenomenology of corona discharge in helium admixtures inside a point-to-point electrode geometry. IEEE Trans. Plasma Sci. 45, 2848–2856.

Jackson, J.D., 1975. Classical Electrodynamics. Wiley, New York, pp. 1–26.

Jiang, Y., Sokorai, K., Pyrgiotakis, G., Demokritou, P., Li, X., Mukhopadhyay, S., JIN, T., Fan, X.,

2017. Cold plasma-activated hydrogen peroxide aerosol inactivates *Escherichia coli* O157:H7, *Salmonella* Typhimurium, and *Listeria innocua* and maintains quality of grape tomato, spinach and cantaloupe. Int. J. Food Microbiol. 249, 53–60.

Joshi, S.G., Cooper, M., Yost, A., Paff, M., Ercan, U.K., Fridman, G., Friedman, G., Fridman, A., Brooks, A.D., 2011. Nonthermal dielectric-barrier discharge plasma-induced inactivation involves oxidative DNA damage and membrane lipid peroxidation in *Escherichia coli*. Antimicrob. Agents Chemother. 55, 1053–1062.

Khani, M.R., Shokri, B., Khajeh, K., 2017. Studying the performance of dielectric barrier discharge and gliding arc plasma reactors in tomato peroxidase inactivation. J. Food Eng. 197, 107–112.

Kim, J.H., Min, S.C., 2017. Microwave-powered cold plasma treatment for improving microbiological safety of cherry tomato against *Salmonella*. Postharvest Biol. Technol. 127, 21–26.

Kim, J.E., Lee, D.U., Min, S.C., 2014. Microbial decontamination of red pepper powder by cold plasma. Food Microbiol. 38, 128–136.

Kim, J.W., Puligundla, P., Mok, C., 2017. Effect of corona discharge plasma jet on surface-borne microorganisms and sprouting of broccoli seeds. J. Sci. Food Agric. 97, 128–134.

Krall, N.A., Trivelpiece, A.W., 1973. Principles of Plasma Physics. McGraw-Hill, NewYork.

Kuffel, E., Zaengl, W.S., 1984. High-Voltage Engineering: Fundamentals. Oxford, Oxfordshire; New York, Pergamon Press.

Lacombe, A., Niemira, B.A., Gurtler, J.B., Sites, J., Boyd, G., Kingsley, D.H., LI, X., Chen, H., 2017. Nonthermal inactivation of norovirus surrogates on blueberries using atmospheric cold plasma. Food Microbiol. 63, 1–5.

Lee, H., Kim, J.E., Chung, M.S., Min, S.C., 2015. Cold plasma treatment for the microbiological safety of cabbage, lettuce, and dried figs. Food Microbiol. 51, 74–80.

Lee, T., Puligundla, P., Mok, C., 2018. Intermittent corona discharge plasma jet for improving tomato quality. J. Food Eng. 223, 168–174.

Levko, D., Raja, L.L., 2017. On the production of energetic electrons at the negative streamer head at moderate overvoltage. Phys. Plasmas 24, 1–4.

Liboff, R.L., 1990a. Kinetic theory: classical, quantum, and relativistic descriptions. In: Prentice Hall Advanced Reference Series. Prentice Hall, Englewood Cliffs, NJ, p. 163.

Liboff, R.L., 1990b. Kinetic theory: classical, quantum, and relativistic descriptions. In: Prentice

Hall Advanced Reference Series. Prentice Hall, Englewood Cliffs, NJ, pp. 155–156.

Liboff, R.L., 1990c. Kinetic theory: classical, quantum, and relativistic descriptions. In: Prentice Hall Advanced Reference Series. Prentice Hall, Englewood Cliffs, NJ, pp. 216–230.

Lieberman, M.A., Lichtenberg, A.J., 2005a. Principles of Plasma Discharges and Materials Processing. Wiley-Interscience, Hoboken, NJ. Chapters 11–13.

Lieberman, M.A., Lichtenberg, A.J., 2005b. Principles of Plasma Discharges and Materials Processing. Wiley-Interscience, Hoboken, NJ. Chapter 13.

Lieberman, M.A., Lichtenberg, A.J., 2005c. Principles of Plasma Discharges and Materials Processing, second ed. Wiley-Interscience, Hoboken, NJ, p. 36.

Lieberman, M.A., Lichtenberg, A.J., 2005d. Principles of Plasma Discharges and Materials Processing. Wiley-Interscience, Hoboken, NJ, pp. 149–151.

Lieberman, M.A., Lichtenberg, A.J., 2005e. Principles of Plasma Discharges and Materials Processing. Wiley-Interscience, Hoboken, NJ. pp. 452–455, 469–470, 493–494, 514.

Lieberman, M.A., Lichtenberg, A.J., 2005f. Principles of Plasma Discharges and Materials Processing. Wiley-Interscience, Hoboken, N.J, pp. 491–513.

Lieberman, M.A., Lichtenberg, A.J., 2005g. Principles of Plasma Discharges and Materials Processing, seconded. Wiley-Interscience, Hoboken, N.J, pp. 685–687.

Limsopatham, K., Boonyawan, D., Umongno, C., Sukontason, K.L., Chaiwong, T., Leksomboon, R., Sukontason, K., 2017. Effect of cold argon plasma on eggs of the blowfly, *Lucilia cuprina* (Diptera: Calliphoridae). Acta Trop. 176, 173–178.

Lorrain, P., Corson, D.R., 1970. Electromagnetic Fields and Waves. W.H. Freeman, San Francisco, pp. 439–442.

Lu, H., Patil, S., Keener, K.M., Cullen, P.J., Bourke, P., 2014. Bacterial inactivation by high-voltage atmospheric cold plasma: influence of process parameters and effects on cell leakage and DNA. J. Appl. Microbiol. 116, 784–794.

Mendis, D., Rosenberg, M., Azam, F., 2000. A note on the possible electrostatic disruption of bacteria. IEEE Trans. Plasma Sci. 28, 1304–1306.

Min, S.C., Roh, S.H., Niemira, B.A., Sites, J.E., Boyd, G., Lacombe, A., 2016. Dielectric barrier discharge atmospheric cold plasma inhibits *Escherichia coli* O157:H7, *Salmonella*, *Listeria monocytogenes*, and Tulane virus in Romaine lettuce. Int. J. Food Microbiol. 237, 114–120.

Misra, N.N., Pankaj, S.K., Segat, A., Ishikawa, K., 2016. Cold plasma interactions with enzymes in foods and model systems. Trends Food Sci. Technol. 55, 39–47.

Muhammad, A.I., Xiang, Q., Liao, X., Liu, D., Ding, T., 2018. Understanding the impact of nonthermal plasma on food constituents and microstructure—a review. Food Bioprocess Technol. 11, 463–486.

Naidis, G.V., 2017. Modeling of streamer dynamics in atmospheric-pressure air plasma jets. Plasma Process. Polym. 14, 1–7.

Nakamura, Y., 2010. Electron swarm parameters in pure C_2H_2 and in C_2H_2–Ar mixturesand electron collision cross sections for the C_2H_2 molecule. J. Phys. D: Appl. Phys. 43, 1–7.

Nakamura, Y., Kurachi, M., 1988. Electron transport parameters in argon and its momentum transfer cross section. J. Phys. D: Appl. Phys. 21, 718–723.

Niemira, B.A., 2012. Cold plasma reduction of *Salmonella* and *Escherichia coli* O157:H7 on almonds using ambient pressure gases. J. Food Sci. 77, M171–M175.

Oh, Y.J., Song, A.Y., Min, S.C., 2017. Inhibition of *Salmonella* Typhimurium on radish sprouts using nitrogen-cold plasma. Int. J. Food Microbiol. 249, 66–71.

O'Sullivan, J.L., Ferrua, M.J., Love, R., Verboven, P., Nicolaï, B., East, A., 2017. Forced-aircooling of polylined horticultural produce: optimal cooling conditions and package design. Postharvest Biol. Technol. 126, 67–75.

Paris, D.T., Hurd, F.K., 1969. Basic Electromagnetic Theory. McGraw-Hill, New York. Chapter 2.

Pasquali, F., Stratakos, A.C., Koidis, A., Berardinelli, A., Cevoli, C., Ragni, L., Mancusi, R., Manfreda, G., Trevisani, M., 2016. Atmospheric cold plasma process for vegetable leaf decontamination: a feasibility study on radicchio (red chicory, *Cichorium intybus* L.). Food Control 60, 552–559.

Phelps, A.V., 1991. Cross sections and swarm coefficients for nitrogen ions and neutrals in N_2 and argon ions and neutrals in Ar for energies from 0.1 eV to 10 keV. J. Phys. Chem. Ref. Data 20, 557–573.

Puligundla, P., Kim, J.-W., Mok, C., 2017. Effect of corona discharge plasma jet treatment on decontamination and sprouting of rapeseed (*Brassica napus* L.) seeds. Food Control, 71, 376–382.

Ramo, S., Whinnery, J.R., Van Duzer, T., 1994. Fields and Waves in Communication Electronics, third ed. Wiley, New York.

Reif, F., 1965. Fundamentals of statistical and thermal physics. In: McGraw-Hill Series in

Fundamentals of Physics. McGraw-Hill, New York, pp. 248–250.

Reineke, K., Langer, K., Hertwig, C., Ehlbeck, J., Schlüter, O., 2015. The impact of different process gas compositions on the inactivation effect of an atmospheric pressure plasma jet on *Bacillus* spores. Innov–Food Sci. Emerg. Technol. 30, 112–118.

Scholtz, V., Pazlarova, J., Souskova, H., Khun, J., Julak, J., 2015. Nonthermal plasma—a tool for decontamination and disinfection. Biotechnol. Adv. 33, 1108–1119.

Suhem, K., Matan, N., Nisoa, M., Matan, N., 2013. Inhibition of *Aspergillus flavus* on agar media and brown rice cereal bars using cold atmospheric plasma treatment. Int. J. Food Microbiol. 161, 107–111.

Teunissen, J., Ebert, U., 2017. Simulating streamer discharges in 3D with the parallel adaptive Afivo framework. J. Phys. D: Appl. Phys. 50, 1–13.

Timmons, C., Pai, K., Jacob, J., Zhang, G., Ma, L.M., 2018. Inactivation of *Salmonella enterica*, Shiga toxin-producing *Escherichia coli*, and *Listeria monocytogenes* by a novel surface discharge cold plasma design. Food Control 84, 455–462.

Volkov, A.G., Xu, K.G., Kolobov, V.I., 2017. Cold plasma interactions with plants: morphing and movements of Venus flytrap and *Mimosa pudica* induced by argon plasma jet. Bioelectrochemistry 118, 100–105.

Wu, H., Sun, P., Feng, H., Zhou, H., Wang, R., Liang, Y., Lu, J., Zhu, W., Zhang, J., Fang, J., 2012. Reactive oxygen species in a non-thermal plasma microjet andwater system: generation, conversion, and contributions to bacteria inactivationan analysis by electron spin resonance spectroscopy. Plasma Process. Polym. 9, 417–424.

Yanallah, K., Pontiga, F., Bouazza, M.R., Chen, J.H., 2017. The effect of the electric wind on the spatial distribution of chemical species in the positive corona discharge. J. Phys. D: Appl. Phys. 50, 1–14.

Ye, Z., Veerapandian, S.K.P., Onyshchenko, I., Nikiforov, A., De Geyter, N.,Giraudon, J.-M., Lamonier, J.-F., Morent, R., 2017. An in-depth investigation of toluene decomposition with a glass beads-packed bed dielectric barrier discharge reactor. Ind. Eng. Chem. Res. 56, 10215–10226.

Yong, H.I., Kim, H.J., Park, S., Alahakoon, A.U., Kim, K., Choe, W., Jo, C., 2015. Evaluation of pathogen inactivation on sliced cheese induced by encapsulated atmospheric pressure dielectric barrier discharge plasma. Food Microbiol. 46, 46–50.

Yoon, S.Y., Kim, G.H., Kim, S.J., Bae, B., Kim, N.K., Lee, H., Bae, N., Ryu, S., Yoo, S.J., Kim, S.B., 2017. Bullet-to-streamer transition on the liquid surface of a plasma jet in atmospheric pressure. Phys. Plasmas 24, 1–10.

Zachariades, C., Rowland, S.M., Cotton, I., Peesapati, V., Chambers, D., 2016. Development of electric-field stress control devices for a 132 kV insulating cross-arm using finite-element analysis. IEEE Trans. Power Deliv. 31, 2105–2113.

Zhang, L., Zhao, G., Wang, J., Han, Q., 2016. The hollow cathode effect in a radio-frequency driven microhollow cathode discharge in nitrogen. Phys. Plasmas 23, 1–7.

Zhang, J., Wang, Y., Wang, D., 2018. Numerical study on mode transition characteristics inatmospheric-pressure helium pulsed discharges with pin–plane electrode. IEEE Trans. Plasma Sci. 46, 19–24.

Ziuzina, D., Patil, S., Cullen, P.J., Keener, K.M., Bourke, P., 2014. Atmospheric cold plasma inactivation of *Escherichia coli*, *Salmonella* enteric serovar Typhimurium and *Listeria monocytogenes* inoculated on fresh produce. Food Microbiol. 42, 109–116.

进一步阅读材料

Chen, F.F., 1984d. Introduction to Plasma Physics and Controlled Fusion, second ed. Plenum Press, New York, pp. 236–240.

第2章

冷等离子体失活食品和模拟体系中微生物及病毒的研究进展

1 引言

据美国疾病控制与预防中心（Center for Disease Control and Prevention，CDC）统计，每年发生的食源性疾病会导致数以千计的住院病例和死亡病例，同时也造成了严重的经济损失。引发食源性疾病的微生物主要包括沙门氏菌（*Salmonella* spp.）、大肠杆菌O157:H7（*Escherichia coli* O157:H7）和单增李斯特菌（*Listeria monocytogenes*）等，涉及的食品主要包括生鲜农产品、肉类、禽蛋和禽肉产品等。尽管目前可采用多种技术对食品进行加工和保鲜处理，但加工不当或交叉污染仍然是造成食品微生物污染的重要原因。在最近几年，也相继发生了多起由甲型肝炎病毒A（hepatitis A）等食源性病毒引发的食品召回事件，主要与食用被甲型肝炎病毒A等污染的海产品有关。此外，也暴发了一些因生鲜农产品和香辛料污染圆孢子虫（*Cyclospora cayetanensis*）等寄生虫而引发的食物中毒事件。尽管在销售之前都要对农产品进行清洗和消毒处理，但目前常用的含氯消毒剂的作用效果较为一般。同时，由于一些食品表面不均一或呈现多孔性，部分微生物、病毒或寄生虫对常规杀菌方法具有一定的耐受性。此外，含氯消毒剂在使用时会产生一些致癌物质。因此很难找到一种对不同微生物均具有良好杀灭效果且能够广泛适用于不同种类食品的杀菌方法。消费者要求杀菌处理首先不能造成食品中有害化学物质的残留，同时还能够有效保障食品安全并有效保持食品的营养和感官品质。为了能够满足消费者的上述需求和保障食品安全，研究人员开展了食品新型杀菌技术的相关研究工作。

冷等离子体是一种新兴的食品加工技术，在食品安全控制和保鲜领域具有广泛的应用潜力。本章主要介绍了冷等离子体技术的基本原理以及其对微生物的杀灭作用及活性氧氮（reactive oxygen nitrogen species，RONS）在冷等离子体杀灭微生物过程中的作用，同时也综述了冷等离子体对食品中霉菌、酵母等有害生物的杀灭作用及对黄曲霉毒素等真菌毒素的降解作用。芽孢是影响食品安全的重要因素，相关研究结果初步揭示了冷等离子体中的活性化学组分如何透过芽孢的多层膜结构而扩散进入胞内并导致芽孢失活。本章也简要介绍了冷等离子体对病毒的失活作用。由于缺少开展病毒相关研究所需要的安全防护措施和实验方法的局限性，冷等离子体失活病毒的相关研究报道较少，但现有研究结果表明该技术在病毒防控领域具有良好的应用前景。针对食品中的寄生虫污染问题，本章最后介绍了冷等离子体对食品中常见寄生虫的杀灭效果及其应用。

2　冷等离子体

在食品科学领域，大气压冷等离子体是一种新型非热加工技术。近10年来，冷等离子体在失活微生物领域中的应用研究发展十分迅速。本章将主要介绍冷等离子体的基本概念和发生装置，探讨冷等离子体杀灭微生物的作用机制，同时也总结了一些处理参数对冷等离子体杀灭效果的影响。

目前，冷等离子体主要通过气体放电产生。在电场作用下，气体分子被电离并形成多种活性粒子，主要包括紫外线、电子、质子、中子、活性自由基和其他化学物质，上述物质的生成与放电所使用的气体有关。由于上述物质均未达到热力学平衡状态，所产生等离子体的温度较低，被称为“冷等离子体”，因此冷等离子体是一种非热加工技术。应用于食品领域时，冷等离子体技术具有不需要水、无残留或残留少、成本低、无须其他化学试剂、处理温度低、不接触待处理样品、绿色环保等诸多优点。

冷等离子体对细菌、真菌或芽孢的杀灭作用与其所含有的活性物质作用于细胞膜、芽孢壳（spore coat）等细胞结构有关。对病毒而言，冷等离子体中的自由基能够扩散进入衣壳并破坏其遗传物质。尽管冷等离子体已被报道用于杀灭虫卵、幼虫和成虫（Bourke et al.，2018；Limsopatham et al.，2017），但仍需深入研究其对寄生虫等的杀灭效果。

3 冷等离子体对细菌的杀灭作用

鉴于细菌细胞结构的多样性，很难系统总结冷等离子体杀灭细菌的作用机制。冷等离子体对细菌的杀灭效果受许多因素的影响，如细菌本身的性质（属于革兰氏阴性细菌还是革兰氏阳性细菌）等。同时，处于不同生长期的细菌对胁迫压力具有不同的敏感性，因此细菌所处的生长期也影响了冷等离子体对其的杀灭效果。此外，冷等离子体装置的处理或操作参数也影响其对细菌的杀灭效果。因此，实际应用冷等离子体时，可通过调控上述参数以增强冷等离子体对微生物的杀灭效果并有效保持食品品质。

冷等离子体主要通过多种物理和化学作用杀灭微生物。例如，放电过程中产生的紫外线能够造成细胞表面发生蚀刻，并与冷等离子体中的活性物质共同作用于细胞组分，最终导致微生物细胞死亡。由于冷等离子体的物理和化学作用同时发生并参与杀灭微生物，因此很难定量区分上述物理或化学因素在冷等离子体杀灭微生物中的具体作用。

3.1 对微生物细胞造成的物理和化学作用

在冷等离子体放电过程中，产生了紫外辐射、臭氧、自由基（取决于放电气体）及带电粒子（如离子、电子等）物质。DNA、细胞膜和蛋白质被认为是冷等离子体作用于微生物细胞的主要靶点。羟基自由基（·OH）能够氧化细胞组分，进而造成细胞膜损伤。此外，自由基能够氧化组成细胞壁磷脂双分子层的不饱和脂肪酸，还能够破坏肽键并氧化氨基酸链（Surowsky等，2014）。采用氦气或氩气等所产生的冷等离子体也能够引发生物大分子发生化学反应。Hou等（2008）采用介质阻挡放电（dielectric barrier discharge，DBD）等离子体处理克雷伯氏肺炎菌（*Klebsiella pneumoniae* CGMCC 1206），放电所用气体为纯氦气（电压为13 kV，频率为8 kHz），研究了冷等离子体活性化学组分与生物大分子之间的相互作用如何导致细菌死亡。结果表明，冷等离子体活性物质能够与微生物的膜结合蛋白发生相互作用；克雷伯氏肺炎菌中膜结合蛋白含量随冷等离子体处理时间的延长而显著降低；而菌悬液中蛋白浓度显著升高，这是由于胞内蛋白质泄漏所造成的。在菌悬液中也检测到了存在于细胞壁和细胞中的麦芽糖、葡萄糖和乙酸等物质，表明DBD等离子体处理破坏了克雷伯氏肺炎菌细胞膜的完整性。Laroussi等（2002）评价了电阻性介质阻挡放电（resistive barrier discharge，RBD）冷等离子体（电压为16 kV，频率为60 Hz）处理对大肠杆菌（*E.coli*）的失活作用及机制，所用放电气体为97% He+3% O_2。作者发现，经RBD冷等离子体处理0~100 s后，大肠杆菌对L-岩藻糖、D-山梨糖醇和D-半乳糖醛酸的利用率有所增加，可能是因为相关酶的活性发生了变化（Laroussi et al.，2002）。在Kim等（2018）进行的研究中，作者发现冷等离子体处理造成大肠杆菌的形态和结构发生了一系列变化，如细胞壁破裂、细胞膜结构缺失和胞内组分泄漏等。作者认为上述变化可能与冷等离子体造成的膜蛋白变性有关。2-D凝胶电泳和肽质量指纹谱（peptide mass fingerprinting，PMF）分析结果表明，冷等离子体处理造成大肠杆菌中的蛋白质发生显著变化，上述蛋白质与氧化应激、细胞自身防御、渗透调节和运输、代谢途径、细胞必需物质和维生素合成酶等有关，进而造成微生物无法生长繁殖（Kim et al.，2018）。

Sureshkumar和Neogi（2009）研究发现，采用氩气所产生的冷等离子体能够有效失活金黄色葡萄球菌（*Staphylococcus aureus*），这主要与紫外辐射和紫外光子穿透细胞膜结构进而损伤DNA等细胞重要组分有关；而经频率为13.56 MHz的氩气射频冷等离子体处理5 min后，金黄色葡萄球菌未出现明显的细胞损伤。

在最近的一项研究中，Suwal等（2019）采用生物发光研究了冷等离子体杀灭微生物的作用机制。作者构建了表达荧光素酶基因（*lux*）的大肠杆菌K12（*E. coli* K12 *lux*），所使用的*lux*基因来源于发光光杆状菌（*Photorhabdus luminescens*）。在存在黄素单核苷酸（flavin mononucleotide，FMN）、烟酰胺腺嘌呤二核苷酸磷酸（nicotinamide adenine dinucleotide phosphate，NADPH）、水分子和氧气的条件下，*E. coli* K12 *lux*能够通过NADPH：FMN氧化还原酶和荧光素酶发出波长为490 nm的荧光。上述生物发光可归因于酶促反应体系中的NADPH和FMN等高能化合物，这些高能化合物存在于细胞膜上并与氧化还原酶和荧光素酶密切相关。采用DBD等离子体处理*E. coli* K12 *lux*，放电电压50 kV、放电频率60 Hz、功率密度为0.85 W/cm^2，放电气体为空气。经DBD等离子体处理10 min后，*E. coli* K12 *lux*降低了3.6 log，同时其生物发光完全被抑制。以上结果表明冷等离子体中的活性化学物质能够干扰*E. coli* K12 *lux*细胞内的生物发光。作者认为，冷等离子体中的自由基能够破坏细胞膜并将NADH氧化为NAD^+，进而影响了*E. coli* K12 *lux*细胞中的生物发光。

3.1.1　细胞通透性

电子显微镜结果发现，冷等离子体处理可造成微生物细胞通透性增强

（Zhang et al.，2019；Cui et al.，2016；Surowsky et al.，2014；Kim et al.，2014a；Bermudez-Aguirre et al.，2013；Vratnica et al.，2008；Laroussi et al.，2002）。由于不同研究的结果不完全一致，再加上所用冷等离子体设备、目标微生物和食品基质的影响，很难概括冷等离子体影响细胞通透性的统一规律。例如，Surowsky等（2014）发现冷等离子体射流处理对苹果汁中弗氏柠檬酸杆菌（*Citrobacter freundii*）细胞通透性的影响较小，但经冷等离子体处理8 min并贮藏0 h、3 h和24 h后，弗氏柠檬酸杆菌分别降低了1.0 log、4.4 log和5.1 log，表明冷等离子体处理后的贮藏过程也显著影响微生物的生长繁殖，这可能与等离子体处理在苹果汁中产生的H_2O_2等活性化学物质及苹果汁较低的pH有关（Surowsky et al.，2014）。

Timmons等（2018）研究了表面介质阻挡放电（surface dielectricbarrier discharge，SDBD）冷等离子体（13.5 V）对接种于玻璃盖玻片、带壳山核桃和樱桃番茄（即圣女果）表面肠道沙门氏菌（*Salmonella enterica*）、产志贺毒素大肠杆菌K12（Shiga-toxin producing *E. coli* K12，STEC）和单增李斯特菌（*L. monocytogenes*）的失活作用。经距离为1 cm的SDBD冷等离子体处理4 min后，接种于玻璃盖玻片表面的肠道沙门氏菌、产志贺毒素大肠杆菌K12和单增李斯特菌分别降低了3.0 log、3.6 log和2.6 log；而经SDBD冷等离子体处理4 min或10 min后，接种于山核桃和樱桃番茄表面的肠道沙门氏菌则分别降低了约1 log和2 log。以上结果表明，SDBD冷等离子体对接种于玻璃表面的微生物具有更强的杀灭效果。透射电子显微镜（Transmission electron microscope，TEM）分析结果表明，经SDBD冷等离子体处理2 min或4 min后，产志贺毒素大肠杆菌K12细胞结构发生明显变化，主要表现为细胞壁结构模糊、出现细胞碎片泄漏等，且损伤程度随处理时间的延长而增强。以上结果表明，冷等离子体处理可造成微生物发生裂解。

大气压电晕放电冷等离子体对大肠杆菌ATCC 11775（*E. coli* ATCC 11775）细胞形态的影响见图2.1，放电电压为12.83 kV，处理时间为10 min，以氩气为放电气体。图2.1（A）为未处理组细胞的电镜图像，其细胞质膜完整且表面光滑，呈现出革兰氏阴性细菌的典型特征。然而，如图2.1（B）所示，电晕放电冷等离子体处理造成大肠杆菌发生损伤，表现为细胞表面电穿孔、细胞质膜消失和细胞组分泄漏到胞外。如图2.1（C）所示，电晕放电冷等离子体处理造成大肠杆菌发生融合，这可能与跨膜电位发生变化、细胞组分泄漏、细胞膜破裂等有关。如图2.1（D）所示，经电晕放电冷等离子体处理后，大肠杆菌细胞表面出现凹陷且细胞膜发生破裂。Vratnica等（2008）采用扫描电子显微镜（scanning electron

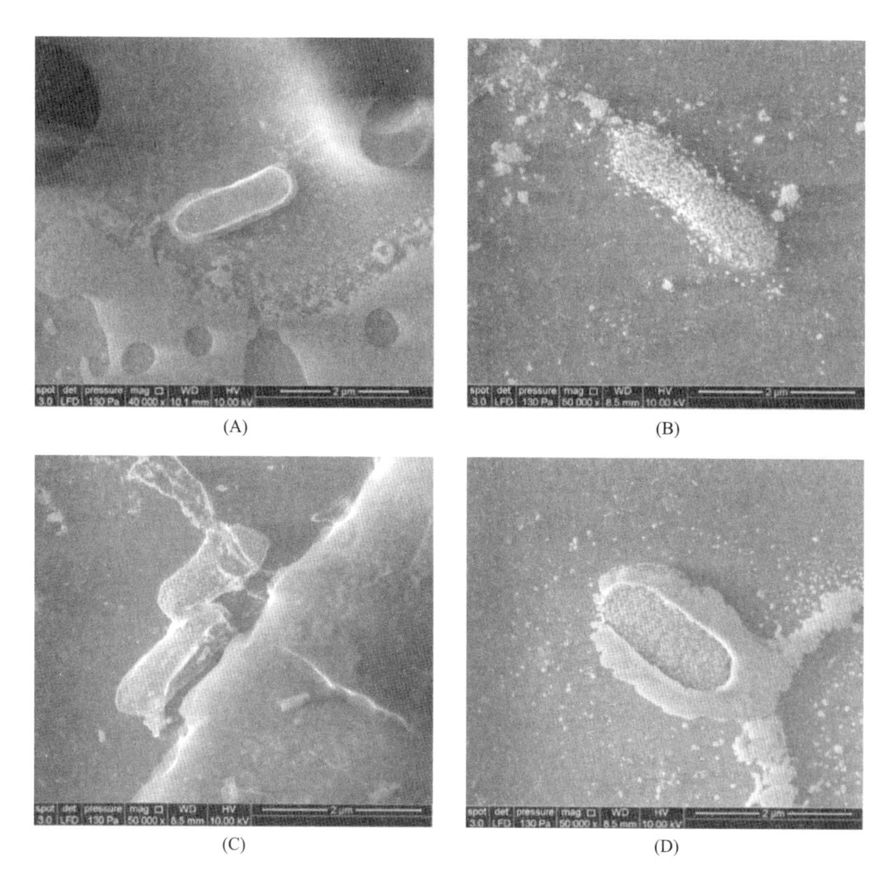

图2.1　冷等离子体处理对大肠杆菌ATCC 11775细胞形态的影响（A）未处理大肠杆菌（*Escherichia coli*）细胞，其细胞被膜和质膜结构完整；（B~D）冷等离子体处理组大肠杆菌（电晕放电，12.83 kV，10 min，氩气），细胞完全电穿孔且细胞周围出现大量细胞质碎片（B）；细胞发生裂解；细胞质膜发生破裂，表面出现电穿孔，造成胞内物质泄漏（C）；不连续的细胞质膜和细胞表面上的电穿孔，细胞质膜发生破裂，造成胞内物质泄漏（D）。（引自Bermudez-Aguirre et al., 2013）

microscope，SEM）研究了强度较弱的低压射频冷等离子体对嗜热脂肪芽孢杆菌（*Bacillus stearothermophilus*）细胞形态的影响，放电功率为200 W，压力为75 Pa，放电气体为氧气，处理时间分别为3 s、55 s和240 s。经低压射频冷等离子体处理3 s后，嗜热脂肪芽孢杆菌的细胞膜发生损伤且细胞表面出现轻微的蚀刻迹象；当处理时间延长至55 s时，细胞损伤程度加重；当处理时间延长至240 s时，细胞发生裂解，仅残存一些细胞碎片。作者推测上述结果可能与低压射频冷等离子体造成的细胞组分氧化有关。

细菌细胞膜周围存在一定量的电荷，进而产生跨膜电位。当细菌跨膜电位大于1V时，细胞就会发生电穿孔并在细胞膜上形成孔洞。如果跨膜电位非常高，就会在细胞膜上形成不可逆孔洞，进而造成细胞损伤和胞内细胞组分与外部环境发生自由交换，这种现象被称为电击穿（electrical breakdown）（Zimmerman，1986）。微生物的跨膜电位及其周围的pH也会影响冷等离子体的杀菌效果（Hati et al.，2018）。Majumdar等（2009）发现，经DBD等离子体处理后，电荷积聚在大肠杆菌BL21（*E. coli* BL21）细胞外膜的表面，进而在细胞周围形成静电场；所形成的静电场能够通过形成电冲击（electricity shocks）、电应力（electric stress）、局部加热等多种效应损伤细胞膜，进而造成细胞死亡。Surowsky等（2014）采用荧光探针$DiOC_2(3)$研究了冷等离子体处理对弗氏柠檬酸杆菌（*C. freundii*）跨膜电位的影响。结果发现，未处理组细胞的跨膜电位较低；而经冷等离子体处理2 min后，弗氏柠檬酸杆菌细胞跨膜电位消失，表明细胞发生了去极化（Surowsky et al.，2014）。

Cui等（2018）发现氮气放电所产生的冷等离子体能够有效杀灭在生鲜果蔬（生菜、黄瓜和胡萝卜）表面所形成的大肠杆菌O157:H7生物被膜。作者发现，经冷等离子体处理后，生物被膜中大肠杆菌细胞的通透性增强，进而造成Na^+、K^+等小分子和DNA等生物大分子从胞内泄漏到胞外。经功率为400 W的冷等离子体处理2 min后，大肠杆菌O157:H7生物被膜中DNA含量由初始的8.57 μg/mL降低至2.29 μg/mL；生物被膜中ATP含量由初始的6127 RLU降低至1029 RLU，表明细胞膜通透性增强，造成ATP释放到培养基中。类似地，经放电功率为400 W的冷等离子体处理2 min后，生物被膜中蛋白质含量也从初始的179 μg/mL降低至117.5 μg/mL，电导率则从初始的37.9%升高至42.5%（Cui et al.，2018）。上述结果证实，在紫外线辐射、臭氧和其他冷等离子体活性成分的共同作用下，微生物的细胞膜发生损伤，DNA等胞内物质发生泄漏，且电导率升高。在采用冷等离子体进行直接处理时，微生物细胞与所产生电场之间有一定的距离；因此，冷等离子体放电过程中所形成的脉冲电场在失活微生物中的作用可以忽略不计（Liao et al.，2017）。也有研究发现，经冷等离子体长时间处理后，因细胞膜变形等造成的细胞损伤程度比较严重。

在最近发表的一项研究中，Mahnot等（2019）评价了高电压大气压冷等离子体（high-voltage atmospheric cold plasma，HVACP）对不同溶液中鼠伤寒沙门氏菌（*S. enterica* serovar Typhimurium）的杀灭作用，冷等离子体设备频率和电压分别为60 Hz和90 kV，以干燥空气为放电气体。作者发现，经冷等离子体处理120 s后，接种于去离子水中的鼠伤寒沙门氏菌降低了9 log以上，同时溶液的pH则由初始的6.91降低至3.35；在溶液中添加磷酸盐和镁离子能够有效降低冷等离子体对鼠伤寒沙门氏菌的失活效果。磷酸盐和镁离子是微生物生长繁殖所必需的，并具有维持ATP、核酸、磷脂和蛋白质等合成的作用，同时也参与细胞内的代谢循环及酶促生化反应。存在于溶液中的上述离子可能有助于细胞修复冷等离子体所造成的损伤，进而造成冷等离子体杀菌活性的降低。

3.1.2 RONS对微生物细胞的影响

在冷等离子体研究中，由于放电所使用气体多包含氧气和氮气，因此多使用活性氧氮（reactive oxygen and nitrogen species，RONS）、活性氧（reactive oxygen species，ROS）和活性氮（reactive nitrogen species，RNS）等来表述冷等离子体中的活性组分。尽管冷等离子体的相关研究工作多使用氩气、氦气等单一气体，但也有研究使用了包含氧气和氮气的混合气体或空气，也取得了良好的应用效果。

冷等离子体中化学反应的起点发生在电子与某些等离子体成分之间的碰撞。例如，电子能够与空气发生反应并生成原子态、亚稳态的氧和氮初级产物；中性物质和离子之间也会发生次级化学反应，并生成臭氧、单线态氧或氧原子等。当在常压条件下产生冷等离子体时，绝大多数反应发生在中性物质之间（Gaunt et al.，2006）。由于低压或真空等离子体会对食品品质造成不良影响，涉及冷等离子体杀灭食品中微生物的研究多在常压条件下进行。也有研究证实，常压冷等离子体的杀菌作用主要与其含有的化学物质有关，而紫外线辐射的影响和作用几乎可以忽略不计（Niemira，2012）。

ROS能够对细胞膜、蛋白质、细胞器、脂肪酸、DNA等造成氧化损伤，具有很强的杀菌作用。如上所述，常压放电能够产生臭氧（O_3）、氧原子（O）、单线态氧（$^1O_2$）和一氧化氮（NO）等ROS。当放电所用空气湿度较大时，等离子体放电会产生过氧化氢（H_2O_2）、羟基自由基（$\cdot OH$）、氧自由基和HNO_x等物质，这是由于电子和水分子会发生一系列化学反应，进而造成水分子的解离（Liao et al.，2017；Han et al.，2016；Hertwig et al.，2015；Majumdar et al.，2009；Gaunt et al.，2006）。

在处理过程中，冷等离子体在微生物表面会发生如下化学反应：

$$O_2^{\cdot-}+H_2O_2 \longrightarrow O_2+\cdot OH+HO^-$$

$$2O_2^{\cdot-}+2H^+ \longrightarrow H_2O_2+O_2$$

上述反应所产生的$\cdot OH$、HO^-和H_2O_2等物质能够直接用于微生物的细胞膜成分（Gaunt et al.，2006）。

RNS能够与ROS协同损伤蛋白质、脂质和DNA等细胞组分，进而失活微生物（Han et al.，2016）。冷等离子体放电过程中产生的RNS容易聚集在细胞表面并通过细胞膜进入细胞内，进而显著降低胞内的pH。胞内pH的变化会破坏酶活力、生化反应的反应速率、降低蛋白稳定性、破坏DNA和RNA的结构，从而进一步影响细胞的正常功能（Hertwig et al.，2015）。

将冷等离子体应用于处理液态产品时，RONS易于扩散进入液态产品并产生臭氧、过氧化亚硝酸盐等次级抗菌物质（Mahnot et al.，2019）。在最近的一项研究中，Ranieri等（2019）采用冷等离子体放电制备富含RONS的薄雾（液滴直径约为0.3 μm）并将其用于杀灭大肠杆菌。作者认为该技术具有许多优点，如液滴中含有高浓度的活性化学成分、RONS混合更为均匀、具有更大的有效面积、液滴更容易扩散等。由于液滴需要水才能形成，因此其富含·OH、H_2O_2等抗菌物质（Ranieri et al.，2019）。

但是，需要指出的是，微生物能够通过多种途径抵抗ROS对细胞造成的损伤。例如，微生物细胞中含有的抗氧化剂可以清除ROS或修复ROS造成的氧化损伤；过氧化氢酶（catalases）、超氧化物歧化酶（superoxi dedismutase，SOD）、过氧化物酶（peroxidases）等抗氧化酶也能够保护细胞免受氧化损伤（Chen et al.，2010）。

3.2　影响冷等离子体作用效果的内在和外在因素

研究发现，可以通过优化一系列工艺参数来提高冷等离子体对细菌的杀灭效果并有效保持食品品质。细菌的类型及生理状态也是影响冷等离子体作用效果的主要内在因素。另外，一些外部因素也显著影响冷等离子体对微生物的杀灭效果。尽管极端加工条件可能会获得更好的微生物杀灭效果，但从行业角度来看，冷等离子体处理时间过长会造成能耗过高。在后续部分，将讨论分析一些内在和外在因素对冷等离子体杀灭微生物效果的影响。

3.2.1　与微生物有关的影响因素

影响冷等离子体杀菌效果的微生物因素包括但不限于细菌的种类、生理状态、混合种群以及胁迫条件（如pH、渗透压和生长温度等）等。

细菌种类的影响

有一些研究对比分析了冷等离子体对革兰氏阳性细菌和革兰氏阴性细菌的杀

灭效果（Han et al.，2016；Min et al.，2016；Mok et al.，2015；Feng et al.，2009），结果详见表2.1。Han等（2016）研究了4种放电气体所产生冷等离子体对大肠杆菌、单增李斯特菌和金黄色葡萄球菌的杀灭效果，评价了冷等离子体所产生ROS和RNS与微生物细胞的相互作用。结果表明，大肠杆菌等革兰氏阴性细菌对冷等离子体更为敏感，这是因为冷等离子体更容易氧化构成革兰氏阴性细菌细胞被膜的脂多糖等组分。同时，相对于金黄色葡萄球菌，单增李斯特菌对冷等离子体更为敏感；作者认为自由基主要作用于革兰氏阳性细菌的胞内组分。

在类似的一项研究中，Mok等（2015）以空气为放电气体，研究了余辉电晕放电冷等离子体（afterglow corona discharge air plasma）对接种于载玻片表面大肠杆菌O157:H7、鼠伤寒沙门氏菌（*S.* typhimurium）、蜡状芽孢杆菌（*Bacillus cereus*）、单增李斯特菌、副溶血性弧菌（*Vibrio parahaemolyticus*）和金黄色葡萄球菌等常见食源性致病菌的杀灭作用。试验中设备的工作电压为20 kV，频率为58 kHz，处理时间长达24 min。结果表明，革兰氏阴性细菌大肠杆菌O157:H7和鼠伤寒沙门氏菌对冷等离子体最敏感，最高可分别降低3.5 log和2.5 log。然而，在相同试验条件下，冷等离子体对革兰氏阳性细菌的杀灭效果相对较弱，金黄色葡萄球菌、蜡样芽孢杆菌和单增李斯特菌仅分别降低了2 log、1 log和1.5 log；而副溶血性弧菌（革兰氏阴性细菌）则降低了1.4 log。相对于革兰氏阴性细菌，革兰氏阳性细菌的细胞壁相对较厚，能够更好地保护细胞免受冷等离子体造成的损伤。此外，冷等离子体中的自由基能够直接作用于革兰氏阴性细菌，特别是细胞内膜和胞内物质。作者认为，臭氧等ROS是余辉电晕放电冷等离子体中主要的杀菌物质（Mok et al.，2015）。

在另一项研究中，Smet等（2017）对比分析了DBD等离子体对鼠伤寒沙门氏菌（革兰氏阴性细菌）和单增李斯特菌（革兰氏阳性细菌）的杀灭效果。相对于鼠伤寒沙门氏菌，经DBD等离子体（7 kV，15 kHz，9.6 W，氦气）处理10 min后，单增李斯特菌更难被杀灭。在相同DBD等离子体处理条件下，鼠伤寒沙门氏菌降低了1.0~2.9 log，而单增李斯特菌仅降低了0.2~2.2 log（Smet et al.，2017）。

综上所述，革兰氏阳性细菌的细胞壁能够保护其免受冷等离子体造成的一系列损伤。革兰氏阳性细菌的细胞壁相对较厚，由多层肽聚糖（40 nm）组成，而革兰氏阴性细菌外膜仅由脂多糖和相对较薄的肽聚糖层（2 nm）组成，因此造成其对各种杀菌因子的抵抗性较弱（Liao et al.，2017）。据Feng等（2009）报道，冷等离子体处理能够造成电荷积累在革兰氏阴性细菌细胞膜外部，进而造成细胞膜

表2.1 冷等离子体对不同食品中微生物的失活作用

微生物种类	食品	处理条件	失活效果	参考文献
需氧微生物	蓝莓	冷等离子体射流，最长120 s，常压空气	减少1.6~2.0 log	Lacombe et al.（2015）
	黄粉虫（*Tenebrio molitor*）粉	间接大气压冷等离子体，1~15 min，8.8 kV_{pp}，3 kHz	减少0.62~2.99 log	Bu β ler et al.（2016）
	糙米	DBD等离子体，250 W，15 kHz，空气，5、10和20 min	分别减少0.61 log、0.91 log和1.4 log	Lee et al.（2016）
	油菜籽	电晕放电等离子体射流，20 kV，58 kHz，干燥空气，3 min	减少2.2 log	Puligundla et al.（2017）
	红辣椒粉	微波冷等离子体，900 W，667 Pa，20 min	减少1 log	Kim et al.（2014b）
	猪肉	间接微波冷等离子体，2.45 GHz，1.2 kW，空气，2 × 2.5和5 × 2 min	未降低（10^2~10^3 CFU / g）	Fröhling et al.（2012）
	鸡胸肉和鸡皮	DBD等离子体，30 kV，0.5 kHz，0.15 W/cm^2，空气，30 s	分别减少0.85 log和0.21 log	Dirks et al.（2012）
革兰氏阳性细菌				
金黄色葡萄球菌（*S. aureus*）	牛肉干	大气压射频冷等离子体，10 min，氩气	减少3~4 log	Kim et al.（2014a）

续表

微生物种类	食品	处理条件	失活效果	参考文献
金黄色葡萄球菌（*S. aureus* ATCC 25923）	PBS	DBD等离子体，70 kV_{RMS}，空气，15 s、60 s和300 s	分别降低7.87 log、7.83 log和7.75 log	Han et al.（2016）
单增李斯特菌（*L. monocytogenes* NCTC 11994）	PBS	DBD等离子体，70 kV_{RMS}，空气，15、60和300 s	分别减少8.06 log、7.81 log和7.72 log	Han et al.（2016）
单增李斯特菌（*L. monocytogenes*）	洋葱片	DBD等离子体，15 kHz，20 min，氦气	减少1.1 log	Kim和Min（2018）
蜡样芽孢杆菌（*B. cereus* KCTC3624）和枯草芽孢杆菌（*B. subtilis* KCTC1682）	糙米	DBD等离子体，250 W，15 kHz，空气，20 min	分别减少2.99 log和2.94 log	Lee et al.（2016）
蜡样芽孢杆菌（*B. cereus*）	油菜籽	电晕放电等离子体射流 20 kV，58 kHz，干燥空气，3 min	减少1.2 log	Puligundla et al.（2017）
革兰氏阴性细菌				
弗氏柠檬酸杆菌（*C. freundii*）	苹果汁	冷等离子体射流，480 s，氩气+0.1%氧气	减少5 log	Surowsky et al.（2014）
大肠杆菌（*E. coli* NCTC 12900）	PBS	DBD等离子体，70 kV_{RMS}，空气，15 s、60 s和300 s	分别减少8.00 log、7.85 log和7.66 log	Han et al.（2016）
大肠杆菌（*E. coli* ATCC 25922）	番茄	大气冷等离子体，60 kV，50 Hz，15 min	减少6 log	Prasad et al.（2017）

续表

微生物种类	食品	处理条件	失活效果	参考文献
大肠杆菌O157: H7（*E. coli* O157: H7）	糙米	DBD等离子体，250 W，15 kHz，空气，20 min	减少2.3 log	Lee et al.（2016）
大肠杆菌（*E. coli*）和沙门氏菌（*Salmonella* spp.）	油菜籽	电晕放电冷等离子体射流，20 kV，58 kHz，干燥空气，3 min	分别减少2.0 log和1.8 log	Puligundla et al.（2017）
大肠杆菌（*E. coli*）和肠炎沙门氏菌（*S.* enteritidis）	洋葱片	DBD等离子体，15 kHz，20 min，氦气	分别减少1.4 log和3.1 log	Kim和Min（2018）
肠炎沙门氏菌PT30（*S.* enteritidis PT30）	未去壳杏仁	弥散共面表面阻挡放电等离子体，20 kV，15 kHz，15 min，空气或含氧气的混合气体	> 5 log和4.8 log	Hertwig et al.（2017b）
鼠伤寒沙门氏菌（*S. enterica* subsp. serovar Typhimurium）	鸡蛋	DBD等离子体，25~30 kV，10~12 kHz；直接处理用He/O_2，10 min；间接处理使用空气，25 min	低于检测极限（2 CFU/鸡蛋）	Georgescu et al.（2017）
鼠伤寒沙门氏菌ATCC 19214（*S. enterica* subs.Enterica serovar Typhi ATCC 19214）和空肠弯曲菌RM2002/RM1849（*C. jeju* RM2002/RM1849）	鸡胸肉和鸡皮	DBD等离子体，30 kV，0.5 kHz，0.15 W/cm^2，空气，3 min	鸡胸肉减少2.5 log，鸡皮减少1.3~1.8 log	Dirks et al.（2012）

注　DBD，介质阻挡放电；PBS，磷酸盐缓冲液。

破损和细胞死亡；而冷等离子体活性粒子能够直接作用于革兰氏阳性细菌中的生物大分子，进而造成其死亡。

Albertos等（2017）研究了DBD等离子体处理对生鲜鲭鱼片表面总需氧菌、嗜冷菌、乳酸菌和假单胞菌的杀灭作用，放电电压为70 kV或80 kV，处理时间分别为1 min、3 min或5 min。结果表明，在上述处理条件下，生鲜鲭鱼片表面总需氧菌数未发生显著变化；DBD等离子体对嗜冷菌的杀灭作用随处理时间的延长而增强；乳酸菌和假单胞菌在较高放电电压条件下更容易被杀灭（Albertos et al., 2017）。

微生物生长期和胁迫条件的影响

关于微生物生长期或生长状态影响冷等离子体杀菌效果的研究报道相对较少。Jahid等（2014）研究了冷等离子体对生菜（iceberg lettuce）表面游离嗜水气单胞菌（*Aeromonas hydrophila*）及其生物被膜的杀灭作用。空气冷等离子体的放电功率密度为1210~1250 μW/cm^2，处理温度低于32.5℃。结果表明，相对于生物被膜，游离嗜水气单胞菌对冷等离子体更为敏感。经冷等离子体处理5 s后，游离嗜水气单胞菌降低了约5 log；处理10 s后，降低了5 log以上；处理15 s后，降低了7 log以上；然而，冷等离子体处理1~5 min才能有效杀灭嗜水气单胞菌生物被膜。作者还研究了被膜形成温度（4℃、10℃、15℃、20℃、25℃和30℃）对其冷等离子体敏感性的影响。结果表明，随被膜形成温度的升高，嗜水气单胞菌生物被膜对冷等离子体的敏感性逐渐降低。经冷等离子体处理5 min后，在4℃形成的嗜水气单胞菌生物被膜降低了约5 log，而在30℃形成的被膜仅降低了约3 log。造成上述差异的可能原因是较高的温度促进了细菌在生菜气孔中的内化定殖。Vleugels等（2005）研究了冷等离子体（460 kHz，0.5 W/cm^3，He+O_2）对青椒表面成团泛菌（*Pantoea agglomerans*）生物被膜的杀灭作用，其生物被膜形成时间分别为12 h和24 h。结果表明，成团泛菌生物被膜表层中的细胞更容易被冷等离子体所杀灭；由于冷等离子体穿透力较弱，冷等离子体对生物被膜内部细胞的杀灭作用相对较弱（Vleugels et al., 2005）。由于本书的后续章节将系统论述冷等离子体对微生物生物被膜的失活作用，因此本章不再赘述相关研究进展。

Smet等（2017）研究了微生物生长条件对DBD冷等离子体杀菌效果的影响。作者制备了游离鼠伤寒沙门氏菌和单增李斯特菌菌液及其生物被膜。DBD冷等离子体放电电压为7 kV，频率为15 kHz，功率为9.6 W，放电气体为氦气和氧气组成的混合物，处理时间最长为10 min。结果表明，相对于在液体中形成的生物被膜，在固体表面形成的生物被膜对冷等离子体具有更强的抵抗力。这可能是由于在固体表面形成的细菌生物被膜通过环境胁迫形成交叉应激，从而增强了对冷等离子体的抵抗力。相反，游离生长的细菌在生长过程中受到的胁迫较少，能自由移动并能更好地运输营养物质和代谢产物，因此对冷等离子体处理更为敏感。以上结果表明，微生物生长条件是影响冷等离子体杀灭效果的重要因素之一。

Calvo等（2016）研究了一些胁迫前处理对冷等离子体射流杀灭李斯特菌的影响。将李斯特菌培养在非最适温度下，并在不同pH、不同浓度酸、热和低温条件下进行胁迫处理，以研究胁迫适应对冷等离子体杀菌效果的影响。然而，结果表明，上述胁迫处理均未对冷等离子体杀菌效果造成影响。在另一项类似研究中，Calvo等（2017）研究了不同温度（10~45℃）及酸胁迫预处理对冷等离子体射流（1 kHz，1W）杀灭鼠伤寒沙门氏菌（*S.* Typhimurium）和肠炎沙门氏菌（*S.* Enteritidis）效果的影响。结果表明，上述胁迫预处理也未显著影响短时间冷等离子体处理对两种沙门氏菌的杀灭效果（Calvo et al.，2017）。与上述两项研究结果不同的是，Liao等（2018）发现长时间胁迫预处理（24 h）能够显著影响冷等离子体对微生物的杀灭效果。在该研究中，采用的胁迫处理包括酸（pH 4.5~5.5）、渗透压（NaCl 0.3~1.74 mol/L）、氧化应激（50~100 μmol/L H_2O_2）、热（45℃）和低温（4℃）前处理，所使用的微生物为金黄色葡萄球菌（革兰氏阳性细菌）和大肠杆菌（革兰氏阴性细菌）。结果表明，对金黄色葡萄球菌进行时间为4 h的上述不同胁迫前处理没有改变其对冷等离子体的敏感性；但当胁迫前处理时间延长至24 h时，经渗透压胁迫预处理的金黄色葡萄球菌对冷等离子体具有最强的抵抗力。对大肠杆菌而言，短时间氧化应激和低温胁迫前处理均未影响其对冷等离子体的敏感性；然而，短时间酸、渗透压和热胁迫预处理则显著影响了其对冷等离子体的敏感性。当胁迫前处理时间延长至24 h时，上述不同胁迫前处理均明显增强了大肠杆菌对冷等离子体的敏感性。

3.2.2 处理条件的影响

研究证实，可通过调节电压、频率等处理参数来改变冷等离子体的杀灭效果。此外，一些研究也评价了待处理样品的组成、食品表面质构特性、放电所用气体、处理时间、处理方式（直接处理或间接处理）、与其他栅栏因子协同处理或预处理等对冷等离子体杀菌效果的影响。

处理介质的影响

一些研究评价了不同处理介质对冷等离子体杀菌效果的影响。Kim等

（2014a）研究了射频大气压冷等离子体处理对接种于聚苯乙烯、琼脂平板和牛肉干等不同表面金黄色葡萄球菌的杀灭效果，所用放电气体为氩气（Ar）。结果表明，相对于表面较为粗糙的牛肉干，冷等离子体对接种于聚苯乙烯和琼脂平板等光滑表面的金黄色葡萄球菌具有更强的杀灭效果。经冷等离子体处理2 min后，接种于聚苯乙烯和琼脂平板等光滑表面的金黄色葡萄球菌降低了2~3 log；而当延长处理时间至10 min后，接种于牛肉干表面的金黄色葡萄球菌仅能降低2~3 log。这是因为牛肉干表面粗糙，为细菌提供了保护作用，进而削弱了冷等离子体的失活效果（Kim et al.，2014a）。Los等（2017）也得到了类似的研究结果。作者评价了DBD等离子体对接种于不同介质（小麦或大麦、去离子水或固体表面）的萎缩芽孢杆菌（*Bacillus atrophaeus*）营养细胞和芽孢的杀灭效果。结果表明，经DBD等离子体处理5~20 min后，液体介质中的萎缩芽孢杆菌芽孢降低了5 log以上，接种于聚苯乙烯（疏水性材料）表面的芽孢降低了6 log以上，接种于玻璃（亲水性材料）表面的芽孢降低了约4.4 log，而接种于丁基橡胶表面的芽孢仅降低了约1.6 log。以上结果表明，相对于液体介质，接种于合成橡胶表面的芽孢对冷等离子体处理具有更强的抵抗力，这可能与芽孢在表面的黏附作用有关。小麦或大麦也能够保护细菌免受冷等离子体造成的损伤（Los et al.，2017）。然而，Smet等（2017）却报道了不同的研究结果。Smet等（2017）评价了DBD等离子体对接种于液体或固体表面鼠伤寒沙门氏菌和单增李斯特菌的杀灭作用。结果表明，相对于液体样品，DBD等离子体对接种于固体表面的细菌具有更强的杀灭效果，这可能是由于冷等离子体中的活性组分能够直接接触细菌；而对于接种到液体样品中的细菌，活性组分先作用于冷等离子体-液体界面，然后通过液体扩散才能接触细菌细胞，从而降低了其对鼠伤寒沙门氏菌和单增李斯特菌的杀灭效能（Smet et al.，2017）。

Bermudez-Aguirre等（2013）比较了冷等离子体对接种于不同生鲜农产品（圣女果、生菜和胡萝卜等）表面大肠杆菌（*E. coli*）的杀灭效果。结果表明，冷等离子体对接种于圣女果表面的大肠杆菌具有最强的杀灭作用，而对接种于生菜叶表面大肠杆菌的杀灭作用较弱。这可能是由于生菜叶复杂的表面结构能够保护大肠杆菌，进而降低了冷等离子体的杀灭效果。此外，冷等离子体对接种于胡萝卜表面大肠杆菌的杀灭作用最弱，这可能是由于其多孔性能够有效保护大肠杆菌（Bermudez-Aguirre et al.，2013）。综上所述，冷等离子体应用于表面杀菌时，需考虑待处理样品表面粗糙度、质构特性等对其杀菌效果的影响。

在另一项研究中，Hertwig等（2015）评价了微波冷等离子体对接种于黑胡椒表面芽孢杆菌营养细胞和芽孢的杀灭作用。结果表明，可能由于黑胡椒表面有很多裂缝与凹槽，微波冷等离子体中的紫外线等杀菌物质很难作用于黑胡椒表面的微生物，从而降低了冷等离子体的杀菌效果（Hertwig et al.，2015）。

在另一项实验工作中，Yun等（2010）评价了冷等离子体对接种于食品容器表面单增李斯特菌的杀灭作用，以期更好地理解冷等离子体处理食品过程中发生的化学反应。该研究使用的包装材料包括一次性塑料盘、铝箔和纸杯；冷等离子体工作功率为75~150 W，工作气体为氦气，处理时间为60~120 s。经冷等离子体在150 W处理90 s和120 s后，一次性塑料盘表面未检测到活细菌；而经冷等离子体在150 W处理120 s后，接种于铝箔和纸杯表面的单增李斯特菌则都降低了约3 log。虽然本试验中所用3种包装材料的表面较为光滑，但冷等离子体对其表面微生物的杀灭效果仍较为有限。当冷等离子体作用于固体样品时，在样品表面会发生一系列重要的化学反应和物理变化。一些研究表明，当冷等离子体处理聚苯乙烯材料时，离子密度会升高，材料表面呈亲水性。该试验中所使用的一次性塑料盘主要由聚苯乙烯组成，其含有的饱和烃类化合物极容易在冷等离子体处理过程中发生反应，从而增强了冷等离子体的杀菌效能。相反，纸杯表面涂覆的碳酸盐颜料可能会降低冷等离子体对微生物的杀灭效能（Yun et al.，2010）。

工作气体成分的影响

一些研究评价了工作气体成分对冷等离子体杀菌效能的影响（Olatunde et al.，2019；Rossow et al.，2018；Hertwig et al.，2017a，b；Han et al.，2016；Calvo et al.，2016，2017；Dasan et al.，2016a；Reineke et al.，2015；Lee et al.，2015；Majumdar et al.，2009）。Kim（2011）评价了不同工作气体所产生冷等离子体对培根的杀菌作用，所用气体为He或He+O_2。作者将单增李斯特菌（*L. monocytogenes*）、大肠杆菌（*E. coli*）和鼠伤寒沙门氏菌（*S.* Typhimurium）接种于培根，功率分别为5、100和125W，处理时间分别为60和90 s。结果发现，He所产生冷等离子体的杀菌效果较弱，仅降低了1~2 log；但使用He+O_2混合气所产生冷等离子体的杀菌效能明显增强，可使培根表面细菌降低2~3 log。冷等离子体对培根表面总需氧细菌的杀灭效果也受工作气体成分的影响。经He所产生冷等离子体处理后，培根表面总需氧细菌仅降低了1.89 log；但经He+O_2所产生冷等离子体处理后，培根表面总需氧细菌降低了4.58 log。以上结果表明，采用氧气所产生的冷等离子体对微生物具有更强的杀灭作用，这可能与其产生具有强氧化作用的ROS

有关。

Han等（2016）研究了一些常用于气调包装的气体所产生冷等离子体的杀菌效能。该研究使用了以下混合气体：混合气体1由70%的N_2和30%的CO_2组成，气体2由90%的N_2和10%的O_2组成，气体3为空气，而混合气体4则由70%的O_2和30%的CO_2组成。作者评价了上述4种气体所产生冷等离子体对大肠杆菌、单增李斯特菌和金黄色葡萄球菌的杀灭效果，所用设备、处理时间、处理介质等其他条件均完全相同。结果表明，含高浓度O_2工作气体所产生冷等离子体的杀菌效能较强；其中气体4所产生冷等离子体的杀菌效能最强。作者同时发现，冷等离子体对微生物的杀菌效果随处理时间的延长而增强。

Calvo等（2016）研究了工作气体成分及流速对冷等离子体杀菌效能的影响。该研究采用的是冷等离子体射流，频率为1 kHz，功率为1 W，处理时间为4 min，所用微生物为单增李斯特菌和英诺克李斯特菌（*Listeria innocua*），所用气体为空气或N_2。结果表明，空气放电所产生冷等离子体对上述两种李斯特菌的杀灭作用强于N_2。此外，当使用空气进行放电时，所产生冷等离子体的杀菌效能随气体流速的升高而增强（Calvo et al.，2016）。

Olatunde等（2019）进行了一项更为复杂的研究，评价了气体成分、处理时间和贮藏时间对冷等离子体杀灭接种于亚洲海鲈鱼片（Asian sea bass slices）表面微生物效果的影响。所用微生物为铜绿假单胞菌（*Pseudomonas aeruginosa*）、副溶血性弧菌（*V. parahaemolyticus*）、金黄色葡萄球菌、单增李斯特菌和大肠杆菌；工作气体为Ar和O_2的混合物（比例分别为90：10和80：20）；在装有亚洲海鲈鱼片的聚乙烯包装袋内充满上述气体，然后置于DBD等离子体装置内进行处理（50 Hz，80 kV_{RMS}，2.5~10 min）并立即进行菌落计数；或者将处理后的样品于4℃条件下贮藏1~24 h后进行菌落计数。当处理时间为1 min时，DBD等离子体对上述几种微生物的杀菌效果较弱（<1.0 log）；铜绿假单胞菌、副溶血性弧菌和大肠杆菌等革兰氏阴性细菌对DBD等离子体更为敏感；当处理时间为2.5 min时，DBD等离子体的杀菌效果明显增强（>1.0 log）；当处理时间为5 min，放置时间为1 h时，在样品中未检测到活细菌；于4℃放置24 h后，也未观察到样品表面微生物的生长，这可能是由于放电过程中在包装袋内产生了臭氧，臭氧能够在贮藏过程中发挥较强的杀菌作用（Olatunde et al.，2019）。

直接和间接处理的影响

一般可将冷等离子体处理方式分为直接处理和间接处理两大类。直接处理是指处理时食品直接与冷等离子体接触，所产生自由基能够直接作用于食品表面。间接处理是指处理时将食品放置在冷等离子体周围区域，而非直接置于冷等离子体放电区域。一些研究评价了上述两种处理方式对冷等离子体杀菌效果的影响。例如，Los等（2017）评价了DBD等离子体直接和间接处理对大肠杆菌、芽孢杆菌和乳酸菌生物被膜的失活作用。结果表明，DBD等离子体直接处理对生物被膜具有更强的杀灭效果（Los et al.，2017）。

电极材料的影响

Ragni等（2016）研究了DBD等离子体电极材料对其杀菌作用的影响。作者评价了4种类型的电极，分别为不锈钢电极、铜电极、银电极和玻璃–铜复合电极。DBD等离子体装置的放电电压为13.8 kV，频率为46 kHz，以空气为放电气体，处理时间为20~60 min；所用菌株为单增李斯特菌56Ly（*L. monocytogenes* 56Ly）和大肠杆菌NCFB 555（*E. coli* NCFB 555），初始菌落数分别为9.2 log CFU/mL和9.4 log CFU/mL。结果表明，使用玻璃–铜复合电极所产生冷等离子体对单增李斯特菌和大肠杆菌的杀灭效果最弱，而使用铜电极和银电极所产生冷等离子体对上述两种细菌则具有很强的杀灭作用。使用不锈钢电极所产生冷等离子体也具有一定的杀菌作用，能够在放电过程中产生较多的臭氧，但作者认为臭氧在冷等离子体失活微生物过程中的作用较小。推测造成上述差异的原因是，银离子和铜离子本身就具有一定的抗菌作用，游离银离子与细胞膜接触后就能发挥较强的杀菌作用。此外，与单增李斯特菌相比，冷等离子体更容易杀灭大肠杆菌，这可能与两类细菌细胞结构存在差异有关。

电压的影响

一般认为随着放电电压的升高，冷等离子体对微生物的失活作用也逐渐增强。Zhang等（2019）研究了冷等离子体处理（75 Hz，干燥空气）对水栖嗜冷杆菌（*Psychrobacter glacincola*）、热杀索丝菌（*Brochothrix thermosphacta*）和莓实假单胞菌（*Pseudomonas fragi*）3种鱼类产品常见微生物的杀灭作用。结果表明，冷等离子体对上述3种微生物的杀灭效果随放电电压的升高而增强。作者同时发现，除放电电压外，其他因素也影响冷等离子体对微生物的失活效果。例如，微生物种类也影响冷等离子体的杀菌效果。在12.8 kV电压条件下处理180 s就能完全杀灭水栖嗜冷杆菌；而热杀索丝菌需要在22.8 kV条件下处理5 min才能完全失活。

4　冷等离子体对霉菌和酵母的失活作用

酵母和霉菌是导致众多食品保质期缩短的主要原因。酵母能够导致液态食品发生腐败变质，进而造成巨大经济损失。有些霉菌会产生一些具有致突变性、致癌性等毒性的代谢产物，即真菌毒素。黄曲霉毒素是一类最为常见的真菌毒素，广泛存在于肉、牛奶、啤酒、可可、葡萄干、面包、奶酪、苹果汁、玉米、小麦、花生制品和大米等食品中（Jay et al.，2005）。在贮藏过程中，食品极易污染霉菌并在一定条件下产生真菌毒素。因此，有必要研发有效的技术方法来控制食品贮藏过程中真菌毒素的产生。近年来，冷等离子体在霉菌控制领域的应用受到了广泛关注。

柑橘是世界上消费量很大的一类水果，但其表面极易污染霉菌，造成其保质期较短。Won等（2017）研究了微波放电冷等离子体对柑橘表面意大利青霉（*Penicillium italicum*）的失活作用，电源频率为2.45 GHz，功率为400~900 W，气体压强为0.7 kPa，处理时间为2~10 min，分别以氮气、氦气、氮气和氧气混合物进行放电。结果表明，在微波放电冷等离子体最佳处理条件（N_2、900 W和10 min）下，柑橘表面霉菌感染率降低了84%，同时显著提高了柑橘皮中总酚含量和抗氧化活性，但未对样品的呼吸速率、失重率、可溶性固形物含量、可滴定酸、pH、色泽和成熟度指数等造成不良影响。Kim等（2014b）研究了微波放电冷等离子体对接种于辣椒粉中黄曲霉（*Aspergillus flavus*）孢子的失活作用，也得到了类似的研究结果。经微波放电冷等离子体在900 W、667 Pa条件下处理20 min后，接种于辣椒粉中的黄曲霉孢子降低了2.5 log。

洋葱极易受到黑曲霉（*Aspergillus niger*）等霉菌的污染。Kim等（2017b）研究了微波放电冷等离子体（170 mW/m^2和250 mW/m^2）对接种于洋葱粉中巴西曲霉（*Aspergillus brasiliensis*）孢子的失活作用，以氦气为放电气体。经微波冷等离子体处理40 min后，接种于洋葱粉中的巴西曲霉孢子仅降低了1.6 log。作者同时研究了样品在4℃和25℃贮藏60天过程中孢子的存活情况。结果发现，活孢子数在贮藏期间有所升高，表明微波冷等离子体处理导致巴西曲霉孢子发生亚致死损伤；亚致死损伤孢子在贮藏期间发生修复，进而造成活孢子数升高。曲霉孢子的外部结构能够吸收紫外线，因此其对紫外线具有较强的抗逆性。此外，这些霉菌孢子的细胞壁中还含有黑色素，能够保护孢子免受外部环境胁迫所造成的损伤（Kim et al.，2017b）。Trompeter等（2002）研究发现，经DBD等离子体处理后（功率为600 W，处理时间为60 s，以空气为放电气体），黑曲霉（*A. niger* DSM 1957）孢子减少了4 log；当提高空气湿度时，DBD等离子体处理未能有效杀灭黑曲霉孢子；而使用纯Ar、O_2+O_3或N_2为放电气体时，黑曲霉孢子分别减少了3.6、1.3和1.2 log；而以N_2+1%H_2为放电气体时，DBD等离子体处理未能有效杀灭黑曲霉孢子（Trompeter et al., 2002）。

Suhem等（2013）研究了冷等离子体射流对麦芽提取物琼脂培养基（Malt extract agar，MEA）和糙米谷物棒中黄曲霉孢子的杀灭作用。该研究以氩气为放电气体，放电功率分别为20 W和40 W，处理时间为5~25 min，频率为50~600 kHz，电压为10 kV。经冷等离子体射流在40 W处理20 min后，接种于MEA中的黄曲霉孢子几乎完全被杀灭；而经冷等离子体射流在40 W处理25 min后，糙米谷物棒的保质期延长至20天（贮藏条件为25℃，100% RH）。但感官评价结果表明，冷等离子体射流处理对糙米谷物棒的风味造成了不良影响，这可能是冷等离子体处理过程中自由基引发脂质发生氧化并生成一些新的风味物质，进而对糙米谷物棒造成不良影响。电镜结果表明，冷等离子体射流处理导致黄曲霉分生孢子和分生孢子囊泡（vesicle）发生损伤（Suhem et al., 2013）。

Devi等（2017）评价了功率分别为40 W和60 W的冷等离子体处理对花生表面黄曲霉（*A. flavus*）和寄生曲霉（*Aspergillus parasiticus*）孢子的失活作用及黄曲霉毒素合成的影响。经功率为60 W的冷等离子体处理后，接种于花生表面的黄曲霉和寄生曲霉孢子分别降低了99.3%和97.9%。作者认为冷等离子体处理可通过电穿孔和蚀刻作用破坏上述真菌孢子的质膜，造成孢子结构发生损伤，进而造成孢子失活。显微图像显示，经冷等离子体处理后，真菌细胞出现细胞壁破损和穿孔，这可能与等离子体中带电粒子在细胞表面的积累及自由基对细胞膜的持续攻击有关。作者将未处理和冷等离子体处理组花生样品在30℃条件下放置5天，测定其黄曲霉毒素B_1、B_2、G_1和G_2的含量。结果发现，冷等离子体处理组（40 W，15 min）花生样品中黄曲霉毒素B_1含量降低了70%以上；而经60 W冷等离子体处理12 min后，花生样品中黄曲霉毒素B_1含量降低了90%（Devi et al., 2017）。

Dasan等（2016a）研究了冷等离子体处理对玉米表面黄曲霉和寄生曲霉孢子的杀灭效果，所用电压为5~10 kV，频率为18~25 kHz，功率为655 W，处理时间为1~5 min，以空气或氮气为放电气体。经空气冷等离子体处理5 min后，接种于玉米表面的黄曲霉和寄生曲霉孢子分别降低了5.48 log CFU/g和5.20 log CFU/g，同时未在样品中检测到好氧细菌；空气冷等离子体对霉菌孢子的失活效果优于氮气，这可能是因为以空气进行放电所产生冷等离子体中ROS和RNS的含量相对更高，进而增强了其对霉菌孢子的杀灭作用。将冷等离子体处理后的玉米在25℃贮藏30天，未在样品表面发现霉菌生长。SEM图像显示，经冷等离子体处理后，上述两种霉菌孢子发生裂解和聚集（见图2.2）。作者认为霉菌孢子中的黑色素具有良好的水分子结合能力，能够通过抑制孢子脱水而发挥保护作用（Dasan et al.，2016a）。作者采用上述设备评价了其对榛子表面黄曲霉和寄生曲霉孢子的杀灭效果。经冷等离子体（655 W，25 kHz，干燥空气）处理5 min后，榛子表面黄曲霉和寄生曲霉孢子分别降低了4.50 log和4.19 log。将冷等离子体处理后的榛子在25℃贮藏30天，未在样品表面发现霉菌生长；扫描电子显微镜观察结果显示，经冷等离子体处理后，上述两种霉菌孢子发生形态变化，主要表现为细胞破裂并聚集成团状或块状（Dasan et al.，2016b）。

Amini和Ghoranneriss（2016）评价了冷等离子体射流（频率为12 kHz，电压为15 kV，以氩气为放电气体）处理11 min对3个不同品种鲜核桃表面黄曲霉（*A. flavus* PTCC-5004）孢子的失活作用。结果表明，冷等离子体射流处理能够有效杀灭接种于鲜核桃样品表面的黄曲霉孢子，其杀灭效果与核桃品种有关。当处理时间较短时，相对于鲜核桃样品，冷等离子体射流对干核桃样品表面霉菌孢子的杀灭作用更强。将冷等离子体射流处理后的核桃样品在4℃贮藏30天，未在样品表面发现霉菌生长；同时，冷等离子体射流处理未对核桃样品的总酚含量和抗氧化活性造成显著影响（Amini和Ghoranneriss，2016）。

紫菜具有较高的营养价值和独特的风味，深受亚洲消费者的喜爱。韩式紫菜包饭（*kimbab*）是一种深受消费者喜爱的亚洲特色食品，是将蒸熟的白米饭和各种其他食材卷进紫菜中，再切成块食用。然而紫菜包饭的微生物污染较为严重，干紫菜表面致病菌和霉菌污染水平约为6~7 log。Puligundla等（2015）评价了低压冷等离子体对紫菜片表面总需氧微生物、海洋细菌和霉菌的杀灭作用，压强为133.3 Pa，处理强度为54.1 mW/cm^3。在上述条件下处理20 min后，紫菜片表面细菌总数约降低了1 log，霉菌总数约降低了0.8 log，这可能是由于紫菜片表面不规则，影响了冷等离子体对微生物的杀灭效果。此外，低压冷等离子体处理未对紫菜样品的色泽、总酚含量、DPPH•清除活性及感官品质造成显著影响。作者同时采用经冷等离子体处理的紫菜制备紫菜包饭，并将样品置于25℃、40%相对湿度条件下贮藏。在贮藏过程中，相对于未处理组样品，采用经冷等离子体处理紫菜所制备的紫菜包

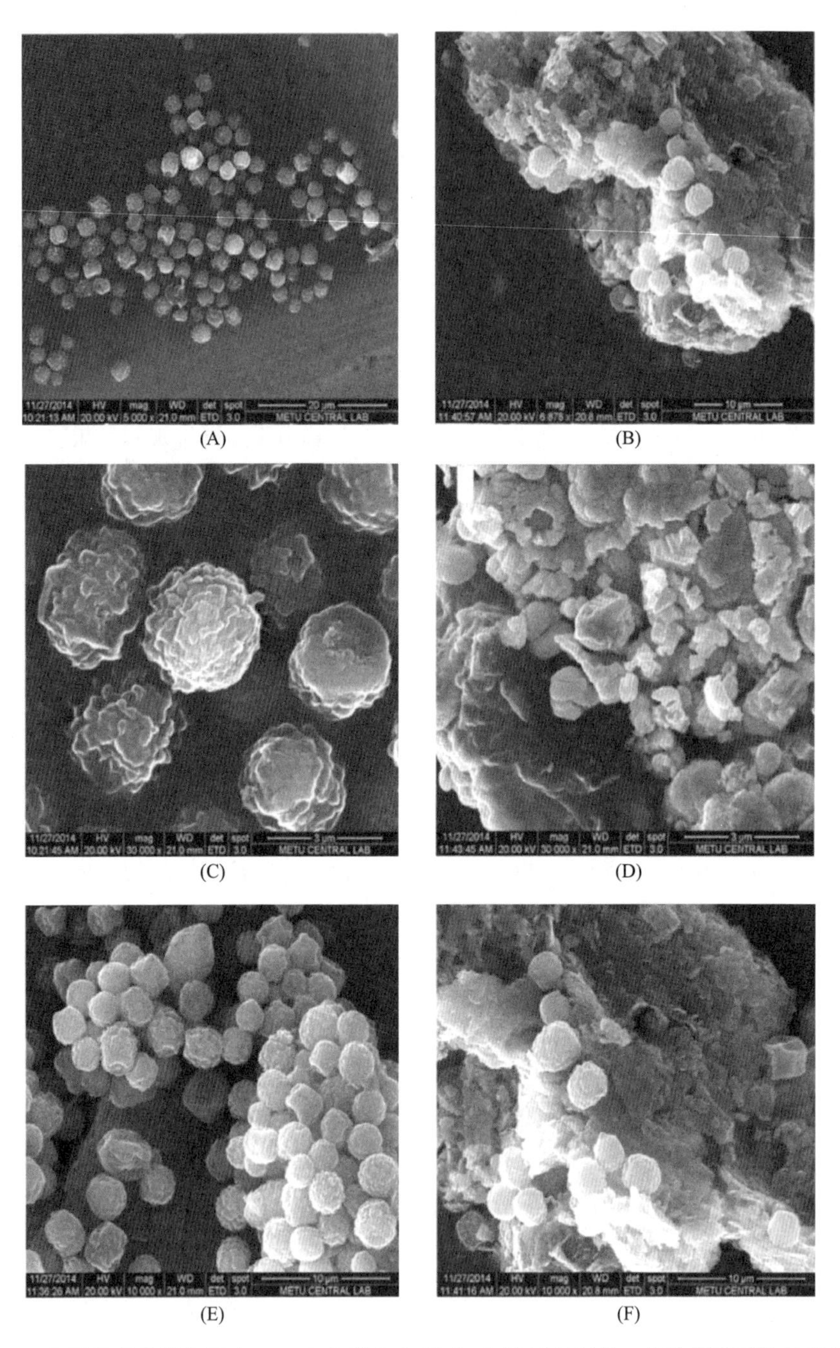

图2.2 未经处理的黄曲霉（A，C）和寄生曲霉（E）孢子的图像；经冷等离子体处理过的黄曲霉（B，D）和寄生曲霉（F）的孢子。冷等离子体射流处理（25 kHz，655 W，干燥空气，5 min）破坏了真菌孢子，造成孢子聚集成团块状（引自Dasan, B.G. et al.，2016）

饭表面总需氧微生物、海洋细菌和霉菌总数降低了1.5~2.0 log，使用经冷等离子体处理的紫菜能够有效延长紫菜包饭的保质期至72 h（Puligundla et al.，2015）。

Lacombe等（2017）采用冷等离子体处理蓝莓120 s并将蓝莓置于4℃贮藏7天，评价其对蓝莓表面酵母和霉菌的杀灭效果。第0天，冷等离子体处理组蓝莓表面酵母和霉菌总数降低了1.17 log CFU/g；但在贮藏7天后，冷等离子体处理组蓝莓表面酵母和霉菌总数升高至3.08 log CFU/g，与未处理组（为3.32 log CFU/g）无显著性差异。与细菌相比，真菌细胞壁较为坚韧且主要由几丁质构成，因此其对冷等离子体具有更强的抗逆性（Liao et al.，2017）。

采用冷等离子体处理酵母的研究报道较少。有研究评价了DBD等离子体（8 kV，5 kHz，He）处理对酿酒酵母（*Saccharomyces cerevisiae* CGMCC 2.132）的失活效果及作用机制。SEM结果表明，经DBD等离子体处理1~2.5 min后，酿酒酵母细胞发生破裂，这归因于在冷等离子体活性化学物质所产生的静电张力作用下，酿酒酵母细胞壁所受拉力升高，进而造成细胞破裂；DBD等离子体处理造成酵母细胞内的蛋白质泄漏到胞外，表明其细胞膜通透性增强；经DBD等离子体处理2.5 min后，线粒体脱氢酶完全失活，进一步促进细胞死亡；作者同时发现，随DBD等离子体处理时间的延长，酵母悬液的pH显著降低，推测DBD等离子体处理造成的菌液酸化也可能在酵母细胞失活过程中发挥了重要作用（Yu et al.，2005）。

Chen等（2010）研究了DBD等离子体处理（12 kV，20 kHz，26 W，1~5 min，空气）造成的酿酒酵母氧化应激损伤。经DBD等离子体处理后，酵母胞内核酸泄漏到胞外且胞内蛋白含量降低，表明细胞膜发生损伤且通透性增强。经DBD等离子体处理后，菌液中H_2O_2含量和酿酒酵母胞内ROS水平均显著升高；同时，胞内超氧化物歧化酶和过氧化氢酶活性显著升高，这有助于减轻DBD等离子体对酿酒酵母造成的氧化损伤（Chen et al.，2010）。Stulić等（2019）采用不同频率（60 Hz、90 Hz和120 Hz）和不同气体（氩气或空气）的气相和液相冷等离子体处理酿酒酵母（*S. cerevisiae* ATCC 204508），评价冷等离子体处理对酿酒酵母细胞的失活作用及机制。经气相冷等离子体（90 Hz，空气）处理10 min后，酿酒酵母仅降低了1.59 log；经气相冷等离子体（60 Hz，氩气）处理10 min后，酿酒酵母仅降低了1.18 log。相反，使用氩气在液相进行冷等离子体放电处理能够完全杀灭酿酒酵母。经氩气进行液相放电（90 Hz）处理10 min后，酿酒酵母降低了5.61 log。经冷等离子体处理后，常规微生物培养方法未检测到存活酵母，但部分酵母细胞能够在适宜条件下恢复其代谢活性。作者认为冷等离子体处理可诱导酿酒酵母进入“活的不可培养”（viable but not culturable，VBNC）状态。处于VBNC状态的酿酒酵母仍具有活力但不能通过常规的平板培养基进行培养和检测，一旦培养条件适宜仍能继续生长繁殖。作者同时进行了蛋白质组学分析，发现经冷等离子体处理后，酿酒酵母能够通过调节相关蛋白表达来增强自身防御能力，以抵抗冷等离子体造成的损伤（Stulić et al.，2019）。

在Colonna等（2017）的研究中，作者评价了18~80 kV冷等离子体处理0~4 min对酿酒酵母的影响，分别以干燥空气和混合气体（$65\%O_2+30\%CO_2+5\%N_2$）为放电气体。相对于空气，采用混合气体放电所产生冷等离子体对酿酒酵母具有更强的杀灭作用，可降低超2 log。随着酿酒酵母细胞浓度的降低和所处理菌液体积的减少，冷等离子体对酿酒酵母的杀灭效果逐渐增强。作者推测，放电过程中产生的O_3、NO_x和H_2O_2等物质能够导致酿酒酵母发生脂质氧化、DNA损伤、酶失活和细胞电穿孔。扫描电子显微镜观察发现未处理组酿酒酵母表面光滑，成椭球形；经冷等离子体处理后，酿酒酵母的形态略有变化，表面出现褶皱。悬浮于无菌去离子水的酿酒酵母对冷等离子体较为敏感，经处理1 min后即完全失活；而悬浮于无菌葡萄汁中的酿酒酵母对冷等离子体的抵抗力相对较强，经处理3 min才被完全杀灭。经冷等离子体处理4 min后，酵母–无菌去离子水悬液的pH由初始的6.96降低至2.94，这可能与放电过程中产生的过氧化亚硝酸等物质有关；而酵母–无菌葡萄汁悬液的pH则保持相对稳定，这归因于葡萄汁具有一定的缓冲能力。作者推测冷等离子体造成的溶液酸化可能在酵母失活过程中发挥了重要作用。

5 冷等离子体对芽孢的失活作用

芽孢是微生物的一种休眠结构，对热等环境胁迫具有较强的抗逆性，很难被杀灭。虽然相关研究评价了一些新兴食品保鲜技术对芽孢的杀灭作用，但效果不尽理想。目前普遍认为通过多种方法协同处理才能有效杀灭细菌芽孢。作为一种新型食品非热加工技术，冷等离子体在芽孢失活领域展现出了巨大的应用前景。

Los等（2017）评价了DBD等离子体对不同基质中萎缩芽孢杆菌（*B. atrophaeus*）营养细胞和芽孢的杀灭效果。结果表明，相对于芽孢，营养细胞对冷等离子体更为敏感。经DBD等离子体处理10 min后，营养细胞降低了约5 log；而对芽孢而言，处理时间延长至20 min才能得到相似的杀灭结果。造成上述差异的可能原因是芽孢对冷等离子体中的臭氧等活性化学组分具有更强的抗逆性（Los et al.，2017）。Yang等（2010）评价了冷等离子体对萎缩芽孢杆菌芽孢的失活作用，功率为15 W，处理时间为1~7 min，分别使用纯氩气或氩气+氧气，同样发现芽孢对冷等离子体具有更强的抗逆性。经纯氩气所产生冷等离子体处理7 min后，芽孢仅降低了3 log。作者认为芽孢的外层结构能够有效阻止冷等离子体中活性物质的扩散。但使用O_2+Ar所产生冷等离子体对芽孢的杀灭效果显著增强。经上述冷等离子体处理1 min后，芽孢降低了4 log；处理4 min后，芽孢则完全被杀灭。作者认为使用氧气+氩气混合气体进行放电时所产生的原子氧（O）、亚稳态氧分子（O_2*）、臭氧（O_3）、氧离子（O_2^+）等物质能够氧化芽孢外层组分，进而导致自由基损伤芽孢原生质。经上述冷等离子体处理25 s后，芽孢中蛋白质和DNA的释放量显著升高，细胞明显变小（Yang et al.，2010）。

Hati等（2018）总结了放电气体组成对冷等离子体杀灭枯草芽孢杆菌（*Bacillus subtilis*）芽孢效果的影响。研究证实，采用O_2、O_2+Ar、O_2+H_2、O_2+Ar+H_2或CO_2所产生冷等离子体处理后，枯草芽孢杆菌芽孢仅降低了2 log；而采用O_2和CF_4混合气体所产生冷等离子体处理后，枯草芽孢杆菌芽孢降低了5 log。Reineke等（2015）评价了放电气体组成对冷等离子体杀灭萎缩芽孢杆菌和枯草芽孢杆菌芽孢效果的影响，该实验使用的是射频冷等离子体射流，频率为27.12 MHz，功率为30 W，处理时间为1.5~15 min；所用气体为Ar+O_2（0~0.34%，v/v）+N_2（0~0.3%，v/v）。结果表明，氩气冷等离子体对芽孢的失活作用最强；经氩气冷等离子体处理5 min后，萎缩芽孢杆菌和枯草芽孢杆菌芽孢分别降低了3.1 log和2.4 log（Reineke et al.，2015）。Hertwig等（2017a）评价了不同放电气体（空气、N_2、O_2和CO_2）对DBD等离子体杀灭枯草芽孢杆菌芽孢效果的影响，放电电压为20 kV，频率为15 kHz，处理时间为7 min。结果表明，采用氮气放电所产生冷等离子体对枯草芽孢杆菌芽孢的失活作用最强（Hertwig et al.，2017a）。

在众多芽孢杆菌中，蜡样芽孢杆菌（*Bacillus cereus*）芽孢的耐受性最强，因此被广泛用于相关研究，但一些食品加工新技术对其失活效果较为有限（Soni et al.，2016；Markland et al.，2013；Bermudez-Aguirre et al.，2012；Armstrong et al.，2006）。一些研究评价了冷等离子体对不同食品和模拟体系中蜡样芽孢杆菌芽孢的杀灭效果。Kim等（2017b）评价了低强度微波放电冷等离子体（170 mW/m^2）和高强度微波放电冷等离子体（250 mW/m^2）处理对洋葱粉中蜡样芽孢杆菌芽孢的杀灭效果，所用功率为400 W，以氦气为工作气体进行放电，处理时间为40 min。结果表明，经高强度微波放电冷等离子体处理后，洋葱粉中蜡样芽孢杆菌芽孢降低了2.1 log，且冷等离子体的失活效果随处理时间的延长而增强。但是，经冷等离子体处理后，洋葱粉的挥发性组分发生明显变化。高强度微波放电冷等离子体对蜡样芽孢杆菌芽孢的杀灭效果优于低强度微波放电冷等离子体，这可能与其活性化学物质含量升高有关。上述活性化学物质能够持续作用于芽孢，造成芽孢壳蛋白中二硫键的断裂，进而使芽孢更容易在活性化学物质作用下发生损伤（Kim et al.，2017b）。

与细菌营养细胞类似，处理介质也会影响冷等离子体对芽孢的杀灭效果。研究发现，与细菌营养细胞类似，冷等离子体更容易杀灭存在于光滑表面的芽孢。Butscher等（2016）研究了DBD等离子体处理（电压为8 kV，频率为10 kHz，氩气）对小麦和聚丙烯材料表面嗜热脂肪地芽孢杆菌（*Geobacillus stearothermophilus*）芽孢的杀灭作用。聚丙烯材料表面光滑，DBD等离子体对其表面嗜热脂肪地芽孢杆菌芽孢具有更强的杀灭效果。经DBD等离子体处理1 min后，聚丙烯塑料板和颗粒表面嗜热脂肪地芽孢杆菌芽孢分别降低了约2.0 log和2.7 log；经DBD等离子体处理10 min后，聚丙烯塑料板和颗粒表面嗜热脂肪地芽孢杆菌芽孢降低了约5 log。而小麦籽粒表面凹凸不平，可保护芽孢避免受到冷等离子体造成的损伤，从而降低冷等离子体的杀灭效能。经DBD等离子体处理60 min后，小麦籽粒表面嗜热脂肪地芽孢杆菌芽孢仅降低了约3 log。该研究同时指出，相对于多层芽孢，单层芽孢更容易被冷等离子体杀灭；此外，冷等离子体处理未对小麦籽粒的降落值、面筋含量等品质指标造成显著影响。

Farrar等（2000）研究了电弧放电冷等离子体对嗜热脂肪芽孢杆菌（*B. stearothermophilus*）芽孢的杀灭效果，功率为10~30 kW，处理时间为5~10 s，所用气体为氮气和氩气，气体流量为0.5~3.5 ft./s。作者发现冷等离子体对芽孢的失活效果随气体流速的升高而增强。作者同时也研究了紫外线处理对芽孢的失活效果，发现紫外线单独处理并不能完全杀灭芽孢；但冷等离子体产生的紫外线在失活芽孢过程中发挥了重要作用，如造成化学键的光分解并参与羟基自由基的生成，从而显著增强冷等离子体对芽孢的杀灭作用（Farrar et al.，2000）。有关冷等离子体杀灭芽孢的相关研究报道见表2.2。

表2.2 冷等离子体对芽孢的失活作用

芽孢种类	处理对象	处理条件	失活效果	参考文献
枯草芽孢杆菌（*Bacillus subtilis*）芽孢和萎缩芽孢杆菌（*B. atrophaeus*）芽孢	全黑胡椒粒	微波冷等离子体，2.45 GHz，1.2 kW，30 min，空气	分别降低2.4 log和2.8 log	Hertwig et al.（2015）
枯草芽孢杆菌168（*B. subtilis*168）芽孢	玻璃片	低压（70 Pa）低温微波等离子体（4 kW），80%N_2+20%O_2，30 s	降低3 log	Roth et al.（2010）
枯草芽孢杆菌（*B. subtilis*）芽孢（ATCC 6633）	聚碳酸酯膜	大气压冷等离子体，29~37 kHz，3~15 kV，He+O_2，600 s	>4 log	Deng et al.（2006）
蜡样芽孢杆菌（*B. cereus*）芽孢	红辣椒粉	微波冷等离子体900 W，667 Pa，20 min+90℃处理30 min	降低3.4 log	Kim et al.（2014b）
萎缩芽孢杆菌（*B. atrophaeus*）芽孢	无菌聚苯乙烯培养皿（置于密封聚丙烯包装袋中）	大气压冷等离子体，70 kV_{RMS}，60 s，70%RH，直接和间接处理	分别降低6.3 log和5.7 log	Patil et al.（2014）
嗜热脂肪地芽孢杆菌（*G. stearothermophilus*）芽孢	小麦	DBD等离子体，8 kV，10 kHz，氩气，60 min	降低3 log	Butscher et al.（2016）

注 DBD，介质阻挡放电。

冷等离子体失活芽孢可能与其含有的化学粒子和紫外辐射有关。芽孢杆菌的芽孢对环境胁迫具有很强的耐受性，这是因为其结构和化学组分较为复杂。芽孢核（Core）外面有芽孢外壳（多层结构，其中80%为蛋白质，6%为糖类物质）。作为芽孢重要的物理屏障，蛋白外壳能够保护芽孢免受环境胁迫的影响（Los et al.，2017）。如图2.3（A）所示，芽孢从内到外主要包括芽孢质膜、芽孢壁、皮层、外膜和芽孢外壳。

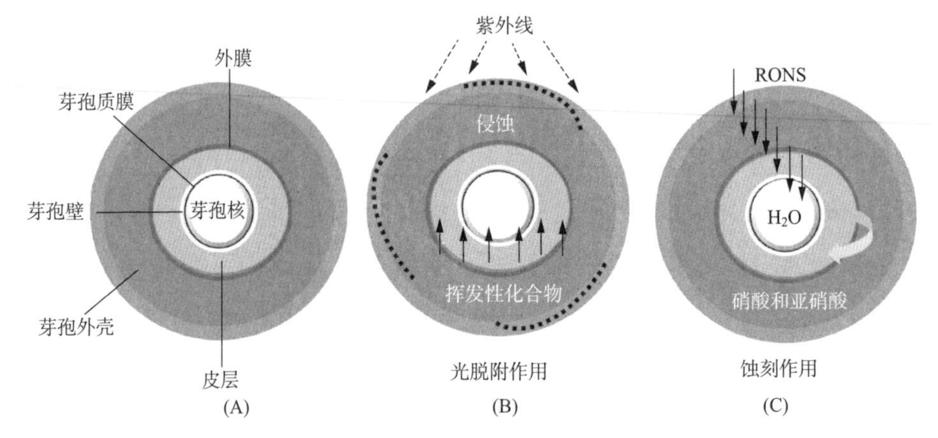

图2.3 芽孢结构示意图（A），紫外线对孢子表面的侵蚀被称为光脱附作用（B），活性氧氮（RONS）扩散进入芽孢并产生有毒产物，被称为蚀刻（C）

早期研究认为，冷等离子体杀灭芽孢主要与含氧自由基损伤芽孢外壳有关。在氧化条件下，芽孢外壳蛋白发生变性，导致芽孢核极易受到冷等离子体活性粒子的损伤。一些学者发现经冷等离子体处理后，存活芽孢的新陈代谢发生变化，这可能与冷等离子体影响一些酶的活性有关（Laroussi et al.，2006）。

Hertwig等（2015）发现，冷等离子体可通过光脱附作用（photodesorption）和蚀刻作用造成芽孢杆菌芽孢表面物质发生降解。光脱附作用主要是指冷等离子体中紫外线对芽孢表面造成的侵蚀［图2.3（B）］。这种侵蚀能够破坏芽孢表面物质的化学键并产生一些挥发性化合物。蚀刻作用主要是指冷等离子体中活性粒子能够与芽孢表面其他细胞组分发生化学反应，进而形成新的化合物［图2.3（C）］。芽孢微结构照片表明，冷等离子体未对芽孢表面造成显著影响，这归因于活性氮能够进入芽孢核并与其中的游离水发生反应，所产生的硝酸和亚硝酸能够破坏芽孢质膜，进而造成芽孢失活，同时不会对芽孢外部结构造成损伤。Reineke等（2015）认为冷等离子体造成的芽孢失活主要与自由基和紫外线造成的上述三种损伤作用有关，并认为紫外线是造成芽孢快速失活的主要原因，其次是光脱附作用和蚀刻作用对芽孢有机分子的共同作用。

与此相反，经冷等离子体处理30 min后，电镜观察到萎缩芽孢杆菌（*B. atrophaeus*）芽孢可分为结构完整和破碎两大类。以上结果表明，活性氧、活性氮等能够通过不同途径参与芽孢失活。由此，作者认为冷等离子体中的化学物质能够渗透到芽孢内部并破坏DNA，进而造成芽孢基因组发生永久性损伤（Los et al.，2017）。以上研究结果与Tarasenko等（2006）的研究结论相一致。Tarasenko等（2006）研究了冷等离子体对蜡样芽孢杆菌芽孢的失活作用。作者通过扫描电子显微镜发现，冷等离子体处理造成芽孢外部结构发生皱缩等变化。经长时间冷等离子体处理后，芽孢结构完整性被破坏，进而造成其附属物（appendages）和芽孢外壁（exosporium）的缺失；原子力显微镜观察结果进一步证实了冷等离子体处理造成芽孢的形状和尺寸发生变化。作者认为，冷等离子体中的原子氧能够扩散进入芽孢并参与一些化学反应，进而影响芽孢中的核酸、脂质、蛋白质和糖类等组成成分。Deng等（2006）认为氦气所产生冷等离子体造成的枯草芽孢杆菌芽孢皱缩、胞内物质泄漏和膜结构破坏等与其含有的活性粒子有关，而冷等离子体中的热效应、带电粒子、电场和紫外光子则在杀灭芽孢过程中的作用较小。

van Bokhorst-van de Veen等（2015）评价了氮气冷等离子体射流对蜡样芽孢杆菌、萎缩芽孢杆菌（*B. atrophaeus*）和嗜热脂肪地芽孢杆菌（*G. stearothermophilus*）芽孢的失活作用，处理时间为5 min、10 min、15 min和20 min。在处理的前15 min，冷等离子体对上述3种芽孢失活效果较为接近；当处理20 min以后，冷等离子体对上述3种芽孢失活效果出现差异，其中对萎缩芽孢杆菌杀灭效果最强（降低了4.9 log），其次是嗜热脂肪地芽孢杆菌芽孢（降低了4.2 log），而蜡样芽孢杆菌芽孢抗逆性最强（仅降低了3.7 log）。扫描电子显微镜观察结果发现，蜡样芽孢杆菌芽孢表面出现蚀刻和一些凸起（图2.4），而单独氮气处理的蜡样芽孢杆菌芽孢表面则不会出现上述现象。在萌发过程中，芽孢首先吸收水分，在相差显微镜（phase contrast microscope）下呈灰色。相差显微镜观察结果表明，冷等离子体处理后芽孢仍呈灰色但不会进入后续萌发过程（van Bokhorst-van de Veen et al.，2015）。

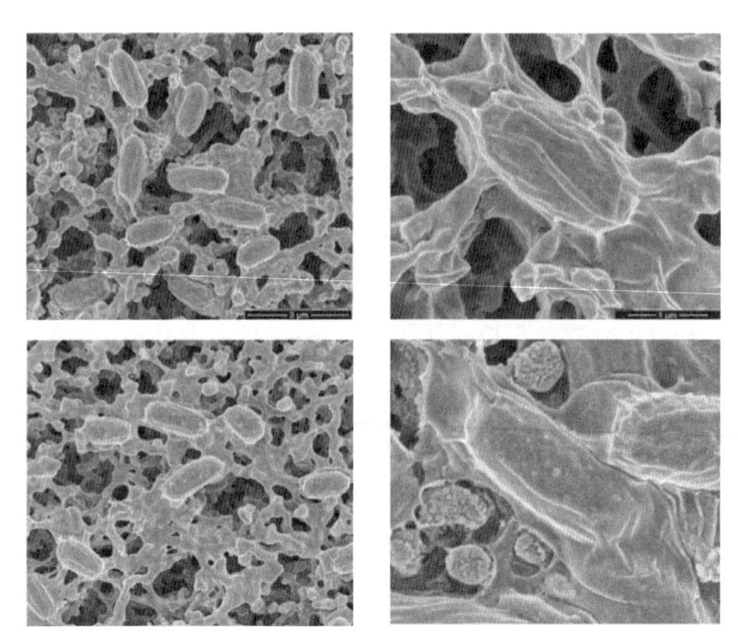

图2.4 蜡样芽孢杆菌ATCC 14579芽孢的图像。上图为对照组芽孢，下图为氮气冷等离子体射流处理20 min后的芽孢（引自 Bokhorst-van de Veen, et al., 2015）

Kim等（2017a）研究了微波放电冷等离子体对接种于辣椒片表面蜡样芽孢杆菌芽孢的失活作用，功率为900 W，频率为2.45 GHz，处理时间为20 min，以氮气为放电气体，分别采用低强度和高强度微波放电。经低功率密度（1700 W/cm^2）微波放电冷等离子体处理后，接种于辣椒片表面的蜡样芽孢杆菌芽孢仅降低了0.6 log/cm^2；而经高功率密度（2500 W/cm^2）微波放电冷等离子体处理后，蜡样芽孢杆菌芽孢降低了1.8 log/cm^2。作者同时研究了辣椒片干燥方法对冷等离子体失活芽孢效果的影响。结果表明，远红外干燥辣椒片表面较为粗糙且不规则，而真空干燥辣椒片表面更为光滑。经功率密度为1700 W/cm^2的微波冷等离子体处理后，接种于远红外干燥辣椒片表面的蜡样芽孢杆菌芽孢仅降低了0.6 log/cm^2；而接种于真空干燥辣椒片表面的蜡样芽孢杆菌芽孢降低了1.6 log/cm^2。以上结果表明，样品表面粗糙度等性质会影响冷等离子体对芽孢的杀灭效果。作者同时研究了样品颗粒大小对冷等离子体失活芽孢效果的影响。结果表明，经功率密度为1700 W/cm^2的微波放电冷等离子体处理后，接种于辣椒片和辣椒粉的蜡样芽孢杆菌芽孢分别降低了1.4 log/cm^2和0.8 log/cm^2；而经功率密度为2500 W/cm^2微波放电冷等离子体处理后，接种于辣椒片和辣椒粉的蜡样芽孢杆菌芽孢分别降低了2.7 log/cm^2和1.2 log/cm^2，这可能是由于高浓度的自由基能够直接作用于辣椒片表面的芽孢，从而具有更强的杀灭效果。最后，作者还研究了样品水分活度（A_w）对冷等离子体失活芽孢效果的影响。结果表明，冷等离子体对辣椒片中芽孢的失活效果随样品水分活度的升高而增强。经功率密度为2500 W/cm^{2}的微波放电冷等离子体处理后，水分活度分别为0.4、0.5和0.9的辣椒片表面蜡样芽孢杆菌芽孢分别降低了1.7 log/cm^2、2.1 log/cm^{2}和2.6 log/cm^2。这是因为随着水分活度的升高，冷等离子体处理更容易造成氢键的断裂，进而产生更多的羟基自由基。如前所述，含氮自由基能够扩散进入芽孢内部，同时与游离水反应生成硝酸和亚硝酸，进而造成芽孢死亡。这就解释了为何样品的水分活度影响冷等离子体对芽孢的杀灭效果。

Hertwig等（2017a）研究了冷等离子体处理对突变型和野生型枯草芽孢杆菌（*B. subtilis*）芽孢的杀灭效果，所用电压为20 kV，频率为15 kHz，处理时间为7 min，分别以空气、N_2、O_2和CO_2为放电气体，以期揭示某些芽孢组分对冷等离子体杀灭效果的影响。突变株PS578缺少编码α和 β 型小分子酸溶性蛋白（small acid-soluble proteins，SASPs）的基因，突变株FB122无法合成具有DNA保护作用的二吡啶甲酸（dipicolinic acid，DPA），突变株PS3328的芽孢缺少外壳结构。研究发现，缺少编码SASPs基因的突变株PS578对冷等离子体的耐受性最差。这是因为SASPs的主要作用是保护芽孢DNA免受氧化损伤，其缺失会造成芽孢对冷等离子体的敏感性增强。突变株PS3328对空气和氮气冷等离子体较为敏感，表明外壳蛋白结构能够保护芽孢免受紫外线的损伤。突变株FB122对氧气放电所产生的冷等离子体较为敏感，表明二吡啶甲酸能够保护芽孢免受臭氧造成的损伤（Hertwig et al.，2017a）。

综上所述，现有研究证实，冷等离子体适用于杀灭各类食品中的芽孢。然而，今后仍需深入研究冷等离子体杀灭芽孢的作用机制及处理介质的影响；此外还应系统评价冷等离子体对食品中其他种类芽孢的杀灭效果。

6 冷等离子体对病毒的失活作用

尽管病毒的结构极为简单（图2.5），但病毒失活方法的相关研究较少。首先培养病毒需要宿主细胞，病毒不能在食品中进行复制繁殖，其在食品中的数量远低于细菌，因此需要恢复培养；此外，许多微生物实验室没有进行病毒研究和食源性病毒检测所需的科研条件（Jay et al.，2005）。

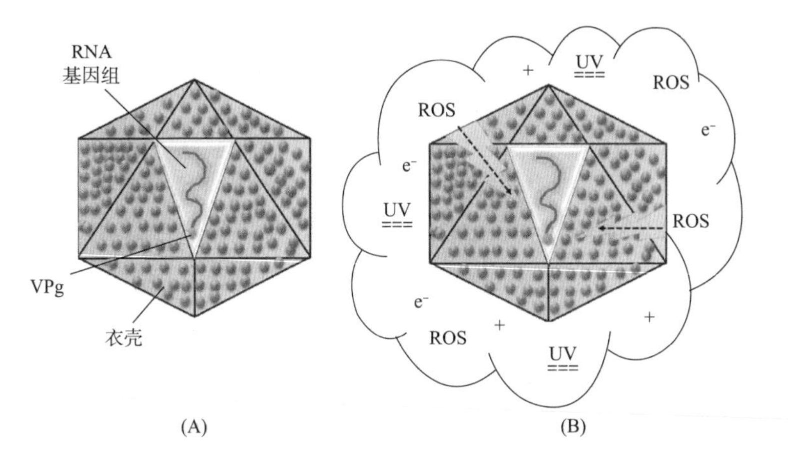

图2.5 甲型肝炎病毒（Hepatitis A virus，HAV）结构示意图。HAV结构主要包括衣壳、RNA基因组和VPg蛋白（A）；冷等离子体处理对病毒结构的可能影响，主要表现为ROS通过衣壳扩散到达RNA基因组（B）

本节总结了一些有关冷等离子体失活病毒的研究报道。Bae等（2015）研究了冷等离子体射流对接种于牛里脊肉、猪肩肉和鸡胸肉等肉品中鼠诺如病毒-1（*Murine norovirus*-1，MNV-1）和甲型肝炎病毒（*Hepatitis A virus*，HAV）的失活作用，冷等离子体处理条件参数为3.5 kV和28.5 kHz，持续时间为10 s~20 min，以氮气为放电气体。结果表明，经冷等离子体射流处理5~20 min后，接种于上述3种肉品中的MNV-1（初始数量为10^7 PFU）降低了2 log以上；同样地，经冷等离子体射流处理5~20 min后，接种于上述3种肉中的HAV（初始数量为10^6 PFU）降低了1 log以上。作者认为，类似于抗菌作用，冷等离子体中的光子、电子、正负离子、自由基、中性原子、紫外线光子、ROS和RNS等是其杀灭病毒的主要成分。

Lacombe等（2017）也评价了冷等离子体对病毒的失活效果。作者将鼠诺如病毒和杜兰病毒（*Tulane virus*，TV）接种于蓝莓表面，并采用冷等离子体射流（频率为47 kHz，功率为549 W）进行处理，处理时间为15~120 s。经冷等离子体处理45 s后，接种于蓝莓表面的杜兰病毒降低了约1.5 log PFU/g；经冷等离子体处理15 s后，接种于蓝莓表面的鼠诺如病毒降低了约0.5 log PFU/g。在放电腔室内添加空气后，经冷等离子体处理120 s后，接种于蓝莓表面的杜兰病毒降低了约3.5 logPFU/g，而经冷等离子体处理90 s后，鼠诺如病毒降低了约5 log PFU/g。有研究证实，经DBD等离子体（电压为38.5 kV）处理5 min后，接种于生菜表面的杜兰病毒降低了1.3 log PFU/g。也有研究发现，当在放电环境中存在氧气时，冷等离子体对病毒的失活效能会增强。目前还未完全阐明冷等离子体杀灭病毒的作用机制，一般认为这可能与冷等离子体破坏病毒的基因组和衣壳（病毒遗传物质周围的蛋白质外壳）有关。冷等离子体中的ROS能够破坏多肽链，进而造成病毒的衣壳穿孔。但也有研究认为ROS穿透病毒蛋白外壳的能力较弱，难以破坏病毒内部并损伤RNA，因此推测臭氧在冷等离子体杀灭病毒过程中发挥了重要作用［图2.5（B）］。

使用冷等离子体杀灭病毒是食品微生物领域的一个新的研究方向。在今后的工作中，有必要深入研究冷等离子体中自由基、紫外线、光子和离子等对病毒结构的影响，阐明其杀灭病毒的作用机制。

7 冷等离子体对寄生虫的失活作用

在过去的五年中，与寄生虫有关的食品安全事件有所增加。据美国疾病控制与预防中心（Center for Disease Control and Prevention，CDC）2019年的一项统计，环孢子虫（*Cyclospora*）是食品中最常见的寄生虫，广泛存在于新鲜沙拉、蔬菜、水果等中，较为常见的是卡耶塔环孢子虫（*Cyclospora cayetanensis*），其卵囊分为未成熟（未孢子化的）卵囊和成熟（形成孢子的）卵囊。未成熟的长耶塔环孢子虫卵囊呈圆形，直径为7.5~10 μm，其卵囊由厚度为50 nm的卵囊壁和厚度为63 nm纤丝外膜组成（fibrillar coat，主要由糖类和脂质等物质组成）（Erickson和Ortega，2006）。作为一类原生动物，寄生虫通常对干燥敏感，但对含氯消毒剂不敏感（Jay et al.，2005）。

食品中常见的寄生虫还包括隐孢子虫（*Cryptosporidium*）、贾第虫（*Giardia*）、吸虫（*Fasciola*）、姜片吸虫（*Fasciolopsis*）等。上述寄生虫主要通过水源进行传播，通过与食品表面发生接触而造成污染。有学者认为，美国食品寄生虫发病率因全球化的发展而急剧升高，但真实发病率被严重低估（Dorny et al.，2009）。在欧盟最新一项关于水和食源性寄生虫的研究报道中，专家们也认为目前对食源性寄生虫的关注有待加强。造成上述现象的主要原因是寄生虫种类繁多、缺乏标准的检测方法及缺乏对寄生虫公共健康危害的全面认识（Caccio et al.，2018）。

目前关于杀灭寄生虫的技术研究报道相对较少。紫外线对寄生虫的损伤作用较小，但被证实能够降低寄生虫的繁殖速度。然而紫外线技术存在一定的缺陷，如仅适用于表面处理、一些寄生虫对紫外线的抗性较强等。臭氧也被广泛用于杀灭寄生虫，这与其诱导蛋白质降解、破坏囊壁（cyst wall）结构等有关。众所周知，自由基能够穿透寄生虫的囊壁并氧化囊壁的外层组分，进而促进蛋白酶的释放。一般而言，相对于隐孢子虫和贾第虫，卡耶塔环孢子虫对一些保鲜方法具有更强的耐受性（Erickson和Ortega，2006）。

尽管理论上可行，然而目前尚无关于冷等离子体杀灭寄生虫方面的研究报道。鉴于紫外和臭氧能够杀灭一些寄生虫，推测冷等离子体也可能杀灭存在于食品中的寄生虫，这有待于在今后进行深入研究。

8 结论

综上所述，冷等离子体对细菌、真菌和孢子均具有良好的杀灭效果，被认为是一种具有广阔应用潜力的非热杀菌技术，但其对病毒和寄生虫杀灭作用的研究仍有待加强。随着相关科学研究的不断发展，对冷等离子体作用机制的认识也越来越深入。在今后的研究工作中，应重点关注冷等离子体处理食品过程中产生的一些新物质，这些新物质可能影响食品的营养和感官品质，因此不能超过相应的限量标准。

参考文献

Albertos, I., Martin-Diana, A.B., Cullen, P.J., Tiwari, B.K., Ojha, S.K., Bourke, P., Alvarez, C., Rico, D., 2017. Effects of dielectric barrier discharge (DBD) generated plasma on microbial reduction and quality parameters of fresh mackerel (*Scomber scombrus*) fillets. Innov. Food Sci. Emerg. Technol. 44, 117–122.

Amini, M., Ghoranneriss, M., 2016. Effect of cold plasma treatment on antioxidant activity, phenolic contents, and shelf life of fresh and dried walnut (*Juglans regia* L.) cultivars during storage. LWT–Food Sci. Technol. 73, 178–184.

Armstrong, G.N., Watson, I.A., Stewart-Tull, D.E., 2006. Inactivation of *Bacillus cereus* spores on agar, stainless steel or in water with a combination of Nd: YAG laser and UV irradiation. Innov. Food Sci. Emerg. Technol. 7 (1–2), 94–99.

Bae, S.C., Park, S.Y., Choe, W., Ha, S.D., 2015. Inactivation of murine norovirus-1 and hepatitis a virus on fresh meats by atmospheric pressure plasma jets. Food Res. Int. 76, 342–347.

Bermúdez-Aguirre, D., Dunne, C.P., Barbosa-Cánovas, G.V., 2012. Effect of processing parameters on inactivation of *Bacillus cereus* spores in milk using pulsed electric fields. Int. Dairy J. 24 (1), 13–21.

Bermúdez-Aguirre, D., Wemlinger, E., Pedrow, P., Barbosa-Cánovas, G., Garcia Perez, M., 2013. Effect of atmospheric pressure cold plasma (APCP) in the inactivation of *Escherichia coli* in fresh produce. Food Control 34, 149–157.

Bourke, P., Ziuzina, D., Boehm, D., Cullen, P.J., Keener, K., 2018. The potential of cold plasma for safe and sustainable food production. Trends Biotechnol. 36 (6), 615–626.

Butscher, D., Zimmermann, D., Schuppler, M., von Rohr, P.R., 2016. Plasma inactivation of bacterial endospores on wheat grains and polymeric model substrates in a dielectric barrier discharge. Food Control 60, 636–645.

Buβler, S., Rumpold, B.A., Fröhling, A., Jander, E., Rawel, H.M., Schlüter, O.K., 2016. Cold atmospheric pressure plasma processing of insect flour from *Tenebrio molitor*: impact on microbial load and quality attributes in comparison to dry heat treatment. Innov. Food Sci. Emerg. Technol. 36, 277–286.

Caccio, S.M., Chalmers, R.M., Dorny, P., Robertson, L.J., 2018. Foodborne parasites: outbreaks and outbreak investigations. A meeting report from the European network for foodborne parasites (Euro-FBP). Food Waterborne Parasitol. 10, 1–5.

Calvo, T., Álvarez-Ordóñez, A., Prieto, M., González-Raurich, M., López, M., 2016. Influence of processing parameters and stress adaptation on the inactivation of *Listeria monocytogenes* by non-thermal atmospheric plasma (NTAP). Food Res. Int. 89, 631–637.

Calvo, T., Alvarez- Ordóñez, A., Prieto, M., Bernardo, A., López, M., 2017. Stress adaptation has a minor impact on the effectivity of non-thermal atmospheric plasma (NTAP) against *Salmonella* spp. Food Res. Int. 102, 519–525.

Centers for Disease Control and Prevention, 2019. https://www.cdc.gov/foodsafety/outbreaks/index.html.

Chen, H., Bai, F., Xiu, Z., 2010. Oxidative stress induced in *Saccharomyces cerevisiae* exposed to dielectric barrier discharge plasma in air at atmospheric pressure. IEEE Trans. Plasma Sci. 38 (8), 1885–1891.

Colonna, W.J., Wan, Z., Pankaj, S.K., Keener, K.M., 2017. High-voltage atmospheric cold plasma treatment of yeast for spoilage prevention. Plasma Med. 7 (2), 97–107.

Cui, H., Ma, C., Lin, L., 2016. Synergistic antibacterial efficacy of cold nitrogen plasma and clove oil against *Escherichia coli* O157:H7 and clove oil biofilms on lettuce. Food Control 66, 8–16.

Cui, H., Bai, M., Yuan, L., Surendhiran, D., Lin, L., 2018. Sequential effects of phages and cold nitrogen plasma against *Escherichia coli* O157:H7 biofilms on different vegetables. Int. J. Food Microbiol. 268, 1–9.

Dasan, B.G., Boyaci, I.H., Mutlu, M., 2016a. Inactivation of aflatoxigenic fungi (*Aspergillus* spp.) on granular food model, maize, in an atmospheric pressure fluidized bed plasma system. Food Control 70, 1–8.

Dasan, B.G., Mutlu, M., Boyaci, I.H., 2016b. Decontamination of *Aspergillus flavus* and *Aspergillus parasiticus* spores on hazelnuts via atmospheric pressure fluidized bed plasma reactor. Int. J. Food Microbiol. 216, 50–59.

Deng, X., Shi, J., Kong, M.G., 2006. Physical mechanisms of inactivation of *Bacillus subtilis* spores using cold atmospheric plasmas. IEEE Trans. Plasma Sci. 34 (4), 1310–1316.

Devi, Y., Thirumdas, R., Sarangapani, C., Deshmukh, R.R., Annapure, U.S., 2017. Influence of cold plasma on fungal growth and aflatoxins production on groundnuts. Food Control 77, 187–191.

Dirks, B.P., Dobrynin, D., Fridman, G., Mukhin, Y., Fridman, A., Quinlan, A., 2012. Treatment of raw poultry with nonthermal dielectric barrier discharge cold plasma to reduce *Campylobacter jejuni* and *Salmonella enterica*. J. Food Prot. 75 (1), 22–28.

Dorny, P., Praet, N., Deckers, N., Gabriel, S., 2009. Emerging food-borne parasites. Vet. Parasitol. 163, 196–206.

Erickson, M.C., Ortega, Y.R., 2006. Inactivation of protozoan parasites in food, water and environmental systems. J. Food Prot. 69 (11), 2786–2808.

Farrar, L.C., Haack, D.P., McGrath, S.F., Dickens, J.C., O'Hair, E.A., Fralick, J.A., 2000. Rapid decontamination of large surfaces areas. IEEE Trans. Plasma Sci. 28 (1), 173–179.

Feng, H., Sun, P., Chai, Y., Tong, G., Zhang, J., Zhu, J., Zhu, W., Fang, J., 2009. The interaction of a direct-current cold atmospheric-pressure air plasma with bacteria. IEEE Trans. Plasma Sci. 37 (1), 121–127.

Fröhling, A., Durek, J., Schnabel, U., Ehlbeck, J., Bolling, J., Schlüter, O., 2012. Indirect plasma treatment of fresh pork: decontamination efficiency and effects on quality attributes. Innov. Food Sci. Emerg. Technol. 16, 381–390.

Gaunt, L.F., Beggs, C.B., Georghiou, G.E., 2006. Bactericidal action of the reactive species produced by gas-discharge nonthermal plasma at atmospheric pressure: a review. IEEE Trans. Plasma Sci. 34 (4), 1257–1269.

Georgescu, N., Apostol, L., Gherendi, F., 2017. Inactivation of *Salmonella enterica* serovar Typhimurium on egg surface, by direct and indirect treatments with cold atmospheric plasma. Food Control 76, 52–61.

Han, L., Boehm, D., Amias, E., Milosavljević, V., Cullen, P.J., Bourke, P., 2016. Atmospheric cold plasma interactions with modified atmosphere packaging inducer gases for safe food preservation. Innov. Food Sci. Emerg. Technol. 38, 384–392.

Hati, S., Patel, M., Yadav, D., 2018. Food bioprocessing by nonthermal plasma technology. Curr. Opin. Food Sci. 19, 85–91.

Hertwig, C., ReinekeK, E.J., Knorr, D., Schlüter, O., 2015. Decontamination of whole black pepper using cold atmospheric pressure plasma applications. Food Control 55, 221–229.

Hertwig, C., Reineke, K., Rauh, C., Schlüter, O., 2017a. Factors involved on *Bacillus* spore's resistance to cold atmospheric pressure plasma. Innov. Food Sci. Emerg. Technol. 43, 173–181.

Hertwig, C., Leslie, A., Meneses, N., Reineke, K., Rauh, C., Schlüter, O., 2017b. Inactivation of *Salmonella* Enteritidis PT30 on the surface of unpeeled almonds by cold plasma. Innov. Food Sci. Emerg. Technol. 44, 242–248.

Hou, Y.M., Dong, X.Y., Yu, H., Li, S., Ren, C.S., Zhang, D.J., Xiu, Z.L., 2008. Disintegration of biomolecules by dielectric barrier discharge plasma in helium at atmospheric pressure. IEEE Trans. Plasma Sci. 36(4), 1633–1637.

Jahid, I.K., Han, N., Ha, S.D., 2014. Inactivation kinetics of cold oxygen plasma depends on incubation conditions of *Aeromonas hydrophila* biofilm on lettuce. Food Res. Int. 55, 181–189.

Jay, J.M., Loessner, M.J., Golden, D.A., 2005. Modern Food Microbiology, seventh ed. Springer, New York.

Kim, J.H., Min, S.C., 2018. Moisture vaporization-combined helium dielectric barrier discharge-cold plasma treatment for microbial decontamination of onion flakes. Food Control 84, 321–329.

Kim, B., Yun, H., Jung, S., Jung, Y., Jung, H., Choe, W., Jo, C., 2011. Effect of atmospheric pressure plasma on the inactivation of pathogens inoculated onto bacon using two different gas compositions. Food Microbiol. 28, 9–13.

Kim, J.S., Lee, E.J., Choi, E.H., Kim, Y.J., 2014a. Inactivation of *Staphylococcus aureus* on the beef jerky by radio-frequency atmospheric pressure plasma discharge treatment. Innov. Food

Sci. Emerg. Technol. 22, 124–130.

Kim, J.E., Lee, D.U., Min, S.C., 2014b. Microbial decontamination or red pepper powder by cold plasma. Food Microbiol. 38, 128–136.

Kim, J.E., Choi, H.S., Lee, D.U., Min, S.C., 2017a. Effect of processing parameters on the inactivation of *Bacillus cereus* spores on red pepper (*Capsicum annum* L.) flakes by microwave-combined cold plasma treatment. Int. J. Food Microbiol. 263, 61–66.

Kim, J.E., Oh, Y.J., Won, M.Y., Lee, K.S., Sc, M., 2017b. Microbial decontamination of onion powder using microwave powered cold plasma treatments. Food Microbiol. 62, 112–123.

Kim, Y.M., Yun, H.S., Eom, S.H., Sung, B.J., Lee, S.H., Jeon, S.M., Chin, S.W., Lee, M.S., 2018. Bactericidal action mechanism of nonthermal plasma: denaturation of membrane proteins. IEEE Trans. Radiat. Plasma Med. Sci. 2 (1), 77–83.

Lacombe, A., Niemira, B.A., Gurtler, J.B., Fan, X., Sites, J., Boyd, G., Chen, H., 2015. Atmospheric cold plasma of aerobic microorganisms on blueberries and effects in quality attributes. Food Microbiol. 46, 479–484.

Lacombe, A., Niemira, B.A., Gurtler, J.B., Sites, J., Boyd, G., Kingsley, D.H., Li, X., Chen, H., 2017. Nonthermal inactivation of noroviruses surrogates on blueberries using atmospheric cold plasma. Food Microbiol. 63, 1–5.

Laroussi, M., Richardson, J.P., Dobbs, F.C., 2002. Effects of nonequilibrium atmospheric pressure plasmas on the heterotrophic pathways of bacteria and on their cell morphology. Appl. Phys. Lett. 81 (4), 772–774.

Laroussi, M., Minayeva, O., Dobbs, F.C., Woods, J., 2006. Spores survivability after exposure to low-temperature plasmas. IEEE Trans. Plasma Sci. 34 (4), 1253–1256.

Lee, H., Kim, J.E., Ching, M.S., Min, S.C., 2015. Cold plasma treatment for the microbiological safety of cabbage, lettuce and dried figs. Food Microbiol. 51, 74–80.

Lee, K.H., Kim, H.J., Woo, K.S., Jo, C., Kim, J.K., Kim, S.H., Park, H.Y., Oh, S.K., Kim, W.H., 2016. Evaluation of cold plasma treatments for improved microbial and physicochemical qualities of brown rice. LWT–Food Sci. Technol. 73, 442–447.

Liao, X., Liu, D., Xiang, Q., Ahn, J., Chen, S., Ye, X., Ding, T., 2017. Inactivation mechanisms of nonthermal plasma on microbes: a review. Food Control 75, 83–91.

Liao, X., Li, J., Suo, Y., Ahn, J., Liu, D., Chen, S., Hu, Y., Ye, X., Ding, T., 2018. Effect of preliminary stresses on the resistance of *Escherichia coli* and *Staphylococcus aureus* toward non-thermal plasma (NTP) challenge. Food Res. Int. 105, 178–183.

Limsopatham, K., Boonyawan, D., Umongno, C., Sukontason, K.L., Chaiwong, T., Leksomboon, R., Sukontason, K., 2017. Effects of cold argon plasma on eggs of the blow fly, *Lucilia cuprina* (Diptera: Calliphoridae). Acta Trop. 176, 173–178.

Los, A., Ziuzina, D., Boehm, D., Cullen, P.J., Bourke, P., 2017. The potential of atmospheric air cold plasma for control of bacterial contaminants relevant to cereal grain production. Innov. Food Sci. Emerg. Technol. 44, 35–45.

Mahnot, N.K., Mahanta, C.L., Keener, K.M., Misra, N.N., 2019. Strategy to achieve a 5-log *Salmonella* inactivation in tender coconut water using high voltage atmospheric cold plasma (HVACP). Food Chem. 284, 303–311.

Majumdar, A., Singh, R.K., Palm, G.J., Hippler, R., 2009. Dielectric barrier discharge plasma treatment on *E. coli*: Influence of CH_4/N_2, O_2, N_2/O_2, N_2 and Ar gases. J. Appl. Phys. 106 (084701), 1–5.

Markland, S.M., Kniel, K.E., Setlow, P., Hoover, D.G., 2013. Nonthermal inactivation of heterogeneous and superdormant spore populations of *Bacillus cereus* using ozone and high pressure processing. Innov. Food Sci. Emerg. Technol. 19, 44–49.

Min, S.C., Roh, S.H., Niemira, B.A., Sites, J.E., Boyd, G., Lacombe, A., 2016. Dielectric barrier discharge atmospheric cold plasma inhibits *Escherichia coli* O157:H7, *Salmonella*, *Listeria monocytogenes* and Tulane virus in Romaine lettuce. Int. J. Food Microbiol. 237, 114–120.

Mok, C., Lee, T., Puligundla, P., 2015. Afterglow corona discharge cold plasma (ACDCP) for inactivation of common foodborne pathogens. Food Res. Int. 69, 418–423.

Niemira, B.A., 2012. Cold plasma decontamination of foods. Annu. Rev. Food Sci. Technol. 3, 125–142.

Olatunde, O.O., Benjakul, S., Vongkamjan, K., 2019. High voltage cold atmospheric plasma: Antibacterial properties and its effect on quality of Asian sea bass slices. Innov. Food Sci. Emerg. Technol. 52, 305–312.

Patil, S., Moiseev, T., Misra, N.N., Cullen, P.J., Mosnier, J.P., Keener, K.M., Bourke, P., 2014. Influence of high voltage atmospheric cold plasma process parameters and role of relative humidity on inactivation of *Bacillus atrophaeus* spores inside a sealed package. J. Hosp. Infect. 88 (3), 162–169.

Prasad, P., Mehta, D., Bansal, V., Sangwan, R.S., 2017. Effect of atmospheric cold plasma (ACP) with its extended storage on the inactivation of *Escherichia coli* inoculated on tomato. Food Res. Int. 102, 402–408.

Puligundla, P., Kim, J.W., Mok, C., 2015. Effect of low-pressure air plasma on the microbial load and physicochemical characteristics of dried laver. LWT–Food Sci. Technol. 63, 966–971.

Puligundla, P., Kim, J.W., Mok, C., 2017. Effect of corona discharge plasma jet treatment on decontamination and sprouting of rapeseed (*Brassica napus* L.) seeds. Food Control 71, 376–382.

Ragni, L., Berardinelli, A., Iaccheri, E., Guzzi, G., Cevoli, C., Vannini, L., 2016. Influence of the electrode material on the decontamination efficacy of dielectric barrier discharge gas plasma treatments towards *Listeria monocytogenes* and *Escherichia coli*. Innov. Food Sci. Emerg. Technol. 37, 170–176.

Ranieri III, P., McGovern, G., Tse, H., Fulmer, A., Kovalenko, M., Nirenberg, G., Miller, V., Fridman, A., Rabinovich, A., Fridman, G., 2019. Microsecond-pulsed dielectric barrier discharge plasma-treated mist for inactivation of *Escherichia coli in vitro*. IEEE Trans. Plasma Sci. 47 (1), 395–402.

Reineke, K., Langer, K., Hertwig, C., Ehlbeck, J., Schlüter, O., 2015. The impact of different process gas compositions on the inactivation effect of an atmospheric pressure plasma jet on *Bacillus* spores. Innov. Food Sci. Emerg. Technol. 30, 112–118.

Rossow, M., Ludewig, M., Braun, P.G., 2018. Effect of atmospheric pressure cold plasma treatment on inactivation of *Campylobacter jejuni* on chicken skin and breast fillet. LWT–Food Sci. Technol. 91, 265–270.

Roth, S., Feichtinger, J., Hertel, C., 2010. Characterization of *Bacillus subtilis* spore inactivation in low-pressure, low-temperature gas plasma sterilization processes. J. Appl. Microbiol. 108, 521–531.

Smet, C., Noriega, E., Rosier, F., Walsh, J.L., Valdramidis, V.P., Van Impe, J.F., 2017. Impact of food model (micro) structure on the microbial inactivation efficacy of cold atmospheric plasma. Int. J. Food Microbiol. 240, 47–56.

Soni, A., Oey, I., Silcock, P., Bremer, P., 2016. *Bacillus* spores in the food industry: A review on resistance and response to novel inactivation technologies. Compr. Rev. Food Sci. Food Saf. 15, 1139–1148.

Stulić, V., Vukušić, T., Butorac, A., Popović, D., Herceg, Z., 2019. Proteomic analysis of *Saccharomyces cerevisiae* response to plasma treatment. Int. J. Food Microbiol. 292, 171–183.

Suhem, K., Matan, N., Nisoa, M., Matan, N., 2013. Inhibition of *Aspergillus flavus* on agar media and brown rice cereal bars using cold atmospheric plasma treatment. Int. J. Food Microbiol. 161, 107–111.

Sureshkumar, Neogi, S., 2009. Inactivation characteristics of bacteria in capacitively coupled argon plasma. IEEE Trans. Plasma Sci. 37 (12), 2347–2352.

Surowsky, B., Fröhling, A., Gottschalk, N., Schlüter, O., Knorr, D., 2014. Impact of cold plasma on *Citrobacter freundii* in apple juice: Inactivation kinetics and mechanisms. Int. J. Food Microbiol. 174, 63–71.

Suwal, S., Coronel-Aguilera, C.P., Auer, J., Applegate, B., Garner, A.L., Huang, J.Y., 2019. Mechanism characterization of bacterial inactivation of atmospheric air plasma gas and activated water using bioluminescence technology. Innov. Food Sci. Emerg. Technol. 53, 18–25.

Tarasenko, O., Nourbakhsh, S., Kuo, S.P., Bakhtina, A., Alusta, P., Kudasheva, D., Cowman, M., Levon, K., 2006. Scanning electron and atomic force microscopy to study plasma torch effects on *B. cereus* spores. IEEE Trans. Plasma Sci. 34 (4), 1281–1289.

Timmons, C., Pai, K., Jacob, J., Zhang, G., Ma, L.M., 2018. Inactivation of *Salmonella enterica*, Shiga toxin-producing *Escherichia coli* and *Listeria monocytogenes* by a novel surface discharge cold plasma design. Food Control 85, 455–462.

Trompeter, F.J., Neff, W.J., Franken, O., Heise, M., Neiger, M., Liu, S., Pietsch, G., Saveljew, A.B., 2002. Reduction of *Bacillus subtilis* and *Aspergillus niger* spores using nonthermal atmospheric gas discharges. IEEE Trans. Plasma Sci. 30 (4), 1416–1423.

Van Bokhorst-van de Veen, H., Xie, H., Esveld, E., Abee, T., Mastwijk, H., Groot, M.N., 2015. Inactivation of chemical and heat-resistant spores of *Bacillus* and *Geobacillus* by nitrogen cold atmospheric plasma evokes distinct changes in morphology and integrity of spores. Food Microbiol. 45, 26–33.

Vleugels, M., Shama, G., Deng, X.T., Geenacre, E., Brocklehurst, T., Kong, M.G., 2005. Atmospheric plasma inactivation of biofilm-forming bacteria for food safety control. IEEE Trans. Plasma Sci. 33 (2), 824–828.

Vratnica, Z., Vujošević, D., Cvelbar, U., Mozetić, M., 2008. Degradation of bacteria by weakly ionized highly dissociated radio-frequency oxygen plasma. IEEE Trans. Plasma Sci. 36 (4), 1300–1301.

Won, M.Y., Lee, S.J., Min, S.C., 2017. Mandarin preservation by microwave-powdered cold plasma treatment. Innov. Food Sci. Emerg. Technol. 39, 25–32.

Yang, B., Chen, J., Yu, Q., Lin, M., Mustapha, A., Chen, M., 2010. Inactivation of *Bacillus* spores using a low-temperature atmospheric plasma brush. IEEE Trans. Plasma Sci. 38 (7), 1624–1631.

Yu, H., Xiu, Z.L., Ren, C.S., Zhang, J.L., Wang, D.Z., Wang, Y.N., Ma, T.C., 2005. Inactivation of yeast by dielectric barrier discharge (DBD) plasma in helium at atmospheric pressure. IEEE Trans. Plasma Sci. 33 (4), 1405–1409.

Yun, H., Kim, B., Jung, S., Kruk, Z.A., Kim, D.B., Choe, W., Jo, C., 2010. Inactivation of *Listeria monocytogenes* inoculated on disposable plastic tray, aluminum foil, and paper cup by atmospheric pressure plasma. Food Control 21, 1182–1186.

Zhang, Y., Wei, J., Yuan, Y., Chen, H., Dai, L., Wang, X., Yue, T., 2019. Bactericidal effect of cold plasma on microbiota of commercial fish balls. Innov. Food Sci. Emerg. Technol. 52, 394–405.

Zimmerman, U., 1986. Electrical breakdown, electropermeabilisation and electrofusion. Rev. Physiol. Biochem. Pharmacol. 105, 176–256.

第3章

冷等离子体（CAPP）处理过程中微生物失活模型的建立

1 引言

热加工一直是食品工业延长货架期和灭活微生物的首选技术。然而，加热会对食品的营养和感官品质等造成不利影响。因此，在过去的30年里，研究人员研发了一系列替代技术。在这些替代技术中，大气压冷等离子体（cold atmospheric-pressure plasma，CAPP）具有处理温度低、杀菌效能高（对多种微生物的灭活水平在5~7 log以上）、处理时间短、安装和操作成本低等优点；此外，CAPP能耗较低且不产生有毒副产物或残留物，对环境的影响也较小（van Impe et al.，2018；Zahoranova et al.，2018；Misra et al.，2011；Pankaj和Keener，2017；Thirumdas et al.，2015）。因此，大气压冷等离子体技术在食品工业中的应用成为相关研究的热点内容。

CAPP杀灭微生物主要依赖于其含有的多种杀菌成分，主要包括臭氧（O_3）、过氧化氢（H_2O_2）、单线态氧（$^1O_2$）、过氧化物自由基（ROO·）和羟基自由基（·OH）等活性氧（reactive oxygen species，ROS）、一氧化氮（NO·）、过氧亚硝酸根（$ONOO^-$）或过氧亚硝酸（OONOH）等活性氮（reactive nitrogen species，RNS）及强电场（Szili et al.，2018；Misra et al.，2019）。在CAPP处理过程中，几种或所有上述杀菌因子协同作用，从而有效杀灭细菌、霉菌、酵母甚至病毒等多种微生物。

常见的CAPP产生方法主要包括介质阻挡放电（dielectric barrier discharge，DBD）、大气压等离子体射流（atmospheric pressure plasma jet，APPJ）、滑动弧放电和电晕放电等（Xiang et al.，2018b）。在食品相关研究中，应用最为广泛的是

DBD等离子体和APPJ；此外，用于喷雾处理的冷等离子体装置具有低成本和连续运行等优点，在实际应用过程中也受到了广泛关注（Wang et al.，2018；Pankaj et al.，2018）。目前，可采用空气、氧气、氮气、惰性气体（如氦气和氩气）及其混合气体来产生冷等离子体。研究发现，放电气体会显著影响冷等离子体中杀菌成分的种类和浓度。例如，相对纯惰性气体，富氧气体所产生冷等离子体中ROS浓度更高。由于受其浓度、种类和寿命等因素的影响，目前很难对CAPP处理过程所产生的杀菌物质进行定量分析（Smet et al.，2018）。例如，单线态氧（$^1O_2$）的寿命通常低于3.5×10^{-6} s（Schweitzer和Schmidt，2003），因此对其进行检测分析较为困难。此外，目前对上述杀菌物质所参与的复杂反应动力学建模的关注较为有限，影响了微生物失活动力学相关的研究。

由于冷等离子体杀菌物质的反应活性很高，因此即使在低温条件下进行冷等离子体处理也可能对食品品质造成不良影响。曾有报道指出，CAPP处理会对食品的感官和营养特性造成不良影响，特别是对于脂质含量较高和含有维生素、风味物质等脂溶性化合物的食品（Santos et al.，2018；Gavahian et al.，2018；Albertos et al.，2017；Rod et al.，2012；Sarangapani et al.，2017）。为了避免CAPP对食品造成不良影响，应采用建模等方法优化CAPP处理参数（如放电功率、处理时间和温度等）。

2 微生物失活建模—描述与预测

2.1 CAPP处理下微生物的存活模式

研究发现，在热处理和非热处理条件下，大多数微生物的失活曲线并不符合一级动力学模型。因此，应采用非线性模型来拟合微生物失活曲线。如表3.1所示，无论采用何种发生装置或放电气体，CAPP对微生物的失活作用很少随时间呈现对数线性响应。接下来将详细介绍一些描述CAPP失活微生物的动力学模型。

2.1.1 线型、凸型和凹型存活曲线

韦布尔（Weibullian）模型可以很好地描述微生物凸线型和对数直线型存活曲线，被广泛应用于描述热和非热处理下微生物的失活规律（van Boekel，2002；Bermudez-Aguirre和Corradini，2012；Bermudez-Aguirre et al.，2016；Peleg，2006）。近年来，该模型也被广泛用于描述CAPP处理下微生物的失活曲线

表3.1　大气压冷等离子体（CAPP）处理下细菌、霉菌、酵母和病毒的失活模型

微生物	基质	处理条件（反应器类型和放电气体）	模型形状	对数减少值	参考文献
细菌（营养体细胞）					
空肠弯曲杆菌（*C. jejuni*）	鸡胸肉	APPJ、氩气、空气	下凹，S形	1.5~2.5	Rossow et al.（2018）
大肠杆菌（*E. coli*）	苹果汁	DBD、空气	下凹，S形	4~4.3	Liao et al.（2018）
大肠杆菌（*E. coli*）	南瓜泥	电晕放电等离子体射流、氩气	S形	~4	Santos et al.（2018）
大肠杆菌（*E. coli*）	西红柿	DBD、包装内处理	上凹	4.5~6.0	Prasad et al.（2017）
大肠杆菌（*E. coli*）和肠道沙门氏菌（*S. enterica*）	扁豆种子	DCSBD、空气	上凹	分别为5.9和5	Waskow et al.（2018）
大肠杆菌（*E. coli*）、肠炎沙门氏菌（*S.* Enteritidis）和枯草芽孢杆菌（*B. subtilis*）	完整黑胡椒粒	DCSBD、空气	线型、下凹和上凹	分别为~6.5、~6.5和~5	Mosovska et al.（2018）
大肠杆菌O157:H7（*E. coli* O157:H7）、金黄色葡萄球菌（*S. aureus*）和鼠伤寒沙门氏菌（*S.* Typhimurium）	包装材料（玻璃、低密度聚乙烯、聚丙烯、铝箔纸）	电晕放电等离子体射流、干燥空气	上凹	4.5~5.0	Lee et al.（2017）
单增李斯特菌（*L. monocytogenes*）和无害李斯特菌（*L. innocua*）	培养基	APPJ、空气和氮气	上凹	~2.5	Calvo et al.（2016）
肠道沙门氏菌（*S. enterica*）和大肠杆菌（*E. coli*）	苹果表面	电晕放电等离子体射流、空气	上凹	分别为5.3和5.5	Kilonzo-Nthenge et al.（2018）
肠炎沙门氏菌（*S.* Enteritidis）	蛋壳	APPJ、空气	上凹	3.5~5	Dasan et al.（2018）
肠炎沙门氏菌（*S.enterica serovar* Enteritidis）、大肠杆菌O157:H7（*E. coli* O157:H7）和单增李斯特菌（*L. monocytogenes*）	洋葱片	DBD、氦气和水分	下凹和上凹	3.1 ± 0.1，1.4 ± 0.1，1.1 ± 0.3	Kim和Min（2018）

续表

微生物	基质	处理条件（反应器类型和放电气体）	模型形状	对数减少值	参考文献
细菌（芽孢）					
解淀粉芽孢杆菌（*B. amyloliquefaciens*）	玻璃表面（干燥的芽孢）	DBD、空气	双相	低于检测限（~>8）	Huang et al.（2019）
枯草芽孢杆菌（*B. subtilis*）	完整黑胡椒粒	DCSBD、空气	上凹	~2	Mosovska et al.（2018）
枯草芽孢杆菌黑色变种芽孢（*B. subtilis* var. *niger*）	芽孢试纸条	DBD、22%O_2、30%N_2、40%CO_2和8%氩气	S型	5~6	Mendes-Oliveira et al.（2019）
嗜热脂肪地芽孢杆菌（*G. stearothermophilus*）	谷物	DBD、氩气	上凹	3	Butscher et al.（2016）
霉菌和真菌					
黄曲霉菌（*A. flavus*）、交链孢霉菌（*A. alternata*）和镰刀菌（*F. culmorun*）	玉米表面	DCSBD、空气	下凹	分别为4.2、3.2、3.8	Zahoranova et al.（2018）
黑曲霉（*A. niger*）孢子	黑胡椒粒	SDBD、O_2、湿润的压缩空气和湿润的O_2	上凹	3~4	Tanino et al.（2019）
酵母					
鲁氏接合酵母（*Z. rouxii*）	苹果汁	DBD、空气	下凹	~5	Xiang et al.（2018b）
鲁氏接合酵母（*Z. rouxii*）	苹果汁	APPJ、空气	上凹	2.4~6.85	Wang et al.（2018）
病毒					
猫杯状病毒（Feline calicivirus）	被感染细胞的裂解物	DBD、空气	线型-上凹	4.5	Yamashiro et al.（2018）
鼠诺如病毒（Murine norovirus，MNV）	蓝莓	APPJ、空气	上凹	3~7	Lacombe et al.（2017）

注 APPJ，大气压等离子体射流；DBD，介质阻挡放电；DCSBD，弥散共面表面阻挡放电；SDBD，表面介质阻挡放电—表面束缚放电。

（Fröhling et al.，2012；Kim et al.，2014；Lee et al.，2015；Mosovska et al.，2018），韦布尔模型可表示为：

$$\lg S(t)=\lg\left[\frac{N(t)}{N_0}\right]=-bt^n \quad (3.1)$$

其中$S(t)$为存活率，$N(t)$为当时间为t时的微生物数量，N_0为初始微生物数量，b和n分别对应失活率和半对数存活曲线的凹性。当$n<1$时，半对数存活曲线为凹型曲线，这解释了微生物群体中抗逆性细胞的分布，意味着敏感的细胞首先被灭活，剩余的细胞则具有更强的抗逆性。当$n>1$时，半对数存活曲线表现为凸型，可能是由于剩余微生物细胞所受损伤积累加重，使存活细胞对致死性处理越来越敏感（McKellar和Lu，2003；Peleg，2006；van Boekel，2008）。当$n=1$时，表现为线性半对数存活曲线，这只是该模型的一个特例。采用上述模型拟合CAPP失活微生物曲线的结果见图3.1。

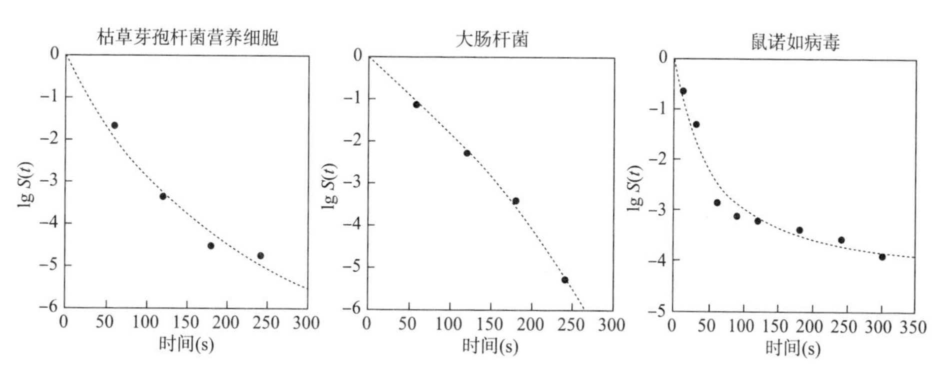

图3.1　在大气压冷等离子体（CAPP）处理下食品和食品表面的微生物失活模型。左图采用公式3.1拟合黑胡椒粒表面枯草芽孢杆菌（*Bacillus subtilis*）营养细胞失活规律（凹型），中图采用公式3.1拟合黑胡椒粒表面大肠杆菌（*Escherichia coli*）失活规律（凸型），右图采用公式3.4拟合不锈钢表面鼠诺如病毒（Murine norovirus）失活规律（极端拖尾）。（引自：Mosovska, S. et al., 2018; Park, S. Y. et al., 2018）

尽管表3.1未提供有关CAPP处理下微生物失活模型的详细数据，但由所列示例可知，在大多数CAPP处理条件下，微生物在暴露于冷等离子体中的最初阶段会快速失活，然后随着处理时间的延长，失活率会逐渐降低，存活曲线呈现凹型。

如果已知致死因子的浓度恒定或者可以充分表征等离子体中主要杀菌成分的浓度变化，就可以根据公式（3.1）建立一个动态速率模型来拟合冷等离子体对微生物的杀灭作用（Peleg，2006）。

2.1.2 双相存活曲线（biphasic survival curves）

在CAPP处理下，细菌芽孢的存活模式通常会发生突然改变，即表现为两个不同阶段的曲线（Huang et al.，2019；Roth et al.，2010；Lopes et al.，2018）。可采用如下的三参数模型描述上述双相存活曲线（Corradini et al.，2007）：

$$\text{如果}\,t \leqslant t_1\text{，则}\lg S(t) = -k_1 t \tag{3.2}$$

$$\text{如果}\,t > t_1\text{，则}\lg S(t) = -k_1 t_1 - k_2(t - t_1) \tag{3.3}$$

其中k_1和k_2分别是第一个和第二个阶段的对数失活速率常数，t_1指从一个阶段到另一个阶段的转变时间。在CAPP处理细菌芽孢时，一般在第一阶段芽孢失活速率较快，在第二阶段失活速率则较慢。虽然在使用CAPP的微生物灭活研究中没有报道，但也不能排除第一阶段失活速率较慢而第二阶段失活速率较快的情况。

在不同处理阶段，CAPP失活微生物的机制可能存在较大差异，从而造成失活速率常数发生显著变化。在第一阶段，CAPP失活微生物可能主要与其产生的紫外线损伤DNA有关；而在第二阶段，CAPP失活微生物可能主要与微生物细胞组分的氧化损伤有关，从而造成失活速率常数降低（Lopes et al.，2018）。Huang等（2019）对双相存活曲线提出了另一种解释，认为在杀菌处理过程中，食品表面的细菌芽孢容易被最先灭活，因而具有较大的失活速率常数；而随着处理时间的延长，位于样品内部的芽孢则被逐步杀灭，从而造成失活速率常数降低（Huang et al.，2019）。

在等式（3.2）和式（3.3）使用了“如果”一词，这样易于对可突然转变的失活阶段进行建模，以应对各种动态情形。

2.1.3 极端拖尾（extreme tailing）存活曲线

为了保持食品的营养和感官品质，通常会采用温和的杀菌方式处理食品，这可能会导致微生物残留。然而，即使经冷等离子体长时间处理，上述模型［公式（3.1）至公式（3.3）］也无法用来准确描述具有大量微生物残留的存活曲线。因此，应采用公式（3.4）等替代模型来对微生物存活曲线进行拟合（Peleg et al.，2005），

$$\lg S(t) = -\frac{k_3 t}{k_4 + t} \tag{3.4}$$

其中k_3和k_4系数取决于处理参数，如杀菌因子的浓度等。在上述模型中，残余存活率的渐近值为$-k_3$，衰减率为$k_3 \times k_4/[k_4+t]^2$。采用上述模型拟合CAPP失活微

生物曲线，结果见图3.1。

原则上，根据上述每个方程都可建立一个动态速率模型。由于微生物的生长会受到许多不确定性因素的影响，如果能够明确每个模型的参数与所有相关因素（如杀菌因子的浓度）的相关性，那么就有可能在动态条件下对微生物数量进行有效预测。然而，如果现有的数据不能对相关性进行有效描述或估计，那么这些模型只能用于描述CAPP处理下微生物的存活曲线。

2.2　冷等离子体处理过程中成分的浓度—存活参数的计算和预测

与使用抗菌剂灭活微生物类似，冷等离子体处理过程中杀菌成分的浓度不是恒定的，而是在整个处理过程中经常发生变化（Corradini和Peleg，2003）。因此，可以推测，冷等离子体处理过程中的微生物存活曲线几乎总是随杀菌成分浓度的变化而变化。杀菌成分浓度的变化影响微生物存活曲线的形状，进而造成微生物存活曲线多表现为非线性。因此，为了获得准确的动力学参数和预测结果，应将最为主要的杀菌成分的生成动力学和微生物失活参数（与杀菌成分浓度有关）纳入建模过程（Corradini和Peleg，2003；Peleg和Penchina，2000；Mendes-Oliveira et al.，2019）。

冷等离子体中活性物质的种类和浓度取决于发生装置的结构、放电功率、放电气体或气体混合物的组成和相对湿度及处理强度等因素（Misra et al.，2019）。除此以外，待处理样品的物理和结构特性也会影响冷等离子体中杀菌成分的浓度（Smet et al.，2018；Song et al.，2009）。例如，在使用DBD等离子体处理样品时，臭氧浓度在固态和液态基质中分别呈单调增加（Mendes-Oliveira et al.，2019）和S形增加（Liao et al.，2018）的变化趋势。利用CAPP灭活接种于苹果汁中的细菌时，过氧化氢和硝酸盐的含量也呈现出了S形变化。深入了解冷等离子体中杀菌成分的变化规律将有助于对冷等离子体失活动力学规律的描述和预测。

如前所述，冷等离子体可通过多种途径杀灭微生物。因此，在研究冷等离子体失活微生物规律时应充分考虑每一种失活机制，这有利于提高预测模型的准确性（Sarangapani et al.，2018），但这种研究难度很大。在实际工作中对主要杀菌成分的研究比较常见（Mendes-Oliveira et al.，2019）。冷等离子体处理过程中所产生活性物质的致死作用一直受到广泛关注。例如，真空等离子体中紫外线的杀菌效果已被广泛报道。一些研究认为大气压冷等离子体中紫外线辐射的杀菌效果较弱（Xiang et al.，2018a；Lackmann et al.，2013；van Impe et al.，2018；Gayan et al.，2014）。冷等离子体处理可造成细胞膜、蛋白质、核酸和脂质发生氧化损伤，这被认为是导致微生物失活的重要原因。因此，冷等离子体对微生物的杀灭作用主要归因于ROS而不是RNS、离子等其他因素，因为RNS和离子等对微生物的失活作用较弱（Perni et al.，2008；Pai et al.，2018）。

假设Weibull模型可用来描述特定微生物的失活动力学曲线，为明确模型参数与杀菌成分浓度的相关性，公式（3.1）可以改写为以下形式：

$$\lg S(t)=\lg\left[\frac{N(t)}{N_0}\right]=-b(C)t^{n(C)} \tag{3.5}$$

其中C是主要杀菌成分的浓度，$b(C)$和$n(C)$是杀菌成分浓度相关的存活动力学参数。由于形状因子n对温度、浓度等的依赖性很弱，因此可以假设n为一个常数（van Boekel，2002和2008）。相反，速率参数$b[C(t)]$的浓度依赖性可以用对数—指数模型来表示，表达式如下：

$$b\left[C(t)\right]=\ln\left\{1+\exp\left[k(C(t)-C_c)\right]\right\} \tag{3.6}$$

其中C_c是处理起始时杀菌成分的浓度，k是$b[C(t)]$的近似斜率，$C(t)$是杀菌成分的形成或生成曲线，可通过实验得到。

由于冷离子体处理过程中杀菌成分浓度不断发生变化，因此必须通过公式（3.7）来计算微生物的存活参数（n、k和C_c）（Peleg和Penchina，2000）：

$$\frac{\mathrm{d}\lg S(t)}{\mathrm{d}t}=-b\left[C(t)\right]n\left\{-\frac{\lg S(t)}{b\left[C(t)\right]}\right\}^{\frac{n-1}{n}}$$

$$=-\ln\left\{1+\exp\left[k\left(C(t)-C_c\right)\right]\right\}n\left\{-\frac{\lg S(t)}{\ln\left\{1+\exp\left[k\left(C(t)-C_c\right)\right]\right\}}\right\}^{\frac{n-1}{n}} \tag{3.7}$$

一旦得到了动力学参数，就可以用它们来拟合或预测冷等离子体对微生物的失活曲线。因此，可以从冷等离子体杀菌处理获得的数据中得到微生物存活参数，在这些数据中，主要杀菌成分的浓度不断发生变化，可以利用这些数据对不同处理的结果进行预测。这种方法以前被用于消毒剂的研究（Corradini和Peleg，2003），最近也被Mendes-Oliveira等（2019）用于冷等离子体杀菌的相关研究中。

2.3 致死和亚致死效应—损伤细胞建模

一些研究表明，根据冷等离子体装置和处理强度的不同，CAPP处理中可以产生活的不可培养状态（VBNC）细胞和亚致死损伤细胞（Schottroff et al.，2018；Rowan et al.，2008；Liao et al.，2017；Fernandez和Thompson，2012）。在冷等离子体处理后，VBNC和亚致死损伤微生物仍然存活于食品中，具有潜在的致病性，从而对人体健康造成严重威胁（Song et al.，2015）。因此，所应用的冷等离子体处理强度对其杀菌效果和处理后微生物的存活情况具有显著影响。由于CAPP处理过程一般较为温和，如果不对处理过程进行适当优化，那么就很容易产生亚致死损伤细胞。

Corradini和Peleg（2007）提出了可用于描述和预测亚致死损伤微生物形成的韦布尔（Weibullian）模型［公式（3.1）］。该模型充分考虑了受损的和完好的微生物，并考虑了上述两类微生物对存活曲线的影响。假设完好存活细胞和死亡细胞的数量遵循Weibullian失活模型，则可以根据这两个值预测在任意给定时间下亚致死性损伤细胞的数量，如公式（3.8）~公式（3.10）所示：

$$S_1(t)=\exp(-b_1t^{n_1}) \tag{3.8}$$

$$S_2(t)=\exp(-b_2t^{n_2}) \tag{3.9}$$

$$S_3(t)=S_1(t)-S_2(t)=\exp(-b_1t^{n_1})-\exp(-b_2t^{n_2}) \tag{3.10}$$

其中b_1和n_1是全部微生物（包括完好细胞和损伤细胞）的存活参数，b_2和n_2仅对应于完好细胞的存活参数，而S_1、S_2和S_3分别表示总细胞、完好细胞和亚致死损伤细胞的数量。

Rowan等（2008）研究证实，上述模型可以有效描述冷等离子体处理过程中亚致死损伤细胞和完全失活细胞的数量。一般来说，考虑受损细胞存在及其数量的模型有助于冷等离子体处理参数的选择和优化，进而提高冷等离子体对微生物的杀灭效能。需要特别指出的是，本章所介绍的模型不涉及微生物细胞修复。可由单细胞实验所获得的概率模型来分析冷等离子体处理过程中微生物的修复情况（Corradini et al.，2010）。

3　结论

大气压冷等离子体对微生物的杀灭效果取决于其所含杀菌因子的协同作用，但杀菌因子的浓度在处理过程中会不断发生变化。每种杀菌因子对大气压冷等离子体失活微生物的贡献程度尚不清楚。此外，大气压冷等离子体装置和操作参数（如不同的放电气体）也会影响各种杀菌因子的作用效果。在今后的研究中，应系统阐明每种杀菌因子的杀菌效果并将其融入失活动力学模型，以提高和扩大失活模型的适用性，从而推动大气压冷等离子体的产业化应用。

参考文献

Albertos, I., Martin-Diana, A.B., Cullen, P.J., Tiwari, B.K., Ojha, K.S., Bourke, P.,Rico, D., 2017. Shelf-life extension of herring (*Clupea harengus*) using in-package atmospheric plasma technology. Innov. Food Sci. Emerg. Technol. 53, 85–91.

Bermudez-Aguirre, D., Corradini, M.G., 2012. Inactivation kinetics of *Salmonella* spp. Under thermal and emerging treatments: a review. Food Res. Int. 45, 700–712.

Bermudez-Aguirre, D., Corradini, M.G., Candogan, K., Barbosa-Canovas, G.V., 2016. High pressure processing in combination with high temperature and other preservation factors. In: Balasubramaniam, V.M., Barbosa-Canovas, G.V., Lelieveld, H.L.M. (Eds.), High Pressure Processing of Food: Principles, Technology and Applications. Springer Science, New York, NY.

Butscher, D., Zimmermann, D., Schuppler, M., von Rohr, P.R., 2016. Plasma inactivationof bacterial endospores on wheat grains and polymeric model substrates in a dielectric barrier discharge. Food Control 60, 636–645.

Calvo, T., Alvarez-Ordonez, A., Prieto, M., Gonzalez-Raurich, M., Lopez, M., 2016. Influence of processing parameters and stress adaptation on the inactivation of *Listeria monocytogenes* by non-thermal atmospheric plasma (NTAP). Food Res. Int. 89, 631–637.

Corradini, M.G., Peleg, M., 2003. A model of microbial survival curves in water treated with a volatile disinfectant. J. Appl. Microbiol. 95, 1268–1276.

Corradini, M.G., Peleg, M., 2007. A Weibullian model for microbial injury and mortality. Int. J. Food Microbiol. 119, 319–328.

Corradini, M.G., Normand, M.D., Peleg, M., 2007. Modeling non-isothermal heat inactivation of microorganisms having biphasic isothermal survival curves. Int. J. Food Microbiol. 116, 391–399.

Corradini, M.G., Normand, M.D., Eisenberg, M., Peleg, M., 2010. Evaluation of a stochastic inactivation model for heat-activated spores of *Bacillus* spp. Appl. Environ. Microbiol. 76,

4402–4412.

Dasan, B.G., Yildirim, T., Boyaci, I.H., 2018. Surface decontamination of eggshells by using non-thermal atmospheric plasma. Int. J. Food Microbiol. 266, 267–273.

Fernandez, A., Thompson, A., 2012. The inactivation of *Salmonella* by cold atmospheric plasma treatment. Food Res. Int. 45, 678–684.

Fröhling, A., Baier, M., Ehlbeck, J., Knorr, D., Schlüter, O., 2012. Atmospheric pressure plasma treatment of *Listeria innocua* and *Escherichia coli* at polysaccharide surfaces: Modeling microbial inactivation kinetics and flow cytometric characterization. Innov. Food Sci. Emerg. Technol. 13, 142–150.

Gavahian, M., Chu, Y.H., Khaneghah, A.M., Barba, F.J., Misra, N.N., 2018. A critical analysis of the cold plasma induced lipid oxidation in foods. Trends Food Sci. Technol.77, 32–41.

Gayan, E., Condon, S., Alvarez, S., 2014. Biological aspects in food preservation by ultraviolet light: a review. Food Bioprocess Technol. 7, 1–20.

Huang, Y.H., Ye, X.F.P., Doona, C.J., Feeherry, F.E., Radosevich, M., Wang, S.Q., 2019. An investigation of inactivation mechanisms of *Bacillus amyloliquefaciens* spores in nonthermal plasma of ambient air. J. Sci. Food Agric. 99, 368–378.

Kilonzo-Nthenge, A., Liu, S.Q., Yannam, S., Patras, A., 2018. Atmospheric cold plasma inactivation of *Salmonella* and *Escherichia coli* on the surface of Golden delicious apples. Front. Nutr. 5, 120.

Kim, J.H., Min, S.C., 2018. Moisture vaporization-combined helium dielectric barrier discharge-cold plasma treatment for microbial decontamination of onion flakes. Food Control 84, 321–329.

Kim, J.E., Lee, D.U., Min, S.C., 2014. Microbial decontamination of red pepper powder by cold plasma. Food Microbiol. 38, 128–136.

Lackmann, J.W., Schneider, S., Edengeiser, E., Jarzina, F., Brinckmann, S., Steinborn, E., Havenith, M., Benedikt, J., Bandow, J.E., 2013. Photons and particles emitted from cold atmospheric-pressure plasma inactivate bacteria and biomolecules independently and synergistically. J. R. Soc. Interface 10(89), 20130591.

Lacombe, A., Niemira, B.A., Gurtler, J.B., Sites, J., Boyd, G., Kingsley, D.H., Li, X.H., Chen, H.Q., 2017. Nonthermal inactivation of norovirus surrogates on blueberries using atmospheric cold plasma. Food Microbiol. 63, 1–5.

Lee, H., Kim, J.E., Chung, M.S., Min, S.C., 2015. Cold plasma treatment for the microbiological safety of cabbage, lettuce, and dried figs. Food Microbiol. 51, 74–80.

Lee, T., Puligundla, P., Mok, C., 2017. Corona discharge plasma jet inactivates food-borne pathogens adsorbed onto packaging material surfaces. Packag. Technol. Sci. 30, 681–690.

Liao, X.Y., Xiang, Q.S., Liu, D.H., Chen, S.G., Ye, X.Q., Ding, T., 2017. Lethal and sublethal effect of a dielectric barrier discharge atmospheric cold plasma on *Staphylococcus aureus*. J. Food Prot. 80, 928–932.

Liao, X.Y., Li, J., Muhammad, A.I., Suo, Y.J., Chen, S.G., Ye, X.Q., Liu, D.H., Ding, T., 2018. Application of a dielectric barrier discharge atmospheric cold plasma (Dbd-Acp) for *Escherichia coli* inactivation in apple juice. J. Food Sci. 83, 401–408.

Lopes, R.P., Mota, M.J., Gomes, A.M., Delgadillo, I., Saraiva, J.A., 2018. Application of high pressure with homogenization, temperature, carbon dioxide, and cold plasma for the inactivation of bacterial spores: a review. Compr. Rev. Food Sci. Food Saf. 17, 532–555.

McKellar, R.C., Lu, X., 2003. Modeling Microbial Responses in Food. CRC Press, Boca Raton, FL.

Mendes-Oliveira, G., Jensen, J.L., Keener, K.M., Campanella, O.H., 2019. Modeling the inactivation of *Bacillus subtilis* spores during cold plasma sterilization. Innov. Food Sci. Emerg. Technol. 52, 334–342.

Misra, N.N., Tiwari, B.K., Raghavarao, K.S.M.S., Cullen, P.J., 2011. Nonthermal plasma inactivation of food-borne pathogens. Food Eng. Rev. 3, 159–170.

Misra, N.N., Yepez, X., Xu, L., Keener, K., 2019. In-package cold plasma technologies. J. Food Eng. 244, 21–31.

Mosovska, S., Medvecka, V., Halaszova, N., Durina, P., Valik, L., Mikulajova, A., Zahoranova, A., 2018. Cold atmospheric pressure ambient air plasma inhibition of pathogenic bacteria on the surface of black pepper. Food Res. Int. 106, 862–869.

Pai, K., Timmons, C., Roehm, K.D., Ngo, A., Narayanan, S.S., Ramachandran, A., Jacob, J.D., Ma, L.M., Madihally, S.V., 2018. Investigation of the roles of plasma species generated by surface dielectric barrier discharge. Sci. Rep. 8. 16674.

Pankaj, S.K., Keener, K.M., 2017. Cold plasma: background, applications and current trends. Curr. Opin. Food Sci. 16, 49–52.

Pankaj, S.K., Wan, Z.F., Keener, K.M., 2018. Effects of cold plasma on food quality: a review. Foods 7, 4.

Peleg, M., 2006. Advanced Quantitative Microbiology for Foods and Biosystems: Models for

Predicting Growth and Inactivation. CRC Press, Boca Raton, FL.

Peleg, M., Penchina, C.M., 2000. Modeling microbial survival during exposure to a lethal agent with varying intensity. Crit. Rev. Food Sci. Nutr. 40, 159–172.

Peleg, M., Normand, M.D., Corradini, M.G., 2005. Generating microbial survival curves during thermal processing in real time. J. Appl. Microbiol. 98, 406–417.

Perni, S., Liu, D., Shama, G., Kong, M.G., 2008. Cold atmospheric plasma decontamination of the pericarps of fruit. J. Food Prot. 71, 302–308.

Prasad, P., Mehta, D., Bonsal, V., Sangwan, R.S., 2017. Effect of atmospheric cold plasma (ACP) with its extended storage on the inactivation of *Escherichia coli* inoculated on tomato. Food Res. Int. 102, 402–408.

Rod, S.K., Hansen, F., Leipold, F., Knochel, S., 2012. Cold atmospheric pressure plasma treatment of ready-to-eat meat: inactivation of *Listeria innocua* and changes in product quality. Food Microbiol. 30, 233–238.

Rossow, M., Ludewig, M., Braun, P.G., 2018. Effect of cold atmospheric pressure plasmatreatment on inactivation of *Campylobacter jejuni* on chicken skin and breast fillet. LWT–Food Sci. Technol. 91, 265–270.

Roth, S., Feichtinger, J., Hertel, C., 2010. Characterization of *Bacillus subtilis* spore inactivation in low-pressure, low-temperature gas plasma sterilization processes. J. Appl. Microbiol. 108, 521–531.

Rowan, N.J., Espie, S., Harrower, J., Farrell, H., Marsili, L., Anderson, J.G., Macgregor, S.J., 2008. Evidence of lethal and sublethal injury in food-borne bacterial pathogens exposed to high-intensity pulsed-plasma gas discharges. Lett. Appl. Microbiol. 46, 80–86.

Santos, L.C.O., Cubas, A.L.V., Moecke, E.H.S., Ribeiro, D.H.B., Amante, E.R., 2018. Use of cold plasma to inactivate *Escherichia coli* and physicochemical evaluation in pumpkin puree. J. Food Prot. 81, 1897–1905.

Sarangapani, C., Keogh, D.R., Dunne, J., Bourke, P., Cullen, P.J., 2017. Characterisation of cold plasma treated beef and dairy lipids using spectroscopic and chromatographic methods. Food Chem. 235, 324–333.

Sarangapani, C., Patange, A., Bourke, P., Keener, K., Cullen, P.J., 2018. Recent advances in the application of cold plasma technology in foods. Annu. Rev. Food Sci. Technol. 9, 609–629.

Schottroff, F., Fröhling, A., Zunabovic-Pichler, M., Krottenthaler, A., Schlüter, O., Jager, H., 2018.

Sublethal injury and viable but non-culturable (VBNC) state in microorganisms during preservation of food and biological materials by non-thermal processes. Front. Microbiol. 9, 2773.

Schweitzer, C., Schmidt, R., 2003. Physical mechanisms of generation and deactivation of singlet oxygen. Chem. Rev. 103, 1685–1758.

Smet, C., Baka, M., Dickenson, A., Walsh, J.L., Valdramidis, V.P., van Impe, J.F., 2018. Antimicrobial efficacy of cold atmospheric plasma for different intrinsic and extrinsic parameters. Plasma Process. Polym. 15(2), 1700048.

Song, H.P., Kim, B., Choe, J.H., Jung, S., Moon, S.Y., Choe, W., Jo, C., 2009. Evaluation of atmospheric pressure plasma to improve the safety of sliced cheese and ham inoculated by 3-strain cocktail *Listeria monocytogenes*. Food Microbiol. 26, 432–436.

Song, A.Y., Oh, Y.J., Kim, J.E., Bin Song, K., Oh, D.H., Min, S.C., 2015. Cold plasma treatment for microbial safety and preservation of fresh lettuce. Food Sci. Biotechnol. 24, 1717–1724.

Szili, E.J., Hong, S.H., Oh, J.S., Gaur, N., Short, R.D., 2018. Tracking the penetration of plasma reactive species in tissue models. Trends Biotechnol. 36, 594–602.

Tanino, T., Arisaka, T., Iguchi, Y., Matsui, M., Ohshima, T., 2019. Inactivation of *Aspergillu* ssp. spores on whole black peppers by nonthermal plasma and quality evaluation of the treated peppers. Food Control 97, 94–99.

Thirumdas, R., Sarangapani, C., Annapure, U.S., 2015. Cold plasma: a novel non-thermal technology for food processing. Food Biophysics 10, 1–11.

van Boekel, M.A.J.S., 2002. On the use of the Weibull model to describe thermal inactivation of microbial vegetative cells. Int. J. Food Microbiol. 74, 139–159.

van Boekel, M.A.J.S., 2008. Kinetic modeling of food quality: a critical review. Compr. Rev. Food Sci. Food Saf. 7, 144–158.

van Impe, J., Smet, C., Tiwari, B., Greiner, R., Ojha, S., Stulic, V., Vukusic, T., Jambrak, A.R., 2018. State of the art of nonthermal and thermal processing for inactivation of micro-organisms. J. Appl. Microbiol. 125, 16–35.

Wang, Y., Wang, T.C., Yuan, Y.H., Fan, Y.J., Guo, K.Q., Yue, T.L., 2018. Inactivation of yeast in apple juice using gas-phase surface discharge plasma treatment with a spray reactor. LWT–Food Sci. Technol. 97, 530–536.

Waskow, A., Betschart, J., Butscher, D., Oberbossel, G., Kloti, D., Buttner-Mainik, A., Adamcik, J., von Rohr, P.R., Schuppler, M., 2018. Characterization of efficiency and mechanisms of cold atmospheric pressure plasma decontamination of seeds for sprout production. Front. Microbiol. 9, 3164.

Xiang, Q.S., Liu, X.F., Li, J.G., Ding, T., Zhang, H., Zhang, X.S., Bai, Y.H., 2018a. Influences of cold atmospheric plasma on microbial safety, physicochemical and sensorial qualities of meat products. J. Food Sci. Technol. Mysore 55, 846–857.

Xiang, Q.S., Liu, X.F., Li, J.G., Liu, S.N., Zhang, H., Bai, Y.H., 2018b. Effects of dielectric barrier discharge plasma on the inactivation of *Zygosaccharomyces rouxii* and quality of apple juice. Food Chem. 254, 201–207.

Yamashiro, R., Misawa, T., Sakudo, A., 2018. Key role of singlet oxygen and peroxynitrite in viral RNA damage during virucidal effect of plasma torch on feline calicivirus. Sci. Rep. 8, 17947.

Zahoranova, A., Hoppanova, L., Simoncicova, J., Tuekova, Z., Medvecka, V.,Hudecova, D., Kalinakova, B., Kovacik, D., Cernak, M., 2018. Effect of cold atmospheric pressure plasma on maize seeds: enhancement of seedlings growth and surface microorganisms inactivation. Plasma Chem. Plasma Process. 38, 969–988.

进一步阅读材料

Park, S.Y., Ha, S.D., 2018. Assessment of cold oxygen plasma technology for the inactivation of major foodborne viruses on stainless steel. J. Food Eng. 223, 42–45.

第4章
冷等离子体控制食品和食品加工环境中的生物被膜

1 引言

绝大多数细菌都能在特定条件下形成生物被膜（biofilms），有利于其在不良环境下的生存。生物被膜可以存在于大多数天然和人造材料表面。生物被膜高度结构化和群落化，细胞间存在着复杂的交流与合作，有点类似一些结构简单的多细胞生物。

与处于浮游状态的微生物相比，生物被膜中的细胞受到胞外基质等的保护，因此通常对抗生素和其他消毒方法具有更高的抗性。有研究证实，生物被膜中细胞的基因表达也发生了一些变化，进一步增强了其对环境胁迫的抵抗力。

生物被膜不仅会直接污染食品，还会污染食品加工环境（如食物准备区），从而给食品工业造成严重安全问题。与食品相关的能够形成生物被膜的微生物主要包括食源性致腐菌和食源性致病菌。能够形成生物被膜的食源性致腐菌主要包括假单胞菌（*Pseudomonas* spp.）和一些能够形成芽孢的细菌；能够形成生物被膜的食源性致病菌主要包括大肠杆菌（*Escherichia coli*）、单增李斯特菌（*Listeria monocytogenes*）、蜡样芽孢杆菌（*Bacillus cereus*）、空肠弯曲杆菌（*Campylobacter jejuni*）、沙门氏菌（*Salmonella* spp.）、霍乱弧菌（*Vibrio cholerae*）和阪崎克罗诺杆菌（*Chronobacter sakazakii*）等（Burgess et al.，2010；Hartmann et al.，2010；Poulsen，1999；Sommer et al.，1999）。

由于生物被膜可导致食品污染并导致消费者罹患食源性疾病，因此需要采取可靠有效的方法来防止生物被膜附着或破坏已形成的生物被膜，从而保障食品安全。需要特别指出的是，生物被膜控制技术和方法应较为温和，以尽量避免对食品的色泽、质地和营养成分等指标造成不良影响。

大气压冷等离子体（cold atmospheric-pressure plasma，CAP）是一种电离气体，作为一种新型、安全的替代方法而广泛被用于杀灭食品和食品环境中的微生物被膜。一般可采用电场电离气体来产生CAP，这种方法所产生的CAP含有大量的带电粒子、紫外线、电子和活性化学物质（如活性氧和活性氮）等成分，这些成分均具有一定的杀菌作用。

目前，冷等离子体可通过三种方式抑制生物被膜黏附或失活成熟的生物被膜。首先，冷等离子体可被看作一种物理消毒剂，能够直接破坏生物被膜的结构；其次，经冷等离子体处理后，材料表面特性发生明显变化，进而改变了微生物细胞的黏附行为并抑制材料表面生物被膜的形成；最后，冷等离子体处理液体会产生等离子体活化水（plasma-activated water，PAW），可以用作食品和食品加工设备表面清洗的消毒剂。

本章将讨论重要食源性致病菌生物被膜的形成过程及使用冷等离子体技术防控食品、食品生产加工环境中生物被膜领域的最新研究进展。

2　大气压冷等离子体（CAP）

等离子体是继固态、液态、气态之后的物质存在的第四种形态，常用于产生等离子体的气体包括氩气、氦气、氮气、氧气或空气。在常温和常压条件下，在两个电极之间通入气体，当外加电压达到击穿电压时，气体分子被电离，产生电子、离子、自由基、原子及紫外光子等物质，即为大气压冷等离子体。待处理的样品可放置在电极之间，与冷等离子体直接接触和处理；此外，待处理样品也可放置在电极之外的区域，从而进行间接处理（Niemira和Sites，2008）。

CAP可产生一系列活性化学物质，包括活性氧氮（reactive oxygen and nitrogen species，RONS）、激发态分子和紫外光子等。上述活性化学物质在大气压冷等离子体杀灭细菌（Mai-Prochnow et al.，2014）、肿瘤细胞（Ishaq et al.，2014）、真菌（Fricke et al.，2012；Klampfl et al.，2012）、芽孢（Venzia et al.，2008）、寄生虫（Ermolaeva et al.，2012）以及噬菌体和病毒（Alshraiedeh et al.，2013；Zimmermann et al.，2011）过程中发挥了重要的作用。冷等离子体中的确切成分取决于其产生条件，如放电气体、电压、湿度和周围环境等。冷等离子体的杀菌作用机制较为复杂，目前尚未完全阐明（Mai-Prochnow et al.，2014），不过一般认为RONS和紫外线在冷等离子体杀灭微生物过程中发挥了重要的作用（Graves，2012；Niemira，2012a）。

大气压冷等离子体是一种比较温和的杀菌方法，不会产生明显的热效应以及刺激性强的化学物质，同时在处理后的产品上也不会造成任何物质的残留。因此，大量研究将CAP技术应用于食品等热敏性产品的杀菌处理。需要注意的是，当大气压冷等离子体技术用于食品杀菌时，必须系统评价其对食品感官和营养品质的影响规律。

3 生物被膜的形成

3.1 黏附和成熟

生物被膜的形成过程非常复杂，是一个动态循环过程，主要包括细胞黏附（A）、细胞增殖（B）、成熟和分化（C）、凹陷微菌落形成（D）及细菌脱落与再定殖等过程（E）（图4.1）。生物被膜形成的第一步是细菌黏附到载体表面或气-液界面。在外力（如液体流动）或细胞自主运动（如大肠杆菌通过鞭毛进行运动）的作用下，细菌运动到载体表面，发生接触并黏附到材料表面（Characklis，1981；van Loodsrecht et al.，1990）。在上述过程中，一部分微生物细胞还可以重新进入浮游状态，因此细胞的黏附通常是一个可逆的过程。

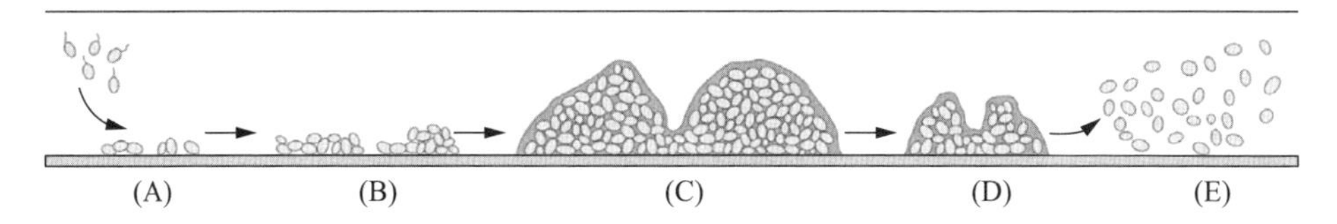

图4.1 生物被膜的形成。（A）细胞黏附、（B）细胞增殖、（C）成熟和分化、（D）凹陷微菌落形成、（E）细菌脱落与再定殖

有很多因素会影响细胞在载体表面的黏附，主要包括载体表面结构、细菌所处环境（如水分含量、pH、氧化还原电位和温度）以及细菌的生物学特性（如运动性）等（Davey和O'Toole，2000）。一些研究考查了液体流动对细菌起始黏附过程的影响（Rijnaart et al.，1993；Zhang et al.，2011）。有趣的是，Rijnaart等（1993）发现液体流速越高，表面沉积的细菌就越多。

在多数情况下，细胞黏附还取决于细菌的运动性（具有鞭毛的细菌等）。通常来说，细菌自身运动调节影响其在载体表面的黏附（Blair et al.，2008）。对于弯曲杆菌（*Campylobacter*）和沙门氏菌（*Salmonella*）等常见食源性致病菌，其生物被膜形成能力与运动能力呈正相关（Wang et al.，2013），而大肠杆菌O157（*E. coli* O157）或单增李斯特菌（*L. monocytogenes*）就不存在上述相关性（Di Bonaventura et al.，2008；Goulter et al.，2010）。

此外，除了其运动能力外，细菌的其他生物学特性也显著影响其在载体表面的黏附。例如，Ramsey和Whiteley（2004）发现了不依赖于运动能力的黏附缺陷型铜绿假单胞菌（*Pseudomonas aeruginosa*）突变体。由于感知外界刺激的相关基因被敲除，上述铜绿假单胞菌突变体具有正常的运动能力，但丧失了黏附能力。以上研究结果表明外部环境因素也影响生物被膜的形成（Ramsey和Whiteley，2004）。此外，细菌细胞外膜的重要组成成分脂多糖（Lipopolysaccharide，LPS）在铜绿假单胞菌（Davey和O'Toole，2000）以及大肠杆菌（Genevaux et al.，1999）的表面黏附过程中也发挥了重要作用。另有研究证实，胞外多糖（Exopolysaccharide，EPS）也会影响细菌的起始黏附，其过量生成能够抑制大肠杆菌O157:H7在不锈钢片表面的黏附（Ryu et al.，2004）。

起始黏附是影响生物被膜形成的重要因素。系统了解促使细菌附着于食品表面或食品环境表面的因素将有助于生物被膜的控制研究。例如，通过适当对物体进行表面改性处理可抑制细菌的黏附。一般来说，生物被膜一旦在材料表面形成，就很难被清除掉。

起始黏附后，微生物细胞就会不可逆地附着于载体表面并逐渐形成菌落。细胞间的信息交流在生物被膜形成过程中发挥了重要作用，同时也影响了生物被膜的结构。生物被膜的空间结构使细胞处于异质状态，也就是说生物被膜结构具有异质性，这似乎与生物被膜的功能特性有关（Sala et al.，2015）。有研究发现，不同生物被膜的结构和厚度受微生物种类、载体表面粗糙度及环境中营养成分等因素的影响（Sala et al.，2015）。

3.2　生物被膜的调节和扩散

生物被膜形成的最后一步是扩散。在扩散阶段，一定数量的细菌从生物被膜中分离出来并恢复为浮游状态或以微聚集物的形式存在，这对于细菌的传播和再定殖尤为重要（Piriou et al.，1997；Walker et al.，1995）。因此，许多学者致力于生物被膜扩散过程的研究，重点研究生物被膜形成的调控方式。系统揭示生物被膜中细菌的传播和扩散过程可为生物被膜的控制研究提供新的思路。

通常，液体流速升高所造成的剪切力会导致部分生物被膜脱落（Stoodley et al.，2001，2002）。除了外界环境所造成的被动脱落外，当外界环境条件发生恶化时，细菌还可以主动从生物被膜中扩散出来。在各类细菌扩散中起调节作用的主要是细菌产生的特定细胞表面分子和调节元件以及环境中的营养素。例如，营养物质的可获得性（Sauer et al.，2004）、群体感应（Rice et al.，2005）、内源酶的产生（Boyd和Chakrabarty，1994；Kaplan et al.，2004）、表面活性剂（Boles et al.，2005）和噬菌体（Hui et al.，2014；Webb et al.，2003；MaiProchnow et al.，2015b）等都被证实参与调控生物被膜的扩散行为。

最近，Bénézech和Faille（2018）研究了机械作用（剪应力）和化学作用（NaOH）对中试规模清洗过程中荧光假单胞菌（*Pseudomonas fluorescens*）生物被膜去除动力学的影响。该研究提出了一种生物被膜两相去除模型，首先是在机械和化学作用下去除生物被膜基质和细胞聚集体，其次是缓慢去除残留的单细胞和小聚集体。有趣的是，与载体表面直接接触的微生物细胞对化学清洗具有较强的抵抗力（Bénézech和Faille，2018）。还有研究表明，脱氧核糖核酸酶和蛋白酶K均能有效去除塑料或不锈钢表面上形成的单增李斯特菌（*L. monocytogenes*）生物被膜（Nguyen和Burrow，2014）。

在生物被膜形成的过程中，微生物的基因表达会发生明显变化，而基因表达变化通常由被称为群体感应的细胞间信号系统来调节（Fuqua et al.，1994；Swift et al.，2001）。在一个微生物群体中，细胞可以通过一些小分子物质来感知细胞密度和数量，这些信号分子可以自由地跨过细胞膜扩散到细胞之间。当达到一定的种群密度时，细胞会产生足够多的信号分子，此时细胞就会利用一种自动诱导的正反馈机制来诱导某些基因表达，以应对特殊环境或种群分化（Kjelleberg和Molin，2002）。

环鸟苷二磷酸（c-di-GMP）是一种广泛存在于细菌中的新型第二信使，也参与调节生物被膜的形成，特别是在由浮游状态转变为定殖状态的过程中发挥了重要作用。C-di-GMP由二鸟苷酸环化酶（Diguanylate cyclase，DGC）催化合成，由磷酸二酯酶（Phosphodiesterase，PDE）催化水解（Simm et al.，2004）。研究人员在许多细菌中都发现了具有DGC和PDE活性的蛋白质，并对其在生物被膜发育中的作用进行了系统研究（Romling et al.，2005）。

了解上述信号系统在微生物生物被膜形成中的作用，研究冷等离子体对这些细胞间信息传递机制的影响，对生物被膜的控制研究具有重要的指导意义。

4　食品和食品环境中的生物被膜

据联合国粮食及农业组织（Food and Agriculture Organization of the United Nations，FAO）统计，每年约有13亿吨食品因变质而被浪费掉（Gustavsson et al.，2011）。此外，据世界卫生组织（World Health Organization）报告，全球每年约有6亿人因食用受到细菌、病毒、寄生虫等污染的食物而患病，其中约有42万人死亡（WHO，2015）。

生物被膜的形成是造成食品污染的重要因素之一（Shi和Zhu，2009）。生物被膜可以直接生长在食品和食品加工环境表面。然而，相关研究多集中于单一菌株形成的生物被膜，没有考虑到食品实际生产过程中生物被膜的复杂性，例如有的生物被膜由一种以上的细菌菌株/物种和/或其他物质（如由于清洗不充分而可能残留在食品准备区的蛋白质或脂肪）组成。在多物种所形成的生物被膜中，各个物种之间存在着合作、竞争等复杂的互作关系，并且常常因共存物种的不同而展现出不同的生长特性（Da Silva Fernandes et al.，2015；Mai-Prochnow et al.，2016）。此外，多物种所形成的生物被膜对抗菌剂也会表现出不同的抵抗性（Mai-Prochnow et al.，2016；van der Veen和Abee，2011；Zameer和Gopal，2010）。

在研究生物被膜时，除了要考虑多种微生物共存造成的影响外，还必须考虑黏附基质和环境条件的影响。由于食品加工操作方法、可能存在的天然微生物种群以及所加工的食品类型多种多样，因此食品加工环境存在很大差异，进而会影响生物被膜的形成。

4.1　食品中有利和有害的生物被膜

大量研究表明，致病菌生物被膜的形成可能会引发食源性疾病。下面将详细论述两种主要食源性致病菌空肠弯曲杆菌（*C. jejuni*）和单增李斯特菌（*L. monocytogenes*）生物被膜的形成（见第4.2和第4.3节）。然而，一些微生物代谢产生的副产物可以用来提高食品的价值，发酵就是一个典型例子。在无氧条件下，细菌或酵母可利用糖来生产乳酸、丁醇或乙醇。研究表明，固定化微生物的发酵效果更好，产量更高。微生物细胞可以主动固定于聚合物基质上，也可以通过共价键结合于载体表面（Shuler和Kargi，2002），还可以通过形成生物被膜而固定于载体表面。

生物被膜通常是生物反应器的首选，因为生物被膜可为微生物提供一个相对稳定的生存环境，从而提高微生物的生产性能。例如，Demirci等（1997）研究发现，与间歇式反应器相比，在连续式生物被膜反应器中培养的酵母具有更高的乙醇耐受性，同时乙醇产量也得到提高。同样，相对于搅拌槽式反应器，生物被膜反应器中醋酸、乳酸或富马酸等有机酸的产量也有所提高（Horiuchi et al.，2000；Cao et al.，1997）。综上所述，采用生物被膜培养微生物能够提高乙醇等发酵产品的产量，并具有可重复使用且对微生物活性影响较小等优点。

此外，水果和蔬菜表面也存在很多天然的生物被膜。例如，植物根部存在一些有益的生物被膜，能够促进根际养分的循环，同时还能够保护植物免受病虫害的侵袭，从而提高作物产量（Morikawa，2006）。有益生物被膜的另一个例子与奶酪有关。研究发现，存在于奶酪皮表面的生物被膜能够影响奶酪特有风味和品质的形成。因此，在奶酪加工过程中，一般会通过添加发酵剂或在生产环境引入细菌和真菌生物被膜。一旦在奶酪表面形成了有益的生物被膜，就可以防止其他潜在致病菌在奶酪表面的生长繁殖（Guillier et al.，2008；Winkelstroeter et al.，2015）。

4.2 空肠弯曲杆菌（*Campylobacter jejuni*）

弯曲杆菌属（*Campylobacter*）是一类革兰氏阴性细菌，具有单个或双极鞭毛，不形成芽孢，微需氧，呈弯曲或螺旋杆状（Skirrow，1990）。弯曲杆菌属细菌大小约为（0.2~0.5）μm×（0.5~5）μm（Kline，1948）。空肠弯曲杆菌（*C. jejuni*）被认为是导致人类细菌性胃肠炎的主要原因之一，发病率约为14.3/10万，约占所有人类弯曲杆菌病病例的90%（Gilliss et al.，2013）。病原体主要来自处理不当或未煮熟的家禽产品（Friedman et al.，2004），此外还包括生牛奶或未经巴氏杀菌的牛奶（Wood et al.，1992）、生鲜农产品（Gardner et al.，2011）和发展中国家受污染的饮用水等（Rao et al.，2001）。

空肠弯曲杆菌能够直接在食品中形成生物被膜，但一些研究从食品接触材料表面也分离到了空肠弯曲杆菌。Joshua等（2006）研究表明，空肠弯曲杆菌能够形成不同类型的生物被膜，包括（a）黏附于材料表面的生物被膜，（b）未附着于表面的絮状细菌聚集体和（c）存在于气-液相界面的呈未附着状态的生物被膜。空肠弯曲杆菌上述不同的群落生长模式可有效抵抗环境胁迫，从而导致弯曲杆菌病的发生。此外，有研究表明，亚致死浓度抗菌剂能够显著影响弯曲杆菌所形成生物被膜的结构（Techaruvichit et al.，2016）。

Teh等（2010）对比研究了20种空肠弯曲杆菌的生物被膜形成能力，发现大多数菌株很容易在供试载体表面形成生物被膜。然而，不同空肠弯曲菌株的生物被膜形成能力和所形成生物被膜的形态存在较大差异。有趣的是，空肠弯曲杆菌的致病性和生物被膜形成能力之间没有明显的相关性（Reeser et al.，2007）。

此外，还有多项研究探索了空肠弯曲杆菌与食品工业中常见的其他微生物共同形成生物被膜（即混合菌生物被膜）的能力。混合菌生物被膜会导致物种间和物种内的相互作用，进而影响生物被膜群落中特定微生物的活性。Ica等（2012）发现，与单菌种生物被膜相比，在含有铜绿假单胞菌（*P. aeruginosa*）的混合菌生物被膜中培养的空肠弯曲杆菌活力更强，能够承受更强的流体剪切力并能够在可培养的生理状态下存活更长时间。

随着弯曲杆菌耐药性的增强和发病率的升高，建立安全、可靠的方法来控制食品加工环境中的弯曲杆菌对于保障食品安全具有重要意义。目前已经开展了应用大气压冷等离子体灭活空肠弯曲杆菌的相关研究，具体将在第5.1.1节展开讨论。

4.3　单增李斯特菌（*Listeria monocytogenes*）

单增李斯特菌（*L. monocytogenes*）是属于厚壁菌门李斯特菌属的革兰氏阳性短杆菌，兼性厌氧，无芽孢，能够在低温、高盐和低氧条件下生长，大小为（0.4~0.5）μm×（0.5~2.0）μm（Kline，1948）。单增李斯特菌广泛存在于动物、土壤、植物和水源中，在食品加工单元的地面、排水管道和潮湿区域中也常有检出。单增李斯特菌感染是李斯特菌病的病因。尽管在健康成年人群中发病率较低，但单增李斯特菌能够穿透宿主的关键保护屏障（如肠道、胎盘屏障和血脑屏障），当孕妇感染时会对胎儿造成严重危害，免疫功能低下人群也易感染单增李斯特菌，死亡率较高（Schuchat et al.，1991）。

研究表明，单增李斯特菌广泛存在于食品加工环境中，如加工设备在内的各种接触材料表面（Ferreira et al.，2014）。单增李斯特菌对环境胁迫的抵抗性较强，这与其能够形成生物被膜、耐药性强、低温环境适应能力强和对噬菌体抵抗力强等因素有关。

单增李斯特菌形成生物被膜的能力受多种因素的影响，主要包括血清型、基因型和菌株来源，但也取决于pH、基质类型、营养成分、温度以及其他菌种等环境条件的影响（Folsom et al.，2006；Mraz et al.，2011；Kadam et al.，2013）。对于一些单增李斯特菌，起始黏附在3~5 s内即可发生（Takhistov和George，2004）。据Pilchova等（2014）研究报道，单增李斯特菌初始生物被膜的形成过程可分为四步：①细胞簇形成，细胞开始黏附；②细胞分裂导致分支延长；③分支连接形成开放几何形状；④蜂窝状结构形成。黏附细胞初级结构的形成对复杂生物被膜的形成至关重要。研究表明，初始黏附会受到环境条件的影响，从而阻止更复杂、耐药性更强的生物被膜结构的形成。随着初始2D结构的形成，会进一步形成一种更为复杂的具有交换营养物质以及排泄代谢产物和废物孔道的3D结构（Rieu et al.，2008）。

最近的一项研究鉴定了与低温适应单增李斯特菌生物被膜形成有关的基因，检测到了生物被膜形成能力增强的突变体。在这类突变体中，与细胞壁生物合成、细菌运动性、新陈代谢、胁迫应激以及细胞表面蛋白有关的编码基因发生了突变。而在生物被膜形成能力减弱的突变体中，编码肽聚糖、磷壁酸或脂蛋白的相关基因发生了突变（Piercey et al.，2016）。

由于单增李斯特菌对常规表面消毒和杀菌方法具有较强的抵抗力，因此是冷等离子体杀菌技术的理想研究对象。目前已经开展了多项大气压冷等离子体杀灭食品和食品加工环境表面单增李斯特菌的相关研究报道，详见第5.1.1节。

5 冷等离子体对微生物细胞和生物被膜的影响

目前，大多数关于冷等离子体杀菌效果的研究多集中于浮游微生物细胞。然而，众所周知，生物被膜中附着的微生物对杀菌剂和传统消毒方法具有更强的抵抗力，因此需要采用特殊的方法来控制生物被膜（Costerton et al.，1999）。已有研究表明，生物被膜细菌具有较强的环境抗性，这可能与其细胞代谢、胞外基质、氧化应激响应、差异基因或蛋白质表达及形成持留菌等有关，但相关机制尚未得到完全阐明（Hoiby et al.，2010；Lewis，2001；Seneviratne et al.，2012）。由于生物被膜具有更强的抗逆性，因此与同一物种的浮游细胞相比，需要更长的时间才能杀灭生物被膜（Joaquin et al.，2009；Mai-Prochnow et al.，2016；Jahid et al.，2014）。

目前主要通过抑制生物被膜形成或清除材料表面附着的微生物细胞两个途径来控制生物被膜。通过改变材料表面特性可以有效抑制其表面微生物的黏附和生物被膜的形成，详见第5.2节。

冷等离子体杀菌是一种物理方法，可以作用于胞外聚合物（Extracellular polymeric substances，EPS，详见第5.1.2节），也可以产生活性物质而改变微生物细胞的微环境。EPS是在一定条件下由微生物分泌到细胞外的一些高分子聚合物，主要包括蛋白质、多糖和DNA等。EPS具有维持生物被膜结构以及保护生物被膜内部微生物的双重功能（Branda et al.,2005）。在细胞开始黏附并形成生物被膜后，可以通过物理方法降解EPS、破坏细胞微环境（低pH或缺氧）和微生物间相互作用（多物种生物被膜中）及清除休眠细胞等多种途径来失活生物被膜（Koo et al., 2017）。

Chen等（2014）构建了一个冷等离子体-生物被膜渗透模型，通过研究发现冷等离子体对生物被膜的穿透作用取决于冷等离子体中起主要抗菌作用的活性物质。模拟分析表明，冷等离子体对生物被膜的渗透深度可达50 μm。

Ferrell等（2013）研究了冷等离子体处理对铜绿假单胞菌（*P. aeruginosa*）和金黄色葡萄球菌（*Staphylococcus aureus*）生物被膜结构的影响。结果表明，经冷等离子体（放电气体为空气）处理30 s~2 min后，铜绿假单胞菌和金黄色葡萄球菌生物被膜的厚度、体积、粗糙度和孔隙率等指标均发生了显著变化。作者还指出，生物被膜发育所处阶段（比如起始黏附阶段或微菌落成熟阶段）并不会显著影响冷等离子体对细菌生物被膜的杀灭效果。此前，Joaquin等（2009）的研究表明，暴露于冷等离子体后，生物被膜结构被破坏，微生物细胞变得更为分散。

一些研究评价了冷等离子体对医疗领域或环境领域中细菌生物被膜的清除作用。上述研究多集中于微生物细胞与不锈钢、玻璃和塑料等惰性材料表面的相互作用。然而，微生物也极易黏附于食品表面。因此，研究食品微生物杀灭方法时，需考虑微生物与所附着食品表面之间的相互作用（Molha et al., 2004）。需要指出的是，微生物与食品表面的相互作用极为复杂。类似于非生物表面，微生物也可能黏附于食品表面并在加工过程中保持黏附状态。同时，食品也可能会为黏附在其表面的微生物提供营养，从而促进微生物细胞生长和生物被膜的形成。生物被膜形成后，EPS作为生物被膜外部的天然屏障，可以保护生物被膜内部细胞免受杀菌处理造成的损伤和破坏。

5.1 冷等离子体对微生物细胞的影响

最近，Lunov等（2016）认为冷等离子体能够诱导细菌发生细胞程序性死亡（programmed cell death，PCD）或引发细菌细胞的物理性损伤，这取决于冷等离子体放电的电压及处理强度等因素。一般来说，冷等离子体主要通过以下3种途径失活细菌（Moisan et al., 2002）（图4.2）：①增加细胞膜或细胞壁的通透性，导致钾离子、核酸和蛋白质等细胞成分发生泄漏；②产生活性氧或活性氮诱导胞内蛋白质发生氧化/硝化损伤；③直接损伤DNA（Vatansever et al., 2013）。

最近的一项研究证实了冷等离子体处理可造成微生物细胞膜通透性增强（Tero et al.，2016）。原子力显微镜和荧光显微镜检测结果表明冷等离子体放电过程中所产生的ROS会导致模拟磷脂双分子层形成直径为10~50 nm的孔洞，并最终破坏磷脂双分子层。有趣的是，在纳米孔洞形成之前，磷脂双分子层形态会发生明显变化，这可能与羟基自由基引发的脂质氧化有关（Tero et al.，2016）。此前还有人提出了冷等离子体处理所造成的细胞膜静电损伤模型。在辉光放电冷等离子体处理过程中，当细胞膜获得足够多的静电荷时，其外向静电应力超过其抗拉强度时，大肠杆菌细胞膜就会发生破裂（Mendis et al.，2000）。

细胞内过量产生的ROS会破坏胞内的蛋白质。蛋白质中的半胱氨酸（Cys）残基会与ROS发生氧化还原反应（Vatansever et al.，2013）。ROS等会导致蛋白质

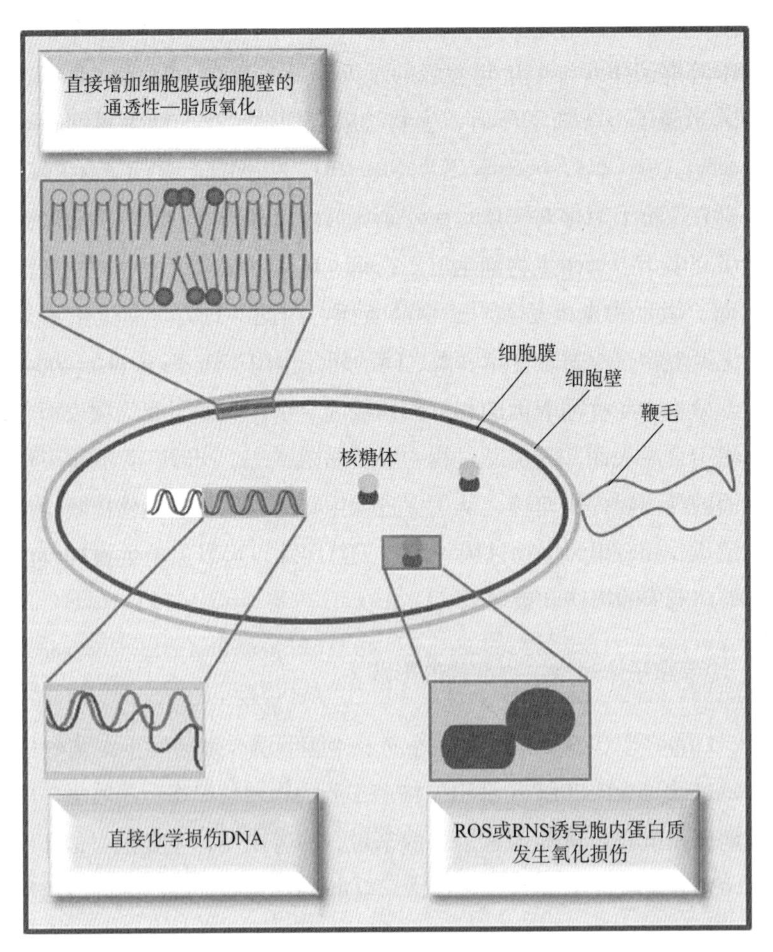

图4.2 冷等离子体处理对细菌细胞的影响（改编自Mai-Prochnow, A. et al., 2014）

发生氧化损伤，造成其结构发生变化，从而改变或彻底破坏蛋白质正常的生理功能，最终导致细胞死亡（Roos和Messens，2011）。

大量研究表明，冷等离子体会对细菌的DNA造成损伤。在关于微生物染色质和质粒DNA的损伤研究中，发现冷等离子体不仅可导致DNA单链和双链发生断裂，也会造成碱基发生氧化损伤（Kudo et al.，2015；Ken-ichi et al.，2015）。ROS，尤其是羟基自由基，被认为是冷等离子体损伤DNA的主要原因（Sahni和Locke，2006；Kadowaki et al.，2009）。众所周知，紫外线也可损伤DNA。通过破坏基因组的完整性，紫外线可诱发多种致突变和细胞毒性的DNA损伤，还可导致DNA链发生断裂（Rastogi et al.，2010）。研究表明，DNA的损伤程度随冷等离子体处理强度的升高而增强，但随着细菌与冷等离子体之间距离的增加而减弱（Privat-maldonado et al.，2016；Ken-ichi et al.，2015）。

5.1.1 冷等离子体对食源性致病菌的灭活作用

多项研究利用不同的冷等离子体设备处理食品中的单增李斯特菌（*L. monocytogenes*）和空肠弯曲杆菌（*C. jejuni*）。结果表明，冷等离子体对食品中的单增李斯特菌和空肠弯曲杆菌具有不同的杀灭效果。Dirks等（2012）发现经冷等离子体处理3 min后，接种于去皮鸡胸肉和带皮鸡腿肉表面的空肠弯曲杆菌分别减少了2.45 log和3.11 log。Kim等（2014）研究了不同放电气体所产生DBD等离子体对空肠弯曲杆菌的杀灭效果。结果表明，相对于氮气，以空气或氧气为放电气体所产生的DBD等离子体对空肠弯曲杆菌具有更强的杀灭效果（Kim et al.，2014）。最近的一项研究结果表明，经以空气为放电气体所产生的冷等离子体处理120 s后，液体培养基中初始浓度为10^8 CFU/mL的空肠弯曲杆菌能够被完全杀灭（Rothrock et al.，2017）。

Noriega等（2011）将接种有英诺克李斯特菌（*Listeria innocua*）（也称为无害李斯特菌，一种单增李斯特菌的非致病替代菌）的鸡肉进行冷等离子体处理（放电气体为氦气和氧气的混合物，氦气和氧气的流速分别为5 L/min和100 mL/min）。经冷等离子体处理4 min后，鸡肉表面英诺克李斯特菌降低了3 $\log_{10}$ CFU/g。Rod等（2012）将接种有英诺克李斯特菌的即食风干咸牛肉放置于密封聚乙烯袋中并充入70%氩气和30%氧气，置于DBD等离子体发生装置的两个电极板之间进行处理。结果表明，经DBD等离子体处理1 min后，即食风干咸牛肉中英诺克李斯特菌减少了1.6 $\log_{10}$ CFU/g。该研究还评价了DBD等离子体处理对风干咸牛肉外观和成分的影响。结果表明，随着放电功率的升高、处理时间和贮藏时间的延长，样品中硫代巴比妥酸反应物（thiobarbituric acid reactive substances，TBARS）含量显著升高。在5℃条件下贮藏14天的过程中，DBD等离子体处理组样品的TBARS值为0.25~0.4 mg MDA/kg，高于未处理组样品，但仍然低于感官阈值（0.5~2.0 mg MDA/kg）。DBD等离子体处理同样造成样品色泽发生明显变化（如红度值降低），但与对照组差别较小（Rod et al.，2012）。Ziuzina等（2014）采用放电电压为70 kV的冷等离子体处理圣女果（又名樱桃番茄）和草莓。经冷等离子体处理10 s后，圣女果表面单增李斯特菌由初始的6.7 log_{10} CFU/g降低至检测限以下；而冷等离子体处理300 s才能完全杀灭接种于草莓表面的单增李斯特菌，这可能是因为草莓表面结构比圣女果更粗糙。与大气压冷等离子体对其他细菌的杀灭结果类似，相比于生物被膜细菌甚至食物组织中的细菌，浮游状态的单增李斯特菌更容易被冷等离子体所杀灭（Zizina et al.，2015）。Ziuzina等（2015）认为，有机物质可以保护微生物细胞免受冷等离子体所产生ROS造成的损伤。

如上所述，不同种类微生物所形成的混合生物被膜对冷等离子体在内的抗菌处理具有很强的抵抗能力（Mai-prochnow et al.，2016；van der Veen和Abee，2011；Zameer和Gopal，2010）。然而，在食品工业中，涉及冷等离子体失活多种微生物所形成混合生物被膜的研究报道则相对较少。Jahid等（2015）研究发现，与单一培养的鼠伤寒沙门氏菌（*S.* Typhimurium）相比，生菜叶上与其他天然微生物共同培养的鼠伤寒沙门氏菌对冷等离子体具有更强的抵抗力。

此外，还有研究报道了冷等离子体与其他抗菌剂联合应用的杀菌效果。与柠檬草（lemon grass）精油、十二烷基硫酸钠（sodium dodecyl sulfate，SDS）和乳酸协同处理浮游态单增李斯特菌时，冷等离子体展现出了良好的协同杀菌效应（Trevisani et al.，2017；Cui等，2017）。Cui等（2016）研究了蜡菊（*Helichrysum odoratissimum*）精油与冷等离子体单独或协同处理对96孔板、不锈钢片表面所形成金黄色葡萄球菌生物被膜的失活作用。结果表明，与单独处理相比，蜡菊精油和冷等离子体协同处理对金黄色葡萄球菌生物被膜具有更强的杀灭效果。Helgadóttir等（2017）发现，维生素C前处理能够有效增强冷等离子体对大肠杆菌（*E. coli*）、表皮葡萄球菌（*S. epidermidis*）和铜绿假单胞菌（*P. aeruginosa*）生物被膜的杀灭效果。经浓度为5 mmol/L的维生素C前处理15 min，冷等离子体对大肠杆菌生物被膜的杀灭效果提高了2%~10%，对铜绿假单胞菌生物被膜的杀灭效果提高了11%~50%，对表皮葡萄球菌生物被膜的杀灭效果提高了18%~60%（Helgadóttir et al.，2017）。

5.1.2 细胞外基质的作用

生物被膜由一群聚集或附着在材料表面的微生物细胞所组成，这些细胞嵌入在自身所产生的胞外基质中。胞外基质约占生物被膜干重的90%，因此在生物被膜结构中起着重要作用。胞外基质能够确保细菌细胞彼此紧密相连，并能够促进细胞间的信息交流。胞外基质的组成取决于形成生物被膜的微生物种类，主要由EPS组成，包括多糖、脂质、蛋白质和胞外核酸等（Flemming和Wingender，2010）。EPS构成了生物被膜细胞的天然保护性屏障，使其免受化学物质和活性物质（如冷等离子体所产生的ROS、RNS等活性物质）所造成的损伤。一般情况下，抗菌物质只有进入生物被膜基质后才能发挥其活性功能（Mai-Prochnow等，2014）。

最近有研究表明，冷等离子体处理可以直接破坏生物被膜基质，这可能与冷等离子体中存在的自由基等活性物质引发EPS氧化或过氧化损伤有关。Vandervoort和Brelles-Marino（2014）研究发现，冷等离子体主要通过降解生物被膜基质来改变生物被膜的结构和黏附性，但对细菌细胞形态的影响较小。Traba和Liang（2011）认为，冷等离子体能够导致EPS发生损伤，这是造成生物被膜结构紊乱和生物被膜黏附性降低的重要原因。此外，Vandervoort和Brelles-Marino（2014）也发现，冷等离子体诱导的铜绿假单胞菌生物被膜失活与其造成的生物被膜基质黏附性降低有关。一些研究结果表明，生物被膜不同部位的EPS含量不同，从而导致生物被膜的黏附性也有所不同。因此，生物被膜中EPS含量较低的部分更容易受到外环境的影响（Vandervoort和Brelles-Marino，2014）。

水是生物被膜基质的重要组成部分。使用冷等离子体炬和射流进行处理通常会伴随剧烈的气体流动，因此在冷等离子体活性物质到达生物被膜内部细胞之前会导致基质脱水。Marchal等（2012）提出，冷等离子体活性物质的前体物质能够与生物被膜中的水分子，特别是生物被膜基质中的水分子发生相互作用，也可能通过一系列复杂化学反应形成自由基或超氧化物（过氧化氢、H_2O_2）、氧活性粒子（O_2^+）、原子氧和一些氧化物（如NO、NO_2、O_3）等活性物质。目前普遍认为上述活性物质可能在冷等离子体失活生物被膜过程中发挥一定的作用。

5.2 冷等离子体改变材料表面特性以防止微生物黏附

对生物被膜的控制，首先需要预防或抑制微生物细胞在材料表面的黏附。研究证实，冷等离子体处理能够改变材料的表面特性，从而有望抑制微生物在材料表面的黏附，进而有效抑制生物被膜的形成。如果微生物细胞不能附着在材料表面，生物被膜就不能正常形成，从而避免生物被膜污染。研究证实，冷等离子体已成功应用于多种材料的改性处理，主要涉及医疗设备和食品加工设备。

Ma等（2012）采用冷等离子体辅助涂覆技术将三甲基硅烷（trimethylsilane，TMS）涂覆于316 L不锈钢和5级钛合金材料表面。结果表明，上述处理能够有效抑制表皮葡萄球菌（*S. epidermidis*）在冷等离子体改变材料表面的黏附。此外，该研究还发现，相对于未处理材料，TMS涂层材料表面生物被膜中的细菌对抗生素环丙沙星的敏感性增强。

还有一些研究通过在材料表面形成类聚乙二醇（polyethylene glycol，PEG）结构来防止生物被膜的黏附。射频冷等离子体辅助PEG处理可使材料表面变得更光滑、更亲水。与未改性处理的材料表面相比，射频冷等离子体辅助PEG处理的表面能显著抑制单一菌种（单增李斯特菌）和混合菌种（鼠伤寒沙门氏菌、表皮葡萄球菌和荧光假单胞菌）的黏附及生物被膜的形成。有趣的是，材料表面改性处理也会影响生物被膜的一些化学性质（Denes et al.，2001；Wang et al.，2003）。

银基涂层是另一种常见的材料表面改性处理方法。银基复合材料具有较好的缓释性能。Mercier-bonin等（2010）应用冷等离子体技术将含有纳米银颗粒的薄膜（~170 nm）嵌入有机硅基质中，并涂覆于不锈钢表面。研究结果发现，含银涂层可以有效抑制细菌的黏附和繁殖并在接触后有效杀死微生物。

5.3 不同气体、等离子体设备和处理条件的影响

虽然冷等离子体被证实能够有效杀灭多种微生物，但是其杀灭效能很大程度上取决于所采用的冷等离子体设备、微生物类型及操作条件，其中冷等离子体设备和操作方式对微生物的失活效果有很大影响。有必要将应用不同放电气体、电压或其他参数的冷等离子体杀菌相关研究进行对比分析，这将有助于优化冷等离子体处理条件并提高其对微生物的杀灭效果。目前已有多种商业化设备和实验室规模的冷等离子体设备用于食源性致病菌或致腐菌生物被膜的失活研究（见表4.1）。

在多数情况下，处理时间都是影响冷等离子体杀菌效果的主要因素。一般来说，处理时间越长，冷等离子体对微生物的失活效率就越高（Critzer et al.，2007；Kim et al.，2015；Yong et al.，2014）。

表4.1　用于失活生物被膜的冷等离子体设备示例

等离子体设备	处理样品和微生物	处理条件和灭活结果	参考文献
Dyne-A-Mite HP型交流滑动弧等离子体设备（美国Enercon公司）	杏仁上的沙门氏菌（*Salmonella*）和大肠杆菌O157:H7（*E. coli* O157:H7）	• 空气或氮气 • 处理20 s后减少1.34 $\log_{10}$ CFU/mL • 在胰蛋白酶大豆琼脂（TSA）上计数	Niemira（2012b）
包装内介质阻挡放电（DBD）、高压大气冷等离子体（HVACP）系统80 kV_{RMS}	磷酸盐缓冲液中的大肠杆菌O157:H7（*E. coli* O157:H7）和金黄色葡萄球菌（*S. aureus*）	• 环境为空气 • 5 min处理导致完全失活（高达8 $\log_{10}$ CFU/mL） • 采用TSA平板计数	Han et al.（2016）
	生菜上的鼠伤寒沙门氏菌（*S.* Typhimurium）和单增李斯特菌（*L. monocytogenes*）生物被膜	• 环境为空气 • 初始浓度为7 $\log_{10}$ CFU/样品，经300 s处理后减少了5 $\log_{10}$ CFU/样品 • 采用TSA平板计数	Ziuzina et al.（2015）
60Biozone型光等离子体设备（Biozone Scientific公司）	生菜表面天然微生物形成的生物被膜	• 环境为空气 • 单菌种生物被膜初始浓度为7 $\log_{10}$ CFU/cm^2，经300 s处理后，最高可降低4.11 $\log_{10}$ CFU/cm^2 • 在Reasoner's2A琼脂（R2A）上计数	Jahid et al.（2015）
电阻性介质阻挡放电（RBD）等离子体设备	蛋壳上的肠炎沙门氏菌（*S.* Enteritidis）和鼠伤寒沙门氏菌（*S.* Typhimurium）生物被膜	• 环境为空气 • 处理90 min后，初始浓度为6.3 $\log_{10}$ CFU/mL的肠炎沙门氏菌生物被膜减少了4.5 $\log_{10}$ CFU/mL，初始浓度为6 $\log_{10}$ CFU/mL鼠伤寒沙门氏菌生物被膜减少了3.5 $\log_{10}$ CFU/mL • 在TSA上计数	Ragni et al.（2010）
单大气压均匀辉光放电等离子体（OAUGDP）	接种在苹果、哈密瓜和生菜上的大肠杆菌O157:H7（*E. coli* O157:H7）、沙门氏菌（*Salmonella*）和单增李斯特菌（*L. monocytogenes*）混合物	• 环境空气 • 初始浓度为7 $\log_{10}$ CFU/样品，经2 min处理后，大肠杆菌减少了>2 $\log_{10}$ CFU/苹果样品 • 初始浓度为7 $\log_{10}$ CFU/样品，经5 min处理后，沙门氏菌减少了>3 log10 CFU/哈密瓜样品，单增李斯特菌减少了>5 $\log_{10}$ CFU/生菜样品 • 在TSA上计数	Critzer et al.（2007）

续表

等离子体设备	处理样品和微生物	处理条件和灭活结果	参考文献
kINPen型等离子体射流（德国Neoplas tools GmbH公司）	玉米沙拉叶上的大肠杆菌O104:H4（*E. coli* O104:H4）和大肠杆菌O157:H7（*E. coli* O157:H7）	• 流速为5 slm的氩气 • 细菌初始浓度为4 log_{10} CFU/cm^2，处理2 min后，*E.coli* O104:H4减少了3.3 log_{10} CFU/cm^2，*E.coli* O157:H7减少了3.2 log_{10} CFU/cm^2 • 在CHROM琼脂上计数	Baier et al.（2015）
	盖玻片上的枯草芽孢杆菌（*B. subtilis* NCIB 3610）、大肠杆菌（*E. coli* UTI 89）、铜绿假单胞菌（*P. aeruginosa*）和表皮葡萄球菌（*S. epidermidis*）生物被膜	• 压缩空气（4.5 slm） • 处理30 min后枯草芽孢杆菌（初始6.5 log_{10} CFU/盖玻片）完全失活，处理60 min后，大肠杆菌、铜绿假单胞菌和表皮葡萄球菌从初始的8.5 log_{10} CFU/盖玻片分别减少了88.47%、99.65%和83.5% • 在Luria Bertani（LB）琼脂上计数	Helgadóttir et al.（2017）
	在CDC生物被膜反应器（美国BioSurface Tech.公司）中不锈钢取样片上形成的铜绿假单胞菌（*P. aeruginosa*）、黎巴嫩假单胞菌（*P. libanensis*）、阴沟肠杆菌（*E. cloacae*）、嗜肉考克氏菌（*K. carniphila*）、枯草芽孢杆菌（*B. subtilis*）、表皮葡萄球菌（*S. epidermidis*）生物被膜	• 氩气（4.2 slm） • 处理10 min后，初始为5 log_{10} CFU/取样片的铜绿假单胞菌（*P. aeruginosa*）、黎巴嫩假单胞菌（*P. libanensis*）、阴沟肠杆菌（*E. cloacae*）减少了3.5 log_{10} CFU/取样片 • 处理10 min后，初始为7 log_{10} CFU/取样片的嗜肉考克氏菌（*K. carniphila*）减少了2 log_{10} CFU/取样片 • 处理10 min后，初始为3 log_{10} CFU/取样片的枯草芽孢杆菌（*B. subtilis*）减少了0.5 log_{10} CFU/取样片 • 处理10 min后，初始为5 log_{10} CFU/取样片的表皮葡萄球菌（*S. epidermidis*）减少了1 log_{10} CFU/取样片 • 在营养琼脂（NA）上计数	Mai-Prochnow et al.（2016）

续表

等离子体设备	处理样品和微生物	处理条件和灭活结果	参考文献
千赫兹大气压DBD等离子体射流	接种于微孔板的艰难梭菌（*Clostridium difficile*）芽孢	• 氧气含量高达1%的氦气 • 处理5 min后3 $\log_{10}$ CFU/100 μL完全失活 • 在Brazier琼脂上计数	Connor et al.（2017）
	采用Calgary生物被膜设备（加拿大Innovotech公司），在苯二甲酸乙二酯（PET）材料表面制备的铜绿假单胞菌（*P. aeruginosa*）生物被膜	• 氧气含量为0.5%的氦气 • 初始浓度为6 $\log_{10}$ CFU/peg，经240 s处理后减少了4 $\log_{10}$ CFU/peg • 在MHA上计数	Alkawareek et al.（2012）
电弧放电大气压等离子体射流	胶原蛋白肠衣（CC）、聚丙烯（PP）及聚对苯二甲酸乙二酯（PET）食物容器材料上的大肠杆菌O157:H7（*E. coli* O157:H7）、单增李斯特菌（*L. monocytogenes*）和鼠伤寒沙门氏菌（*S.* Typhimurium）生物被膜	• 氮气（6 lpm）和氧气（10 sccm） • 初始浓度为8~10 $\log_{10}$ CFU/cm^2，经处理10 min后减少了3~4 $\log_{10}$ CFU/cm^2 • 在TSA（大肠杆菌和单增李斯特菌）和NA（鼠伤寒沙门氏菌）上计数	Kim et al.（2015）和Yong et al.（2014）
	鸡胸肉表面的大肠杆菌（*E. coli* KCTC 1682）	• 氮气（6 lpm）和氧气（10 sccm） • 初始浓度为4 $\log_{10}$ CFU/cm^2，经处理10 min后减少了1.85 $\log_{10}$ CFU/cm^2 • 在TSA上计数	Yong et al.（2014）
大气压辉光放电（APGD）	在甜椒上形成的成团泛菌（*P. agglomerans*）生物被膜	• 氦气（5 slm）和氧气（5 sccm） • 处理1 min后发育12 h的生物被膜减少了3.2 $\log_{10}$ CFU/mL	Vleugels et al.（2005）
原子流反应器（美国Surfx Technologies公司）	在微孔板中形成的紫色杆菌（*C. violaceum*）生物被膜	• 氦气（20.4 L/min）和氮气（0.305 L/min）处理60 min后，7天的生物被膜100%失活 • 在胰酶酵母琼脂（TYA）上计数	Joaquin et al.（2009），Abramzon et al.（2006）
	在CDC生物被膜反应器中形成的铜绿假单胞菌（*P. aeruginosa*）生物被膜（美国BioSurface Tech.公司）	• 氦气（20.4 L/min）和氮气（0.135 L/min）处理30 min后，8 $\log_{10}$ CFU/mL完全失活 • 在TSA上计数	Vandervoort和Brelles-Marino（2014）

续表

等离子体设备	处理样品和微生物	处理条件和灭活结果	参考文献
Ⅲ型Plasma Prep等离子体发生器（美国SPI Supplies公司）	在聚对苯二甲酸乙二醇酯（PET）薄膜、硅晶圆片和LabTek 8孔盖玻璃室形成的金黄色葡萄球菌（*S. aureus* ATCC 29213）、大肠杆菌（*E. coli* ATCC 25404）和表皮葡萄球菌（*S. epidermidis* NJ 9709）生物被膜	• 氧气、氮气或氩气（2.4 ft^3/h） • 所有表面的生物被膜在30 min处理后完全失活 • 使用活/死细胞染色和共聚焦显微镜评估	Traba et al.（2013）
直流微射流	在微孔板形成的念珠菌（*Candida*）生物被膜	• 氦气+氧气混合（2%，2.5 slm） • 1 min处理后完全失活 • 在沙氏葡萄糖琼脂（SDA）上计数	Zhu et al.（2012）
浮动电极介质阻挡放电（FE-DBD）（美国Drexel Plasma Institute）	在盖玻片上形成的大肠杆菌（*E. coli*）和耐甲氧西林金黄色葡萄球菌（MRSA）生物被膜	• 环境空气 • 150 s处理后完全失活 • 通过XTT分析进行定量	Joshi et al.（2010）
MicroPlaSter b设备	在盖玻片上形成的铜绿假单胞菌（*P. aeruginosa*）、洋葱伯克霍尔德菌（*B. cenocepacia*）、大肠杆菌（*E. coli*）、化脓性链球菌（*S. pyogenes*）、金黄色葡萄球菌（*S. aureus*）、表皮葡萄球菌（*S. epidermidis*）和屎肠球菌（*E. faecium*）生物被膜	• 氩气 • 处理5 min后初始浓度为5 $\log_{10}$ CFU/mL的铜绿假单胞菌（*P. aeruginosa*）、洋葱伯克霍尔德菌（*B. cenocepacia*）和大肠杆菌（*E. coli*）完全失活 • 处理5 min后化脓性链球菌（*S.pyogenes*）存活率为17%，金黄色葡萄球菌（*S. aureus*）、表皮葡萄球菌（*S. epidermidis*）和屎肠球菌（*E. faecium*）存活率为10% • 在NA上计数	Ermolaeva et al.（2011）
等离子体电筒射流（手持式，电池供电）	盖玻片上的粪肠球菌（*E. faecalis*）生物被膜	• 环境空气 • 处理5 min后，25 μm厚的生物被膜几乎完全失活 • 使用活/死细胞染色和极光共焦显微镜进行评估	Pei et al.（2012）

续表

等离子体设备	处理样品和微生物	处理条件和灭活结果	参考文献
表面微放电（SMD）等离子体设备	在微孔板形成的白色念珠菌（*C. albicans*）生物被膜	• 环境空气 • 初始浓度为7 $\log_{10}$ CFU/mL，经处理8 min后减少了6 $\log_{10}$ CFU/mL • 在SDA上计数	Maisch et al.（2012）
直流高压等离子体射流设备	在纤维素酯膜形成的融合魏斯氏菌（*W. confuse*）生物被膜	• 环境空气 • 初始浓度为6.5 $\log_{10}$ CFU/mL，经30 min处理后减少了3.3 $\log_{10}$ CFU/mL • 在MRS琼脂上计数	Marchal et al.（2012）

注　NA，营养琼脂（nutrient agar）；SDA，沙氏葡萄糖琼脂（sabouraud dextrose agar）；TSA，胰蛋白酶大豆琼脂（tryptic soy agar）；TYA，胰酶酵母琼脂（tryptic yeast agar）。

有趣的是，一些研究表明，在放电气体中加入氧气会提高所产生冷等离子体对微生物的杀灭效能。Kim等（2011）研究发现，在放电气体（氦气）中添加氧气能够增强所产生冷等离子体对接种于培根表面微生物的杀灭效能。经氦气冷等离子体处理后，接种于培根表面单增李斯特菌、大肠杆菌和鼠伤寒沙门氏菌降低了1~2 $\log_{10}$ CFU/g；而以氦气/氧气混合物为放电气体时，上述微生物降低了2~3 $\log_{10}$ CFU/g。造成上述结果的原因可能是，高浓度的氧气在放电时会产生更多的活性氧（如具有较强杀菌作用的臭氧），从而增强了冷等离子体对微生物的杀灭作用。然而，Connor等（2017）研究了氧气浓度对冷等离子体杀灭艰难梭菌（*Clostridium difficile*）芽孢效果的影响。结果表明，在放电气体（氦气）中添加浓度为0.25%和0.5%的氧气时，冷等离子体对艰难梭菌芽孢的杀灭效果明显增强，但当氧气浓度从0.5%升高至1.0%，冷等离子体对芽孢的杀灭效果并没有继续增强。

除了放电气体的组成以外，放电气体的相对湿度（relative humidity，RH）也显著影响冷等离子体对微生物的杀灭效果。当放电气体的相对湿度较高时，在放电过程中能够产生更多的羟基自由基，羟基自由基能够对核酸和蛋白质造成氧化损伤，在冷等离子体杀菌过程中发挥了重要的作用。Ragni等（2010）研究了放电气体相对湿度对冷等离子体杀灭鸡蛋表面肠炎沙门氏菌（*S.* Enteritidis）效果的影响。当放电气体相对湿度为35%时，经冷等离子体处理90 min后，接种于鸡蛋表面的肠炎沙门氏菌降低了2.5 log；而放电气体相对湿度升高至65%时，经冷等离子体处理90 min后，鸡蛋表面肠炎沙门氏菌降低了4.5 log（Ragni et al.，2010）。然而，Matthes等（2014）却报道了相反的研究结果，增加放电气体的相对湿度并没有增强冷等离子体对铜绿假单胞菌生物被膜的失活效果。

研究还发现，食品所处环境的温度也影响冷等离子体对生物被膜的失活效果。Jahid等（2014）将嗜水气单胞菌（*Aeromonas hydrophila*）接种于生菜表面并于不同温度（4℃、10℃、15℃、20℃、25℃和30℃）静置24 h以形成生物被膜。结果表明，经冷等离子体处理5 min后，于低温（≤15℃）条件下所形成生物被膜降低了5 log，而较高温度（≥15℃）条件下所形成生物被膜对冷等离子体处理具有更强的抵抗力（Jahid et al.，2014）。据推测，较高的温度有助于微生物在生菜表面气孔中形成生物被膜，从而降低冷等离子体对生物被膜的失活效果。

电源频率、功率等也影响所产生冷等离子体对微生物的杀灭效果。Niemira等（2014）研究了冷等离子体处理对沙门氏菌生物被膜的失活作用，处理时间分别为5 s、10 s或15 s，生物被膜与冷等离子体之间的距离分别设定为5 cm或7.5 cm，电源频率为24 kHz或48 kHz，将沙门氏菌接种于玻璃表面，培养48 h或72 h后形成生物被膜。结果表明，对于不同的处理时间和距离，生物被膜降低值最高时所对应的电源频率并不完全一致，表明冷等离子体对生物被膜的失活作用与电源频率无关（Niemira et al.，2014）。然而，另一项研究表明，随着放电设备输入功率从75 W升高到125 W，冷等离子体对鼠伤寒沙门氏菌的杀灭效果也显著增强，二者存在明显的相关性（Kim et al.，2011）。有趣的是，这项研究还发现，随着放电功率的增加，样品的温度也会升高，因此需要考虑冷等离子体所造成的样品温度升高对其失活生物被膜效果的影响。研究发现，多数冷等离子体设备在处理过程中都会造成样品温度的升高，但这一问题并没有受到研究人员的广泛关注。因此，在研究过程中必须注意区分冷等离子体本身的杀菌作用与其所产生热效应对微生物的影响。

另外，等离子体的放电类型对微生物失活也有一定的影响。Machala等（2009）对比研究了流光电晕放电（streamer corona discharge）、瞬态火花放电（transient spark discharge）和辉光放电（glow discharge）三种直流放电所产生冷等离子体对鼠伤寒沙门氏菌的杀灭作用。不同放电类型所产生的冷等离子体具有不同的电学特性和发射光谱，可引起不同的化学和生物效应，从而具有不同的杀菌作用。研究表明，瞬态火花放电冷等离子体对鼠伤寒沙门氏菌的杀灭效果最好；而流光电晕放电冷等离子体对鼠伤寒沙门氏菌的杀灭效果最弱，可能是因为其能量最低，而且其只能在放电针附近面积很小的区域发挥杀菌作用。

5.4　等离子体活化液体

等离子体放电装置通过在液体内部或靠近液体表面的上方放电激活液体，产生富含多种活性成分的等离子体活化液体（plasma-activated liquids）。作为一种新型的杀菌保鲜剂，等离子体活化液体具有较好的流动性和渗透性，因而被广泛应用于生鲜农产品的杀菌保鲜。在众多等离子体活化液体中，目前研究最多的是等离子体活化水（plasma-activated water，PAW）。大量研究证实，PAW具有良好的抗菌活性（Ma et al.，2015；Traylor et al.，2011）。然而，由于PAW成分较为复杂，多种化学组分在不同时间发挥不同的生物效应，因此很难将PAW的抗菌效果归因于某种单一组分。

Traylor等（2011）研究发现PAW对于大肠杆菌具有长效失活作用。经新制备的PAW处理15 min或3 h后，大肠杆菌降低了约5 log_{10} CFU/mL。将贮藏7天的PAW再次处理大肠杆菌，当处理时间为15 min时，PAW未表现出明显的抗菌活性；当处理时间延长至3 h时，大肠杆菌数量减少了2.4 log_{10} CFU/mL。在为期7天的贮藏过程中，PAW成分发生明显变化，例如过氧化氢和亚硝酸盐的含量随贮藏时间的延长而显著降低，同时伴随PAW抗菌活性的降低。

近年来，研究人员通过微空心阴极放电（micro-hollow cathode discharge）处理去离子水、氯化钠溶液和柠檬酸盐溶液，制备了多种等离子体活化液体。结果表明，上述3种等离子体活化液体对大肠杆菌和金黄色葡萄球菌具有不同的抗菌活性，其中PAW和等离子体活化生理盐水比等离子体活化柠檬酸溶液更为有效，这可能是由于柠檬酸溶液具有一定的缓冲能力（Chen et al.，2017）。有趣的是，虽然等离子体活化液体可以杀灭细菌，破坏细胞膜的结构和功能，但未对生物被膜结构造成显著影响（Chen et al.，2017）。

6 结论

大量研究表明，冷等离子体技术在食品加工和安全控制领域具有广阔的应用前景，对大多数食源性致病菌和致腐菌（包括空肠弯曲杆菌、单增李斯特菌、大肠杆菌及假单胞菌等）具有良好的杀灭效果，也可用于消除食品和食品加工环境中的生物被膜。然而，由于目前尚不明确上述加工环节需要降低微生物的对数值，冷等离子体作为这些食品加工环节关键控制点的有效性尚待确定。

针对食品和食品加工环境中生物被膜的控制，冷等离子体技术的主要应用包括以下3个方面：①改变材料表面特性，防止生物被膜黏附；②产生具有抗菌活性的等离子体活化液体；③对已有生物被膜直接进行物理去除。将冷等离子体与其他抗菌方法协同或连续处理有助于提高其对微生物的杀灭效能。冷等离子体处理对微生物的杀灭效果还会受到操作条件、微生物类型、冷等离子体设备和处理环境等多种因素的影响。此外，与浮游状态的微生物相比，生物被膜对外界环境胁迫具有更强的抵抗力，生物被膜的生长状态也会影响冷等离子体的杀菌效果。最近的一项研究发现铜绿假单胞菌生物被膜对低强度冷等离子体处理具有一定的抵抗力（Mai-Prochnow et al.，2015a）。

冷等离子体设备类型较多，其作用效果存在较大差异，因此有必要对冷等离子体的处理强度进行标准化定义，这将有助于确保在不影响食品品质的条件下达到所需的微生物杀灭效果。目前，相关研究领域内已经展开了关于定义冷等离子体处理强度的讨论，例如，2016年在斯洛伐克首都布拉迪斯拉发举行的第六届国际等离子体医学会议（ICPM-6）上就开展了相关的特别小组讨论。需要指出的是，发生设备和操作条件的多样性也是冷等离子体技术的一种优势，可方便其在不同场景的应用（如应用于包装内食品杀菌、传送带式DBD等离子体和浮动电极等离子体），这将有助于推动冷等离子体技术在食品加工过程微生物控制领域的实际应用。

参考文献

Abramzon, N., Joaquin, J.C., Bray, J., Brelles-Marino, G., 2006. Biofilm destruction by RF high-pressure cold plasma jet. IEEE Trans. Plasma Sci. 34, 1304–1309.

Alkawareek, M.Y., Algwari, Q.T., Gorman, S.P., Graham, W.G., O'Connell, D., Gilmore, B.F., 2012. Application of atmospheric pressure nonthermal plasma for the *in vitro* eradication of bacterial biofilms. FEMS Immunol. Med. Microbiol. 65, 381–384.

Alshraiedeh, N.H., Alkawareek, M.Y., Gorman, S.P., Graham, W.G., Gilmore, B.F., 2013. Atmospheric pressure non-thermal plasma inactivation of MS2 bacteriophage: effect ofoxygen concentration on virucidal activity. J. Appl. Microbiol. 115, 1420–1426.

Baier, M., Janßen, T., Wieler, L.H., Ehlbeck, J., Knorr, D., Schlüter, O., 2015. Inactivation of Shiga toxin-producing *Escherichia coli* O104:H4 using cold atmospheric pressure plasma. J. Biosci. Bioeng. 120, 275–279.

Bénézech, T., Faille, C., 2018. Two-phase kinetics of biofilm removal during CIP. Respective roles of mechanical and chemical effects on the detachment of single cells vs cell clusters from a *Pseudomonas fluorescens* biofilm. J. Food Eng. 219, 121–128.

Blair, K.M., Turner, L., Winkelman, J.T., Berg, H.C., Kearns, D.B., 2008. A molecular clutch disables flagella in the *Bacillus subtilis* biofilm. Science 320, 1636–1638.

Boles, B.R., Thoendel, M., Singh, P.K., 2005. Rhamnolipids mediate detachment of *Pseudomonas aeruginosa* from biofilms. Mol. Microbiol. 57, 1210–1223.

Boyd, A., Chakrabarty, A.M., 1994. Role of alginate lyase in cell detachment of *Pseudomonas aeruginosa*. Appl. Environ. Microbiol. 60, 2355–2359.

Branda, S.S., Vik, S., Friedman, L., Kolter, R., 2005. Biofilms: the matrix revisited. Trends

Microbiol. 13, 20–26.

Burgess, S.A., Lindsay, D., Flint, S.H., 2010. *Thermophilic bacilli* and their importance indairy processing. Int. J. Food Microbiol. 144, 215–225.

Cao, N.J., Du, J.X., Chen, C.S., Gong, C.S., Tsao, G.T., 1997. Production of fumaric acid by immobilized *Rhizopus* using rotary biofilm contactor. Appl. Biochem. Biotechnol. 63–65, 387–394.

Characklis, W.G., 1981. Fouling biofilm development: a process analysis. Biotechnol. Bioeng. 23, 1923–1960.

Chen, C., Liu, D.X., Liu, Z.C., Yang, A.J., Chen, H.L., Shama, G., Kong, M.G., 2014. A model of plasma-biofilm and plasma-tissue interactions at ambient pressure. Plasma Chem. Plasma Process. 34, 403–441.

Chen, T.-P., Su, T.-L., Liang, J., 2017. Plasma-activated solutions for bacteria and biofilm inactivation. Curr. Bioactive Compd. 13, 59–65.

Connor, M., Flynn, P.B., Fairley, D.J., Marks, N., Manesiotis, P., Graham, W.G., Gilmore, B.F., Mcgrath, J.W., 2017. Evolutionary clade affects resistance of *Clostridium difficile* spores to cold atmospheric plasma. Sci. Rep. 7, 41814.

Costerton, J.W., Stewart, P.S., Greenberg, E.P., 1999. Bacterial biofilms: a common cause of persistent infections. Science 284, 1318–1322.

Critzer, F.J., Kelly-Wintenberg, K., South, S.L., Golden, D.A., 2007. Atmospheric plasma inactivation of foodborne pathogens on fresh produce surfaces. J. Food Prot. 70, 2290–2296.

Cui, H., Li, W., Li, C., Lin, L., 2016. Synergistic effect between *Helichrysum italicum* essential oil and cold nitrogen plasma against *Staphylococcus aureus* biofilms on different food-contact surfaces. Int. J. Food Sci. Technol. 51, 2493–2501.

Cui, H.Y., Wu, J., Li, C.Z., Lin, L., 2017. Promoting anti-listeria activity of lemongrass oil on pork loin by cold nitrogen plasma assist. J. Food Saf. 37(2), e12316.

Da Silva Fernandes, M., Kabuki, D.Y., Kuaye, A.Y., 2015. Behavior of *Listeria monocytogenes* in a multi-species biofilm with *Enterococcus faecalis* and *Enterococcus faecium* and control through sanitation procedures. Int. J. Food Microbiol. 200, 5–12.

Davey, M.E., O'Toole, G.A., 2000. Microbial biofilms: from ecology to molecular genetics. Microbiol. Mol. Biol. Rev. 64, 847–867.

Demirci, A., Pometto III, A.L., Ho, K.L., 1997. Ethanol production by *Saccharomyces cerevisiae* in biofilm reactors. J. Ind. Microbiol. Biotechnol. 19, 299–304.

Denes, A., Somers, E., Wong, A., Denes, F., 2001. 12-crown-4-ether and tri(ethylene glycol) dimethyl-ether plasma-coated stainless steel surfaces and their ability to reduce bacterial biofilm deposition. J. Appl. Polym. Sci. 81, 3425–3438.

Di Bonaventura, G., Piccolomini, R., Paludi, D., D'ORIO, V., Vergara, A., Conter, M.,Ianieri, A., 2008. Influence of temperature on biofilm formation by *Listeria monocytogenes* on various food-contact surfaces: relationship with motility and cell surface hydrophobicity. J. Appl. Microbiol. 104, 1552–1561.

Dirks, B.P., Dobrynin, D., Fridman, G., Mukhin, Y., Fridman, A., Quinlan, J.J., 2012. Treatment of raw poultry with nonthermal dielectric barrier discharge plasma to reduce *Campylobacter jejuni* and *Salmonella enterica*. J. Food Prot. 75, 22–28.

Ermolaeva, S.A., Varfolomeev, A.F., Chernukha, M.Y., Yurov, D.S., Vasiliev, M.M., Kaminskaya, A.A., Moisenovich, M.M., Romanova, J.M., Murashev, A.N.,Selezneva, I.I., Shimizu, T., Sysolyatina, E.V., Shaginyan, I.A., Petrov, O.F., Mayevsky, E.I., Fortov, V.E., Morfill, G.E., Naroditsky, B.S., Gintsburg, A.L., 2011. Bactericidal effects of non-thermal argon plasma *in vitro*, in biofilms and in the animal model of infected wounds. J. Med. Microbiol. 60, 75–83.

Ermolaeva, S.A., Sysolyatina, E.V., Kolkova, N.I., Bortsov, P., Tuhvatulin, A.I., Vasiliev, M.M., Mukhachev, A.Y., Petrov, O.F., Tetsuji, S., Naroditsky, B.S., Morfill, G.E., Fortov, V.E., Grigoriev, A.I., Zigangirova, N.A., Gintsburg, A.L., 2012. Non-thermal argon plasma is bactericidal for the intracellular bacterial pathogen *Chlamydia trachomatis*. J. Med. Microbiol. 61, 793–799.

Ferreira, V., Wiedmann, M., Teixeira, P., Stasiewicz, M.J., 2014. *Listeria monocytogenes* persistence in food-associated environments: epidemiology, strain characteristics, and implications for public health. J. Food Prot. 77, 150–170.

Ferrell, J.R., Shen, F., Grey, S.F., Woolverton, C.J., 2013. Pulse-based non-thermal plasma (NTP) disrupts the structural characteristics of bacterial biofilms. Biofouling 29, 585–599.

Flemming, H.C., Wingender, J., 2010. The biofilm matrix. Nat. Rev. Microbiol. 8, 623–633.

Folsom, J.P., Siragusa, G.R., Frank, J.F., 2006. Formation of biofilm at different nutrient levels by various genotypes of *Listeria monocytogenes*. J. Food Prot. 69, 826–834.

Fricke, K., Koban, I., Tresp, H., Jablonowski, L., Schroder, K., Kramer, A., Weltmann, K.D., von Woedtke, T., Kocher, T., 2012. Atmospheric pressure plasma: a high-performance tool for the efficient removal of biofilms. PLoS One 7, e42539.

Friedman, C.R., Hoekstra, R.M., Samuel, M., Marcus, R., Bender, J., Shiferaw, B., Reddy, S.,

Ahuja, S.D., Helfrick, D.L., Hardnett, F., Carter, M., Anderson, B., Tauxe, R.V., Foodne, E.I.P., 2004. Risk factors for sporadic *Campylobacter* infection in the United States: a case-control study in Food Net sites. Clin. Infect. Dis. 38, S285–S296.

Fuqua, W.C., Winans, S.C., Greenberg, E.P., 1994. Quorum sensing in bacteria: the LuxR-LuxI family of cell density-responsive transcriptional regulators. J. Bacteriol. 176, 269–275.

Gardner, T.J., Fitzgerald, C., Xavier, C., Klein, R., Pruckler, J., Stroika, S., Mclaughlin, J.B., 2011. Outbreak of Campylobacteriosis associated with consumption of raw peas. Clin. Infect. Dis. 53, 26–32.

Genevaux, P., Bauda, P., Dubow, M.S., Oudega, B., 1999. Identification of Tn10 insertions in the *rfaG*, *rfaP*, and *galU* genes involved in lipopolysaccharide core biosynthesis that affect *Escherichia coli* adhesion. Arch. Microbiol. 172, 1–8.

Gilliss, D., Cronquist, A.B., Cartter, M., Tobin-D'Angelo, M., Blythe, D., Smith, K., Lathrop, S., Zansky, S., Cieslak, P.R., Dunn, J., Holt, K.G., Lance, S., Crim, S.M., Henao, O.L., Patrick, M., Griffin, P.M., Tauxe, R.V., 2013. Incidence and trends ofinfection with pathogens transmitted commonly through food - foodborne diseases active surveillance network, 10 US Sites, 1996–2012. MMWR: Morb. Mortal. Wkly Rep. 62, 283–287.

Goulter, R.M., Gentle, I.R., Dykes, G.A., 2010. Characterisation of curli production, cell surface hydrophobicity, auto aggregation and attachment behaviour of *Escherichia coli* O157. Curr. Microbiol. 61, 157–162.

Graves, D.B., 2012. The emerging role of reactive oxygen and nitrogen species in redox biology and some implications for plasma applications to medicine and biology. J. Phys. D: Appl. Phys. 45, 263001.

Guillier, L., Stahl, V., Hezard, B., Notz, E., Briandet, R., 2008. Modelling the competitive growth between *Listeria monocytogenes* and biofilm microflora of smear cheese wooden shelves. Int. J. Food Microbiol. 128, 51–57.

Gustavsson, J., Cederberg, C., Sonesson, U., Otterdijk, R.V., Meybeck, A., 2011. Global food losses and food waste-extend, casues and prevention. Agriculture and Consumer Protection.

Han, L., Patil, S., Boehm, D., Milosavljević, V., Cullen, P.J., Bourke, P., 2016. Mechanismsof inactivation by high-voltage atmospheric cold plasma differ for *Escherichia coli* and *Staphylococcus aureus*. Appl. Environ. Microbiol. 82, 450–458.

Hartmann, I., Carranza, P., Lehner, A., Stephan, R., Eberl, L., Riedel, K., 2010. Genes involved in

Cronobacter sakazakii biofilm formation. Appl. Environ. Microbiol. 76, 2251–2261.

Helgadóttir, S., Pandit, S., Mokkapati, V.R.S.S., Westerlund, F., Apell, P., Mijakovic, I., 2017. Vitamin C pretreatment enhances the antibacterial effect of cold atmospheric plasma. Front. Cell. Infect. Microbiol. 7, 43.

Hoiby, N., Bjarnsholt, T., Givskov, M., Molin, S., Ciofu, O., 2010. Antibiotic resistance of bacterial biofilms. Int. J. Antimicrob. Agents 35, 322–332.

Horiuchi, J.I., Tabata, K., Kanno, T., Kobayashi, M., 2000. Continuous acetic acid production by a packed bed bioreactor employing charcoal pellets derived from waste mushroom medium. J. Biosci. Bioeng. 89, 126–130.

Hui, J.G.K., Mai-Prochnow, A., Kjelleberg, S., Mcdougald, D., Rice, S.A., 2014. Environmental cues and genes involved in establishment of the super infective Pf4 phage of *Pseudomonas aeruginosa*. Front. Microbiol. 5, 654.

Ica, T., Caner, V., Istanbullu, O., Nguyen, H.D., Ahmed, B., Call, D.R., Beyenal, H., 2012. Characterization of mono- and mixed-culture *Campylobacter jejuni* biofilms. Appl. Environ. Microbiol. 78(4), 1033–1038.

Ishaq, M., Evans, M.M., Ostrikov, K.K., 2014. Effect of atmospheric gas plasmas on cancer cell signaling. Int. J. Cancer 134, 1517–1528.

Jahid, I.K., Han, N., Ha, S.-D., 2014. Inactivation kinetics of cold oxygen plasma depend on incubation conditions of *Aeromonas hydrophila* biofilm on lettuce. Food Res. Int. 55, 181–189.

Jahid, I.K., Han, N., Zhang, C.-Y., Ha, S.-D., 2015. Mixed culture biofilms of *Salmonella* Typhimurium and cultivable indigenous microorganisms on lettuce show enhanced resistance of their sessile cells to cold oxygen plasma. Food Microbiol. 46, 383–394.

Joaquin, J.C., Kwan, C., Abramzon, N., Vandervoort, K., Brelles-Mariño, G., 2009. Is gas-discharge plasma a new solution to the old problem of biofilm inactivation? Microbiology 155, 724–732.

Joshi, S.G., Paff, M., Friedman, G., Fridman, G., Fridman, A., Brooks, A.D., 2010. Control of methicillin-resistant *Staphylococcus aureus* in planktonic form and biofilms: a biocidal efficacy study of nonthermal dielectric-barrier discharge plasma. Am. J. Infect. Control 38, 293–301.

Joshua, G.W.P., Guthrie-Irons, C., Karlyshev, A.V., Wren, B.W., 2006. Biofilm formation in *Campylobacter jejuni*. Microbiology-SGM 152, 387–396.

Kadam, S.R., den Besten, H.M.W., van der Veen, S., Zwietering, M.H., Moezelaar, R., Abee, T.,

2013. Diversity assessment of *Listeria monocytogenes* biofilm formation: impact of growth condition, serotype and strain origin. Int. J. Food Microbiol. 165, 259–264.

Kadowaki, K., Sone, T., Kamikozawa, T., Takasu, H., Suzuki, S., 2009. Effect of water-surface discharge on the inactivation of *Bacillus subtilis* due to protein lysis and DNA damage. Biosci. Biotechnol. Biochem. 73, 1978–1983.

Kaplan, J.B., Ragunath, C., Velliyagounder, K., Fine, D.H., Ramasubbu, N., 2004. Enzymatic detachment of *Staphylococcus epidermidis* biofilms. Antimicrob. Agents Chemother. 48, 2633–2636.

Ken-ichi, K., Hironori, I., Satoshi, I., Hiroaki, T., 2015. Oxidative DNA damage caused by pulsed discharge with cavitation on the bactericidal function. J. Phys. D: Appl. Phys. 48,365401.

Kim, B., Yun, H., Jung, S., Jung, Y., Jung, H., Choe, W., Jo, C., 2011. Effect of atmospheric pressure plasma on inactivation of pathogens inoculated onto bacon using two different gas compositions. Food Microbiol. 28, 9–13.

Kim, J.S., Lee, E.J., Kim, Y.J., 2014. Inactivation of *Campylobacter jejuni* with dielectric barrier discharge plasma using air and nitrogen gases. Foodborne Pathog. Dis. 11, 645–651.

Kim, H.-J., Jayasena, D.D., Yong, H.I., Alahakoon, A.U., Park, S., Park, J., Choe, W., Jo, C., 2015. Effect of atmospheric pressure plasma jet on the foodborne pathogens attached to commercial food containers. J. Food Sci. Technol. 52, 8410–8415.

Kjelleberg, S., Molin, S., 2002. Is there a role for quorum sensing signals in bacterial biofilms? Curr. Opin. Microbiol. 5, 254–258.

Klampfl, T.G., Isbary, G., Shimizu, T., Li, Y.F., Zimmermann, J.L., Stolz, W., Schlegel, J., Morfill, G.E., Schmidt, H.U., 2012. Cold atmospheric air plasma sterilization against spores and other microorganisms of clinical interest. Appl. Environ. Microbiol. 78, 5077–5082.

Kline, E.K., 1948. Bergey's manual of determinative bacteriology, sixth ed. Am. J. Public Health Nations Health 38, 1700.

Koo, H., Allan, R.N., Howlin, R.P., Stoodley, P., Hall-Stoodley, L., 2017. Targeting microbial biofilms: current and prospective therapeutic strategies. Nat. Rev. Microbiol. 15, 740.

Kudo, K.-I., Ito, H., Ihara, S., Terato, H., 2015. Quantitative analysis of oxidative DNA damage induced by high-voltage pulsed discharge with cavitation. J. Electrost. 73, 131–139.

Lewis, K., 2001. Riddle of biofilm resistance. Antimicrob. Agents Chemother. 45, 999–1007.

Lunov, O., Zablotskii, V., Churpita, O., Jäger, A., Polívka, L., Syková, E., Dejneka, A., Kubinová, Š., 2016. The interplay between biological and physical scenarios of bacterial death induced by non-thermal plasma. Biomaterials 82, 71–83.

Ma, Y., Chen, M., Jones, J.E., Ritts, A.C., Yu, Q., Sun, H., 2012. Inhibition of *Staphylococcus epidermidis* biofilm by Trimethylsilane plasma coating. Antimicrob. Agents Chemother. 56, 5923–5937.

Ma, R., Wang, G., Tian, Y., Wang, K., Zhang, J., Fang, J., 2015. Non-thermal plasma-activated water inactivation of food-borne pathogen on fresh produce. J. Hazard. Mater. 300, 643–651.

Machala, Z., Jedlovský, I., Chládeková, L., Pongrác, B., Giertl, D., Janda, M., Šikurová, L., Polčic, P., 2009. DC discharges in atmospheric air for bio-decontamination - spectroscopic methods for mechanism identification. Eur. Phys. J. D 54, 195–204.

Mai-Prochnow, A., Murphy, A.B., Mclean, K.M., Kong, M.G., Ostrikov, K., 2014. Atmospheric pressure plasmas: infection control and bacterial responses. Int. J. Antimicrob. Agents 43, 508–517.

Mai-Prochnow, A., Bradbury, M., Ostrikov, K., Murphy, A.B., 2015a. *Pseudomonas aeruginosa* biofilm response and resistance to cold atmospheric pressure plasma is linked to the redox-active molecule Phenazine. PLoS One 10, e0130373.

Mai-Prochnow, A., Hui, J.G.K., Kjelleberg, S., Rakonjac, J., McDougald, D., Rice, S.A., 2015b. Big things in small packages: the genetics of filamentous phage and effects on fitness of their host. FEMS Microbiol. Rev. 39 (4), 465–487.

Mai-Prochnow, A., Clauson, M., Hong, J.M., Murphy, A.B., 2016. Gram positive and Gram negative bacteria differ in their sensitivity to cold plasma. Sci. Rep. 6, 38610.

Maisch, T., Shimizu, T., Isbary, G., Heinlin, J., Karrer, S., Klampfl, T.G., Li, Y.F., Morfill, G., Zimmermann, J.L., 2012. Contact-free inactivation of *Candida albicans* biofilms by cold atmospheric air plasma. Appl. Environ. Microbiol. 78, 4242–4247.

Marchal, F., Robert, H., Merbahi, N., Fontagne-Faucher, C., Yousfi, M., Romain, C.E., Eichwald, O., Rondel, C., Gabriel, B., 2012. Inactivation of Gram-positive biofilmsby low-temperature plasma jet at atmospheric pressure. J. Phys. D: Appl. Phys. 45(34), 345202.

Matthes, R., Hübner, N., Bender, C., Koban, I., Horn, S., Bekeschus, S., Weltmann, K.,Kocher, T., Kramer, A., Assadian, O., 2014. Efficacy of different carrier gases for barrier discharge plasma generation compared to chlorhexidine on the survival of *Pseudomonas aeruginosa* embedded in biofilm *in vitro*. Skin Pharmacol. Physiol. 27, 148–157.

Mendis, D.A., Rosenberg, M., Azam, F., 2000. A note on the possible electrostatic disruption of bacteria. IEEE Trans. Plasma Sci. 28, 1304–1306.

Mercier-Bonin, M., Saulou, C., Lebleu, N., Schmitz, P., Raynaud, P., Despax, B.,Allion, A., Zanna, S., Marcus, P., 2010. Plasma-surface engineering for biofilm prevention: evaluation of anti-adhesive and antimicrobial properties of a silver nanocompositethin film. In: Bailey, W.C. (Ed.), Biofilms: Formation, Development and Properties.Nova Science Publishers, pp. 419–440.

Moisan, M., Barbeau, J., Crevier, M.C., Pelletier, J., Philip, N., Saoudi, B., 2002. Plasmasterilization. Methods mechanisms. Pure Appl. Chem. 74, 349–358.

Molha, D., Brocklehurst, T., Shama, G., Kong, M.G., 2004. Inactivation of biofilm-forming bacteria using cold atmospheric plasmas and potential application for decontamination of fresh foods. In: The 31st IEEE International Conference on Plasma Science, 2004.

ICOPS 2004. IEEE Conference Record - Abstracts., 1–1 July 2004, p. 113.

Morikawa, M., 2006. Beneficial biofilm formation by industrial bacteria *Bacillus subtilis* and related species. J. Biosci. Bioeng. 101, 1–8.

Mraz, B., Kisko, G., Hidi, E., Agoston, R., Mohacsi-Farkas, C., Gillay, Z., 2011. Assessment of biofilm formation of *Listeria monocytogenes* strains. Acta Aliment. 40, 101–108.

Nguyen, U.T., Burrows, L.L., 2014. DNase I and proteinase K impair *Listeria monocytogenes* biofilm formation and induce dispersal of pre-existing biofilms. Int. J. Food Microbiol. 187, 26–32.

Niemira, B.A., 2012a. Cold plasma decontamination of foods. Annu. Rev. Food Sci. Technol. 3, 125–142.

Niemira, B.A., 2012b. Cold plasma reduction of *Salmonella* and *Escherichia coli* O157:H7 on almonds using ambient pressure gases. J. Food Sci. 77, M171–M175.

Niemira, B.A., Sites, J., 2008. Cold plasma inactivates Salmonella Stanley and *Escherichia coli* O157:H7 inoculated on Golden Delicious Apples. J. Food Prot. 71, 1357–1365.

Niemira, B.A., Boyd, G., Sites, J., 2014. Cold plasma rapid decontamination of food contact surfaces contaminated with *Salmonella* biofilms. J. Food Sci. 79, M917–M922.

Noriega, E., Shama, G., Laca, A., Diaz, M., Kong, M.G., 2011. Cold atmospheric gas plasma disinfection of chicken meat and chicken skin contaminated with *Listeria innocua*. Food Microbiol. 28, 1293–1300.

Pei, X., Lu, X., Liu, J., Liu, D., Yang, Y., Ostrikov, K., Chu, P.K., Pan, Y., 2012. Inactivation of a 25.5 μm *Enterococcus faecalis* biofilm by a room-temperature, battery-operated, handheld air plasma jet. J. Phys. D: Appl. Phys. 45, 165205–165210.

Piercey, M.J., Hingston, P.A., Hansen, L.T., 2016. Genes involved in *Listeria monocytogenes* biofilm formation at a simulated food processing plant temperature of 15°C. Int. J. Food Microbiol. 223, 63–74.

Pilchova, T., Hernould, M., Prevost, H., Demnerova, K., Pazlarova, J., Tresse, O., 2014. Influence of food processing environments on structure initiation of static biofilm of *Listeria monocytogenes*. Food Control. 35, 366–372.

Piriou, P., Dukan, S., Levi, Y., Jarrige, P.A., 1997. Prevention of bacterial growth in drinking water distribution systems. Water Sci. Technol. 35, 283–287.

Poulsen, L.V., 1999. Microbial biofilm in food processing. LWT–Food Sci. Technol.32, 321–326.

Privat-Maldonado, A., O'Connell, D., Welch, E., Vann, R., van der Woude, M.W., 2016. Spatial dependence of DNA damage in bacteria due to low-temperature plasma application as assessed at the single cell level. Sci. Rep. 6, 35646.

Ragni, L., Berardinelli, A., Vannini, L., Montanari, C., Sirri, F., Guerzoni, M.E., Guarnieri, A., 2010. Non-thermal atmospheric gas plasma device for surface decontamination of shell eggs. J. Food Eng. 100, 125–132.

Ramsey, M.M., Whiteley, M., 2004. *Pseudomonas aeruginosa* attachment and biofilm development in dynamic environments. Mol. Microbiol. 53, 1075–1087.

Rao, M.R., Naficy, A.B., Savarino, S.J., Abu-Elyazeed, R., Wierzba, T.F., Peruski, L.F., Abdel-Messih, I., Frenck, R., Clemens, J.D., 2001. Pathogenicity and convalescent excretion of *Campylobacter* in rural Egyptian children. Am. J. Epidemiol. 154, 166–173.

Rastogi, R.P., Richa, Kumar, A., Tyagi, M.B., Sinha, R.P., 2010. Molecular mechanisms of ultraviolet radiation-induced DNA damage and repair. J. Nucleic Acids. 2010, 592980.

Reeser, R.J., Medler, R.T., Billington, S.J., Jost, B.H., Joens, L.A., 2007. Characterization of *Campylobacter jejuni* biofilms under defined growth conditions. Appl. Environ. Microbiol. 73, 1908–1913.

Rice, S.A., Koh, K.S., Queck, S.Y., Labbate, M., Lam, K.W., Kjelleberg, S., 2005. Biofilm formation and sloughing in *Serratia marcescens* are controlled by quorum sensing and nutrient cues. J. Bacteriol. 187, 3477–3485.

Rieu, A., Briandet, R., Habimana, O., Garmyn, D., Guzzo, J., Piveteau, P., 2008. *Listeria monocytogenes* EGD-e biofilms: no mushrooms but a network of knitted chains. Appl. Environ. Microbiol. 74, 4491–4497.

Rijnaarts, H.H.M., Norde, W., Bouwer, E.J., Lyklema, J., Zehnder, A.J.B., 1993. Bacterial adhesion under static and dynamic conditions. Appl. Environ. Microbiol. 59, 3255–3265.

Rod, S.K., Hansen, F., Leipold, F., Knochel, S., 2012. Cold atmospheric pressure plasma treatment of ready-to-eat meat: inactivation of *Listeria innocua* and changes in product quality. Food Microbiol. 30, 233–238.

Romling, U., Gomelsky, M., Galperin, M.Y., 2005. C-di-GMP: the dawning of a novel bacterial signalling system. Mol. Microbiol. 57, 629–639.

Roos, G., Messens, J., 2011. Protein sulfenic acid formation: from cellular damage to redox regulation. Free Radic. Biol. Med. 51, 314–326.

Rothrock, M.J., Zhuang, H., Lawrence, K.C., Bowker, B.C., Gamble, G.R., Hiett, K.L., 2017. In-package inactivation of pathogenic and spoilage bacteria associated with poultry using dielectric barrier discharge-cold plasma treatments. Curr. Microbiol. 74, 149–158.

Ryu, J.H., Kim, H., Beuchat, L.R., 2004. Attachment and biofilm formation by *Escherichia coli* O157:H7 on stainless steel as influenced by exopolysaccharide production, nutrient availability, and temperature. J. Food Prot. 67, 2123–2131.

Sahni, M., Locke, B.R., 2006. The effects of reaction conditions on liquid-phase hydroxyl radical production in gas-liquid pulsed-electrical-discharge reactors. Plasma Process. Polym. 3, 668–681.

Sala, C., Imre, K., Morvay, A.A., Nichita, I., Morar, A., 2015. Characterization of biofilm structure of bacterial associations formed on surfaces with different levels of roughness. J. Biotechnol. 208, S74.

Sauer, K., Cullen, M.C., Rickard, A.H., Zeef, L.A., Davies, D.G., Gilbert, P., 2004. Characterization of nutrient-induced dispersion in *Pseudomonas aeruginosa* PAO1 biofilm. J. Bacteriol. 186, 7312–7326.

Schuchat, A., Swaminathan, B., Broome, C.V., 1991. Epidemiology of human listeriosis. Clin. Microbiol. Rev. 4, 169–183.

Seneviratne, C.J., Wang, Y., Jin, L.J., Wong, S.S.W., Herath, T.D.K., Samaranayake, L.P., 2012. Unraveling the resistance of microbial biofilms: has proteomics been helpful? Proteomics 12, 651–665.

Shi, X.M., Zhu, X.N., 2009. Biofilm formation and food safety in food industries. Trends Food Sci. Technol. 20, 407–413.

Shuler, M.L., Kargi, F., 2002. Engineering principles for bioprocesses. In: Bioprocess Engineering Basic Concepts. Prentice Hall Inc, Upper Saddle River, NJ.

Simm, R., Morr, M., Kader, A., Nimtz, M., Romling, U., 2004. GGDEF and EAL domains inversely regulate cyclic di-GMP levels and transition from sessility to motility. Mol. Microbiol. 53, 1123–1134.

Skirrow, M.B., 1990. Campylobacter. Lancet 336, 921–923.

Sommer, P., Martin-Rouas, C., Mettler, E., 1999. Influence of the adherent population levelon biofilm population, structure and resistance to chlorination. Food Microbiol. 16, 503–515.

Stoodley, P., Wilson, S., Hall-Stoodley, L., Boyle, J.D., Lappin-Scott, H.M., Costerton, J.W., 2001. Growth and detachment of cell clusters from mature mixed-species biofilms. Appl. Environ. Microbiol. 67, 5608–5613.

Stoodley, P., Cargo, R., Rupp, C.J., Wilson, S., Klapper, I., 2002. Biofilm material properties as related to shear-induced deformation and detachment phenomena. J. Ind. Microbiol. Biotechnol. 29, 361–367.

Swift, S., Downie, J.A., Whitehead, N.A., Barnard, A.M., Salmond, G.P., Williams, P., 2001. Quorum sensing as a population-density-dependent determinant of bacterial physiology. Adv. Microb. Physiol. 45, 199–270.

Takhistov, P., George, B., 2004. Linearized kinetic model of *Listeria monocytogenes* biofilm growth. Bioprocess Biosyst. Eng. 26, 259–270.

Techaruvichit, P., Takahashi, H., Kuda, T., Miya, S., Keeratipibul, S., Kimura, B., 2016. Adaptation of *Campylobacter jejuni* to biocides used in the food industry affects biofilmstructure, adhesion strength, and cross-resistance to clinical antimicrobial compounds. Biofouling 32, 827–839.

Teh, K.H., Flint, S., French, N., 2010. Biofilm formation by *Campylobacter jejuni* in controlled mixed-microbial populations. Int. J. Food Microbiol. 143, 118–124.

Tero, R., Yamashita, R., Hashizume, H., Suda, Y., Takikawa, H., Hori, M., Ito, M., 2016. Nanopore formation process in artificial cell membrane induced by plasma-generated reactive oxygen species. Arch. Biochem. Biophys. 605, 26–33.

Traba, C., Liang, J.F., 2011. Susceptibility of *Staphylococcus aureus* biofilms to reactive discharge gases. Biofouling 27, 763–772.

Traba, C., Chen, L., Liang, J.F., 2013. Low power gas discharge plasma mediated inactivation and removal of biofilms formed on biomaterials. Curr. Appl. Phys. 13, S12–S18. Supplement 1.

Traylor, M.J., Pavlovich, M.J., Karim, S., Hait, P., Sakiyama, Y., Clark, D.S., Graves, D.B., 2011. Long-term antibacterial efficacy of air plasma-activated water. J. Phys. D: Appl. Phys. 44,

472001.

Trevisani, M., Berardinelli, A., Cevoli, C., Cecchini, M., Ragni, L., Pasquali, F., 2017. Effects of sanitizing treatments with atmospheric cold plasma, SDS and lactic acid onvero toxin-producing *Escherichia coli* and *Listeria monocytogenes* in red chicory (radicchio). Food Control 78, 138–143.

van der Veen, S., Abee, T., 2011. Mixed species biofilms of *Listeria monocytogenes* and *Lactobacillus plantarum* show enhanced resistance to benzalkonium chloride and peracetic acid. Int. J. Food Microbiol. 144, 421–431.

van Loodsrecht, M.C.M., Lyklema, J., Norde, W., Zehnder, A.J.B., 1990. Influence of interfaces on microbial activity. Microbiol. Rev. 54, 75–87.

Vandervoort, K.G., Brelles-Marino, G., 2014. Plasma-mediated inactivation of *Pseudomonas aeruginosa* biofilms grown on borosilicate surfaces under continuous culture system. PLoS One 9.

Vatansever, F., de Melo, W.C., Avci, P., Vecchio, D., Sadasivam, M., Gupta, A., Chandran, R., Karimi, M., Parizotto, N.A., Yin, R., Tegos, G.P., Hamblin, M.R., 2013. Antimicrobial strategies centered around reactive oxygen species – bactericidal antibiotics, photodynamic therapy, and beyond. FEMS Microbiol. Rev. 37, 955–989.

Venezia, R.A., Orrico, M., Houston, E., Yin, S.M., Naumova, Y.Y., 2008. Lethal activity of nonthermal plasma sterilization against microorganisms. Infect. Control Hosp. Epidemiol. 29, 430–436.

Vleugels, M., Shama, G., Deng, X.T., Greenacre, E., Brocklehurst, T., Kong, M.G., 2005. Atmospheric plasma inactivation of biofilm-forming bacteria for food safety control. IEEE Trans. Plasma Sci. 33, 824–828.

Walker, J.T., Mackerness, C.W., Mallon, D., Makin, T., Williets, T., Keevil, C.W., 1995. Control of *Legionella pneumophila* in a hospital water system by chlorine dioxide. J. Ind. Microbiol. 15, 384–390.

Wang, Y., Somers, E.B., Manolache, S., Denes, F.S., Wong, A.C.L., 2003. Cold plasma synthesis of poly(ethylene glycol)-like layers on stainless-steel surfaces to reduce attachment and biofilm formation by *Listeria monocytogenes*. J. Food Sci. 68, 2772–2779.

Wang, H.H., Ding, S.J., Dong, Y., Ye, K.P., Xu, X.L., Zhou, G.H., 2013. Biofilm formation of *Salmonella* serotypes in simulated meat processing environments and its relationship to cell characteristics. J. Food Prot. 76, 1784–1789.

Webb, J.S., Thompson, L.S., James, S., Charlton, T., Tolker-Nielsen, T., Koch, B., Givskov, M., Kjelleberg, S., 2003. Cell death in *Pseudomonas aeruginosa* biofilm development. J. Bacteriol. 185, 4585–4592.

WHO, 2015. WHO estimates of the global burden of foodborne diseases: foodborne disease burden epidemiology reference group 2007-2015. Geneva, Switzerland.

Winkelstroeter, L.K., Tulini, F.L., De Martinis, E.C.P., 2015. Identification of the bacteriocin produced by cheese isolate *Lactobacillus paraplantarum* FT259 and its potential influence on *Listeria monocytogenes* biofilm formation. LWT–Food Sci. Technol. 64, 586–592.

Wood, R.C., Macdonald, K.L., Osterholm, M.T., 1992. *Campylobacter enteritis* outbreaks associated with drinking raw-milk during youth activities - a 10-year review of outbreaks in the United-States. J. Am. Med. Assoc. 268, 3228–3230.

Yong, H.I., Kim, H.J., Park, S., Choe, W., Oh, M.W., Jo, C., 2014. Evaluation of the treatment of both sides of raw chicken breasts with an atmospheric pressure plasma jet for the inactivation of *Escherichia coli*. Foodborne Pathog. Dis. 11, 652–657.

Zameer, F., Gopal, S., 2010. Evaluation of antibiotic susceptibility in mixed culture biofilms. Int. J. Biotechnol. Biochem. 6, 93–99.

Zhang, W., Sileika, T., Chen, C., Liu, Y., Lee, J., Packman, A., 2011. A novel planar flowcell for studies of biofilm heterogeneity and flow-biofilm interactions. Biotechnol. Bioeng. 108, 2571.

Zhu, W.D., Sun, P., Sun, Y., Yu, S., Wu, H., Liu, W., Zhang, J., Fang, J., 2012. Inactivation of candida strains in planktonic and biofilm forms using a direct current, atmospheric-pressure cold plasma Micro-Jet. In: Machala, Z., Hensel, K., Akishev, Y. (Eds.), Plasma for Bio-Decontamination, Medicine and Food Security. Springer Netherlands, Dordrecht.

Zimmermann, J.L., Dumler, K., Shimizu, T., Morfill, G.E., Wolf, A., Boxhammer, V., Schlegel, J., Gansbacher, B., Anton, M., 2011. Effects of cold atmospheric plasmas on adenoviruses in solution. J. Phys. D. Appl. Phys. 44, 505201.

Ziuzina, D., Petil, S., Cullen, P.J., Keener, K.M., Bourke, P., 2014. Atmospheric cold plasma inactivation of *Escherichia coli*, *Salmonella enterica serovar* Typhimurium and *Listeria monocytogenes* inoculated on fresh produce. Food Microbiol. 42, 109–116.

Ziuzina, D., Han, L., Cullen, P.J., Bourke, P., 2015. Cold plasma inactivation of internalized bacteria and biofilms for *Salmonella* enterica serovar Typhimurium, *Listeria monocytogenes* and *Escherichia coli*. Int. J. Food Microbiol. 210, 53–61.

第2部分

冷等离子体在食品保藏领域的应用

第5章
冷等离子体在高水分食品杀菌中的应用

1 引言

根据美国疾病控制与预防中心（Centers for Disease Control and Prevention，CDC）的统计，过去5年所爆发的食源性疾病主要与生鲜农产品、鸡蛋、鸡肉、猪肉和牛肉制品、海鲜和乳制品（如奶酪）等高水分食品有关（图5.1）。导致上述食源性疾病的微生物主要包括大肠杆菌（*Escherichia coli*）、单增李斯特菌（*Listeria monocytogenes*）、沙门氏菌（*Salmonella*）、空肠弯曲杆菌（*Campylobacter jejuni*）、弧菌（*Vibrio* spp.）等食源性致病菌、环孢子虫（*Cyclospora*）等寄生虫和甲型肝炎病毒（*Hepatitis A*）等食源性病毒。上述食品营养丰富且水分含量较高，为微生物生长繁殖提供了良好的条件。病原菌对传统

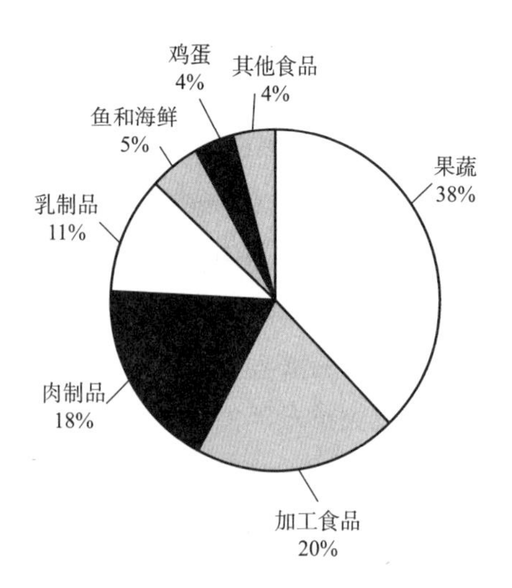

图5.1　过去5年不同种类食品所引发食源性疾病的统计（美国疾病控制与预防中心，2019）。肉类产品包括牛肉、猪肉、鸡肉、火鸡肉和羊肉；乳制品主要包括不同种类的奶酪

杀菌方法具有很强的抵抗力且消费者越来越追求无化学添加食品，极大地推动了冷等离子体等新型食品杀菌技术的研发和应用。

冷等离子体技术是食品安全领域的一种新型非热加工技术，能够有效杀灭食品中的各种微生物。等离子体被认为是物质存在的第四种状态，是一种离子化气体的混合物，主要由一些具有抗菌作用的活性物质组成。对两个电极之间的气体（纯的或混合的气体）进行放电处理产生的等离子体含有大量活性物质，主要包括电子、正离子和负离子、自由基或激发态分子等。这种活性物质的混合物通常被称为等离子体辉光，包含紫外线辐射和光子等；此外，上述活性物质会影响微生物的存活。由于这些活性物质不处于热力学平衡状态，所形成等离子体的温度较低（<60℃），因此，它被称为冷等离子体，也被认为是一种非热加工技术。

等离子体中活性物质的产生取决于放电气体，放电气体可以是纯气体，也可以是不同气体的混合物。在冷等离子体应用于食品安全控制和保鲜研究中所使用的放电气体主要包括空气、氧气、氮气、氩气和氦气及其混合物。冷等离子体中含有大量的活性氧（reactive oxygen species，ROS）和活性氮（reactive nitrogen species，RNS）；ROS主要包括臭氧、原子氧、单线态氧、激发态氧和超氧阴离子等；RNS主要包括原子氮、激发态氮和一氧化氮等。在处理过程中，上述活性物质能够作用于微生物的细胞膜和细胞器，进而导致其死亡。此外，与冷等离子体设备相关的处理参数和食品基质本身的性质也会影响冷等离子体对微生物的杀灭效果。在将冷等离子体技术进行实际应用之前，需要充分考虑上述因素对实际应用效果的影响。例如，当放电气体湿度较大或产品水分含量过高时，等离子体中的活性物质能够和水分子反应并生成·OH、H^+和H_2O_2等活性物质，进而增强冷等离子体的杀菌效果。最近，一些研究评价了冷等离子体对液态产品的作用效果；类似于其他技术，冷等离子体对液态产品的杀菌效果还受到活性物质穿透力的显著影响。还需要指出的是，等离子体活化水（plasma-activated water，PAW）是一种传统冷等离子体技术的替代方法，对蔬菜具有良好的清洗和消毒效果，其应用也受到了广泛的关注。

本章介绍了冷等离子体技术应用于高水分食品杀菌的最新进展，讨论了该技术的优势；为了最大限度地减少冷等离子体处理对某些食品的不良影响（如对高脂肪含量食品造成的氧化作用等），还强调了今后的工作应重点关注的研究方向。本章还综述了冷等离子体应用于水果和蔬菜、畜禽肉、液体食品等领域的一些最新研究成果；最后，介绍了PAW在果蔬和其他产品杀菌保鲜领域的应用研究进展。

2 水果与蔬菜

目前主要采用含氯消毒剂处理生鲜农产品，极易造成氯残留并产生一些对人体具有潜在致癌作用的有毒物质（Allende et al.，2008；Martin–Diana et al.，2007）。此外，水果和蔬菜上残留的有机物也会影响游离氯对微生物的杀灭效果，从而造成潜在的健康风险（Luo et al.，2018；Chen 和 Huang，2017）。

为了有效杀灭存在于生鲜农产品中的病原微生物，同时保持其新鲜度和产品品质，研究人员正在研发一些替代的杀菌技术和方法（Cossu et al.，2018；Huang et al.，2018；Marti et al.，2017；Guo et al.，2017；Thorn et al.，2017；Goodburn 和 Wallace，2013），其中较为常见的是将传统保鲜方法联合使用以发挥协同作用，从而有效失活微生物。冷等离子体是一种应用于食品科学领域的新型非热加工技术，具有多种用途。本章将冷等离子体作为一种食品安全控制和保鲜的新技术进行讨论。与其他消毒技术相比，冷等离子体技术具有一些独特的优势，被广泛应用于生鲜农产品保鲜领域。冷等离子体技术处理过程不涉及化学物质，因此也不会造成产品中化学物质的残留，是一种无水且绿色环保的加工技术，已被证实能够有效保持果蔬的品质和新鲜度。

2.1 生鲜农产品

生鲜农产品的表面结构和组成成分极为复杂，是影响其杀菌保鲜技术研究的重要瓶颈；同时，微生物对常见消毒剂具有一定的抵抗力，生物被膜的形成以及消费者对无化学添加食品需求的提高也是生鲜农产品保鲜领域面临的重要挑战。此外，微生物会迁移至水果和蔬菜的气孔、褶皱处、内部等，从而削弱消毒剂的杀灭作用。因此，很难找到理想和有效的生鲜农产品杀菌保鲜技术。然而，研究证实，冷等离子体对多孔或表面不规则食品也具有良好的杀菌作用。目前，冷等离子体在生鲜农产品领域的研究主要集中于对大肠杆菌（*E. coli*）、沙门氏菌（*Salmonella* spp.）及单增李斯特菌（*L. monocytogenes*）等常见食源性致病菌的控制（见表 5.1）。相关研究所使用冷等离子体设备类型、实验处理参数、放电气体等存在很大差异，因此在不同研究中冷等离子体的杀菌效果也有所不同，相关研究将在下文进行讨论分析。

Cui 等（2018）评价了采用氮气所产生冷等离子体对黄瓜、胡萝卜和生菜表面所形成大肠杆菌 O157:H7 生物被膜的失活作用。该研究依次采用冷等离子体（400 W，

表5.1　冷等离子体杀灭新鲜农产品和鲜切食品中微生物的研究进展

产品	微生物	处理条件	微生物杀灭效果	产品品质影响	参考文献
红元帅苹果	大肠杆菌O157:H7（*E. coli* O157:H7）	OAUGDP[a]，9 kV，6 kHz，25℃，2 min	减少2 log以上	未报道	Critzer et al.（2007）
金冠苹果	斯坦利沙门氏菌（*S.* Stanley）和大肠杆菌O157:H7（*E. coli* O157:H7）	滑动弧放电冷等离子体，60 Hz，15 kV，40 L/min，3 min	分别减少2.9~3.7 log和3.4~3.6 log	未报道	Niemira和Sites（2008）
青苹果	单增李斯特菌（*L. monocytogenes*）	等离子体射流，36 kV，40 s，空气，再加上乳酸链球菌素溶液的进一步处理（180 s和3600 s）	分别减少2.5 log和4.6 log	苹果表面结构变化	Ukuku et al.（2019）
鲜切青苹果果皮	大肠杆菌（*E. coli* ATCC11775）和英诺克李斯特菌（*L. innocua* ATCC 33090）	低压冷等离子体，29.6 W，3~20 min，Ar、N_2、O_2和Ar-O_2混合物	处理20 min后，分别减少1.68 log（O_2）和0.88 log（N_2）	表面润湿性变化	Segura-Ponce et al.（2018）
哈密瓜	沙门氏菌（*Salmonella* spp.）	OAUGDP[a]，9 kV，6 kHz，25℃，1 min	减少2 log以上	未报道	Critzer et al.（2007）
卷心菜	单增李斯特菌（*L. monocytogenes*）	微波冷等离子体，400~900 W，667 kPa，1~10 min，氦+氧混合物	减少0.3~2.1 log，依赖于处理时间	未报道	Lee et al.（2015）
卷心菜和生菜	鼠伤寒沙门氏菌（*S.* Typhimurium）	微波冷等离子体，900 W，10 min，N_2	减少1.5 log	未报道	Lee et al.（2015）
红菊苣	大肠杆菌（*E. coli*）和单增李斯特菌（*L. monocytogenes*）	DBD[b]等离子体，19.15 V，15 min，十二烷基硫酸钠和乳酸预处理	预处理5 min时，减少4.78 log，预处理15 min时，减少3.77 log	储存期间气味难闻，整体可接受性低	Trevisani et al.（2017）
羽衣甘蓝叶	大肠杆菌O157:H7（*E. coli* O157:H7）	DBD等离子体形成的喷雾，空气，26 kV，2500 Hz，300 s	低于检测限	处理600 s后叶片发生褐变	Shah et al.（2019）

续表

产品	微生物	处理条件	微生物杀灭效果	产品品质影响	参考文献
长叶生菜	大肠杆菌O157:H7（*E. coli* O157:H7）	DBD等离子体，2400 Hz，42.6 kV，10 min,空气，在蛤蜊壳包装内装1、3、5和7层	1-5层时，减少0.4~0.8 log；7层时减少1.1 log	没有观察到重要的改变	Min et al.（2017）
卷心莴苣	单增李斯特菌（*L. monocytogenes*）	OAUGDP，9 kV，6 kHz，25℃，3~5 min	分别减少3~5 log	未报道	Critzer et al.（2007）
柑桔	意大利青霉菌（*P. italicum*）	微波冷等离子体，0.7 kV，900 W，N_2，10 min	发病率减少84%	总酚含量和果皮抗氧化物含量升高	Won et al.（2017）
芒果和哈密瓜	大肠杆菌（*E. coli*）、酿酒酵母（*S. cescerevisiae*）、成团泛菌（*Pantoea agglomerans*）和液化葡糖醋杆菌（*G. liquefaciens*）	冷等离子体笔，12~16 kV，30 kHz，$He+O_2$，数秒	2.5 s后均低于检测限，大肠杆菌（5 s）和酿酒酵母（10~30 s）除外	未报道	Perni et al.（2008）
南瓜泥	大肠杆菌（*E. coli* ATCC 25922）	冷等离子体电晕放电，17 kV，Ar，20 min	3.62 log	pH、类胡萝卜素含量和*a**值降低	Santos Jr et al.（2018）
西红柿	大肠杆菌（*E. coli* ATCC 25922）	DBD等离子体，15和60 kV，5~30 min	在60 kV处理15 min后减少6 log	在密封袋中储存期延长	Prasad et al.（2017）
圣女果	需氧细菌、酵母、霉菌和大肠菌群	ICDPJ[c]，8 kV，2~4 A，2 min	从2 log至低于检测限（2~4 A）	色泽、硬度、味道、风味、质地或整体可接受性无变化，在25℃保质期延长至10~15 d	Lee et al.（2018）
萝卜苗	鼠伤寒沙门氏菌（*S.* Typhimurium）	微波等离子体，900 W，667 Pa，2~20 min，N_2	处理20 min后减少2.6 log	含水量减少	Oh et al.（2017）
草莓	需氧细菌、酵母和霉菌	DBD等离子体，60 kV，50 Hz，相对湿度42%，5 min	减少2 log	呼吸速率、色泽或硬度没有变化	Misra et al.（2014）

注 [a]OAUGDP，大气压均匀辉光放电等离子体；[b]DBD，介质阻挡放电；[c]ICDPJ，间歇电晕放电等离子体射流。

2 min）和噬菌体（5%，30 min）处理上述果蔬表面的生物被膜。结果表明，经冷等离子体与噬菌体协同处理后，样品表面大肠杆菌O157:H7减少了5.71 log。冷等离子体处理能够有效降解生物被膜基质，使大肠杆菌暴露于噬菌体处理下，进而导致大肠杆菌死亡。作者同时对处理后的样品进行了感官评价，发现冷等离子体处理组样品和对照组样品在色泽、外观、味道和总体可接受性方面均没有显著差异；色泽和质构的检测结果也没有显示出差异（Cui et al.，2018）。在另一项类似研究中，Cui等（2016b）发现冷等离子体（放电气体为氮气，放电功率分别为400 W和600 W）短时间处理（最长3 min）能够有效杀灭接种在生菜表面的大肠杆菌O157:H7；为了提高杀菌效果，作者同时使用了具有抗菌活性的丁香精油（浓度分别为1、2和4 mg/mL）。丁香精油对微生物有较强的灭活作用，这主要与其破坏细胞膜、造成胞内组分释放等有关。结果表明，冷等离子体与丁香精油之间具有较强的协同效应，可使大肠杆菌降低约6 log。然而，冷等离子体和丁香精油协同处理会对生菜感官品质造成不良影响。经冷等离子体和丁香精油协同处理后，生菜色泽发生变化，呈现出棕色；生菜叶外观感官评分也明显下降（Cui et al.，2016b）。

在另一项与新鲜农产品有关的研究中，Pasqual等（2016）评价了介质阻挡放电（dielectric barrier discharge，DBD）等离子体对菊苣叶（radicchio leaves）表面单增李斯特菌和大肠杆菌O157:H7的杀灭作用；放电电压为15 kV，以空气为工作气体，处理时间分别为15 min和30 min。结果表明，相对于大肠杆菌O157:H7，单增李斯特菌对DBD等离子体的抵抗性更强，这可能是因为李斯特菌是一种革兰氏阳性细菌，与属于革兰氏阴性细菌的大肠杆菌O157:H7相比，具有更为致密的细胞壁。经DBD等离子体处理30 min后，菊苣叶表面单增李斯特菌降低了2.2 log CFU/cm^2；经DBD等离子体处理15 min后，大肠杆菌O157:H7则减少了1.35 log MPN/cm^2。作者同时发现，DBD等离子体处理未对菊苣叶的抗氧化活性造成显著影响，但对色泽造成了一定程度的不良影响。感官评价结果表明，DBD等离子体处理组菊苣叶在4℃下贮藏1天后，其品质发生显著变化；贮藏3天后，其新鲜度、色泽、气味、质地和整体可接受度等感官特性都明显降低（Pasqual et al.，2016）。

虽然在使用冷等离子体处理生鲜农产品时，研究人员最初主要关注冷等离子体的杀菌效果，但在今后的工作中应进一步优化处理条件以避免冷等离子体直接处理对蔬菜品质造成不良影响。例如，Baier等（2014）评价了大气压冷等离子体射流对接种于莴苣缬草（*Valerianella locusta*，一种在冬季用于制作沙拉的蔬菜）、黄瓜、苹果和番茄表面大肠杆菌的灭活效果。结果表明，经冷等离子体处理60 s后（以氩气为工作气体），大肠杆菌分别降低了4.1 log、4.7 log、4.7 log和3.3 log；在处理的前20~30 s，冷等离子体射流对微生物的杀灭效果较好；然而继续延长处理时间，冷等离子体射流对微生物的杀灭效果并没有显著增强。此外，如果冷等离子体射流与样品之间的距离在5 mm以上，那么冷等离子体射流短时间处理不会对样品的色泽和质构特性造成不良影响（Baier et al.，2014）。

金桔果（*Citrus japonica*）极易受细菌、酵母和霉菌污染而发生腐败。Puligundla等（2018）研究了不同电压和处理时间下间歇电晕放电等离子体射流（intermittent corona discharge plasma jet，ICDPJ）对韩国特产金桔果的杀菌保鲜作用。样品初始需氧细菌和酵母/霉菌数分别为3.46 log CFU/g和3.00 log CFU/g；经电流为4 A的ICDPJ处理2 min后，样品表面未检测到需氧细菌和酵母/霉菌，保质期显著延长，同时未对金桔果的色泽、质构和感官品质造成不良影响（Puligundla et al.，2018）。

Lacombe等（2015）评价了冷等离子体射流对蓝莓的杀菌保鲜效果，处理时间最长为120 s，以空气为放电气体；经冷等离子体射流处理并于4℃贮藏后，蓝莓表面需氧微生物有所降低。与未处理组样品相比，经冷等离子体射流处理并于4℃贮藏7天后，蓝莓表面需氧微生物降低了1.5 log；但当处理时间延长至60 s时，发现冷等离子体处理会对蓝莓的品质造成不良影响，主要表现为硬度降低、花青素含量减少和色泽发生劣变（Lacombe et al.，2015）。

如表5.1所示，一些研究评价了冷等离子体对苹果表面大肠杆菌、沙门氏菌和单增李斯特菌的杀灭效果。结果表明，冷等离子体处理能够有效杀灭苹果表面的大肠杆菌、沙门氏菌和单增李斯特菌（>2 log）。最近的一些研究发现，冷等离子体处理会对苹果的品质造成一定影响。冷等离子体应用于生鲜农产品杀菌保鲜的主要技术瓶颈是会对某些产品的色泽造成不良影响，如以氧气为工作气体所产生的冷等离子体会导致叶菜色泽发暗，这与冷等离子体诱导叶菜发生一系列氧化反应有关。图5.2展示了冷等离子体处理对表面接种有大肠杆菌O157:H7羽衣甘蓝嫩叶表面和品质的影响。结果表明，当处理时间较短时（120 s），绿色羽衣甘蓝嫩叶仍保持原有的色泽［图5.2（A）］；但当处理时间延长至600 s时，冷等离子体诱导叶片成分发生氧化反应，导致叶面发生褐变［图5.2（B）］；但作者发现冷等离子体处理300 s就能够将样品表面大肠杆菌减少到检测限以下，同时不影响其色泽（Shah et al.，2019）。其他一些研究也得到了类似的结果。造成上述现象的主要原因是：一方面，氧气是必需的，因为在放电气体中添加氧气能增强冷等离子体对微生物的杀灭效果；另一方面，氧气也会对一些蔬菜的品质造成不良影响。如表5.1所示，冷等离子体也会对生鲜农产品的其他品质造成不良影响，如类胡萝卜素等生物活性物质含量降低、感官品质发生劣变。

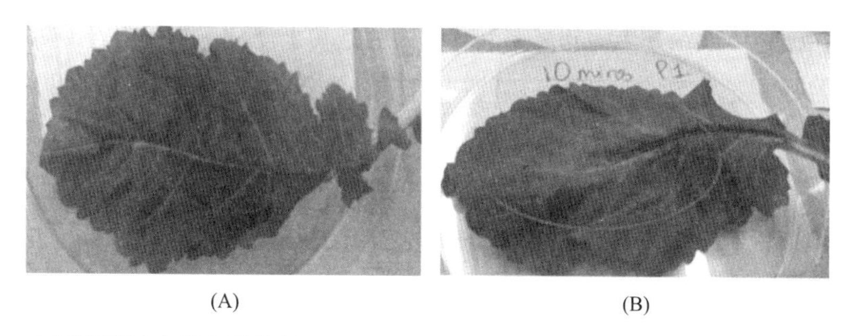

(A)　(B)

图5.2　介质阻挡放电等离子体处理120 s（A）和600 s（B）对羽衣甘蓝嫩叶外观的影响（26 kV，2500 Hz，空气）。（引自Shah, U. et al.，2019）

2.2　鲜切产品

鲜切蔬菜经过最低限度地加工，在贮藏期间具有一定的稳定性。但由于其操作和流通环节较多，鲜切蔬菜极易被微生物污染并引发食品安全隐患。鲜切蔬菜在包装前主要进行去皮、切片、切丁或切碎等操作（Martin-Diana等，2007）。在上述处理过程中正确处理蔬菜能够有效避免食品、接触面或水之间的交叉污染，进而有效降低产品微生物污染的风险。然而，由于贮藏流通环节的条件非常适宜微生物生长，因此鲜切蔬菜的保质期一般较短。目前，可采用一些杀菌保鲜方法延长鲜切蔬菜的保质期，常用方法包括含氯消毒剂、有机酸、过氧化氢、臭氧、气调包装或热烫处理等，但上述处理会对鲜切产品的品质造成不良影响或造成化学残留（Martin Diana et al.，2007）。

一些研究评价了冷等离子体对鲜切蔬菜病原菌及其他能够缩短产品保质期的常见微生物菌群的杀灭作用。Tappi等（2016）采用DBD等离子体处理鲜切甜瓜片，每面分别处理15 min和30 min，最终处理时间分别为30 min和60 min；然后将样品包装后于10℃条件下贮藏4天。结果表明在最佳处理条件下（每面处理15 min），样品中过氧化物酶和果胶甲基酯酶活力分别降低了17%和7%；DBD等离子体处理同时抑制了嗜温菌和嗜冷菌的生长，有效延长了产品的保质期，同时仅对鲜切样品中可滴定酸、可溶性固形物含量、干物质、色泽和质构等品质指标造成轻微影响（Tappi et al.，2016）。

Matan等（2015）评价了冷等离子体对接种大肠杆菌、鼠伤寒沙门氏菌和单增李斯特菌的鲜切火龙果的杀菌保鲜作用。作者将射频冷等离子体（20~40 W，20~600 kHz，氩气）处理与绿茶提取物（5%）浸泡鲜切火龙果相结合。经上述处理后，鲜切火龙果在贮藏15天过程中未检出任何食源性致病菌；鲜切火龙果样品在4℃下贮藏30天，其表面嗜温菌和嗜冷菌的生长也受到了抑制。经冷等离子体处理与绿茶提取物联合处理后，鲜切火龙果的货架期延长了15天；同时，在相同的贮藏条件下，未处理组鲜切火龙果的货架期不到5天。然而，在不添加绿茶提取物的情况下单独使用冷等离子体时，其作用效果则较弱。这主要是由于绿茶提取物中的抗氧化物质和冷等离子体处理过程中产生的自由基可能增强了杀菌效果。经绿茶提取物和冷等离子体协同处理后，鲜切火龙果样品中酚类物质的含量也有所增加（Matan et al.，2015）。

综上所述，冷等离子体是一种有望应用于果蔬杀菌保鲜的新型非热加工技术。然而，相关研究不应仅关注于冷等离子体对微生物的杀灭效果，还应深入研究冷等离子体处理对果蔬营养组分及感官品质的影响。如前所述，一些研究正尝试通过优化等离子体设备的电极及电极与产品之间的工作距离、处理方式（直接处理或间接处理）、放电气体组成等放电参数以及将冷等离子体与其他技术联合使用来提高冷等离子体的实际应用效果。

3 禽类产品

由于沙门氏菌污染率较高，禽蛋和禽肉（除火鸡外）极易引发食源性疾病（图5.1），因此多年来一直是食品安全关注的焦点问题（CDC，2019）。由于传统方法控制禽类产品沙门氏菌污染的效果不太理想，开发新型替代方法成为当前的研究热点。近年来，冷等离子体技术在禽蛋杀菌保鲜领域的应用备受各界关注；此外，由于鸡肉和鸡皮通常会保护微生物细胞免受常见消毒剂的失活作用，因此冷等离子体也广泛应用于杀灭鸡肉和鸡皮表面的食源性致病菌。下文将介绍冷等离子体应用于禽类产品保鲜的一些研究报道，更多的应用报道见表5.2。

Ragni等（2010）将肠炎沙门氏菌（*S. enteritidis*）和鼠伤寒沙门氏菌（*S.* Typhimurium）接种在鸡蛋表面，接种量为5.5~6.5 log/个鸡蛋，然后采用放电电压为15 kV的电阻性介质阻挡放电（resistive barrier discharge，RBD）冷等离子体装置进行处理。作者在研究中采用了两种相对湿度（35%和65%）的空气为放电气体来产生冷等离子体。发射光谱检测结果表明，所产生冷等离子体中主要活性物质

表5.2 冷等离子体处理下家禽产品、肉制品和鱼类中的微生物失活示例

产品	微生物	处理条件	微生物灭活效果	产品品质变化	参考文献
家禽产品					
鸡皮和鸡胸肉片	空肠弯曲杆菌（*C. jejuni*）	冷等离子体射流，30~180 s，1 MHz，2~3 kV，Ar或空气	0.78~2.55 log CFU/cm^2（氩气）；0.65~1.42 log CFU/cm^2（空气）	使用氩气在最短距离（8 mm）处理最长时间后肉品的亮度（L^*）升高	Rossow et al.（2018）
鸡胸肉和带皮鸡腿	鼠伤寒沙门氏菌（*S.* enteric subsp. enteric serovar Typhi ATCC 19214）	空气冷等离子体，常压，30 kV，0.5 kHz，0.15 W/cm^2，0~180 s，低、高接种量	接种量高（10^4）时，鸡胸肉：减少1.5 log；带皮鸡腿：减少1.7 log	未发现任何变化	Dirks et al.（2012）
鸡胸肉和带皮鸡腿	空肠弯曲杆菌（*C. jejuni* RM1849）	空气冷等离子体，常压，30 kV，0.5 kHz，0.15 W/cm^2，0~180 s，低、高接种水平	处理8 min，鸡皮：减少1 log；处理4 min，鸡肉：减少3 log	未报道	Dirks et al.（2012）
鸡肉和鸡皮	英诺克李斯特菌（*L. innocua*）	DBD[a]等离子体射流，30 kHz，16 kV，$He+O_2$	处理8 min，鸡皮：减少1 log；处理4 min，鸡肉：减少3 log	未报道	Noriega et al.（2011）
鸡蛋	肠炎沙门氏菌（*S. enteritidis*）	HVACP[b]，85 kV，60 Hz，干燥空气和MA65（65% O_2+30% CO_2+5%N_2），5~15 min，直接和间接处理	MA65直接处理15 min，减少5.53 log	所检测的品质参数均未发生改变	Wan et al.（2017）
鸡蛋	肠炎沙门氏菌（*S. enteritidis*）和鼠伤寒沙门氏菌（*S.* Typhimurium）	冷氮等离子体（400 W，20 min）和百里香精油（0.5 mg/mL，1 min）	低于10 CFU/鸡蛋	保质期延长至14天（4℃、12℃和25℃）	Cui et al.（2016a,b）
鸡蛋	鼠伤寒沙门氏菌（*Salmonella* . var Typhimurium）	DBD等离子体，25~30 $kV_{p\text{-}p}$，10~12 kHz，直接处理（$He+O_2$）和间接处理（空气）	直接处理10 min和间接处理25 min后，每个鸡蛋中低于10^2个细菌数	鸡蛋品质（pH、哈夫单位、蛋黄指数）没有变化	Georgescu et al.（2017）

续表

产品	微生物	处理条件	微生物灭活效果	产品品质变化	参考文献
猪肉和牛肉					
猪肉片	需氧细菌总数	微波等离子体，2.45 GHz，1.2 kW，空气，间接处理，2 × 2.5 min和5 × 2 min	储存期间保持在10^2~10^3（5℃下20天）	色泽变化，*a** 增加和*b**减小	Fröhling et al.（2012）
鱼和冷冻猪肉	大肠杆菌O157:H7（*E. coli* O157:H7）和单增李斯特菌（*L. monocytogenes*）	电晕放电等离子体射流，20 kV，58 kHz，0~120 s	分别减少1.5 log和>1 log	色泽和外观发生变化；新鲜猪肉的感官品质发生变化	Choi et al.（2016）
猪里脊	大肠杆菌（*E. coli*）和单增李斯特菌（*L. monocytogenes*）	DBD等离子体，30 kHz，3 kV，He，He+O_2，10 min	当用氦气 + 氧气处理时，分别减少0.55和0.59 log	*L**值下降，pH改变，脂质氧化产生，感官特性改变	Kim et al.（2013）
培根	单增李斯特菌（*L. monocytogenes* KCTC 3596）、大肠杆菌（*E. coli* KCTC1682）和鼠伤寒沙门氏菌（*S.* Typhimurium KCTC 1925）	DBD等离子体，13.56 MHz，125 W，He+O_2，90 s	分别减少2.6、3.0和1.73 log	*L**值升高	Kim et al.（2011）
新鲜猪头肉	单增李斯特菌（*L. monocytogenes*）、大肠杆菌O157:H7（*E. coli* O157:H7）和鼠伤寒沙门氏菌（*S.* Typhimurium）	柔性薄层DBD等离子体，15 kHz，100 W，10 min，N_2+O_2	分别减少2.04、2.54和2.68 log	*a** 值降低（红度降低），促进一些脂质氧化，并有味道的改变	Jayasena et al.（2015）
新鲜牛里脊	单增李斯特菌（*L. monocytogenes*）、大肠杆菌O157:H7（*E. coli* O157:H7）和鼠伤寒沙门氏菌（*S.* Typhimurium）	柔性薄层DBD等离子体，15 kHz，100 W，10 min，N_2+O_2	分别减少1.90、2.57和2.58 log	*a** 值降低（红度降低），促进一些脂质氧化，并有味道的改变	Jayasena et al.（2015）
意大利牛肉干	英诺克李斯特菌（*L. innocua*）	大气压等离子体，15.5、31和62 W，2~60 s，30%O_2+70% Ar	减少0.8~1.6 log	TBARS[c]值升高，色泽发生变化，储存1天（40%）和14天（70%）后失去红色	Rød et al.（2012）

续表

产品	微生物	处理条件	微生物灭活效果	产品品质变化	参考文献
鱼类					
亚洲鲈鱼片	铜绿假单胞菌（*P. aeruginosa*）、副溶血性弧菌（*V. parahaemolyticus*）、金黄色葡萄球菌（*S. aureus*）、单增李斯特菌（*L. monocytogenes*）和大肠杆菌（*E. coli*）	DBD HVACP，50 Hz，80 kV_{RMS}，2.5~10 min，$Ar+O_2$	灭活效果有限，需要一定的处理时间使其失活	脂质氧化与蛋白质降解	Olatunde et al.（2019）
大西洋鲱鱼	总好氧嗜温菌、嗜冷菌、乳酸菌、假单胞菌（*Pseudomonas*）和肠杆菌（*Enterobacteria*）	DBD，50 Hz，70~80 kV，5 min，空气	与对照样品相比，等离子体处理后的微生物数较少	肌原纤维结合水含量降低	Albertos et al.（2017b）
鱼丸（鱼糜、细菌悬浮液）	水栖嗜冷杆菌（*P. glacincola*）、热杀索丝菌（*B. thermosphacta*）和莓实假单胞菌（*P. fragi*）	气相表面放电等离子体，75 Hz，12.8 kV，6.5 L/min，300 s	分别减少6.87、4.81和3.32 log	未报道	Zhang et al.（2019）
鱼丸（鱼糜、细菌悬浮液）	水栖嗜冷杆菌（*P. glacincola*）	脉冲放电等离子体，50 Hz，20 kV，3 L/min，4 min	完全灭活（减少5 log）	未报道	Zhang et al.（2019）

注　[a]DBD，介质阻挡放电；[b]HVACP，高压常压冷等离子体；[c]TBARS，2-硫代巴比妥酸反应物。

是N_2^+、·OH和NO自由基。经相对湿度为35%的空气放电冷等离子体处理90 min后，鸡蛋表面肠炎沙门氏菌降低了约2.5 log；而当空气相对湿度为65%时，鸡蛋表面肠炎沙门氏菌降低了约4.5 log。作者认为，这可能是由于提高空气湿度能够产生更多具有杀菌作用的含氧活性物质，从而增强了对鸡蛋表面细菌的杀灭效果（Ragni et al.，2010）。Georgescu等（2017）研究了冷等离子体对接种于鸡蛋表面肠道沙门氏菌（*S. enterica*）的杀灭效果，也得到了与Ragni等（2010）类似的实验结果。Georgescu等（2017）使用的是DBD等离子体，处理条件见表5.2。当所用放电气体的相对湿度更高（80%）时，DBD等离子体对鸡蛋表面肠道沙门氏菌具有更强的杀灭效果，这是因为放电气体中存在的水会促进羟基自由基的产生，而羟基自由基具有很强的杀菌作用。经DBD等离子体直接处理10 min或间接处理25 min后，鸡蛋表面活细菌数低于检测限，同时也未对鸡蛋的品质造成不良影响。

Wan等（2017）研究了不同放电气体所产生冷等离子体对鸡蛋表面肠炎沙门氏菌（*S. enteritidis*）的杀灭效果，使用的是干燥空气和混合气体（65%O_2、30%CO_2和5%N_2），所用电压为85 kV。与干燥空气相比，混合气体（65%O_2、30%CO_2和5%N_2）中氧气浓度更高，所产生冷等离子体对鸡蛋表面肠炎沙门氏菌具有更强的杀灭效果。此外，冷等离子体的杀菌效果随处理时间的延长而增强，这是因为延长处理时间能够产生更高浓度的活性物质，从而更容易杀灭微生物（经冷等离子体处理15 min后，样品表面肠炎沙门氏菌减少了5.53 log）。同时，作者还发现，冷等离子体处理未对鸡蛋品质造成不良影响，主要包括哈夫单位（Haugh unit）、质量、蛋清pH、蛋黄pH、色泽和蛋黄膜强度（vitelline membrane strength）等指标（Wan et al.，2017）。

Matan等（2014）分别将丁香精油、甜罗勒精油和青柠叶精油以及每种精油的主要成分丁香酚、*β*-罗勒烯和D-柠檬烯（5~20 μL/mL）与冷等离子体相结合用于灭活蛋壳上的食源性致病菌。将大肠杆菌、鼠伤寒沙门氏菌和金黄色葡萄球菌接种在蛋壳上并干燥。然后，通过将鸡蛋浸泡在上述精油或其活性成分的溶液中，从而将精油或其主要成分涂覆于蛋壳表面。最后，用射频冷等离子体（20~40 W，10 min，20~600 kHz，氩气）处理鸡蛋并进行菌落计数。丁香精油（10 μL/mL）或其主要成分丁香酚（5 μL/mL）与40 W冷等离子体联合使用均能够有效杀灭所接种的食源性致病菌；但只有将冷等离子体与丁香精油或丁香酚联合使用，才能完全杀灭蛋壳表面的食源性致病菌。Cui等（2016a，b）开展了类似的研究，将百里香精油与冷等离子体相结合，对接种肠炎沙门氏菌和鼠伤寒沙门氏菌的蛋壳进行处理。百里香精油与冷等离子体显示出了协同效应，使用0.5 mg/mL百里香精油浸泡20 min，然后使用冷等离子体（400 W，氮气）处理1 min后，鸡蛋表面微生物数<10 CFU/鸡蛋。在不同温度（4℃、12℃和25℃）下，上述联合处理可以使鸡蛋的货架期延长至14天。

除沙门氏菌以外，空肠弯曲杆菌也是禽肉中常见的食源性致病菌。Rossow等（2018）研究了冷等离子体射流处理对接种于鸡皮和鸡胸肉表面空肠弯曲杆菌的杀灭效果，处理条件为1 MHz和2~3 kV，以氩气或空气作为工作气体，处理时间分别为30 s和180 s。结果表明，经氩气放电所产生的冷等离子体射流处理后，样品表面空肠弯曲杆菌降低了0.78~2.55 log CFU/cm^2；而经空气放电所产生冷等离子体射流处理后，样品表面空肠弯曲杆菌仅降低了0.65~1.42 log CFU/cm^2。在冷等离子体射流处理过程中，由于鸡皮表面较为粗糙，可以保护细菌免受冷等离子体活性物质的影响，因此鸡胸肉表面的空肠弯曲杆菌更容易被杀灭。作者同时发现，经氩气放电所产生冷等离子体射流处理过程中，样品的温度达到61℃，表明肉品可能会发生变性，因为当温度>45℃时，肉的肌原纤维、结缔组织和肌浆蛋白会发生变性和脱水。经氩气放电所产生冷等离子体射流处理180 s后，鸡胸肉样品的亮度有所升高，表明冷等离子体处理可能造成其品质发生劣变（Rossow et al.，2018）。一般而言，在实验条件下冷等离子体处理对鸡肉中微生物的失活作用较为有限（表5.2）。

4　红肉

肉品中常见的食源性致病菌主要包括单增李斯特菌（*L. monocytogenes*）、大肠杆菌（*E. coli*）、沙门氏菌（*Salmonella* spp.）和空肠弯曲杆菌（*C. jejuni*）（Misra和Jo，2017）。根据CDC网站统计，在2018年发生的牛肉和猪肉产品召回事件中，上述致病菌在相关产品中的检出率较高。

如表5.2所示，冷等离子体能够有效杀灭不同肉制品中的主要致病微生物。由于相关研究所使用的冷等离子体设备多种多样（如在猪肉研究中采用了DBD等离子体、电晕放电等离子体和微波等离子体），因此很难比较不同研究中冷等离子体对微生物的杀灭效果。根据已有文献报道，在使用含有氧气的混合气体所产生冷等离子体处理时，猪肉中微生物可降低1~2 log。Rød等（2012）研究了冷等离子体对产于意大利北部地区的即食风干咸牛肉产品（breasola）的杀菌效果，所使用的放电气体为30%氧气+70%氩气。作者发现，冷等离子体中的活性氧可造成产品中的脂质和色素发生氧化，进而产生羟基酸、酮酸、短链脂肪酸和醛等异味物质（Critzer et al.，2007）；另外，在冷等离子体处理过程中，肌红蛋白和过氧化氢相互作用并生成胆绿蛋白（choleglobin），进而造成处理组肉制品的*a**值升高。

当采用氧气为放电气体产生冷等离子体时，会生成大量的ROS，主要包括但不限于过氧化氢（H_2O_2）、臭氧（O_3）、超氧阴离子（$O_2^{\cdot-}$）、过氧化羟基自由基（$HO_2^{\cdot}$）、烷氧自由基（$RO^{\cdot}$）、过氧自由基（$ROO^{\cdot}$）、单线态氧（$^1O_2$）、羟基自由基（$^{\cdot}OH$）和碳酸盐阴离子自由基（$CO_3^{\cdot-}$）等（Misra和Jo，2017）。事实上，氧气对病原菌细胞有很强的杀伤作用，因此在冷等离子体放电过程中通常需要添加氧气来增强对微生物的杀灭效果，但添加氧气也会降低肉类产品的品质。

此外，也有一些采用冷等离子体杀灭肉品中致腐微生物的研究报道。肉品在加工贮藏等环节极易受致腐菌污染。尽管致腐菌不会引发食源性疾病，但会导致肉品在贮藏期间发生品质劣变。热杀索丝菌（*Brochothrix thermosphacta*）是肉品中常见的一种致腐菌。Patange等（2017）评价了DBD等离子体对羊排中热杀索丝菌的失活作用。结果表明，经DBD等离子体处理5 min后，样品中热杀索丝菌降低了约2 log。该研究还将DBD等离子体处理的羊排样品进行气调包装（$30\%CO_2+70\%O_2$）并于4℃下储存13天。结果表明，与未处理组样品相比，冷等离子体处理抑制了气调保鲜羊排在贮藏过程中的微生物生长，有效延长了产品的货架期（Patange et al.，2017）。

尽管使用冷等离子体可以灭活肉类中的微生物，但仍需优化放电气体并尽量不使用氧气。可通过优化放电气体、处理工艺参数等来控制冷等离子体造成的肉制品色泽劣变和脂质氧化，并提高其杀菌效果。采用放电电压较高的冷等离子体设备也有望能够在有效杀灭微生物的同时有效保持肉品品质。

5 鱼

目前，冷等离子体处理鱼类产品的研究报道相对较少。相对于猪肉或牛肉，鱼类产品脂肪含量较低，但冷等离子体处理仍可导致其发生脂质氧化。接下来介绍一些冷等离子体应用于鱼类产品杀菌保鲜的研究报道。Albertos等（2017a）

研究了DBD等离子体处理对大西洋鲭鱼（*Atlantic mackerel*）鱼片中自然菌群的影响。作者将大西洋鲭鱼片包装并密封于聚对苯二甲酸乙二酯（polyethylene terephthalate，PET）托盘中；处理电压为70~80 kV，频率为50 Hz，处理时间为5 min，放电气体为空气（50%RH，15℃）。经DBD等离子体处理后，样品的过氧化值（peroxide value，PV）和共轭二烯型氢过氧化物（conjugated hydroperoxides）含量均随处理时间的延长而显著升高，表明DBD等离子体中的自由基诱导样品发生了脂质氧化。经DBD等离子体处理后，样品的亮度（L^*）降低，鱼肉结构发生一定变化并释放出部分结合水（Albertos et al.，2017a）。在另一项关于鲱鱼片的研究中，作者采用DBD冷等离子体处理包装后的鲱鱼片，放电电压分别为70 kV和80 kV，处理时间为5 min。结果表明，经放电电压为80 kV的DBD冷等离子体处理后，鲱鱼片表面的嗜温菌、嗜冷菌、假单胞菌、乳酸菌和肠杆菌的数量均显著降低，但同时也造成鲱鱼片发生脂质氧化及色泽劣变；当放电电压为70 kV时，冷等离子体仍具有较好的杀菌效果并能够较好地保持产品品质。作者同时发现，经DBD冷等离子体处理后，鲱鱼片肌原纤维的保水性也明显降低（Albertos et al.，2017b）。

6　液态食品

如前所述，冷等离子体相关研究多集中于固体食品。一些学者认为，相对于液态食品，冷等离子体对固态食品表面的微生物具有更好的杀灭效能，这是因为冷等离子体中的活性物质能够与固体表面的微生物直接接触并发挥杀菌作用（Kim et al.，2014）。然而，在最近几年，已有大量采用冷等离子体杀灭液态食品中微生物的研究报道，详见表5.3。如表5.3所示，相关研究主要涉及柑橘汁、苹果汁、橙汁或番茄汁等；大肠杆菌等食源性致病菌在冷等离子体处理后降低了不到5 log。大肠杆菌和沙门氏菌都属于革兰氏阴性细菌，理论上冷等离子体对上述两种微生物具有相似的失活效果。然而，由于处理条件的不同，冷等离子体对大肠杆菌和沙门氏菌的失活效果存在较大差异；采用氧气含量为65%的混合气体所产生的冷等离子体对沙门氏菌具有更强的杀灭效能。Surowsky等（2014）评价了冷等离子体对苹果汁中弗氏柠檬酸杆菌（*Citrobacter freundii*）的失活作用。弗氏柠檬酸杆菌属于肠杆菌科，是一种条件致病菌。经冷等离子体射流处理480 s（以氩气加0.1%氧气为工作气体）后，苹果汁中弗氏柠檬酸杆菌降低了约5 log。在

表5.3 使用选定的冷等离子体处理条件对液体食品中微生物的灭活作用

产品	微生物	处理条件	微生物失活结果	产品品质变化	参考文献
橘子汁	大肠杆菌（*E. coli* ATCC 700891）	30 kV，40 MHz，25℃，2 min	减少4.8 log	酸度、酚类和抗坏血酸发生微小变化	Yannam et al.（2018）
苹果汁	大肠杆菌（*E. coli*）	DBD[a]等离子体，30~50 W，40 s	分别减少3.98~4.34 log	最强处理条件（50 W，10 s）会使pH、可滴定酸度、色泽和总酚含量发生显著变化	Liao et al.（2018 a）
苹果汁	鲁氏接合酵母LB和1130（*Z. rouxii* LB和1130）	气相表面放电等离子体喷涂反应器，50 Hz，21.3 kV，30 min，空气	分别减少6.58和6.82 log	未报道	Wang et al.（2018）
苹果汁（12、36和60° Brix）	鲁氏接合酵母LB（*Z. rouxii* LB）	气相表面放电等离子体喷涂反应器，50 Hz，21.3 kV，30 min，空气	分别减少5.60、3.76和3.05 log	pH轻微下降，色泽改变，可滴定酸度、还原糖和挥发性化合物保持不变	Wang et al.（2019）
苹果汁、橙汁、番茄汁和酸樱桃汁	大肠杆菌（*E. coli* ATCC 25922）	等离子体射流，25 kHz，650 W，干燥空气，120 s	分别减少4.02、1.59、1.43和3.34 log	苹果汁色泽发生改变，酚含量增加（10%~15%），pH无变化	Dasan和Boyaci（2018）
椰子汁	鼠伤寒沙门氏菌（*S. enterica* serovar Typhimurium LT2）	HVACP[b]-DBD，60 Hz，186 W，120 s，干燥空气	减少1.3 log	pH和可滴定酸度降低，L^*和b^*升高；产品中存在H_2O_2；抗坏血酸含量无变化	Mahnot et al.（2019）
葡萄汁	酿酒酵母（*S. cescerevisiae*）	HVACP，80 kV，60 Hz，空气，4 min	减少7.4 log	总酚、总黄酮含量减少，DPPH自由基清除能力和抗氧化能力下降	Pankaj et al.（2017）
橙汁	鼠伤寒沙门氏菌（*S. enterica* serovar Typhimurium）	HVACP，直接和间接处理，25 mL，30 s，空气和MA65（65%O_2+30%CO_2+5%N_2），90 kV	减少>5 log	维生素C减少22%，PME减少74%（空气；82% MA65），120 s，直接处理	Xu et al.（2017）

续表

产品	微生物	处理条件	微生物失活结果	产品品质变化	参考文献
全脂、半脱脂和脱脂牛奶	大肠杆菌（*E. coli* ATCC 25922）	电晕空气放电，9 kV，35℃，3~20 min	处理20 min后减少4.1 log	pH和色泽均未发生变化	Gurol et al.（2012）
牛奶	需氧细菌、大肠杆菌（*E. coli* KCTC 1682）、单增李斯特菌（*L. monocytogenes* KCTC 3569）和鼠伤寒沙门氏菌（*S.typhimurium* KCTC 1925）	封装空气DBD等离子体，250 W，15 kHz，5 min和10 min	处理10 min后致病菌减少2.4 log，无须氧细菌存活	pH降低，*L** 和 *b** 值升高；*a** 值减少	Kim et al.（2015）
油莎豆奶	需氧细菌、霉菌和酵母	DBD等离子体，30 V，1.22 A，12 min，空气	处理12 min后低于检测线	pH降低（1.6个单位），可滴定酸度增加，发生脂质氧化，蛋白质含量降低	Muhammad et al.（2019）
番茄饮料	需氧细菌、霉菌和酵母	DBD等离子体，60 kV，50 Hz，260 V，10 min，空气	减少2 log	生物活性物质轻微变化，色泽参数 *L**、*a**、*b** 变化	Mehta et al.（2019）
蒸馏水	鼠伤寒沙门氏菌（*S. enterica* serovar Typhimurium LT2）	HVACP-DBD，60 Hz，186 W，120 s，干燥空气	完全灭活（>9 log）	pH从6.91降至3.35	Mahnot et al.（2019）

注　[a]DBD，介质阻挡放电；[b]HVACP，高压大气冷等离子体。

处理液态食品时，冷等离子体并不直接作用于微生物细胞。一般认为，冷等离子体放电过程产生了大量的ROS（如H_2O_2、羟基自由基等）并造成样品pH降低，可通过损伤DNA而导致微生物死亡（Surowsky et al.，2014）。然而，目前采用冷等离子体处理牛奶的研究报道相对较少。由表5.3可知，在处理时间为10 min和20 min时，冷等离子体对牛奶中微生物的杀灭效果较为有限（低于4.1 log）。根据美国食品药品监督管理局（Food and Drug Administration，FDA）的要求，经新型杀菌技术处理后，果汁或牛奶中的微生物应至少降低5 log（FDA，2019）。然而，由表5.3中的数据可知，冷等离子体处理很难达到上述要求。目前，缺乏处理效果强且均匀的冷等离子体处理设备，成为制约冷等离子体应用于液态食品处理的关键技术瓶颈。需要注意的是，在表5.3所示的研究案例中，冷等离子体处理能够使酵母等致腐微生物降低6 log以上，满足了FDA的上述要求。综上所述，设计适用于处理液态食品的冷等离子体装备是制约该技术实际推广应用的关键。综合考虑近10年关于冷等离子体杀灭微生物及影响食品品质的研究报道，预计在未来几年将研发出能够使果汁、牛奶等液态食品中微生物降低超过5 log的冷等离子体设备。与此同时，还应系统研究冷等离子体对食品品质的影响，以保证冷等离子体处理不会造成果汁中维生素等营养物质发生降解，也不会诱导牛奶发生脂质氧化。

7　其他高水分食品

一些研究也评价了冷等离子体对其他食品的杀菌作用，详见表5.4。由于单增李斯特菌极易污染奶酪并引发食源性疾病，所以奶酪在冷等离子体杀菌研究中使用的较为广泛。由于所使用冷等离子体装置和实验条件存在较大差异，因此很难对表5.4中的实验结果进行比较。然而，Lee等（2012）和Yong等（2015）发现，冷等离子体处理会对奶酪片的感官品质造成不良影响。Wan等（2019）发现经冷等离子体处理后，墨西哥特色软奶酪（*queso fresco*）表面英诺克李斯特菌（*L. innocua*）减少了3.5 log，但该研究未评价冷等离子体处理对奶酪品质的影响。

表5.4最后介绍了冷等离子体对寿司的杀菌保鲜效果及货架期的影响。由于主要使用了蔬菜或鱼等生鲜原料，寿司存在较高的微生物污染风险且货架期通常较短。在Kulawik等（2018）的研究中，尽管冷等离子体处理仅使寿司表面微生物降低了1~1.5 log，但仍可使产品货架期延长数天。

表5.4　冷等离子体处理对其他食品中微生物的失活作用

产品	微生物	处理条件	微生物灭活效果	产品品质	参考文献
奶酪（切片）	大肠杆菌（*E. coli* KCTC 1682）和金黄色葡萄球菌（*S. aureus* KCTC 11764）	DBD[a]等离子体，3.5 kV_{p-p}，50 kHz，He和He+O_2，1~15 min	*E. coli*减少1.98 log（He/O_2）；*S. aureus*减少0.91log（He/O_2）	L^*减少，b^*增加；切片在处理10 min后受损；味道、气味和可接受性方面的感官特性较差，10 min后表面出现损伤	Lee et al.（2012）
奶酪（切片）	英诺克李斯特菌（*L. innocua*）	大气压等离子体，75~150 W，60~120 s	在125 W和150 W处理后，未检测到活细菌（减少>8 log）	未报道	Song et al.（2019）
切达奶酪（切片）	大肠杆菌O157:H7（*E. coli* O157:H7 ATCC43894）、鼠伤寒沙门氏菌（*S.* Typhimurium KCTC1925）和单增李斯特菌（*L. monocytogenes* KCTC3569）	柔性薄层DBD等离子体，250 W，15 kHz，2.5~10 min	处理10 min后分别减少3.2 log、5.8 log和2.1 log	pH和L^*值降低；b^*和硫代巴比妥酸值增加；风味减弱，整体可接受性降低，产生异味	Yong et al.（2015）
鲜奶酪	英诺克李斯特菌（*L. innocua*）	DBD等离子体，60 Hz，100 kV，干燥空气，5 min	减少3.5 log	未报道	Wan et al.（2019）
寿司（饭团和紫菜卷寿司）	需氧微生物	DBD等离子体，70或80 kV，5 min	减少1~1.5 log	紫菜卷寿司的水分、蛋白质或脂肪酸含量没有变化；TBA含量升高	Kulawik et al.（2018）

注　[a]DBD，介质阻挡放电。

8 等离子体活化水（PAW）

最近，为了提高冷等离子体处理效果并避免其对产品品质造成的不良影响，研究人员开发了一些冷等离子体的替代方法，其中常见的替代方法是使用冷等离子体处理水，也被称为等离子体活化水（plasma-activated water，PAW）、等离子体处理水（plasma-treated water，PTW）或等离子体加工水（plasma-processed water，PPW）。PAW可用作食品消毒剂，能够使冷等离子体的活性成分进入待处理样品并增强杀灭效果，同时也能够有效避免对产品品质造成不良影响（Xiang et al.，2019a，b）。

PAW的主要特点是pH很低，这主要是由于经冷等离子体处理后，水溶液中产生了强酸，而酸性环境易于微生物失活。大量研究证实，PAW的平均pH在3左右，也有研究发现PAW的pH甚至低至1.9。存在于PAW中的主要活性物质包括原子氧、单线态氧、超氧化物、臭氧、羟基自由基、激发态氮和原子态氮等，也包括过氧化氢、过氧亚硝基、一氧化氮、硝酸根和亚硝酸根离子等次级产物。Thirumdas等（2018）详细介绍了在制备PAW过程中发生的化学反应，感兴趣的读者可以阅读相关论文。

表5.5总结了PAW研究领域的最新进展。由表5.5可知，PAW相关研究多集中于蔬菜，这是因为果蔬适用于进行清洗处理。研究证实，PAW处理不会对蔬菜品质造成明显的不良影响。PAW处理对绿豆芽外观的影响见图5.3。在该研究中，作者采用PAW处理绿豆芽（处理条件见表5.5），并比较PAW处理组、未处理组和无菌去离子水处理组绿豆芽的差异。经不同处理后，各组样品呈现相同的理化性质，但PAW处理组绿豆芽表面嗜温菌、酵母和霉菌数量有所减少。与对照组绿豆芽相比，PAW处理组样品的总酚、总黄酮含量和感官品质均未发生显著变化。如图5.3所示，在4℃贮藏6天后，PAW处理组豆芽和未处理组豆芽之间差异明显，PAW处理组绿豆芽外观、质地等均未发生明显变化，而对照组样品和无菌去离子水处理组样品的色泽和硬度均发生明显劣变（Xiang et al.，2019a，b）。尽管PAW清洗处理仅使绿豆芽表面的嗜温菌、霉菌和酵母分别减少了2.32 log和2.84 log，但可以使绿豆芽货架期延长数天。以上结果表明，PAW可用于蔬菜的保鲜，能够很好地保持其营养和感官品质，同时也能够有效延长产品的货架期。

表5.5 等离子体活化水（PAW）对食品中微生物的杀灭作用

产品	微生物	处理条件	微生物杀灭效果	产品改变	参考文献
牛肉	需氧细菌	大气压微等离子体阵列，8 kHz，10 kV，24 h	减少3.1 log	货架期延长（4~6天），处理24 h或更短时间后，牛肉品质无显著变化	Zhao et al.（2019）
大白菜（切丝腌制）	需氧细菌、LAB[a]、酵母和霉菌、大肠菌群	交流双极性脉冲电源，14.3 kHz，18 kV，120 min	分别减少2 log、2.2 log、1.8 log和0.9 log	水分含量、还原糖含量、硬度或色泽均未发生明显变化	Choi et al.（2019）
大白菜（切丝腌制）	单增李斯特菌（*L. monocytogenes*）和金黄色葡萄球菌（*S. aureus*）	交流双极性脉冲电源，14.3 kHz，18 kV，120 min，然后PAW与温热（60℃）协同处理5 min	分别减少3.4 log和3.7 log	水分含量、还原糖含量、硬度和色泽均未发生显著变化	Choi et al.（2019）
卷心莴苣和红叶莴苣	鼠伤寒沙门氏菌（*S.* Typhimurium）	微等离子体发生系统EP净水装置，3 min	分别减少3 log和2.6 log	色泽没有明显变化，山奈酚和槲皮素含量略有变化	Khan和Kim（2019）
基围虾（*Metapenaeus ensis*）	需氧细菌	DBD[a]等离子体，30 W，10 min	货架期延长（4~8天）	pH和蛋白质均未发生变化；有效抑制贮藏过程中色泽和硬度的变化及挥发性盐基氮的产生	Liao et al.（2018b）
绿豆芽	需氧细菌、酵母和霉菌	APPJ[c]，5 kV，40 kHz，750 W，30 s	微生物数分别减少2.32 log和2.84 log	抗氧化能力、总酚、类黄酮、感官特性均未发生显著变化	Xiang et al.（2019a）

注 [a]LAB, 乳酸菌；[b]DBD，介质阻挡放电；[c]APPJ，大气压等离子体射流。

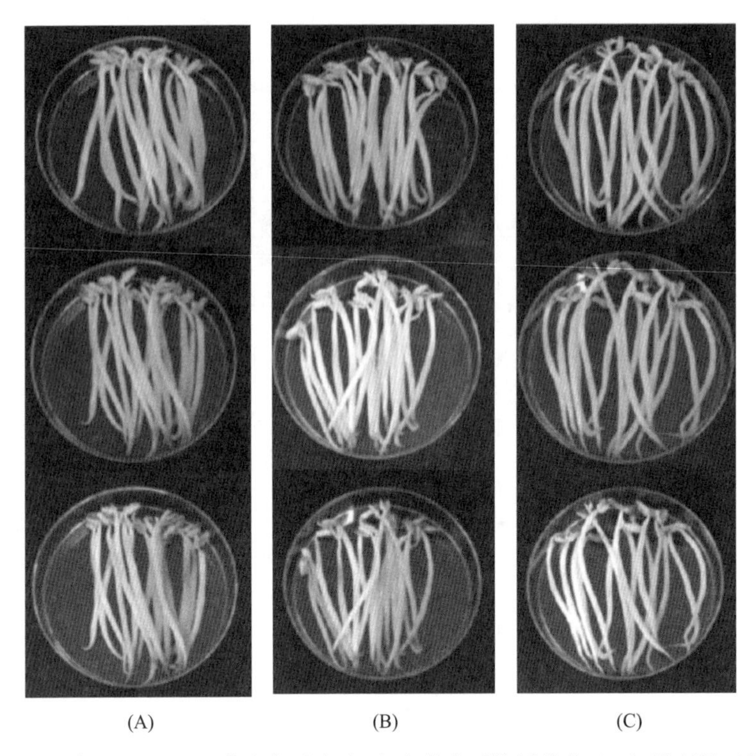

图5.3　未处理样品（A）、无菌去离子水（B）和等离子体活化水（C）处理绿豆芽在冷藏期间的比较。第一排显示的是刚处理完的样品，第二排显示的是贮藏4天后的样品，第三排显示的是贮藏6天后的样品。利用5 kV、40 kHz、750 W、30 s的大气压等离子体射流制备PAW。绿豆芽分别经无菌去离子水和等离子体活化水浸泡处理30 min（摘自Xiang, Q. et al., 2019a）

炭疽菌（*Colletotrichum gloeosporioides*）是一类重要的植物病原真菌，可侵染芒果、香蕉、柑橘和木瓜等水果并显著缩短其货架期，造成较大经济损失。在最近的一项研究中，Wu等（2019）评价了等离子体射流（功率为60 W，频率为20 kHz，放电电压为3~4 kV）所制备的PAW对炭疽菌孢子的杀灭效果。作者分别采用空气和氧气制备PAW并对PAW中长寿命的活性氧氮（reactive oxygen and nitrogen species，RONS）进行了定量分析，同时系统分析了上述两种气体所制备PAW的理化性质。结果表明，采用空气放电所制备的PAW对炭疽菌孢子具有更好的杀灭效果，这可能是由于空气放电除产生含氧自由基外，还产生了NO、NO_2和NO_3等含氮化合物（Wu et al.，2019）。

与冷等离子体相比，PAW更适用于高蛋白食品的保鲜。海鲜是人类蛋白质的极佳来源，但其表面微生物生长迅速，导致其保质期较短；目前，缺乏能够有效延长海鲜保质期并保持其品质（主要是蛋白质含量）的保鲜方法。一些研究将冷等离子体应用于帝王虾（*King prawns*）的保鲜，发现冷等离子体会对其蛋白质造成不良影响；冷等离子体中的ROS和RNS会显著影响帝王虾蛋白质的结构，降低蛋白质溶解度并破坏蛋白质的二级结构（Ekezie et al.，2019）。然而，采用等离子体活化水冰（PAW-ice）能够降低南美白对虾表面需氧菌数量并将产品货架期延长4~8天。该研究的处理条件见表5.5，所使用PAW含有较高浓度的抗菌活性物质，如H_2O_2（2.15 mg/L）、臭氧（8.6 mg/L）和硝酸盐（78.2 mg/L）；进一步研究发现，上述溶于水中的抗菌活性物质能够有效抑制蛋白质降解（Liao et al.，2018b）。

Xiang等（2019b）研究了有机物质对PAW杀菌效果的影响。众所周知，待处理样品或溶液中有机物含量较高会降低含氯消毒剂的杀菌效果。Xiang等（2019b）将牛肉提取物和蛋白胨加入到PAW中（采用等离子体射流制备PAW，放电功率为750 W，空气压力为0.18 MPa，放电时间为60 s），反应一段时间后评价PAW对大肠杆菌O157:H7和金黄色葡萄球菌的杀灭效果。经未添加上述有机物的PAW处理后，大肠杆菌O157:H7和金黄色葡萄球菌分别降低了3.7 log和2.32 log；然而，当PAW中添加牛肉提取物或蛋白胨后，其杀菌作用随有机物添加浓度的升高而降低。上述结果可能是由于牛肉提取物和蛋白胨中的组分与PAW中的杀菌物质发生了化学反应，降低了PAW的氧化还原电位和NO_2^-含量，并升高了PAW的pH，从而造成PAW杀菌作用降低。

9　结论

冷等离子体杀菌技术是一种具有很好发展潜力的高水分食品杀菌新技术。冷等离子体中的活性物质能够有效杀灭各种食品中的致病菌。然而，冷等离子体处理会对产品品质造成不良影响，制约了该技术的实际应用。采用氧气进行放电能增强冷等离子体对微生物的杀灭效能，但同时也会增强氧化反应，破坏一些蔬菜的色泽和营养物质，造成肉类等高脂肪含量产品的脂质氧化，还会造成某些食品中生理活性物质的降解。等离子体活化水具有良好的杀菌能力，同时不会对食品品质造成不良影响。在今后的研究中，应全面评价冷等离子体处理对食品品质的影响规律，并系统优化冷等离子体设备和处理工艺参数，从而最大限度地减少冷等离子体处理对食品品质的不良影响，推动冷等离子体技术在食品工业中的实际应用。

参考文献

Albertos, I., Martin-Diana, A.B., Cullen, P.J., Tiwari, B.K., Ojha, S.K., Bourke, P., Alvarez, C., Rico, D., 2017a. Effects of dielectric barrier discharge (DBD) generated plasma on microbial reduction and quality parameters of fresh mackerel (*Scomber scombrus*) fillets. Innov. Food Sci. Emerg. Technol. 44, 117–122.

Albertos, I., Martin-Diana, A.B., Cullen, P.J., Tiwari, B.K., Shikha Ojha, K., Bourke, P., Rico, D., 2017b. Shelf-life extension of herring (*Clupea harengus*) using in-package atmospheric plasma technology. Innov. Food Sci. Emerg. Technol. 53, 85–91.

Allende, A., Selma, M.V., Lopez-Galvez, F., Villaescusa, R., Gil, M.I., 2008. Role of commercial sanitizers and washing systems on epiphytic microorganisms and sensory quality of fresh-cut escarole and lettuce. Postharvest Biol. Technol. 49, 155–163.

Baier, M., Görgen, M., Ehlbeck, J., Knorr, D., Herppich, W., Schlüter, O., 2014. Non-thermal atmospheric pressure plasma: screening for gentle process conditions and antibacterial efficiency on perishable fresh produce. Innov. Food Sci. Emerg. Technol. 22, 147–157.

CDC, Centers for Disease Control and Prevention, 2019. https://www.cdc.gov/foodsafety/outbreaks/index.html.

Chen, X., Hung, Y.C., 2017. Effects of organic load, sanitizer pH and initial chlorine concentration of chlorine-based sanitizers on chlorine demand of fresh produce wash waters. Food Control 77, 96–101.

Choi, S., Puligundla, P., Mok, C., 2016. Corona discharge plasma jet for inactivation of *Escherichia coli* O157:H7 and *Listeria monocytogenes* on inoculated pork and its impact on meat quality attributes. Ann. Microbiol. 66 (2), 685–694.

Choi, E.J., Park, H.W., Kim, S.B., Ryu, S., Lim, J., Hong, E.J., Byeon, Y.S., Chun, H.H., 2019. Sequential application of plasma-activated water (PAW) and mild heating improves microbiological quality of ready-to-use shredded salted Chinese cabbage (*Brassica pekinensis* L.). Food Control 98, 501–509.

Cossu, A., Huang, K., Cossu, M., Tikekar, R.V., Nitin, N., 2018. Fog, phenolic acids and UV-A light irradiation: a new treatment for decontamination of fresh produce. Food Microbiol. 76, 204–208.

Critzer, F., Kelly-Wintenberg, K., South, S., Golden, D., 2007. Atmospheric plasma inactivation of foodborne pathogens on fresh produce surfaces. J. Food Prot. 70 (10), 2290–2296.

Cui, H., Ma, C., Li, C., Lin, L., 2016a. Enhancing the antibacterial activity of thyme oil against *Salmonella* on eggshell by plasma-assisted processes. Food Control 70,183–190.

Cui, H., Ma, C., Lin, L., 2016b. Synergistic antibacterial efficacy of cold nitrogen plasma and clove oil against *Escherichia coli* O157:H7 and clove oil biofilms on lettuce. Food Control 66, 8–16.

Cui, H., Bai, M., Yuan, L., Surendhiran, D., Lin, L., 2018. Sequential effects of phages and cold nitrogen plasma against *Escherichia coli* O157:H7 biofilms on different vegetables. Int. J. Food Microbiol. 268, 1–9.

Dasan, B.G., Boyaci, I.H., 2018. Effect of cold atmospheric plasma on inactivation of *Escherichia coli* and physicochemical properties of apple, orange, tomato juices and sour cherry nectar. Food Bioprocess Technol. 11, 334–343.

Dirks, B.P., Dobrynin, D., Fridman, G., Mukhin, Y., Fridman, A., Quinlan, J.J., 2012. Treatment of raw poultry with nonthermal dielectric barrier discharge plasma to reduce *Campylobacter jejuni* and *Salmonella enterica*. J. Food Prot. 75 (1), 22–28.

Ekezie, F.G.C., Cheng, J.H., Sun, D.W., 2019. Effect of atmospheric pressure plasma jet on the conformation and physicochemical properties of myofibrillar proteins from king prawn (*Litopenaeus vannamei*). Food Chem. 276, 147–156.

FDA, 2019. Food and Drug Administration. http://www.fda.gov.

Fröhling, A., Durek, J., Schnabel, U., Ehlbeck, J., Bolling, J., Schlüter, O., 2012. Indirect plasma treatment on fresh pork: decontamination efficiency and effects on quality attributes. Innov. Food Sci. Emerg. Technol. 16, 381–390.

Georgescu, N., Apostol, L., Gherendi, F., 2017. Inactivation of *Salmonella enteric* serovar Typhimurium on egg surface, by direct and indirect treatments with cold atmospheric plasma. Food Control 76, 52–61.

Goodburn, C., Wallace, C.A., 2013. The microbiological efficacy of decontamination methodologies for fresh produce: a review. Food Control 32 (2), 418–427.

Guo, S., Huang, R., Chen, H., 2017. Application of water-assisted ultraviolet light in combination of chlorine and hydrogen peroxide to inactivate *Salmonella* on fresh produce.Int. J. Food Microbiol. 257, 101–109.

Gurol, C., Ekinci, F.Y., Aslan, N., Korachi, M., 2012. Low temperature plasma for decontamination of *E. coli* in milk. Int. J. Food Microbiol. 157 (1), 1–5.

Huang, R., de Vries, D., Chen, H., 2018. Strategies to enhance fresh produce decontamination using combined treatments of ultraviolet, washing and disinfectants. Int. J. Food Microbiol. 283, 37–44.

Jayasena, D.D., Kim, H.J., Yong, H.I., Park, S., Kim, K., Choe, W., Jo, C., 2015. Flexible thin-layer dielectric barrier discharge plasma treatment of pork butt and beef loin: effects on pathogen inactivation and meat quality attributes. Food Microbiol. 46, 51–57.

Khan, M.S.I., Kim, Y.J., 2019. Inactivation mechanism of *Salmonella* Typhimurium on the surface of lettuce and physicochemical quality assessment of samples treated by micro-plasma discharged water. Innov. Food Sci. Emerg. Technol. 52, 17–24.

Kim, B., Yun, H., Jung, S., Jung, Y., Jung, H., Choe, W., 2011. Effect of atmospheric pressure plasma on inactivation of pathogens inoculated onto bacon using two different gas compositions. Food Microbiol. 28, 9–13.

Kim, H.J., Yong, H.I., Park, S., Choe, W., Jo, C., 2013. Effect of dielectric barrier discharge plasma on pathogen inactivation and the physicochemical and sensory characteristics of pork loin. Curr. Appl. Phys. 13 (7), 1420–1425.

Kim, J.S., Lee, E.J., Choi, E.H., Kim, Y.J., 2014. Inactivation of *Staphylococcus aureus* on the beef jerky by radio-frequency atmospheric pressure plasma discharge treatment. Innov. Food Sci. Emerg. Technol. 22, 124–130.

Kim, H.J., Yong, H.I., Park, S., Kim, K., Choe, W., Jo, C., 2015. Microbial safety and quality attributes of milk following treatment with atmospheric pressure encapsulated dielectric barrier discharge plasma. Food Control 47, 451–456.

Kulawik, P., Alvarez, C., Cullen, P.J., Aznar-Roca, R., Mullen, A.M., Tiwari, B., 2018. The effect on non-thermal plasma on the lipid oxidation and microbiological quality of sushi. Innov. Food Sci. Emerg. Technol. 45, 412–417.

Lacombe, A., Niemira, B.A., Gurtler, J.B., Fan, X., Sites, J., Boyd, G., Chen, H., 2015. Atmospheric cold plasma of aerobic microorganisms on blueberries and effects in quality attributes. Food Microbiol. 46, 479–484.

Lee, H.J., Jung, S., Jung, H., Park, S., Choe, W., Ham, J.S., Jo, C., 2012. Evaluation of adielectric barrier discharge plasma system for inactivating pathogens on cheese slices. J. Anim. Sci. Technol. 54, 191–198.

Lee, H., Kim, J.E., Ching, M.S., Min, S.C., 2015. Cold plasma treatment for the microbiological safety of cabbage, lettuce and dried figs. Food Microbiol. 51, 74–80.

Lee, T., Puligundla, P., Mok, C., 2018. Intermittent corona discharge plasma jet for improving tomato quality. J. Food Eng. 223, 168–174.

Liao, X., Li, J., Muhammad, A.I., Suo, Y., Chen, S., Ye, X., Liu, D., Ding, T., 2018a. Application of a dielectric barrier discharge atmospheric cold plasma (Dbd-acp) for *Escherichia coli* inactivation in apple juice. J. Food Sci. 83 (2), 401–408.

Liao, X., Su, Y., Liu, D., Chen, S., Hu, Y., Ye, X., Wang, J., Ding, T., 2018b. Application of atmospheric cold plasma-activated water (PAW) ice for preservation of shrimps (*Metapenaeus ensis*). Food Control 94, 307–314.

Luo, Y., Zhou, B., Haute, S.V., Nou, X., Zhang, B., Teng, Z., Turner, E.R., Wang, Q., Millner, P.D., 2018. Association between bacterial survival and free chlorine-concentration during commercial fresh-cut produce wash operation. Food Microbiol. 70, 120–128.

Mahnot, N.K., Mahanta, C.L., Keener, K.M., Misra, N.N., 2019. Strategy to achieve a 5-log *Salmonella* inactivation in tender coconut water using high voltage atmospheric cold plasma (HVACP). Food Chem. 284, 303–311.

Marti, E., Ferrary-America, M., Barardi, C.R.M., 2017. Viral disinfection of organic fresh produce comparing Polyphenon 60 from green tea to chlorine. Food Control 79, 57–61.

Martin-Diana, A.B., Rico, D., Henehan, G., Frias, J.M., Barat, J., 2007. Extending and measuring the quality of fresh-cut fruit and vegetables: a review. Trends Food Technol.18 (7), 373–386.

Matan, N., Nisoa, M., Matan, N., 2014. Antibacterial activity of essential oils and their main components enhanced by atmospheric RF plasma. Food Control 39, 97–99.

Matan, N., Puangjinda, K., Phothisuwam, S., Nisoa, M., 2015. Combined antibacterial activity of green tea extract with atmospheric radio-frequency plasma against pathogens on fresh-cut dragon fruit. Food Control. 50, 291–296.

Mehta, D., Sharma, N., Bansal, V., Sangwan, R.S., Yadav, S.K., 2019. Impact of ultrasonication, ultraviolet and atmospheric cold plasma processing on quality parameters of tomato-based beverage in comparison with thermal processing. Innov. Food Sci. Emerg.Technol. 52, 343–349.

Min, S., Roh, S.H., Niemira, B.A., Boyd, G., Sites, J.E., Uknalis, J., Fan, X., 2017. In-package inhibition of *Escherichia coli* O157:H7 on bulk Romaine lettuce using cold plasma. Food Microbiol. 65, 1–6.

Misra, N.N., Jo, C., 2017. Applications of cold plasma technology for microbiological safety in meat industry. Trends Food Sci. Technol. 64, 74–86.

Misra, N.N., Patil, S., Moiseev, T., Bourke, P., Mosnier, J.P., Keener, K.M., Cullen, P.J., 2014. In package-atmospheric pressure cold plasma treatment of strawberries. J. Food Eng. 125, 131–138.

Muhammad, A.I., Li, Y., Liao, X., Liu, D., Ye, X., Chen, S., Hu, Y., Wang, J., Ding, T., 2019. Effect of dielectric barrier discharge plasma on background microflora and physicochemical properties of tiger nut milk. Food Control. 96, 119–127.

Niemira, B.A., Sites, J., 2008. Cold plasma inactivates *Salmonella* Stanley and *Escherichia coli* O157:H7 inoculated on golden delicious apples. J. Food Prot. 71 (7), 1357–1365.

Noriega, E., Shama, G., Laca, A., Diaz, M., Kong, M.K., 2011. Cold atmospheric cold plasma disinfection of chicken meat and chicken skin contaminated with *Listeria innocua*. Food Microbiol. 28(7), 1293–1300.

Oh, Y.J., Song, A.Y., Min, S.C., 2017. Inhibition of *Salmonella typhimuriumon* radish sprouts using nitrogen-cold plasma. Int. J. Food Microbiol. 149, 66–71.

Olatunde, O.O., Benjakul, S., Vongkamjan, K., 2019. High voltage cold atmospheric plasma: antibacterial properties and its effect on quality of Asian sea bass slices. Innov. Food Sci. Emerg. Technol. 52, 305–312.

Pankaj, S.K., Wan, Z., Colonna, W., Keener, K.M., 2017. Effect of high voltage atmospheric cold plasma on white grape juice quality. J. Sci. Food Agric. 97 (12), 4016–4021.

Pasquali, F., Stratakos, A.C., Koidis, A., Berardinelli, A., Cevoli, C., Ragni, L., Mancusi, R., Manfreda, G., Trevisani, M., 2016. Atmospheric cold plasma process for vegetable leaf decontamination: a feasibility study on radicchio (red chicory, *Cichorium intybus* L.). Food Control. 60, 552–559.

Patange, A., Boehm, D., Bueno-Ferrer, C., Cullen, P.J., Bourke, P., 2017. Controlling *Brochothrix thermosphacta*as a spoilage risk using in-package atmospheric cold plasma. Food Microbiol. 66, 48–54.

Perni, S., Liu, D.W., Shama, G., Kong, M.G., 2008. Cold atmospheric plasma decontamination of the pericarps of fruits. J. Food Prot. 71 (2), 302–308.

Prasad, P., Mehta, D., Bansal, V., Sangwan, R.S., 2017. Effect of atmospheric cold plasma (ACP) with its extended storage on the inactivation of *Escherichia coli* inoculated on tomato. Food Res. Int. 102, 402–408.

Puligundla, P., Lee, T., Mok, C., 2018. Effect of intermittent corona discharge plasma jet for improving microbial quality and shelf life of kumquat (*Citrus japonica*) fruits. LWT–Food Sci. Technol. 91, 8–13.

Ragni, L., Berardinelli, A., Vannini, L., Montanari, C., Sirri, F., Guerzoni, M.E.,Guarnieri, A., 2010. Non-thermal atmospheric gas plasma device for surface decontamination of shell eggs. J. Food Eng. 100 (1), 125–132.

Rød, S.K., Hansen, F., Leipold, F., Knøchel, S., 2012. Cold atmospheric pressure plasma treatment of ready-to-eat meat: inactivation of *Listeria innocua* and changes in product quality. Food Microbiol. 30 (1), 233–238.

Rossow, M., Ludewig, M., Braun, P.G., 2018. Effect of atmospheric pressure cold plasma treatment on inactivation of *Campylobacter jejuni* on chicken skin and breast fillet. LWT–Food Sci. Technol. 91, 265–270.

Santos Jr., L.C.O., Cubas, A.L.V., Moecke, E.H.S., Ribeiro, D.H.B., Amante, E.R., 2018. Use of cold plasma to inactivate *Escherichia coli* and physicochemical evaluation in pumpkin puree. J. Food Prot. 81(11), 1897–1905.

Segura-Ponce, L.A., Reyes, J.E., Troncoso-Contreras, G., Valenzuela-Tapia, G., 2018. Effect of low-pressure cold plasma (LPCP) on the wettability and the inactivation of *Escherichia coli* and *Listeria innocua* on fresh-cut apple (*Granny Smith*) skin. Food Bioprocess Technol. 11, 1075–1086.

Shah, U., Ranieri, P., Zhou, Y., Schauer, C.L., Miller, V., Fridman, G., Sekhon, J., 2019. Effects of cold plasma treatments on spot-inoculated *Escherichia coli* O157:H7 and quality of baby kale (*Brassica oleracea*) leaves. Innov. Food Sci. Emerg. Technol. 57, 102104.

Song, H.P., Kim, B., Choe, J.H., Jung, S., Moon, S.Y., Choe, W., Jo, C., 2009. Evaluation of atmospheric pressure plasma to improve the safety of sliced cheese and ham inoculated by 3-strain cocktail *Listeria innocua*. Food Microbiol. 26 (4), 432–436.

Surowsky, B., Fröhling, A., Gottschalk, N., Schlüter, O., Knorr, D., 2014. Impact of cold plasma on *Citrobacter freundii* in apple juice: inactivation kinetics and mechanisms. Int. J. Food Microbiol. 174, 63–71.

Tappi, S., Gozzi, G., Vannini, L., Berardinelli, A., Romani, S., Ragni, L., Rocculi, P., 2016. Cold plasma treatment for fresh-cut melon stabilization. Innov. Food Sci. Emerg. Technol. 33, 225–233.

Thirumdas, R., Kothakota, A., Annapure, U., Siliveru, K., Blundell, R., Gatt, R.,Valdramidis, V.P., 2018. Plasma activated water (PAW): chemistry, physico-chemical properties, applications in food and agriculture. Trends Food Sci. Technol. 77, 21–31.

Thorn, R.M.S., Pendred, J., Reynolds, D.M., 2017. Assessing the antimicrobial potential of aerosolized electrochemically activated solutions (ECAS) for reducing the microbial bioburden on fresh food produce held under cooled or cold storage conditions. Food Microbiol. 68, 41–50.

Trevisani, M., Berardinelli, A., Cevoli, C., Cecchini, M., Ragni, L., Pasquali, F., 2017. Effects of sanitizing treatments with atmospheric cold plasma, SDS and lactic acid onvero-toxin producing *Escherichia coli* and *Listeria monocytogenes* in red chicory (radicchio). Food Control. 78, 138–143.

Ukuku, D.O., Niemira, B.A., Ukanalis, J., 2019. Nisin-based antimicrobial combination with cold plasma treatment inactivate *Listeria monocytogenes* on Granny Smith apples. LWT–Food Sci. Technol. 104, 120–127.

Wan, Z., Chen, Y., Pankaj, S.K., Keener, K.M., 2017. High voltage atmospheric cold plasma of refrigerated chicken eggs for control of *Salmonella* Enteritidis contamination on eggshell. LWT–Food Sci. Technol. 76, 124–130.

Wan, Z., Pankaj, S.K., Mosher, C., Keener, K.M., 2019. Effect of high voltage atmospheric pressure cold plasma on inactivation of *Listeria innocua* on Queso Fresco cheese, cheese model and tryptic soy agar. Food Sci. Technol. LWT–Food Sci. Technol. 102, 268–275.

Wang, Y., Wang, T., Yuan, Y., Fan, Y., Guo, K., Yue, T., 2018. Inactivation of yeast on apple juice using gas-phase surface discharge plasma treatment with spray reactor. LWT–Food Sci. Technol. 97, 530–536.

Wang, Y., Wang, Z., Yuan, Y., Gao, Z., Guo, K., Yue, T., 2019. Application of gas phase surface discharge plasma with a spray reactor for *Zygosaccharomyces rouxii* LB inactivation in apple juice. Innov. Food Sci. Emerg. Technol. 52, 450–456.

Won, M.Y., Lee, S.J., Min, S.C., 2017. Mandarin preservation by microwave-powered cold plasma treatment. Innov. Food Sci. Emerg. Technol. 39, 25–32.

Wu, M.C., Liu, C.T., Chiang, C.Y., Lin, Y.J., Lin, Y.H., Chang, Y.W., Wu, J.S., 2019. Inactivation effect of *Colletotrichum gloeosporioides* by long-lived chemical species using atmospheric-pressure corona plasma-activated water. IEEE Trans. Plasma Sci. 47 (2), 1100–1104.

Xiang, Q., Liu, X., Liu, S., Ma, Y., Xu, C., Bai, Y., 2019a. Effect of plasma-activated water on microbial quality and physicochemical characteristics of mung bean sprouts. Innov. Food Sci. Emerg. Technol. 52, 49–56.

Xiang, Q., Kang, C., Zhao, D., Niu, L., Liu, X., Bai, Y., 2019b. Influence of organic matters on the inactivation efficacy of plasma-activated water against *E. coli* and *S. aureus*. Food Control 99, 28–33.

Xu, L., Garner, A.L., Tao, B., Keener, K.M., 2017. Microbial inactivation and quality changes on orange juice treated by high voltage atmospheric cold plasma. Food Bioprocess Technol. 10 (10), 1778–1791.

Yannam, S.K., Estifaee, P., Rogers, S., Thagard, S.M., 2018. Application of high voltage electrical discharge plasma for the inactivation of *Escherichia coli* ATCC 700891 in tangerine juice. LWT Food Sci. Technol. 90, 180–185.

Yong, H.I., Kim, H.J., Park, S., Kim, K., Choe, W., Yoo, S.J., Jo, C., 2015. Pathogen inactivation and quality changes in sliced cheddar cheese treated using flexible thin-layer dielectric barrier discharge plasma. Food Res. Int. 69, 57–63.

Zhang, Y., Wei, J., Yuan, Y., Chen, H., Dai, L., Wang, X., Yue, T., 2019. Bactericidal effect of cold plasma on microbiota of commercial fish balls. Innov. Food Sci. Emerg. Technol. 52, 394–405.

Zhao, Y., Chen, R., Tian, E., Liu, D., Niu, J., Wang, W., Qi, Z., Xia, Y., Song, Y., Zhao, Z., 2019. Plasma-activated water treatment of fresh beef: bacterial inactivation and effects on quality attributes. IEEE Trans. Radiat. Plasma Med. Sci. 4(1), 113–120.

进一步阅读材料

Yu, H., Neal, J.A., Sirsat, S.A., 2018. Consumers' food safety risk perceptions and willingness to pay for fresh-cut produce with lower risk of foodborne illnesses. Food Control. 86, 83–89.

第6章

冷等离子体在颗粒状食品杀菌中的应用

1 引言

近年来，消费者越来越关注健康和便捷的最少加工食品，世界范围内对生鲜农产品的需求不断增加。然而，大量研究证实，生鲜农产品是引发食源性疾病的重要原因（Beuchat, 2002；National Advisory Committee on Microbiological Criteria for Foods,1999a；Olaimat and Holley, 2012；Warriner et al.，2009）。尤其以苜蓿芽、三叶草嫩芽菜、萝卜芽菜、水芹、绿豆芽或黄豆芽等最为严重，极易引发食源性疾病（National Advisory Committee on Microbiological Criteria for Foods，1999b；Sikin et al.，2013；Taormina et al.，1999）。在生产过程中，芽苗菜容易发生微生物污染，主要包括粪大肠菌群等多种微生物菌群。此外，芽苗菜生长条件温度适宜、潮湿且营养丰富，非常适宜沙门氏菌（*Salmonella*）、致病性大肠杆菌（*Escherichia coli*）和单增李斯特菌（*Listeria monocytogenes*）等食源性致病菌的生长繁殖。因此，经常生吃未经杀菌处理（如加热）或经最少加工的芽苗菜，就容易引发食品安全问题。

同样，小麦等谷物在运输和加工过程中也会受到空气、灰尘、水、土壤、动物粪便的自然污染，主要污染多种霉菌和细菌（包括一些食源性致病菌）（Laca et al.，2006）。虽然小麦等谷物一般在加工后食用，其引发食源性疾病的风险较低，但谷物所污染的某些细菌和霉菌能够产生耐热性毒素，从而引发食物中毒（Viedma et al.，2011）。此外，一些芽孢杆菌也会导致食品腐败从而降低食品品质（Valerio et al.，2012）并造成巨大的经济损失。例如，小麦是世界上广泛种植的粮食作物之一。据统计，2017/2018年度，小麦的产量约为7460 kg/公顷。而据估计，在1988~1990年，微生物、害虫和杂草等可造成小麦减产34%（Oerke et al.，1994）。

综上所述，保障芽苗菜种子及谷物微生物安全具有重要意义。因此，研发了多种杀菌保鲜方法，主要包括化学方法（含氯消毒液、臭氧、有机酸、电解水等）、生物方法（保护性培养、细菌素、噬菌体等）和物理方法（热杀菌、微波、射频和γ辐照、紫外线、高压、超临界CO_2处理等）。然而，迄今为止，这些方法都无法有效杀灭微生物，同时也会对食品品质造成一些不良影响（Sikin, 2013；Sun，2005；Bermúdez-Aguirre和Barbosa-Cánovas，2011，2013）。例如，热处理往往会降低食品品质，臭氧等化学物质本身具有一定的毒性并会对食品的感官特性造成不良影响，而γ辐照食品的消费者接受度较低。

冷等离子体处理被认为是一种有望应用于种子和谷物杀菌处理的非热加工技术。冷等离子体对微生物具有很强的杀灭作用，同时其处理温度相对较低，这正是处理热敏性植物产品所必需的，同时如果处理方法得当，可以避免有毒物质的残留。此外，冷等离子体所产生的活性物质仅作用于待处理样品的表面，因此在有效杀菌的同时不会对样品品质造成不良影响。

自1968年以来（Menashi，1968），Boudam等（2006）、Lerouge等（2001）和Moisan等（2001）系统论述了冷等离子体在杀菌领域的应用。据统计，大部分研究集中于简单的模拟体系。在之前的研究中，冷等离子体主要用于包装材料和医疗设备的杀菌处理，也被用于空气、水和土壤中污染物的降解；在生物医学领域，冷等离子体可以用于伤口处理和癌症的治疗等。近年来，关于冷等离子体应用于食品（如肉类和火腿、水果和蔬菜、奶酪和鸡蛋以及橙汁等饮料）杀菌的研究报道越来越多（Shama和Kong，2012；Surowsky et al.，2015），然而关于冷等离子体应用于种子、谷物等颗粒状食品杀菌的研究报道和综述则相对较少。因此，本章将简要介绍适用于处理种子、谷物等颗粒状样品的冷等离子体设备，讨论冷等离子体的杀菌机制和影响因素，并评价冷等离子体处理对食品品质的影响。

2　适用于颗粒状食品杀菌的冷等离子体技术和装置

本节将简要讨论冷等离子体失活微生物的作用机制（有关失活机制的详细论述可查阅本书的其他章节）；同时主要介绍几种适合处理食品的冷等离子体装置，并举例说明其在谷物、种子和坚果等颗粒状食品杀菌中的应用。关于冷等离子体应用于颗粒状食品杀菌的研究综述见表6.1。

表6.1 颗粒状食品等离子体杀菌的现有研究概述

处理压力	放电类型	电源	放电气体	处理时间	样品	微生物	杀菌效果	其他发现	参考文献
低压（500 mTorr）	电感耦合等离子体（Inductively coupled plasma）	正弦电压，1 kHz，20 kV，约300 W	空气、六氟化硫（SF_6）	5~20 min	小麦、大麦、燕麦、小扁豆、黑麦、玉米和鹰嘴豆	寄生曲霉（*A. parasiticus*）孢子和青霉（*Penicillium*）孢子	≈3 log（两种气体，20 min，小麦，两种霉菌孢子）	样品表面特性影响冷等离子体杀菌效果；未对样品品质造成不良影响（发芽、烹饪时间、吸水率、面筋含量、面筋指数和沉降值）	Selcuk et al.（2008）
低压（500mTorr）	电感耦合等离子体（Inductively coupled plasma）	正弦电压，1 kHz，20 kV，约300 W	空气、六氟化硫（SF_6）	5~20 min	榛子、开心果和花生	寄生曲霉（*A. parasiticus*）孢子和黄曲霉毒素	1~2 log（空气，20 min，榛子，寄生曲霉孢子）；≈6 log（SF_6，20 min，榛子，寄生曲霉孢子）；≈5 log（SF_6，20 min，开心果，寄生曲霉孢子）；≈4 log（SF_6，20 min，花生，寄生曲霉孢子）；50%（空气，20 min，榛子，黄曲霉毒素）；20%（SF_6，20 min，榛子，黄曲霉毒素）	样品表面特性影响冷等离子体杀菌效果；未对样品的色泽、风味和质地等品质造成不良影响	Basaran et al.（2008）

续表

处理压力	放电类型	电源	放电气体	处理时间	样品	微生物	杀菌效果	其他发现	参考文献
低压（≈10 mbar）	循环流化床耦合电感耦合等离子体（Inductively coupled plasma integrated in circulating fluidized bed）	13.56 MHz、700~900 W	$Ar+O_2$（5%~10%）	12~74 s	小麦	解淀粉芽孢杆菌（*B. amyloliquefaciens*）芽孢	≈2 log（30 s） ≈2.6 log（74 s）	杀菌作用与热效应无关；不影响品质指标（出粉率、面团和烘焙性能）	Butscher et al.（2015）
低压（≈2 mbar）	循环流化床耦合电感耦合等离子体	13.56 MHz、500 W	空气、Ar、N_2、O_2及其混合物	7~38 s	小麦	解淀粉芽孢杆菌（*B. amyloliquefaciens*）芽孢和萎缩芽孢杆菌（*B. atrophaeus*）芽孢	1.5 log（空气、25 s、解淀粉芽孢杆菌芽孢）	杀菌作用与热效应无关；不影响品质指标（出粉、面团和烘焙性能）	Butscher et al.（2016）
减压（300 mbar）	DBD等离子体	正弦电压，5.7 kHz，8.7 kV	Ar	10 min	油菜籽	萎缩芽孢杆菌（*B. atrophaeus*）芽孢	0.7 log	不影响种子活力	Schnabel et al.（2012b）
常压	冷等离子体射流	脉冲放电，47 kHz，549 W	干燥空气、N_2	10~20 s	杏仁	大肠杆菌（*E.coli*）和沙门氏菌（*Salmonella*）	1.34 log（空气、20 s、大肠杆菌）	相对氮气，空气放电所产生冷等离子体的杀菌效果更强	Niemira（2012）

续表

处理压力	放电类型	电源	放电气体	处理时间	样品	微生物	杀菌效果	其他发现	参考文献
常压	等离子体射流	30 W	空气	2.5~15 min	黑胡椒	天然菌群、枯草芽孢杆菌（*B. subtilis*）芽孢、萎缩芽孢杆菌（*B. atrophaeus*）芽孢和肠道沙门氏菌（*S. enterica*）	0.6 log（15 min，天然菌群芽孢）；0.7 log（15 min、总嗜温微生物）；0.8 log（15 min，枯草芽孢杆菌芽孢）；1.3 log（15 min，萎缩芽孢杆菌芽孢）；2.7 log（15 min，沙门氏菌）	未对色泽、精油含量和胡椒碱含量造成影响	Hertwig et al.（2015b）
常压	等离子体射流	58 kHz，20kV，1.5A	空气	0.5~3 min	西蓝花种子	天然菌群，主要包括好氧细菌、蜡样芽孢杆菌（*B. cereus*）、大肠杆菌（*E. coli*）、沙门氏菌（*Salmonella*）、霉菌和酵母	2.3 log（3 min，好氧细菌）；2.0 log（3 min，大肠杆菌）；1.8 log（3 min，沙门氏菌）；1.5 log（3 min，霉菌和酵母）；1.2 log（3 min，蜡样芽孢杆菌）	短时间处理（<2 min）能够改善部分品质指标（如萌发和生长、理化指标和感官品质）；长时间处理则抑制种子萌发	Kim et al.（2016）
常压	等离子体射流	58 kHz，20kV，1.5A	空气	0.5~3 min	油菜籽	天然菌群，主要包括好氧细菌、蜡样芽孢杆菌（*B. cereus*）、大肠杆菌（*E. coli*）、沙门氏菌（*Salmonella*）、霉菌和酵母	2.2 log（3 min，好氧细菌）；2.0 log（3 min，大肠杆菌）；2.0 log（3 min，霉菌和酵母）；1.8 log（3 min，沙门氏菌）；1.2 log（3 min，蜡样芽孢杆菌）	短时间处理（< 2 min）能够改善部分品质指标（如萌发和生长、理化指标和感官品质）；长时间处理则抑制种子萌发	Puligundla et al.（2017a）

续表

处理压力	放电类型	电源	放电气体	处理时间	样品	微生物	杀菌效果	其他发现	参考文献
常压	等离子体射流	58 kHz，20kV，1.5A	空气	0.5~3 min	萝卜种子	天然菌群，主要包括好氧细菌、蜡样芽孢杆菌（*B. cereus*）、大肠杆菌（*E. coli*）、沙门氏菌（*Salmonella*）、霉菌和酵母	2.2 log（3 min，好氧细菌）；2.0 log（3 min，大肠杆菌）；1.7 log（3 min，沙门氏菌、霉菌和酵母）；1.2 log（3 min，蜡样芽孢杆菌）	短时间处理（<2min）能够改善部分品质指标（如萌发和生长、理化指标和感官品质）；长时间处理则抑制种子萌发	Puligundla et al.（2017b）
常压	远程微波放电等离子体	2.45 GHz，1.1 kW	空气	5~15 min	油菜籽、萝卜种子、胡萝卜种子、欧芹（Parsley）种子、莳萝种子、小麦和黑胡椒	萎缩芽孢杆菌（*B. atrophaeus*）芽孢	1.7 log（15 min，黑胡椒）至>6 log（15 min，小麦）	杀菌效果受样品表面特性的影响	Schnabel et al.（2012a）
常压	远程微波放电等离子体	2.45 GHz，1.2 kW	空气	5~15 min	油菜籽	萎缩芽孢杆菌（*B. atrophaeus*）芽孢	2.4 log（5 min）；> 5.2 log（15 min）	不影响种子的活力	Schnabel et al.（2012b）
常压	远程微波放电等离子体	2.45 GHz，1.2 kW	空气	2.5~30 min	黑胡椒	天然菌群、枯草芽孢杆菌（*B. subtilis*）芽孢、萎缩芽孢杆菌（*B. atrophaeus*）芽孢和肠道沙门氏菌（*S. enterica*）	1.7 log（30 min，天然菌群芽孢）；2.0 log（30 min，总嗜温微生物）；2.4 log（30 min，枯草芽孢杆菌芽孢）；2.8 log（30 min，萎缩芽孢杆菌芽孢）；4.1 log（30 min，沙门氏菌）	未对色泽、精油含量和胡椒碱含量造成影响	Hertwig et al.（2015b）

续表

处理压力	放电类型	电源	放电气体	处理时间	样品	微生物	杀菌效果	其他发现	参考文献
常压	远程微波放电等离子体	2.45 GHz，1.2 kW	空气	5~90 min	黑胡椒	天然菌群	3.0 log（30 min，总嗜温微生物和芽孢）；3.0 log（60 min，总孢子）；4.0 log（60 min，总嗜温微生物）	仅对色泽造成不良影响	Hertwig et al.（2015a）
常压	DBD等离子体	正弦电压，1~25 kHz，16~30 kV	空气	10~30 s	杏仁	大肠杆菌（*E. coli*）	最高为5 log（30 s，2 kHz，30 kV）	杀菌效果随电压和频率的升高而增强	Deng et al.（2007）
常压	DBD等离子体	单极性500 ns，5~15 kHz，6~10 kV	Ar	1~60 min	小麦	嗜热脂肪地芽孢杆菌（*G. stearothermophilus*）芽孢	1.0 log（10 min）；3.1 log（60 min）	小麦能够保护微生物免受冷等离子体的损伤；杀菌作用随放电电压和频率的升高而增强；杀菌作用与热效应、机械损伤和电化学损伤无关，而与冷等离子体中的活性物质有关；未对品质（如沉降值、面筋含量等）造成不良影响	Butscher et al.（2016b）

续表

处理压力	放电类型	电源	放电气体	处理时间	样品	微生物	杀菌效果	其他发现	参考文献
常压	DBD等离子体	单极性500 ns，2.5~10 kHz，6~10 kV	Ar	2~15 min	苜蓿、水芹、萝卜和洋葱种子	大肠杆菌（*E. coli*）和天然菌群	1.4 log（10 min，洋葱种子，大肠杆菌）；2.0 log（10 min，萝卜种子，大肠杆菌）；3.0 log（10 min，苜蓿种子，大肠杆菌）；3.4 log（10 min，水芹种子，大肠杆菌）	杀菌效果与样品表面性质、含水量及微生物特性有关；杀菌作用随电压和频率的升高而增强；杀菌作用与热效应、机械损伤和电化学损伤无关，而与冷等离子体中的活性物质有关；短时间处理能促进种子萌发，长时间处理则抑制种子萌发	Butscher et al.（2016a）
常压	共面介质阻挡放电（Coplanar surface barrier discharge）	正弦电压，14 kHz，10 kV，370 W	空气	30~300 s	玉米	附生丝状真菌	≈1 log（30 s）	短时间处理（≤60 s）能提高种子活力，长时间处理则降低种子活力	Zahoranová et al.（2013）
常压	共面介质阻挡放电（Coplanar surface barrier discharge）	周期电压（17 kV运行2 ms，5 kV运行8 ms，0 kV运行10 ms），10 mW/cm^2	空气	0.5~5 min	鹰嘴豆	天然菌群	≈2 log（5 min）	短时间处理（≤60 s）能提高种子活力和萌发；长时间处理则抑制种子萌发并破坏表面	Mitra et al.（2014）

续表

处理压力	放电类型	电源	放电气体	处理时间	样品	微生物	杀菌效果	其他发现	参考文献
常压	共面介质阻挡放电（Coplanar surface barrier discharge）	正弦电压，14~18 kHz，20~30 kV，80~400 W	空气	50~600 s	扁豆（Lentils）	大肠杆菌（*E. coli*）	3.5 log（400 W，3 min）；5.1 log（400 W，10 min）	杀菌效果随功率的升高而增强，且与样品水分含量有关；短时间处理（< 2 min）能够促进种子萌发，长时间处理则抑制种子萌发	Waskow（2017）

注　六氟化硫（sulfur hexafluoride，SF_6）。

2.1 等离子体失活微生物的机制

冷等离子体是一种部分电离的气体，是由带电粒子和激发粒子、活性中性粒子和紫外光子等多种复杂活性物质组成的混合物。由于微生物种类不同，冷等离子体失活微生物的机制也有所不同，这主要取决于放电类型（如激发原理和放电设备）、操作参数（如放电气体的压强和组成、放电功率等）、待处理样品的特性（如材质、几何形状、表面结构、水分含量等）以及所污染微生物的种类、数量等。

目前普遍认为带电粒子在冷等离子体杀灭微生物过程中发挥了重要作用。在与微生物碰撞过程中，离子轰击可导致微生物细胞膜发生损伤（Fridman，2008）；带电粒子积聚在细胞膜表面，可造成微生物细胞外膜发生破裂（Laroussi et al.，2003）。此外，电子和离子可转化为活性物质，并引发一系列化学反应。在等离子体放电区域以外，带电粒子迅速发生复合（recombination）（复合是电离的反过程，是气体中使带电粒子数减少的重要过程），因此在等离子体放电区以外的地方不存在带电粒子的作用。

当带电粒子与背景气体或气相中的水分子、底物或微生物发生碰撞时，会形成O、$O_2(^1\Delta_g)$、O_3、·OH等活性氧（reactive oxygen species，ROS）以及NO、NO_2等活性氮（reactive nitrogen species，RNS）。ROS和RNS能够氧化分解微生物的细胞壁和细胞膜。O和·OH等活性氧的半衰期较短；而O_3等ROS较为稳定，其半衰期相对较长，能够在放电区域以外的地方发挥作用（Fridman，2008）。带电粒子和ROS的联合作用被称为化学溅射（chemical sputtering），通过离子轰击破坏微生物细胞的外层结构，然后含氧化合物能够继续与微生物细胞发生相互作用，并形成CO、CO_2和H_2O等。除细菌营养细胞以外，上述机制也被证实存在于冷等离子体处理抗逆性很强的细菌芽孢中（Rauscher et al.，2010）。

除了形成带电粒子和活性中性粒子以外，等离子体还会产生光子（如紫外光子），这是在高能电子与背景气体粒子碰撞时产生的。紫外线已被证实具有良好的杀菌效果，主要通过损伤微生物DNA而发挥杀菌作用。C段紫外线（UV-C，100~280 nm）的杀菌作用最强。随着波长的减小，紫外线的能量逐渐升高，对化学键的破坏作用和穿透力也随之增强（Fridman，2008）。UV-C主要由NO_γ波段（200~285 nm）的一氧化氮（NO）激发而产生。然而，紫外线的产生要么需要低压条件，要么需要纯度非常高的含氮和含氧气体（Boudam et al.，2006）；也可通过激发氩准分子（Ar_2^*）产生波长为126 nm的深紫外线（Heise et al.，2004）。在较高的波长（UV-B：280~315 nm和UV-A：315~400 nm），紫外光子可以从NO_{β}波段（≈200~285 nm）（Boudam et al.，2006）和N_2第二正带系（为290~410 nm）（Pollak et al.，2008）产生。紫外线穿透力较弱，仅对一定区域范围内的微生物具有杀灭作用；虽然紫外线可以达到较远的区域，但200 nm以下的真空紫外线可被空气吸收，进而降低其对微生物的杀灭作用。目前，关于紫外线或活性物质是否在冷等离子体杀灭微生物过程中发挥主要作用尚存在较大争议，但也有报道称紫外线和活性物质之间存在协同作用。有人认为，微生物最终是被紫外线照射杀死的，但需要一种“蚀刻”机制（内源光吸收或活性物质蚀刻）来去除表层死亡的微生物，使内部的微生物细胞更容易受到紫外线的攻击和损伤（Moisan et al.，2001；Philip et al.，2002）。

最后需要指出的是，即使采用冷等离子体处理热敏性样品，也需要考虑处理过程中的热效应。在冷等离子体处理过程中，其温度通常在室温到70℃之间；但是，根据反应器类型、激发方式和操作条件等的不同，在冷等离子体处理过程中可能会产生很高的温度。此外，也需要考虑不同微生物对热的敏感性，因为大部分细菌、酵母和霉菌营养体的失活温度在60℃左右，而嗜热细菌内生芽孢的失活温度则可达到130℃以上（Krämer，2011）。即使在对微生物无损伤作用的情况下，热效应也可能与其他因素具有协同效应，从而有效提高带电粒子或活性物质等对微生物的杀灭效果（Fridman，2008）。

一般而言，多种杀灭机制及其协同作用对于冷等离子体杀灭微生物是有利的，因为这有助于提高冷等离子体处理样品和微生物的通用性，并抑制细菌抗逆性的形成，因为如果只存在一种灭活机制，细菌可能会随时间的延长而出现一定的抗逆性（Shama和Kong，2012）。

2.2 低压等离子体系统及其在杀菌中的应用

冷等离子体的主要特征是能产生高能电子，这导致其具有较高的反应活性；同时，重粒子的能量较低，造成冷等离子体的温度较低。非常适宜处理食品等对热敏感的样品。通过在低压大气中施加外加电场，可以很容易地产生冷等离子体。低压条件有利于冷等离子体的产生，此时气体粒子之间的平均自由程（mean free path，指气体分子两次碰撞之间的时间内经过的路程的统计平均值）延长，电场中的电子加速占主导地位，气体粒子与重粒子的弹性碰撞较少。如果气体粒子与重粒子的弹性碰撞占主导地位，就会导致背景气体被加热（Cobine，1958）。除了低压条件外，在射频范围内施加交变电场也有助于冷等离子体的产生。在上述条件下，能量被传递给可以跟随振荡的电子，而重粒子由于其惯性则不能随之振荡，因此，射频激发所产生的冷等离子体含有高能电子和低能重粒子（Tendero et al.，2006）。

射频等离子体的另一个优点是不会产生传导电流，而是产生一个位移电流，使电荷只在电场中振荡，而不流向电极。为此，电极可以放置在低压反应器的外部，这有效提高了放电的可靠性和重复性，并延长了反应器的使用寿命（Roth，1995）。可以通过电容（板）或电感（线圈）来实现能量与等离子体的耦合。电感耦合等离子体（inductively coupledplasmas，ICP）常用于质谱检测、等离子体刻蚀、材料表面改性以及微生物灭活等领域，压力通常在$1\sim10^3$ Pa，频率在1~50 MHz（Hippler et al.，2008）。

Selcuk等（2008）采用管式ICP反应器处理接种于小麦、大麦、燕麦、玉米、黑麦、扁豆、豆类、鹰嘴豆、大豆和番茄种子表面的曲霉菌属（*Aspergillus* spp.）和青霉菌属（*Penicillium* spp.）真菌孢子。反应器直径为5 mm，长度为40 mm，充满67 Pa的空气或SF_6，并连接正弦波电源（功率为300 W）。在20 min的处理时间内，真菌孢子降低了约3 log，但未对种子的萌发和其他品质指标造成不良影响。Basaran等（2008）使用类似的冷等离子体装置处理榛子、花生和开心果等坚果，反应器直径为12 mm。在20 min的处理时间内，采用空气和SF_6所产生冷等离子体使接种于榛子表面的寄生曲霉（*Aspergillus parasiticus*）孢子分别降低了2 log和6 log，同时可使榛子中黄曲霉毒素含量分别降低50%和20%；作者同时发现，上述冷等离子体处理未对坚果的色泽、风味和质地等品质造成不良影响。

Roth等（2011）介绍了一种用于处理粉末和颗粒状样品的大型管式ICP反应器（见图6.1，左侧）。同轴双层玻璃结构的反应器长度为1.5 m，内径为4 cm，冷却水在环状空间内流通；由射频功率发生器提供13.56 MHz的频率信号，功率高达1000 W，匹配网络的复合阻抗为50 Ω。射频功率发生器与缠绕在玻璃水冷壁外侧的铜线圈相连。该装置能够以多种气体（如Ar、空气、O_2和N_2）在$10\sim10^3$ Pa的压力条件下产生体积高达几升的冷等离子体。

上述管状冷等离子体反应器原则上可放大到工业规模，可以与循环流化床系统相耦合，该系统利用气体输送固体颗粒流动并通过等离子体处理区（见图6.1，中间和右侧）。该系统采用固体颗粒的闭环设计，通过固体颗粒在系统中的多次循环，满足足够的处理时间，并在短时间内限制等离子体的热负荷。在这种等离子体循环流化床反应器（plasma circulating fluidized bed reactor，PCFBR）中，固体颗粒在工作气体的作用下在立式提升管内向上流动，随后在旋风分离器中与气体分离，并进入储存管中，然后固体颗粒在曝气气流或螺杆物料输送机作用下被输送回立式管中进行循环。在旋风分离器的气体出口设置过滤器，采用真空泵构建系统的低压环境。等离子体处理区既可以集成在提升管中（提升管配置）（Butscher et al.，2015），也可以集成在旋风分离器和存储管之间（下降管配置）（Butscher，2016）。利用该装置进行等离子体杀菌的研究结果将在第3节中进行详细讨论。

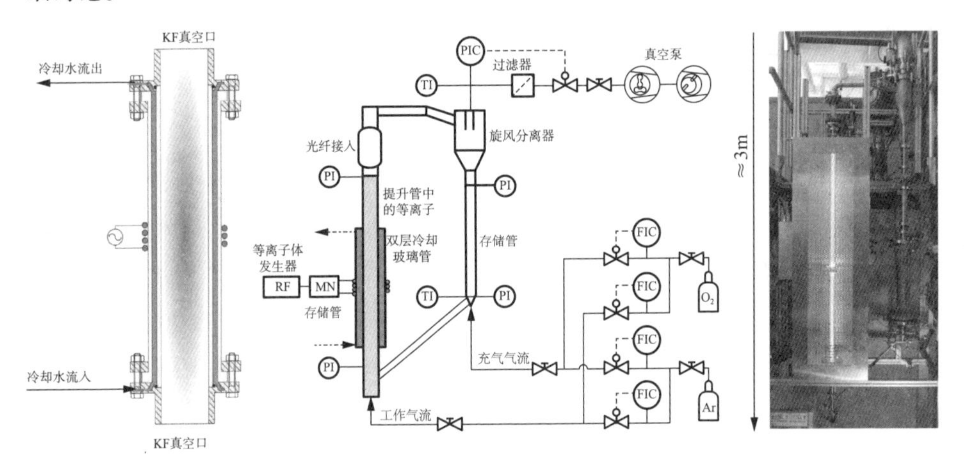

图6.1 （左）双层玻璃结构，中心为低压等离子体区，环状空间为冷却水；低压等离子体循环流化床反应器（提升管配置）（中）流程图和（右）实物图（RF=射频发生器，MN=匹配网络，PI=压力指示器，PIC=压力指示器控制器，TI=温度指示器，FIC=流量指示器控制器）。（引自Butscher, D., 2016, 2015）

2.3 大气压等离子体放电及其在等离子体杀菌中的应用

由于低压冷等离子体发生装置的成本较高，近年来重点研发了一系列大气压冷等离子体设备。根据帕邢定律（Paschen's law），等离子体着火电压是气压和电极间距的函数，在一定范围内放电电压大致与气压和电极间距的乘积成比例。很明显，与低压冷等离子体发生装置相比，大气压冷等离子体由于其空间限制需要更高的着火电压（Paschen，1889；Raizer et al.，1991）。由于电子和重粒子碰撞频率的增加，易导致大气压冷等离子体温度升高（Cobine，1958），为此可通过特殊设计来降低其运行温度（Ehlbeck et al.，2011；Surowsky et al.，2015；Schütze et al.，1998）。

例如，电晕放电时，尖端电极附近的电场强度很强，使其附近的气体发生局部电离；而远离尖端电极的板状电极处的电场强度较低，气体电离不完全，这可以防止电击穿和电弧放电的发生。虽然电晕放电冷等离子体设备的构造相对简单，运行成本相对较低，但所产生冷等离子体相对较弱且不均匀。因此，目前电晕放电冷等离子体还没有应用于颗粒状食品的处理，但已在蔬菜（Bermudez-aguirre et al.，2013）和液态食品（Surowsky et al.，2015）杀菌方面开展了相关的应用研究工作。

大气压等离子体射流类似于笔状结构，可以在常压条件下产生冷等离子体。虽然大气压等离子体射流设备的电极排列方式多种多样，但该技术常用交流高压电源产生电弧，然后通过快速流动的气体将其中的活性物质传向基质。由于冷等离子体射流的处理面积较为有限，因此在处理更大的区域时，必须应用多个射流装置。为了研究等离子体射流在处理杏仁方面的有效性，Niemira（2012）使用功率为549 W、工作气体为空气或氮气的冷等离子体射流处理接种了大肠杆菌O157:H7（*E. coli* O157:H7）或沙门氏菌（*Salmonella*）的杏仁。结果表明，经空气所产生的大气压等离子体射流处理20 s后，杏仁表面大肠杆菌O157:H7最多可降低1.34 log。Hertwig等（2015b）采用大气压等离子体射流处理黑胡椒，放电功率为30 W，以氩气为放电气体。结果发现，经空气所产生的大气压等离子体射流处理15 min后，天然菌群中总嗜温菌和总芽孢分别减少0.7和0.6 log，而人工接种的枯草芽孢杆菌（*Bacillus subtilis*）芽孢、萎缩芽孢杆菌（*Bacillus atrophaeus*）芽孢和肠道沙门氏菌（*Salmonella enterica*）分别减少0.8、1.3和2.7 log。此外，还有研究采用空气电晕放电冷等离子体射流处理西蓝花种子（Kim et al.，2016）、油菜籽（Puligundla et al.，2017a）和萝卜籽（Puligundla et al.，2017b）。结果表明，经冷等离子体射流处理3 min后，总需氧菌减少了2.2~2.3 log，大肠杆菌减少了2.0 log，霉菌和酵母减少了1.5~2.0 log，沙门氏菌减少了1.7~1.8 log，蜡样芽孢杆菌（*B. cereus*）减少了1.2 log。短时间处理（<2 min）可以改善种子的部分品质指标（如萌发和生长、理化指标和感官品质），但长时间处理则会对其品质指标造成不良影响。

大气压微波等离子体是利用微波激发气体所产生的等离子体。由于这种方法所产生等离子体的温度通常远高于室温，因此该技术常用于样品的间接杀菌处理。在大气压微波放电过程中，在等离子体区产生了大量的长寿命活性物质；在气流作用下，长寿命活性物质可以被输送到较远的区域，该区域的温度相对较低。Schnabel等（2012a，b）设计了一种以空气为工作气体的常压微波等离子体炬，功率为1.2 kW，所产生气体温度约为4000 K；在上述设备中，通过金属管道将等离子体处理后的空气输送到较远的区域并将温度降低至约150℃，然后将等离子体处理后的空气导入玻璃瓶（温度可进一步降低至室温）。经该装置所产生等离子体处理15 min后，接种于模型基质和各种植物种子（油菜籽、萝卜、胡萝卜、欧芹、莳萝、小麦和黑胡椒）的萎缩芽孢杆菌芽孢减少0.5~6 log以上，同时未对上述植物种子的活力造成不良影响（Schnabel et al.，2012a，b）。Hertwig等（2015a,b）使用上述大气压微波等离子体装置对黑胡椒进行杀菌处理。结果表明，经处理30 min后，黑胡椒表面总嗜温菌和总芽孢分别减少了1.7 log和1.4 log；接种于黑胡椒表面的枯草芽孢杆菌芽孢、萎缩芽孢杆菌芽孢和肠道沙门氏菌分别减少了2.4 log、2.8 log和4.1 log，同时未对黑胡椒的品质造成不良影响；处理60 min后，黑胡椒表面总嗜温菌和总芽孢分别减少了4.0 log和3.0 log，仅对黑胡椒的色泽参数造成轻微影响。

介质阻挡放电（dielectric barrier discharge，DBD）是一种常用的产生大气压冷等离子体的方法（Kogelschatz，2003；Wagner et al.，2003）。DBD放电装置由连接到交流电源的两个电极组成，其中至少一个电极覆盖有绝缘介质。未覆盖绝缘介质的电极容易引发电击穿和电弧，从而可能通过短路破坏电源；由于绝缘介质不导电，如果在电极表面覆盖绝缘介质，就能避免上述电击穿和电源短路情况的发生。对应地，DBD等离子体具有自调节性，火花放电在绝缘介质表面的电荷累积作用下猝灭，进而补偿外部电场。因此，在气体间隙中分布着许多单独的微放电，被称为丝状放电。与等离子体射流、电晕放电或微波等离子体相比，DBD等离子体易于设计、便于操作，处理面积相对较大且处理效果较为均匀，并且易于按照工业要求进行尺寸放大。由于具有以上优点，DBD等离子体被广泛应用于杀灭食品中的微生物。例如，Deng等（2007）评价了电极间距为10 mm的DBD等离子体对杏仁表面大肠杆菌的杀灭效果。经DBD等离子体处理30 s后，接种于杏仁表面大肠杆菌降低了1~5.6 log；作者同时发现，DBD等离子体杀菌效果受电源频率（1~2.5 kHz）和电压（16~25 kV）等因素的影响。

除了电压和频率，交流电源的波形也会影响气体电离动力学。相对于许多设备中广泛使用的标准正弦波电源，脉冲电源在功率消耗、活性物质产生和放电均匀性方面具有优势，并且可以产生类似辉光放电（Laroussi et al.，2004；Walsh et al.，2006；Williamson et al.，2006）。采用脉冲电源所产生的DBD等离子体（图6.2）非常适合处理种子和谷物等颗粒状样品（Butscher et al.，2016b）。Peschke等（2011）设计了一种基于晶体管开关电路的快速高压单极纳秒方波脉冲电源（2.5~10 kHz，6~10 kV，500 ns）。作者将该电源连接到两个平行的铝电极（100 mm × 200 mm）上，每个电极表面覆盖一层厚度为2 mm的聚合物绝缘材料；样品置于绝缘介质层的5 mm间隙中，运行时通过激发氩气产生冷等离子体以处理样品。作者将该DBD等离子体装置放置在振动台上，从而使颗粒状样品持续运动，以确保处理效果均匀。该装置的处理效果将在第3节进行详细论述（Butscher et al.，2016a，b）。

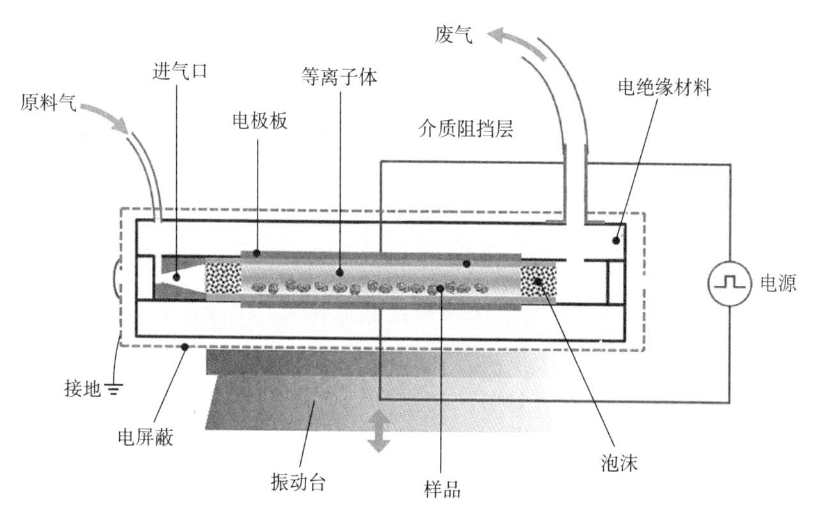

图6.2 实验装置示意图：置于震动台上的脉冲电源氩气DBD等离子体反应器（Butscher et al.，2016b）

DBD既可以在两个电极之间的间隙产生冷等离子体，也可以在表面形成一个薄层等离子体放电。具体做法是将交替排列的电极嵌入到绝缘材料中，并分别连接到高压交流电源或接地电极，从而在绝缘材料的表面放电产生冷等离子体。这种类型的放电通常被称为弥散共面表面阻挡放电（diffuse coplanar surface barrier discharge，DCSBD），DCSBD能够在空气或其他气体中产生稳定且强烈的冷等离子体。尽管DCSBD冷等离子体的处理区域呈片状，但鉴于它的开放体系，可以用于处理面积较大的样品（Cernák et al.，2009）。Henselová等（2012）、Stolárik等（2015）和Zahoranová等（2013，2014）研究了DCSBD冷等离子体处理对玉米、豌豆和小麦表面真菌孢子的杀灭效果，所用真菌包括雪腐镰刀菌（*Fusarium nivale*）、黄色镰刀菌（*Fusarium culmorum*）、粉红单端孢（*Trichothecium roseum*）和黄曲霉（*Aspergillus flavus*）；作者同时评价了DCSBD冷等离子体处理对上述种子萌发和生长性能的影响。结果表明，经DCSBD冷等离子体处理1 min后，样品表面霉菌孢子降低了约1 log；短时间DCSBD冷等离子体处理可以促进种子的发芽和生长，然而长时间处理则降低了发芽率、萌发率、根长、茎长和苗重。Mitra等（2014）也得到了类似的结果。Waskow（2017）使用DCSBD冷等离子体灭活接种于扁豆表面的大肠杆菌。结果表明，经DCSBD冷等离子体处理10 min后，大肠杆菌降低了5.1 log，但同时也降低了扁豆的发芽率；当处理时间缩短到2 min时，大肠杆菌降低了2 log，同时能够促进扁豆的萌发。以上研究结果表明，冷等离子体处理可以有效杀灭颗粒状食品表面的微生物，并且适宜处理强度下能够保持甚至改善样品的一些质量参数。

3 影响冷等离子体杀菌效果的主要因素

前一节主要介绍了不同类型的冷等离子体放电装置，并介绍了一些冷等离子体应用于颗粒状食品杀菌的实例。结果表明，经冷等离子体处理后，样品中微生物降低了0.5~6 log。然而，鉴于上述设备放电类型、电源（如输入功率、电压、频率、波形等）、放电气体（如压力、气体类型、流量等）、水分含量（如气相、样品基质或微生物等）、样品基质（如材料、几何形状、表面结构等）和微生物（如天然微生物或人工接种的微生物、微生物类型、数量等）等存在很大差异，因此很难对上述实验结果进行对比分析。接下来将详细论述上述因素对冷等离子体杀灭谷物和植物种子表面微生物效果的影响。

3.1 电源参数对冷等离子体杀菌效果的影响

研究证实，放电时的功率输入大小是影响冷等离子体杀菌效果的重要因素之一。一般来说，增加输入功率会在放电过程中产生更多的高能电子，从而促进了活性物质的产生并增强其化学性质，进而增强了冷等离子体对微生物的杀灭效果（Lerouge et al.，2001）。等离子体放电的功率取决于交流电源的电压和频率，随着电源频率和电压的升高而增强。Butscher等（2015）设计了一种PCFBR装置并将其用于杀灭小麦表面的解淀粉芽孢杆菌（*Bacillus amyloliquefaciens*）芽孢。如图6.3所示，随着射频电源输入功率的升高，所产生冷等离子体对小麦表面解淀粉芽孢杆菌芽孢的杀灭作用也显著增强（Butscher et al.，2015）。

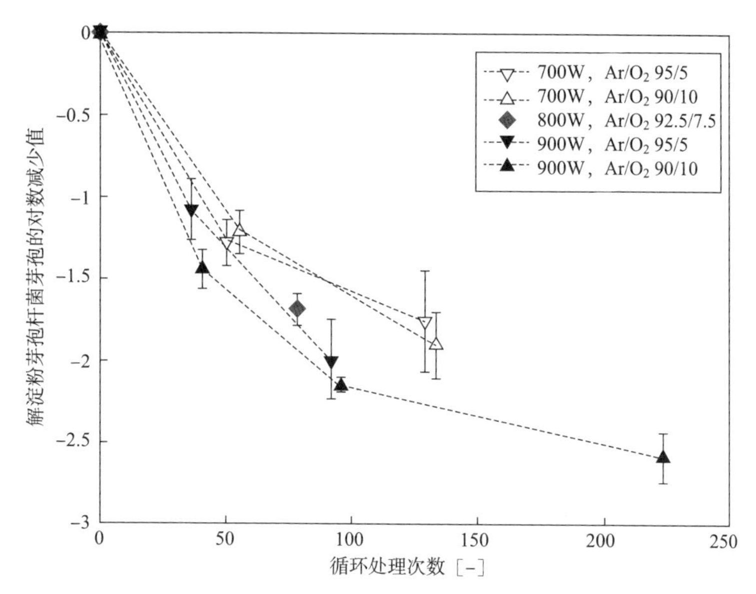

图6.3 不同输入功率和氧气-氩气混合条件下，PCFBR（提升管配置）循环处理周期数对失活小麦表面解淀粉芽孢杆菌芽孢效果的影响。结果表示为三个重复实验的平均值 ± 标准偏差。（引自 Butscher, D. et al., 2015）

大气压DBD等离子体大多数是丝状放电模式，该模式下等离子体由大量的微放电组成。尽管从宏观上来看，一些DBD等离子体呈现均匀性，然而在微观上这些冷等离子体可能仍然由大量单独的微放电所构成。此时，当考虑其纳秒分辨率时，当放电电压达到击穿电压时会发生微放电，且等离子体会由于电介质阻挡层上的电荷积累而迅速猝灭，直到电压逆转。随着放电电压的升高，每个放电周期的微放电次数就会增加。频率决定了两次放电的持续时间，因此增加频率会减少延迟时间，且增加单位时间内微放电次数。显然，电压和频率这两个参数会影响单位时间内微放电的次数，进而影响放电功率密度，最终影响冷等离子体对微生物的杀灭效果（Kogelschatz，2002）。

Butscher（2016）研究了DBD等离子体处理对接种于苜蓿种子表面大肠杆菌的失活作用，实验结果证实了上述假设（图6.4）。该实验所用放电气体为氩气，并以不同的脉冲电压（6~10 kV）和频率（2.5~10 kHz）进行高压单极纳秒方波脉冲放电。作者也评价了上述处理对苜蓿种子表面天然菌群的杀灭作用，也得到了类似的结果（Butscher，2016）。在这两个实验中，通过升高脉冲电压和脉冲频率均能够增强所产生冷等离子体对微生物的杀灭效果。

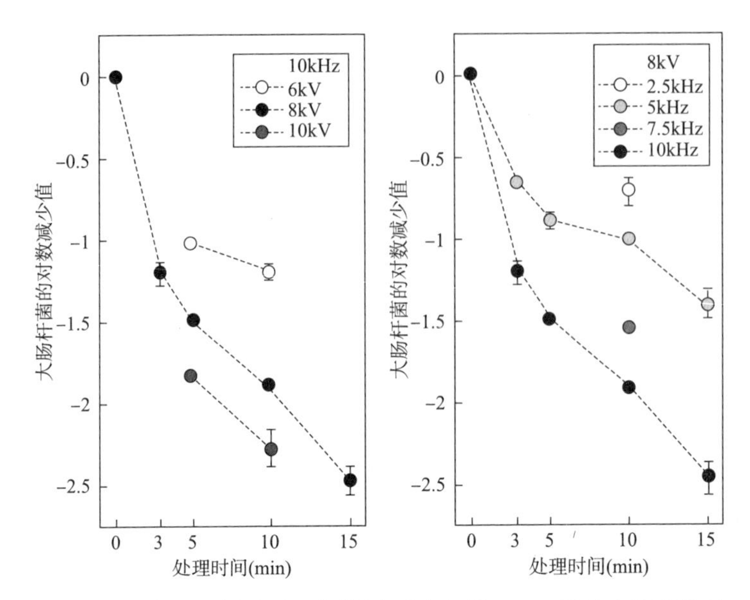

图6.4 不同电压（左）和不同频率（右）的500 ns脉冲电源冷等离子体处理对接种于苜蓿种子表面大肠杆菌的杀灭效果。实验结果表示为三个独立实验的平均值 ± 标准误差。（引自Butscher, D., 2016）

上述发现与Deng等（2007）的研究结果相一致。Deng等（2007）发现，随着放电电压和频率的升高，冷等离子体对接种于杏仁表面大肠杆菌的杀灭效果也逐渐增强。然而，作者并没有研究放电功率对冷等离子体温度的影响，也没有研究冷等离子体处理对杏仁品质的影响。高功率密度能够提高冷等离子体的杀菌效果，但同时也提高了冷等离子体的温度，因此必须系统研究其热效应是否有助于微生物的失活，还要评价热效应对种子发芽能力等指标的影响，这些内容将在本章的第4部分进行讨论。

3.2 工作气体对杀菌效率的影响

放电气体压力是研发等离子体设备时需要考虑的另一个重要参数。如第2部分所述，低气压条件下所产生的冷等离子体处理体积较大且温度较低；而常压冷等离子体设备不需要价格昂贵和复杂的真空设备，因此其操作成本相对较低。在冷等离子体设备中，气体压力的升高会增加气体密度，继而增加活性物质的浓度；另外，随着气体压力的继续升高，活性物质之间的重组反应会增强，反而造成活性物质浓度的降低（Lerouge et al.，2001），进而影响冷等离子体的杀菌效果（Moreau et al.，2000）。紫外线，特别是真空紫外线（10~200 nm）被认为是最有效的杀菌方法，可以在低压条件下产生；然而，在大气压条件下，紫外线易被杂质或被空气吸收，进而降低其杀菌效果。相比之下，高气压条件非常利于活性中性粒子的生成（Fridman，2008）。例如，原子氧的产生速率与分子氧的密度成正比（Lieberman和Lichtenberg，1994）；臭氧主要在高压条件下产生，因为原子氧、分子氧和第三方物质（如氧分子、氩原子）之间需要相互碰撞才能产生臭氧（Marinov et al.，2013）。

除了放电气体压力，放电气体的种类也显著影响冷等离子体的杀灭效果及作用机制。研究发现，气体种类影响了放电过程中气体的电离效率、所产生紫外线的强度和波长及活性物质的生成。根据帕邢定律（Paschen's law），氩气等稀有气体可以被有效电离，从而引起稳定而强烈的放电，并增强带电粒子对微生物的失活作用。紫外线的产生与氮气或含氮物质产生的一氧化氮有关，也可通过激发氩准分子（Ar_2^*）产生紫外线（见第2.1节）。采用氧气所产生冷等离子体具有很强的蚀刻作用，这与其产生的原子氧和其他活性氧有关。相对于惰性气体，使用氧气或氮气带来的猝灭效应会降低电子密度，进而降低等离子体的强度；这与碰撞能量损失有关，此时能量可以用于振动和转动能级的激发、分子的离解和阴离子的形成（Katsch et al.，2000；Schwabedissen et al.，1999；Wagatsum和Hirokawa et al.，1995）。需要指出的是，很难说哪种气体所产生等离子体的处理效果最好，因为等离子体的处理效果不仅与放电气体有关，还取决于放电类型、操作参数、气体压力以及样品特性和所污染微生物种类等因素。

Butscher（2016）研究了PCFBR处理（下降管配置）对小麦表面淀粉芽孢杆菌（*B.amyloliquefaciens*）芽孢的影响，发现采用纯氩气和纯氮气所产生冷等离子体的杀灭效果最强，而使用纯氧气和含高浓度氧气混合气体的杀灭效果较差（Butscher，2016）。这表明离子轰击是冷等离子体失活微生物的重要机制之一，因为氩气比其他气体的电离效率更高。Lerouge等（2000）评价了低压微波放电等离子体对玻璃片上枯草芽孢杆菌（*B. subtilis*）芽孢的杀灭效果；结果表明，使用O_2+CF_4所产生冷等离子体对枯草芽孢杆菌（*B. subtilis*）芽孢的灭活效果最好，而O_2+Ar、O_2+H_2、O_2+H_2+Ar和CO_2所产生冷等离子体的杀菌效果则相对较差。Hury等（1998）也研究了低压微波冷等离子体对枯草芽孢杆菌芽孢的灭活作用，结果发现CO_2作为放电气体时所产生冷等离子体的杀灭效果最好，其次是H_2O_2蒸汽、O_2和Ar。Basaran等（2008）采用六氟化硫（sulfur hexafluoride，SF_6）或空气所产生低压冷等离子体处理接种了寄生曲霉（*A. parasiticus*）孢子的榛子。结果表明，相对于空气，采用SF_6所产生低压冷等离子体对寄生曲霉孢子具有更强的杀灭作用。Kylián等（2006）研究了不同比例N_2和O_2组成的混合气体所产生低压射频冷等离子体对嗜热脂肪地芽孢杆菌（*Geobacillus stearothermophilus*）芽孢的失活效果。结果表明，工作气体为95%N_2+5%O_2混合气体时，所产生冷等离子体对嗜热脂肪地芽孢杆菌芽孢的杀灭作用最强，而其他比例混合气体及纯氧气所产生冷等离子体对芽孢的失活作用则相对较弱。Kylián等（2011）还使用同一设备以Ar+O_2+N_2混合物为工作气体对冷等离子体中的电荷密度、活性氧浓度和紫外光子量进行了优化。Niemira（2012）研究了大气压等离子体射流对杏仁上沙门氏菌和大肠杆菌的灭活效果，结果发现，用空气代替氮气所产生冷等离子体对微生物具有更强的杀灭效果。Laroussi和Leipold（2004）研究了DBD等离子体对芽孢杆菌属细菌芽孢的杀灭作用，发现使用空气为放电气体时，DBD等离子体对芽孢的杀灭作用最强，其次是97%He+3%O_2混合气体，纯He所产生冷等离子体的效果最弱。尽管目前一些研究工作评价了气体种类和不同气体混合物对冷等离子体杀菌效能的影响，但仍然缺乏一个准确、全面的认识，有待在今后进行深入研究。

需要指出的是，放电气体流速对冷等离子体杀菌效果具有多方面的影响。一方面，增加放电气体流速可以加速活性物质向样品表面的传输从而增强冷等离子体的杀菌作用；另一方面，如果放电气体流速过高，那么就会造成停留时间太短，许多活性物质会随气流而排出，进而降低冷等离子体的杀菌作用（Lerouge et al.，2000，2001）。

3.3 水分对杀菌效果的影响

以上讨论了放电类型、功率和放电气体对冷等离子体杀菌效果的影响，接下来将重点讨论水分的影响。需要注意的是，这里所说的水分，既可以指放电气体的湿度，也可以指待处理样品的水分含量（样品中的水分可以扩散到气相中）。上述两类水分可能会增强冷等离子体对微生物的杀灭作用，也可能降低冷等离子体的杀菌作用。

类似于气体分子的猝灭效应，水分子在放电过程中能够吸收能量，这会降低电子能量和密度并猝灭激发态物质，最终抑制等离子体的产生（Bruggeman et al.，2010；Nikiforov et al.，2011）。此外，水蒸气可以覆盖在DBD的介质阻挡层，降低其表面电阻，进而降低微放电强度和放电均匀性，最终抑制羟基自由基（•OH）、臭氧等活性物质的生成（Falkenstein和Coogan，1997；Falkenstein，1997）。水分可通过上述两种途径降低冷等离子体对微生物的杀灭效能。需要指出的是，湿度过大的放电气体也会降低紫外线的透射率，同时水分子会在微生物表面形成水膜，这都会降低冷等离子体的杀菌效能；然而，一般认为这些因素仅起次要作用（Muranyi et al.，2008）。例如，Muranyi等（2008）观察到，大气压DBD等离子体的杀菌效果随着放电所用空气湿度的增加而降低。

尽管水分可以削弱冷等离子体的杀菌效能，但水分会促进放电过程中一些活性物质的生成，从而增强冷等离子体对微生物的杀灭作用。大量研究证实，在加湿空气放电过程中所产生的羟基自由基可进一步反应并生成过氧化氢（H_2O_2）。例如，Patil等（2014）和Purevdorj等（2003）研究发现，冷等离子体中H_2O_2浓度与其对细菌芽孢的杀灭作用密切相关；随着H_2O_2浓度的升高，冷等离子体对芽孢的杀灭作用也逐渐增强。相反，大气压放电过程所产生臭氧（O_3）的浓度随着湿度的增加反而降低，因此推测臭氧在冷等离子体杀灭微生物过程中没有发挥主要作用（Maeda et al.，2003；Winter et al.，2013）。

Winter等（2013）讨论了等离子体医学实验中无意或有意增加气体湿度的作用，及其对等离子体活性物质生成的影响。Maeda等（2003）和Muranyi等（2008）在冷等离子体杀菌实验中发现了一个最佳的气体湿度水平，可以用于颗粒状食品的灭菌处理。

Butscher等（2016a）研究了苜蓿种子含水量对种子萌发的影响，这些种子先用无菌水浸润或干燥器干燥，然后进行500 ns脉冲DBD等离子体处理，放电气体为氩气，电源频率为10 kHz，电压为8 kV。结果表明，经DBD等离子体处理5 min或10 min后，种子水分含量为17%（基于湿重）时苜蓿表面天然菌群的失活率最高（图6.5）。当苜蓿种子含水量较低时，升高水分含量会促进ROS的生成，进而增强冷等离子体的杀菌效果；而当水分含量高于17%时，继续升高水分含量反而造成ROS的猝灭，进而降低了等离子体的杀菌效果。

对于图6.5中所示实验条件，Butscher等（2016a）发现，由于待处理样品中的水分可蒸发进入气相，导致气相的相对湿度随着样品水分含量的增加而升高，因此，在气相中可形成ROS，但同时，随着样品水分含量的继续增加，发射光谱强度降低，表明等离子体组分发生猝灭。

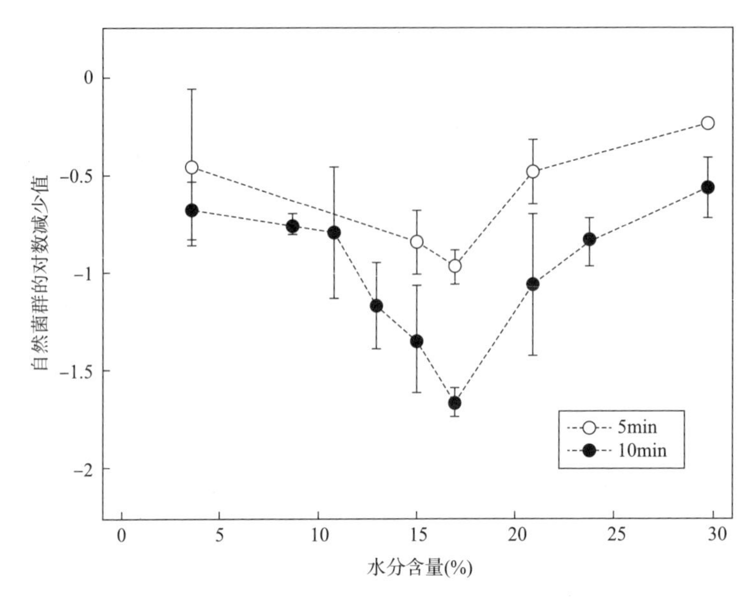

图6.5 苜蓿种子水分含量对冷等离子体失活其表面自然菌群效果的影响（10 kHz，8 kV，500 ns脉冲，5~10 min）。结果表示为三个独立实验的平均值 ± 标准偏差。（引自Butscher, D. et al., 2016a）

3.4 基质对杀菌效果的影响

许多关于冷等离子体灭活微生物的研究多采用模拟体系，这是因为真实的食品组成、几何形状和表面结构能够影响冷等离子体的放电和处理效果。

样品基质的几何形状会影响电场，进而影响冷等离子体的杀菌效果。Butscher等（2016b）采用COMSOL软件对DBD过程中的电场强度进行了模拟，研究对象为聚丙烯颗粒（平均直径为3.6 mm）。作者发现，将聚丙烯颗粒置于DBD等离子体发生器的两个电极板之间时，聚丙烯颗粒周围电场强度明显增强，特别是聚丙烯颗粒的上方和下方区域（Butscher et al.，2016b）。作者推测，电场强度的升高将促进活性物质的生成，进而增强冷等离子体对微生物的杀灭效果。作者进一步评价了DBD等离子体对接种于小麦、聚丙烯颗粒（平均直径为3.6 mm）和聚丙烯塑料板（76 mm × 26 mm × 1 mm）表面嗜热脂肪地芽孢杆菌（*G. stearothermophilus*）芽孢的杀灭效果，放电气体为氩气，采用10 kHz、8 kV、500 ns脉冲，实验结果见图6.6。

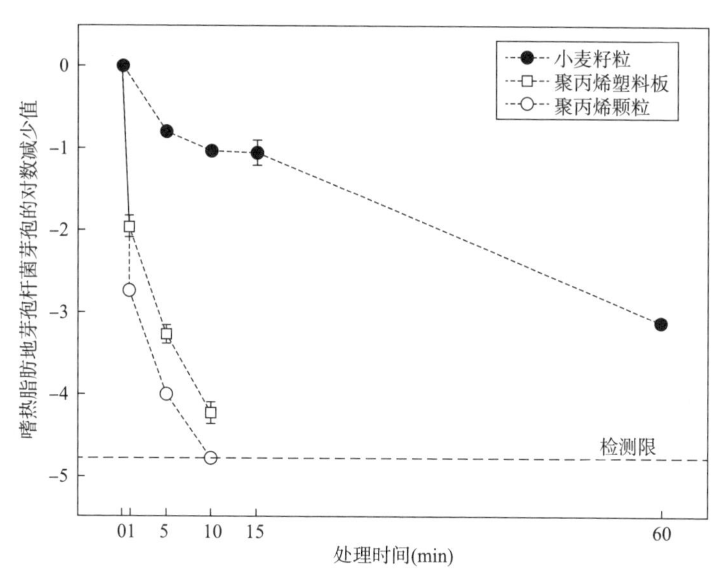

图6.6　处理时间对DBD等离子体杀灭小麦、聚丙烯颗粒或聚丙烯塑料板表面嗜热脂肪地芽孢杆菌芽孢效果的影响。数据表示为三个独立实验的平均值 ± 标准误差。（引自Butscher, D. et al., 2016b）

更重要的是，对比分析表面光滑的模拟样品和表面较为粗糙的谷物/植物种子，可以发现样品基质表面结构是影响冷等离子体杀菌效果的关键因素之一。从图6.6可知，DBD等离子体对小麦和聚丙烯颗粒/塑料板表面嗜热脂肪地芽孢杆菌芽孢的杀灭效果存在较大差异。经DBD等离子体处理10 min时，接种于聚丙烯颗粒或聚丙烯塑料板表面嗜热脂肪地芽孢杆菌芽孢能够被有效杀灭，降低了4 log以上；而DBD等离子体对小麦表面嗜热脂肪芽孢杆菌芽孢的杀灭效果则相对较弱；经DBD等离子体处理10 min后，小麦表面嗜热脂肪地芽孢杆菌芽孢仅降低了约1 log。造成上述结果的原因是，小麦表面较为粗糙，可以保护或隐藏微生物，使其免受冷等离子体中活性物质的影响，因此降低了冷等离子体的杀灭效果。

在Butscher等（2016a）进行的另一项研究中，作者发现了类似的结果。在该研究中，作者评价了DBD等离子体对接种于洋葱、萝卜、苜蓿和水芹种子表面大肠杆菌的杀灭效果，放电气体为氩气，采用10 kHz、8 kV和500 ns脉冲，实验结果见图6.8。对比分析图6.7所示的种子表面结构和图6.8所示的杀菌效率，可以发现，随着种子表面复杂度的升高（水芹<苜蓿<萝卜<洋葱），DBD等离子体对其表面大肠杆菌的杀灭作用逐渐降低。

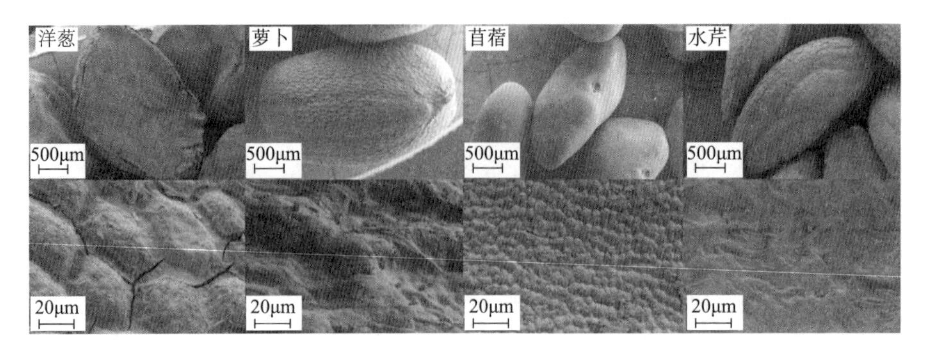

图6.7 未处理组洋葱、萝卜、苜蓿和水芹种子的扫描电镜图片（Butscher et al.，2016a）

Schnabel等（2012b）研究了冷等离子体对接种于玻璃珠、玻璃螺旋环（glass helices）、分子筛（molecular sieve）和油菜籽表面萎缩芽孢杆菌（*B. atrophaeus*）芽孢的杀灭作用。Schnabel等（2012a）研究了微波放电冷等离子体对接种于油菜籽、萝卜、欧芹、莳萝、小麦和黑胡椒表面萎缩芽孢杆菌芽孢的杀灭效果。研究结果表明，随着待处理样品拓扑结构复杂性的增加，冷等离子体对萎缩芽孢杆菌芽孢的杀灭效果逐渐降低。

冷等离子体对复杂食品中微生物的失活多属于双相失活动力学，即在第一阶段微生物被快速失活，而在第二阶段失活较慢（见图6.3、图6.4、图6.6、图6.8和图6.9）。上述现象在处理多种微生物和单一微生物菌株时较为常见，这主要与微生物聚集有关，而微生物聚集又与其初始浓度直接相关。该理论认为，冷等离子体能够迅速杀灭存在于样品表面的微生物，但对样品内部微生物的杀灭效果则明显降低（Moisan et al.，2002）。上述解释也适用于表面较为复杂的样品。对于表面较为复杂的样品，虽然其表面的一些微生物很容易接触到冷等离子体中的活性物质并被迅速失活，但其他微生物可能受到粗糙表面的保护或隐藏在裂缝和缝隙中，从而降低了冷等离子体的杀灭效果。

3.5 微生物群落对杀菌效果的影响

如第2.1节所述，冷等离子体可以通过不同的机制灭活细菌、细菌芽孢、酵母、霉菌和病毒等各种微生物；此外，冷等离子体还可以有效失活朊病毒和内毒素（Lerouge et al.，2001）。然而，不同微生物对不同杀菌处理（如冷等离子体）具有不同的抵抗力。例如，细菌、酵母和霉菌（包括其孢子）通常会在55~65℃的温度下失活，而细菌芽孢则能够在100℃下存活数小时（Krämer，2011）。同样，相比于细菌芽孢，冷等离子体处理对细菌营养体的失活更为有效（Kelly-Wintenberg

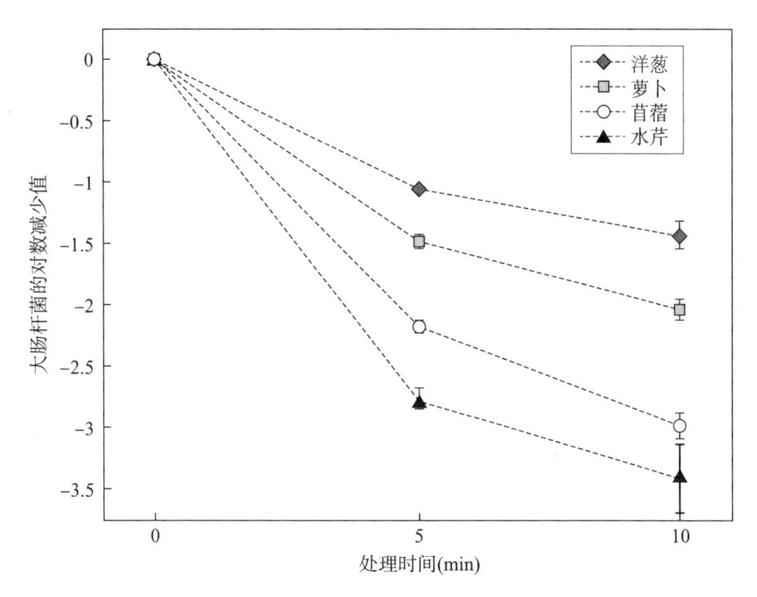

图6.8　DBD等离子体处理（10 kHz、8 kV和500 ns脉冲）对不同种子表面大肠杆菌的失活作用。数据表示为6个独立实验的平均值 ± 标准误差。（引自Butscher, D. et al., 2016a）

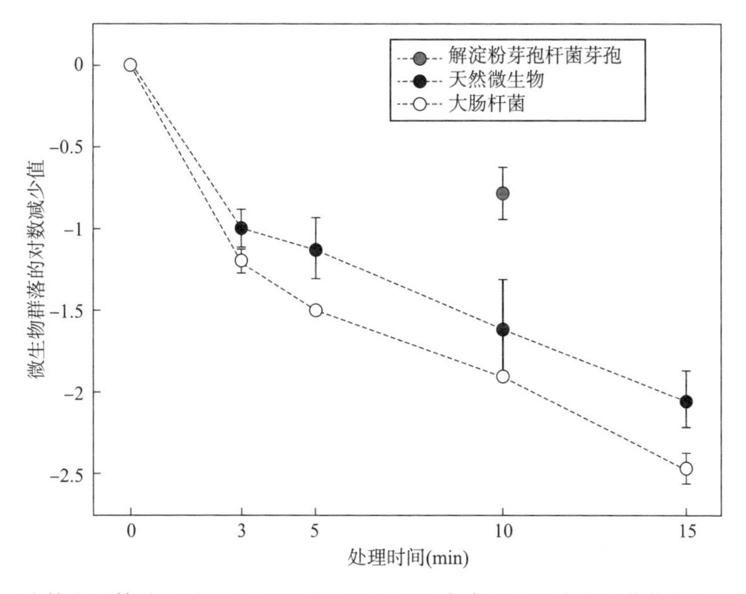

图6.9　经冷等离子体处理（10 kHz、8 kV、500 ns脉冲）后，接种于苜蓿种子表面的解淀粉芽孢杆菌芽孢、大肠杆菌和自然菌群的失活规律。数据表示为三个独立实验的平均值 ± 标准误差。（引自Butscher, D. er al., 2016a） et al.，1999；Scholtz et al.，2010）。如图6.9所示，采用DBD等离子体（Ar、10 kHz、8 kV、500 ns脉冲）处理苜蓿种子；结果表明，在相同处理条件下，DBD等离子体对大肠杆菌ATCC8739的杀灭作用显著高于解淀粉芽孢杆菌芽孢（Butscher，2016）。

图6.9展示了冷等离子体对苜蓿种子表面天然菌群和接种于苜蓿种子表面大肠杆菌杀灭效果的差异。如图6.9所示，相对于接种的大肠杆菌，天然菌群对冷等离子体处理具有更强的抗性（Butscher，2016）。这可能是由于天然菌群被包埋在苜蓿种子的蜡质外壳中，这样不易受到等离子体所产生活性物质的影响（Sikin et al.，2013）；而接种的大肠杆菌分布在苜蓿种子蜡质层的顶部，受到的保护较少。此外，大肠杆菌是一种革兰氏阴性细菌，而天然菌群中还包含有革兰氏阳性细菌。虽然革兰氏阴性细菌具有复杂的脂质双层，能够抵抗某些化学和生物抗菌剂，但革兰氏阳性细菌具有厚而坚固的多糖细胞壁，使其更能抵抗离子轰击等物理攻击（Montie et al.，2000）。Butscher（2016）通过16 SrRNA测序分析了DBD等离子体处理前后苜蓿种子中天然菌群组成；结果表明，革兰氏阴性细菌减少了2~4 log，而革兰氏阳性细菌仅减少了1~2 log（见表6.2）。以上结果表明，革兰氏阳性细菌细胞壁对冷等离子体处理具有更强的抗性（Butscher，2016）。

表6.2 采用16S rRNA基因测序对冷等离子体处理前后苜蓿种子中优势细菌进行系统发育分类

微生物类别（科）	革兰氏染色	未处理	处理后[a]
肠杆菌科	革兰氏阴性	10^5~10^6 CFU/g	10^3~10^4 CFU/g
假单胞菌科	革兰氏阴性	10^3~10^4 CFU/g	低于检测限
葡萄球菌科	革兰氏阳性	10^4~10^5 CFU/g	10^3~10^4 CFU/g
芽孢杆菌科	革兰氏阳性	10^4~10^5 CFU/g	10^2~10^3 CFU/g
微杆菌科	革兰氏阳性	10^4~10^5 CFU/g	10^3~10^4 CFU/g

注 [a]DBD等离子体处理条件为氩气、10 kHz、8 kV、500 ns脉冲，处理10 min。（引自Butscher, D., 2016.）

Hertwig等（2015b）比较了冷等离子体处理对胡椒表面天然微生物菌群（嗜温菌和芽孢）与人工接种的萎缩芽孢杆菌芽孢、枯草芽孢杆菌芽孢和肠道沙门氏菌的杀灭效果，也得到了类似的结果。冷等离子体射流直接处理和微波放电等离子体间接处理的实验结果都表明，相对于细菌营养细胞，细菌芽孢对冷等离子体具有更强的抗性；此外，天然微生物菌群比人工接种的微生物对冷等离子体具有更强的抗性。

Schnabel等（2015）将大肠杆菌、边缘假单胞菌（*Pseudomonas marginalis*）和胡萝卜软腐果胶杆菌（*Pectobacterium carotovorum*）等革兰氏阴性细菌、英诺

克李斯特菌（*L. innocua*）和金黄色葡萄球菌（*S. aureus*）等革兰氏阳性细菌、白色念珠菌（*Candida albicans*）和萎缩芽孢杆菌（*B. atrophaeus*）芽孢接种于生鲜果蔬产品并采用微波放电等离子体进行间接处理。所得结果也证实，革兰氏阴性细菌对冷等离子体处理的抗性低于革兰氏阳性细菌；真菌与细菌营养细胞的抗性相似，而芽孢的抗性最强。

4 热效应、机械力、电应力和等离子体所产生活性物质的作用

如3.1节所示，冷等离子体对微生物的失活效率与其放电功率相关，如果使用的是正弦或脉冲交流电源，输入功率主要取决于电压和频率。然而，随着输入功率的增加，放电过程中气体的温度也会逐渐升高。因此，必须对温度的作用进行详细评估，明确温度是否是影响冷等离子体失活微生物的主要因素，温度是否会对产品功能特性造成不良影响。然而，许多关于冷等离子体杀菌的研究都没有考虑到温度的影响。冷等离子体温度通常在70℃以下，而使用10 kHz和10 kV脉冲放电10 min所产生的等离子体温度约为82℃。为了评估这一温度对微生物活力的影响，Butscher等（2016a）将苜蓿种子在温度为85℃的热空气中处理10 min，从图6.10可以看出，与未处理的样品相比，该温度并没有导致苜蓿种子上天然菌群的减少。除此之外，振动台的机械应力和电磁场的电应力（没有等离子体激发时）也没有使微生物数量减少。此外，氩气对微生物群落的存活力也没有影响（未显示数据）。然而，等离子体处理则表现出了明显的杀菌效果（Butscher et al.，2016a）。如图6.10所示，等离子体对接种嗜热脂肪地芽孢杆菌（*G. stearothermophilus*）芽孢的小麦和聚丙烯颗粒的杀菌研究也获得了类似的结果（Butscher et al.，2016b）。因此可以得出结论，在目前已发表的研究中，微生物的存活率不受热效应、机械力和电应力因素或者氩气氛的影响，但是冷等离子体中的活性物质则可导致其失活。

虽然DBD等离子体对小麦籽粒、苜蓿种子和聚丙烯颗粒上微生物的灭活作用可以明确归因于等离子体产生的活性物质，但仍不清楚第2.1节中描述的哪种机制是灭活微生物的主要原因。为了更好地了解等离子体化学，可以分析等离子体的发射光谱（optical emission spectrum，OES），图6.11为处理苜蓿种子（含水量为17%）的DBD等离子体的发射光谱，工作气体为氩气，由10 kHz、8 kV、500 ns脉冲供电。使用同一装置处理小麦籽粒也得到了类似的光谱（Butscher et al.，

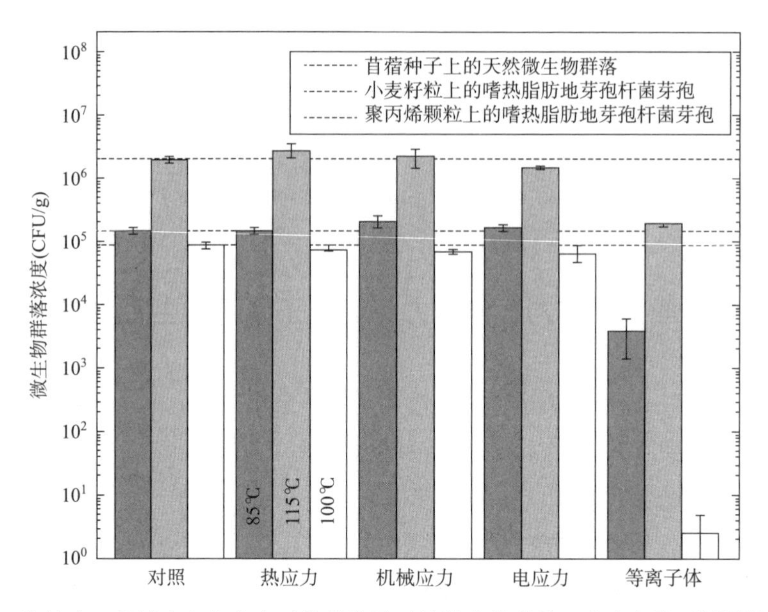

图6.10 热效应、机械力和电应力对苜蓿种子天然微生物群落、小麦和聚丙烯颗粒表面嗜热脂肪地芽孢杆菌（*G. stearothermophilus*）芽孢失活的影响。冷等离子体处理条件为10 kHz、8 kV和500 ns脉冲。所有样品的处理时间均为10 min。结果表示为三次独立实验的平均值 ± 标准偏差（引自Butscher, D. et al., 2016a, b）

2016b），在另一项研究中大气压氩等离子体射流也产生了类似的峰（Surowsky et al.，2015）。

如图6.11所示，在700~912 nm范围内可以观察到由氩气电离产生的强发射光谱（Kramida et al.，2015），这是因为氩气极易在放电过程中发生电离，所产生的离子和电子能够通过机械作用损伤微生物。除了上述离子轰击，氩气还可以产生波长为126 nm的紫外光子；虽然采用光谱仪未检测到氩气产生的紫外线，但其可能在微生物失活过程中发挥了重要的作用。在316~410 nm范围内可检测到第二正氮体系的紫外线光谱，这可能由空气在样品基质和表面的残留、泄漏或解吸引起（Pollak et al.，2008）。虽然波长在300 nm以上紫外线的能量较低，通常认为其杀菌作用较弱，但该波段紫外线仍可能导致微生物的失活（Fridman，2008）。最后，还显示了306 nm处的OH带发射光谱，这可能是由样品中的水分或气相中的杂质产生的（Pollak et al.，2008）。除了紫外辐射，·OH还会对微生物造成氧化损伤，估计水分子还可能产生其他类型的ROS，但无法通过OES检测到。

从扫描电子显微镜（scanning electron micrographs，SEM）图像可以进一步阐明冷等离子体对微生物的作用机制。图6.12展示了在DBD等离子体处理（8 kV、

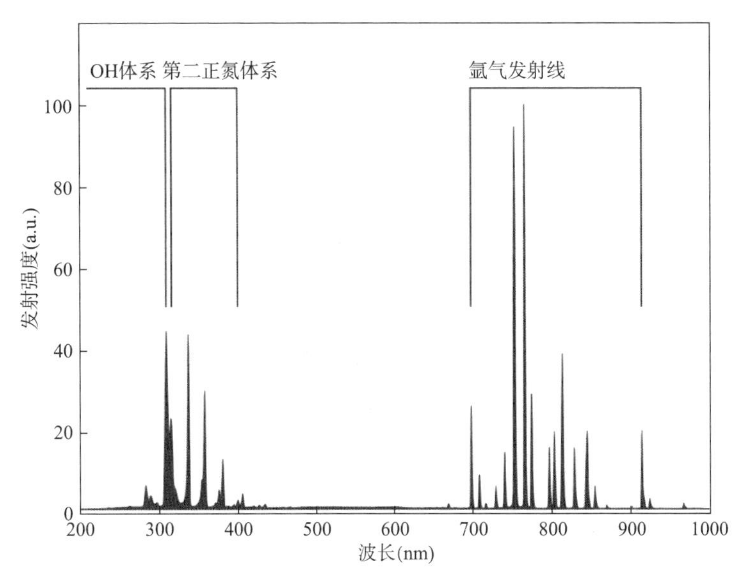

图6.11 200~1000 nm波长范围内的电磁发射光谱。采用DBD等离子体处理含水量为17%的苜蓿种子，以氩气为放电气体，放电条件为10 kHz、8 kV、500 ns脉冲。采集放电10 min内的光谱数据，并求平均值。以上数据尚未公开发表

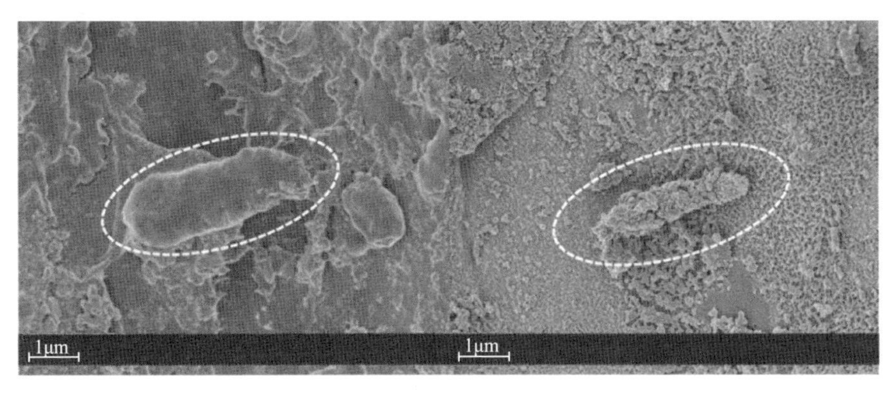

图6.12 未经处理（左）和冷等离子体处理（右）的小麦颗粒样本的扫描电子显微镜图像，虚线标记的结构是嗜热脂肪地芽孢杆菌芽孢（Butscher，2016）

10 kHz、500 ns脉冲，10 min）之前（左图）和之后（右图）小麦表面上的嗜热脂肪地芽孢杆菌芽孢的形态变化。与未处理芽孢相比，经DBD等离子体处理的芽孢显示出明显的穿孔和体积缩小，表明在冷等离子体离子轰击下，芽孢发生蚀刻损伤，活性化学物质与芽孢表面物质发生反应，生成挥发性物质并进一步加剧了蚀刻损伤，这一过程称为化学溅射（见2.1节）。紫外线也可能参与了化学溅射过程，虽然紫外线本身不会造成明显的损伤（Philip et al.，2002）。在采用低压

PCFBR反应器处理解淀粉芽孢杆菌芽孢时也发现了类似的现象，离子轰击和ROS被认为在冷等离子体杀灭芽孢过程中发挥了主要作用，化学溅射也参与了上述过程（Butscher et al.，2015）。

5 冷等离子体处理对产品功能特性的影响

对谷物和种子进行冷等离子体处理的主要目的是将微生物污染降低到安全和可接受的水平，但同时要保持甚至改善品质，如种子的发芽率或谷物的烘焙加工特性。经PCFBR和DBD等离子体处理后，小麦的色泽和风味未发生明显变化。Butscher等（2015）通过粉质仪（面团质构）、拉伸仪（面团流变学）和淀粉仪（面团糊化）分析了PCFBR处理后小麦的粉质特性和烘焙加工特性。作者发现，PCFBR处理未对样品造成任何不良影响，甚至一定程度改善了面团稳定性和烘焙体积（Butscher et al.，2015）。Butscher等（2016b）采用DBD等离子体处理小麦并磨成粉，测定了小麦粉的沉淀值（反映淀粉损伤的指标）和面筋含量（反映面筋蛋白状态的指标）。结果表明，DBD等离子体处理未对小麦粉的沉淀值和面筋含量造成显著影响；这是因为DBD等离子体处理只作用于小麦表面，不会影响与体积有关的品质指标。与上述发现相一致，Selcuk等（2008）发现经低压等离子体处理后，小麦和豆类的品质（如面筋含量和面筋指数）未发生显著变化或只受到轻微影响。

Butscher等（2016a）评价了冷等离子体处理对苜蓿种子发芽率的影响。作者采用不同电源频率和电压条件下所产生DBD等离子体处理苜蓿种子2~15 min，放电气体为氩气，并测定其发芽率；同时采用光纤探头测定气体温度。由图6.13可知，适宜强度的冷等离子体处理可以提高苜蓿种子的发芽率（与对照样品相比提高了23%）；而高强度的冷等离子体处理则降低了苜蓿种子的发芽率。此外，冷等离子体温度是影响苜蓿种子发芽率的重要因素之一。然而，综合评价冷等离子体处理对苜蓿种子发芽率与杀菌效果（见3.1节）的实验结果，可以优化冷等离子体处理条件，进而实现在有效杀灭微生物的同时提高其发芽率。

一些研究评价了低压冷等离子体（Filatova et al.，2009；Jiafeng et al.，2014）或大气压冷等离子体（Henselovaét et al.，2012；Mitra et al.，2014；Stolaérik et al.，2015；Zahoranovaét et al.，2013和2014）处理对不同种子活力、发芽和生长的影响。研究结果表明，与上述研究结果相一致，适宜的冷等离子体处理能够改善种子的

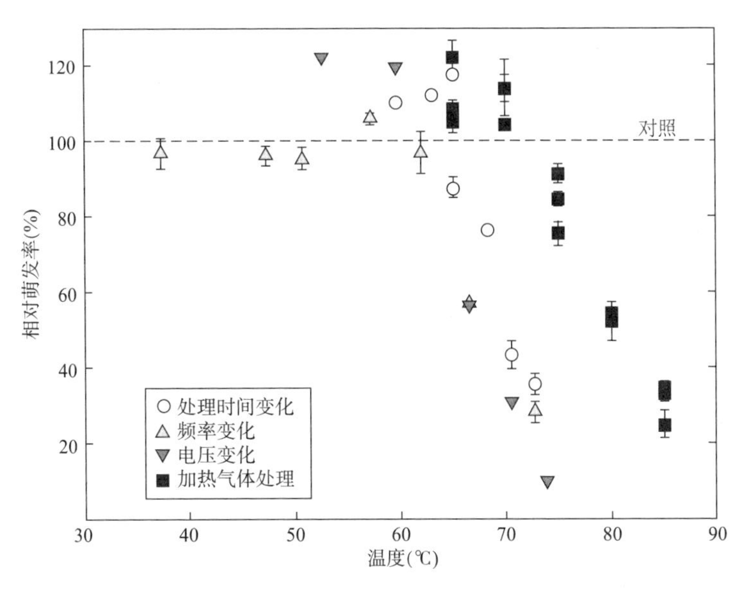

图6.13　不同条件所产生冷等离子体处理和加热气体处理后苜蓿种子的相对发芽率（相对于未处理样品）。以各冷等离子体处理的最终气体温度或被加热气体的温度为参考。实验结果表示为三次独立实验的平均值 ± 标准偏差（Butscher，2016）

一些指标，但高强度冷等离子体处理则会对种子造成不良影响。例如，Waskow（2017）观察到适宜的大气压DCSBD等离子体处理能够促进扁豆种子的萌发。其他研究人员也观察到了类似结果，推测这可能是由于冷等离子体处理破坏了种皮，从而增强了气体或水分的扩散，也可能是增加了种子的润湿性，从而影响了种子对水分的吸收。目前，一些研究正在试图揭示冷等离子体处理影响种子萌发及其生长的潜在作用机制。同时，可以通过优化冷等离子体处理功率和时间等因素，达到改善产品性能的目的。

6　总结与展望

本章讨论了冷等离子体在颗粒状食品杀菌中的应用研究进展。大量研究证实，冷等离子体能有效灭活多种微生物（包括细菌营养体、细菌芽孢、真菌、病毒、朊病毒）及其产生的内毒素等。研究证实，针对表面较为光滑的样品，冷等离子体能够在几分钟内使微生物降低超过5 log；而对于种子、谷物等颗粒状样品，冷等离子体处理几分钟仅能使微生物降低1~3 log。虽然化学、生物和物理杀菌等其他杀菌方法也能达到类似的杀菌效果，但这些处理方法往往会破坏产品品质，形成一些副产物，并且在多数情况下不能进行大规模工业化推广应用。

针对冷等离子体技术，除了要考虑冷等离子体对微生物的杀灭效果，还要保证冷等离子体处理不会对产品品质造成不良影响。研究证实，冷等离子体处理未对小麦籽粒品质参数造成负面影响，甚至可以改善其某些品质指标。针对种子，高强度冷等离子体处理会抑制种子的发芽，而适宜强度的冷等离子体处理则能够促进种子的发芽和生长。

颗粒状食品冷等离子体杀菌的主要挑战是种子和粮食表面结构复杂、表面粗糙并存在大量裂缝，能够保护微生物免受等离子体中活性物质的影响，从而大大降低冷等离子体的杀菌效果。此外，许多食品对热处理敏感，因此必须注意冷等离子体的温度不能超过一定的限值，否则将会对产品品质造成不良影响。

制约冷等离子体技术发展和实际应用的另一个技术瓶颈是放电和操作条件、样品基质和微生物相互作用机制极为复杂。例如，来自样品基质或放电气体的水分显著影响放电过程及活性物质的生成，进而影响冷等离子体对微生物的杀灭效果。同样，放电气体中的一些杂质也可能对放电过程中活性物质的生成和冷等离子体对微生物的杀灭效果造成显著影响。

冷等离子体杀菌技术前景广阔，然而，必须深入理解其杀菌机制，并优化放电气体成分、水分含量、输入功率等处理参数，在使杀菌效率最大化的同时，有效保持或改善产品性能。除了使用冷等离子体进行直接处理外，还可以利用微波空气放电等离子体（温度高达4000 K）对食品进行远程间接处理；通过在放电区域以外的地方处理样品，该方法既能充分发挥活性物质的杀菌作用，又能有效降低处理温度，在食品领域具有很好的应用前景。虽然目前冷等离子体在食品领域的应用研究已取得了丰硕的成果，但是冷等离子体失活微生物的确切机制尚未完全阐明（Hertwig et al.，2015a，b；Schnabel et al.，2012a，b，2015）。

目前，冷等离子体杀菌技术的工业化应用仍面临一些亟待解决的关键技术瓶颈。例如，很难直接增大所有类型等离子体放电的处理面积。对于处理面积较小的冷等离子体射流，只能通过构建射流阵列来增大处理面积，但这样无法产生均匀的冷等离子体处理区域。相比之下，低压放电冷等离子体处理区域更大。在PCFBR中耦合的管式ICP反应器可适用于处理自由流动的颗粒状样品，可以通过增加反应器的直径和长度以进一步提高样品处理量，具体可在谷物研磨机的输送线上实现。此外，DBD等离子体设备很容易按其尺寸进行缩放，还可以安装一个倾斜的振动台，便于颗粒状样品的传输和处理。

从经济角度来看，相对于需要真空设备的低压冷等离子体发生装置，大气压冷等离子体的操作成本相对更低。Reichen等（2009）认为可采用循环排列的大气压DBD来代替PCFBR中的低压ICP发生器。此外，还需要考虑放电气体的使用成本。空气是加工最便宜的气体，目前已被应用于多项冷等离子体杀菌研究中，所产生等离子体具有良好的杀菌效果。然而，与氩气等稀有气体相比，空气的激发需要更高的放电电压。本文介绍的一些DBD等离子体发生器需要大功率电源，如果使用空气为放电气体，则需要防止气体温度的过度升高。

7 结论

用于颗粒状食品的冷等离子体杀菌技术具有与其他化学、生物和物理杀菌方法相似的杀菌效果，并且可以通过优化处理参数进一步提高冷等离子体的杀菌效能。由于冷等离子体处理涉及许多参数和机制，仍需进一步阐明冷等离子体的作用机制。综上所述，冷等离子体在有效灭活颗粒状食品微生物的同时，还可以保持甚至改善产品性能，同时避免有害物质的产生，应用前景广阔。然而，冷等离子体杀菌机制和处理参数还需进一步的探索和研究，以推进其在颗粒状食品工业中的广泛应用。

参考文献

Alves Junior, C., de Oliveira Vitoriano, J., Da Silva, D.L.S., de Lima Farias, M., de Lima Dantas, N.B., 2016. Water uptake mechanism and germination of *Erythrina velutina* seeds treated with atmospheric plasma. Sci. Rep. 6, 33722.

Basaran, P., Basaran-Akgul, N., Oksuz, L., 2008. Elimination of *Aspergillus parasiticus* from nut surface with low pressure cold plasma (LPCP) treatment. Food Microbiol. 25 (4), 626–632.

Bermúdez-Aguirre, D., Barbosa-Cánovas, G.V., 2011. Recent advances in emerging non-thermal technologies. In: Aguilera, J.M., Simpson, R., Welti-Chanes, J., Bermudez-Aguirre, D., Barbosa-Canovas, G. (Eds.), Food Engineering Interfaces. Food Engineering Series. Springer, New York, pp. 285–323.

Bermúdez-Aguirre, D., Barbosa-Cánovas, G.V., 2013. Disinfection of selected vegetables under nonthermal treatments: chlorine, acid citric, ultraviolet light and ozone. Food Control. 29 (1),

82–90.

Bermúdez-Aguirre, D., Wemlinger, E., Pedrow, P., Barbosa-Cánovas, G., GarciaPerez, M., 2013. Effect of atmospheric pressure cold plasma (APCP) on the inactivation of *Escherichia coli* in fresh produce. Food Control. 34 (1), 149–157.

Beuchat, L.R., 2002. Ecological factors influencing survival and growth of human pathogens on raw fruits and vegetables. Microbes Infect. 4 (4), 413–423.

Bormashenko, E., Grynyov, R., Bormashenko, Y., Drori, E., 2012. Cold radiofrequency plasma treatment modifies wettability and germination speed of plant seeds. Sci. Rep. 2, 741.

Boudam, K.M., Moisan, M., Saoudi, B., Popovici, C., Gherardi, N., Massines, F., 2006. Bacterial spore inactivation by atmospheric-pressure plasmas in the presence or absence of UV photons as obtained with the same gas mixture. J. Phys. D: Appl. Phys. 39 (1), 3494–3507.

Bruggeman, P., Iza, F., Guns, P., Lauwers, D., Kong, M.G., Gonzalvo, Y.A., Leys, C., Schram, D.C., 2010. Electronic quenching of OH (A) by water in atmospheric pressure plasmas and its influence on the gas temperature determination by OH (A–X) emission. Plasma Sources Sci. Technol. 19 (1), 015016.

Butscher, D., 2016. Non-Thermal Plasma Inactivation of Microorganisms on Granular Food Products (Ph.D. thesis). ETH Zurich.

Butscher, D., Schlup, T., Roth, C., Muller-Fischer, N., Gantenbein-Demarchi, C., Rudolf von Rohr, P., 2015. Inactivation of microorganisms on granular materials: Reduction of *Bacillus amyloliquefaciens* endospores on wheat grains in a low pressure plasma circulating fluidized bed reactor. J. Food Eng. 159, 48–56.

Butscher, D., Van Loon, H., Waskow, A., Rudolf von Rohr, P., Schuppler, M., 2016a. Plasma inactivation of microorganisms on sprout seeds in a dielectric barrier discharge. Int. J. Food Microbiol. 238, 222–232.

Butscher, D., Zimmermann, D., Schuppler, M., Rudolf von Rohr, P., 2016b. Plasma inactivation of bacterial endospores on wheat grains and polymeric model substrates in a dielectric barrier discharge. Food Control. 60, 636–645.

Cernák, M., Cernáková, L., Hudec, I., Kovácik, D., Zahoranová, A., 2009. Diffuse coplanar surface barrier discharge and its applications for in-line processing of low-added-value materials. Eur. Phys. J. Appl. Phys. 47 (2), 22806.

Cobine, J.D., 1958. Gaseous Conductors: Theory and Engineering Applications. Dover, New York.

Deng, S., Ruan, R., Mok, C.K., Huang, G., Lin, X., Chen, P., 2007. Inactivation of *Escherichia coli* on almonds using nonthermal plasma. J. Food Sci. 72 (2), M62–M66.

Ehlbeck, J., Schnabel, U., Polak, M., Winter, J., von Woedtke, T., Brandenburg, R., vondem Hagen, T., Weltmann, K.D., 2011. Low temperature atmospheric pressure plasma sources for microbial decontamination. J. Phys. D: Appl. Phys. 44 (1), 013002.

Falkenstein, Z., 1997. Influence of ultraviolet illumination on microdischarge behavior in dry and humid N_2, O_2, air, and Ar/O_2: The Joshi effect. J. Appl. Phys. 81 (11), 5975–5979.

Falkenstein, Z., Coogan, J.J., 1997. Microdischarge behaviour in the silent discharge of nitrogen-oxygen and water-air mixtures. J. Phys. D: Appl. Phys. 30 (5), 817.

Filatova, I., Azharonok, V., Gorodetskaya, E., Mel'nikova, L., Shedikova, O., Shik, A., 2009. Plasma-radiowave stimulation of plant seeds germination and inactivation of pathogenic microorganisms. Proc. Int. Plasma Chem. Soc. 19, 627.

Fridman, A., 2008. Plasma biology and plasma medicine. In: Plasma Chemistry. Cambridge University Press, Cambridge, pp. 848–913.

Heise, M., Neff, W., Franken, O., Muranyi, P., Wunderlich, J., 2004. Sterilization of polymer foils with dielectric barrier discharges at atmospheric pressure. Plasmas Polym. 9 (1), 23–33.

Henselová, M., Slováková, L., Martinka, M., Zahoranová, A., 2012. Growth, anatomy and enzyme activity changes in maize roots induced by treatment of seeds with low-temperature plasma. Biologia. 67(3), 490–497.

Hertwig, C., Reineke, K., Ehlbeck, J., Erdogdu, B., Rauh, C., Schlüter, O., 2015a. Impact of remote plasma treatment on natural microbial load and quality parameters of selected herbs and spices. J. Food Eng. 167, 12–17.

Hertwig, C., Reineke, K., Ehlbeck, J., Knorr, D., Schlüter, O., 2015b. Decontamination of whole black pepper using different cold atmospheric pressure plasma applications. Food Control. 55, 221–229.

Hippler, R., Kersten, H., Schmidt, M., Schoenbach, K.H., 2008. Low Temperature Plasmas: Fundamentals, Technologies and Techniques. Wiley-VCH, Weinheim.

Hury, S., Vidal, D.R., Desor, F., Pelletier, J., Lagarde, T., 1998. A parametric study of the destruction efficiency of *Bacillus* spores in low pressure oxygen-based plasmas. Lett. Appl. Microbiol. 26 (6), 417–421.

Jiafeng, J., Xin, H., Ling, L., Jiangang, L., Hanliang, S., Qilai, X., Renhong, Y.,Yuanhua, D., 2014.

Effect of cold plasma treatment on seed germination and growth of wheat. Plasma Sci. Technol. 16 (1), 54–58.

Katsch, H.M., Sturm, T., Quandt, E., Döbele, H.F., 2000. Negative ions and the role of metastable molecules in a capacitively coupled radiofrequency excited discharge in oxygen. Plasma Sources Sci. Technol. 9 (3), 323–330.

Kelly-Wintenberg, K., Hodge, A., Montie, T.C., Deleanu, L., Sherman, D., Reece Roth, J., Tsai, P., Wadsworth, L., 1999. Use of a one atmosphere uniform glow discharge plasma to kill a broad spectrum of microorganisms. J. Vac. Sci. Technol. A 17 (4), 1539–1544.

Kim, J.W., Puligundla, P., Mok, C., 2016. Effect of corona discharge plasma jet on surface-borne microorganisms and sprouting of broccoli seeds. J. Sci. Food Agric. 97 (1), 128–134.

Kogelschatz, U., 2002. Filamentary, patterned, and diffuse barrier discharges. IEEE Trans. Plasma Sci. 30 (4), 1400–1408.

Kogelschatz, U., 2003. Dielectric-barrier discharges: their history, discharge physics, and industrial applications. Plasma Chem. Plasma Process. 23 (1), 1–46.

Krämer, J., 2011. Lebensmittel-Mikrobiologie, sixth ed. Ulmer, Stuttgart. Kramida, A., Ralchenko, Y., Reader, J., Team, 2015. NIST atomic spectra database (ver.5.3). Available at http://physics.nist.gov/asd. Accessed 1 November 2015.

Kylián, O., Sasaki, T., Rossi, F., 2006. Plasma sterilization of *Geobacillus stearothermophilus* byO_2:N_2 RF inductively coupled plasma. Eur. Phys. J. Appl. Phys. 34 (2), 139–142.

Kylián, O., Denis, B., Stapelmann, K., Ruiz, A., Rauscher, H., Rossi, F., 2011. Characterization of a low-pressure inductively coupled plasma discharge sustained in Ar/O_2/N_2 ternary mixtures and evaluation of its effect on erosion of biological samples. Plasma Process. Polym. 8 (12), 1137–1145.

Laca, A., Mousia, Z., Díaz, M., Webb, C., Pandiella, S.S., 2006. Distribution of microbialcontamination within cereal grains. J. Food Eng. 72 (4), 332–338.

Laroussi, M., Leipold, F., 2004. Evaluation of the roles of reactive species, heat, and UV radiation in the inactivation of bacterial cells by air plasmas at atmospheric pressure. Int. J. Mass Spectrom. 233 (1), 81–86.

Laroussi, M., Mendis, D.A., Rosenberg, M., 2003. Plasma interaction with microbes. New J. Phys. 5(41), 1–10.

Laroussi, M., Lu, X., Kolobov, V., Arslanbekov, R., 2004. Power consideration in the pulsed dielectric barrier discharge at atmospheric pressure. J. Appl. Phys. 96 (5), 3028–3030.

Lerouge, S., Wertheimer, M., Marchand, R., Tabrizian, M., Yahia, L., 2000. Effect of gas composition on spore mortality and etching during low-pressure plasma sterilization. J. Biomed. Mater. Res. 51 (1), 128–135.

Lerouge, S., Wertheimer, M.R., Yahia, L., 2001. Plasma sterilization: a review of parameters, mechanisms, and limitations. Plasmas Polym. 6 (3), 175–188.

Lieberman, M.A., Lichtenberg, A.J., 1994. Principles of plasma discharges and materials processing. MRS Bull. 30, 899–901.

Maeda, Y., Igura, N., Shimoda, M., Hayakawa, I., 2003. Inactivation of *Escherichia coli* K12 using atmospheric gas plasma produced from humidified working gas. Acta Biotechnol. 23 (4), 389–395.

Marinov, D., Guerra, V., Guaitella, O., Booth, J.P., Rousseau, A., 2013. Ozone kinetics inlow-pressure discharges: vibrationally excited ozone and molecule formation on surfaces. Plasma Sources Sci. Technol. 22 (5), 055018.

Menashi, W.P., 1968. Treatment of surfaces. US Patent 3383163.

Mitra, A., Li, Y.F., Klämpfl, T.G., Shimizu, T., Jeon, J., Morfill, G.E., Zimmermann, J.L., 2014. Inactivation of surface-borne microorganisms and increased germination of seeds pecimen by cold atmospheric plasma. Food Bioprocess Technol. 7 (3), 645–653.

Moisan, M., Barbeau, J., Moreau, S., Pelletier, J., Tabrizian, M., Yahia, L., 2001. Low-temperature sterilization using gas plasmas: a review of the experiments and an analysis of the inactivation mechanisms. Int. J. Pharm. 226, 1–21.

Moisan, M., Barbeau, J., Crevier, M.C., Pelletier, J., Philip, N., Saoudi, B., 2002. Plasmas terilization. Methods and mechanisms. Pure Appl. Chem. 74 (3), 349–358.

Montie, T.C., Kelly-Wintenberg, K., Reece Roth, J., 2000. An overview of research using the one atmosphere uniform glow discharge plasma (OAUGDP) for sterilization of surfaces and materials. IEEE Trans. Plasma Sci. 28 (1), 41–50.

Moreau, S., Moisan, M., Tabrizian, M., Barbeau, J., Pelletier, J., Ricard, A., Yahia, L., 2000. Using the flowing afterglow of a plasma to inactivate *Bacillus subtilis* spores: influence of the operating conditions. J. Appl. Phys. 88 (2), 1166–1174.

Muranyi, P., Wunderlich, J., Heise, M., 2008. Influence of relative gas humidity on the inactivation efficiency of a low temperature gas plasma. J. Appl. Microbiol. 104 (6), 1659–1666.

National Advisory Committee on Microbiological Criteria for Foods, 1999a. Microbiological safety evaluations and recommendations on fresh produce. Food Control. 10 (2), 117–143.

National Advisory Committee on Microbiological Criteria for Foods, 1999b. Microbiological safety evaluations and recommendations on sprouted seeds. Int. J. Food Microbiol. 52 (3), 123–153.

Niemira, B.A., 2012. Cold plasma reduction of *Salmonella* and *Escherichia coli* O157:H7 onalmonds using ambient pressure gases. J. Food Sci. 77 (3), M171–M175.

Nikiforov, A.Y., Sarani, A., Leys, C., 2011. The influence of water vapor content on electrical and spectral properties of an atmospheric pressure plasma jet. Plasma Sources Sci. Technol. 20 (1), 015014.

Oerke, E.C., Dehner, H.W., Schonbeck, F., Weber, A., 1994. Crop Production and Crop Protection–Estimated Losses in Major Food and Cash Crops. Elsevier, Amsterdam.

Olaimat, A.N., Holley, R.A., 2012. Factors influencing the microbial safety of fresh produce: a review. Food Microbiol. 32 (1), 1–19.

Paschen, F., 1889. Ueber die zum Funkenübergang in Luft, Wasserstoff und Kohlensäure beiverschiedenen Drucken erforderliche Potentialdifferenz. Ann. Phys. 273 (5), 69–96.

Patil, S., Moiseev, T., Misra, N.N., Cullen, P.J., Mosnier, J.P., Keener, K.M., Bourke, P., 2014. Influence of high voltage atmospheric cold plasma process parameters and role of relative humidity on inactivation of *Bacillus atrophaeus* spores inside a sealed package. J. Hosp. Infect. 88 (3), 162–169.

Peschke, P., Goekce, S., Hollenstein, C., Leyland, P., Ott, P., 2011. Interaction between nanosecond pulse DBD actuators and transonic flow. In: 42nd AIAA Plasmadynamics and Lasers Conference in conjunction with the 18th International Conference on MHD Energy Conversion (ICMHD), p. 3734.

Philip, N., Saoudi, B., Crevier, M.C., Moisan, M., Barbeau, J., Pelletier, J., 2002. The respective roles of UV photons and oxygen atoms in plasma sterilization at reduced gas pressure: the case of N_2-O_2 mixtures. IEEE Trans. Plasma Sci. 30 (4), 1429–1436.

Pollak, J., Moisan, M., Keroack, D., Boudam, M.K., 2008. Low-temperature low-damage sterilization based on UV radiation through plasma immersion. J. Phys. D: Appl. Phys.41 (13), 135212.

Puligundla, P., Kim, J.W., Mok, C., 2017a. Effect of corona discharge plasma jet treatment on decontamination and sprouting of rapeseed (*Brassica napus* L.) seeds. Food Control. 71, 376–382.

Puligundla, P., Kim, J.W., Mok, C., 2017b. Effects of nonthermal plasma treatment on decontamination and sprouting of radish (*Raphanus sativus* L.) seeds. Food Bioprocess Technol. 10 (6), 1093–1102.

Purevdorj, D., Igura, N., Ariyada, O., Hayakawa, I., 2003. Effect of feed gas composition of gas discharge plasmas on *Bacillus pumilus* spore mortality. Lett. Appl. Microbiol. 37 (1),31–34.

Raizer, Y.P., Kisin, V.I., Allen, J.E., 1991. Gas Discharge Physics. Springer, Berlin.

Rauscher, H., Kylia'n, O., Benedikt, J., von Keudell, A., Rossi, F., 2010. Elimination of biological contaminations from surfaces by plasma discharges: chemical sputtering. Chem. Phys. Chem. 11 (7), 1382–1389.

Reichen, P., Sonnenfeld, A., Rudolf von Rohr, P., 2009. Remote plasma device for surface modification at atmospheric pressure. Plasma Process. Polym. 6 (S1), S382–S386.

Roth, J.R., 1995. Industrial Plasma Engineering: Volume 1: Principles. CRC Press, Boca Raton.

Roth, C., Kunsch, Z., Sonnenfeld, A., Rudolf von Rohr, P., 2011. Plasma surface modification of powders for pharmaceutical applications. Surf. Coat. Technol. 205(2), S597–S600.

Schnabel, U., Niquet, R., Krohmann, U., Polak, M., Schlüter, O., Weltmann, K.D., Ehlbeck, J., 2012a. Decontamination of microbiologically contaminated seeds by microwave driven discharge processed gas. J. Agric. Sci. Appl. 1 (4), 100–106.

Schnabel, U., Niquet, R., Krohmann, U., Winter, J., Schlüter, O., Weltmann, K.D., Ehlbeck, J., 2012b. Decontamination of microbiologically contaminated specimen by direct and indirect plasma treatment. Plasma Process. Polym. 9 (6), 569–575.

Schnabel, U., Niquet, R., Schluter, O., Gniffke, H., Ehlbeck, J., 2015. Decontamination and sensory properties of microbiologically contaminated fresh fruits and vegetables by microwave plasma processed air (PPA). J. Food Process. Preserv. 39 (6), 563–662.

Scholtz, V., Julák, J., Kríha, V., 2010. The microbicidal effect of low-temperature plasma generated by corona discharge: comparison of various microorganisms on an agar surfaceor in aqueous suspension. Plasma Process. Polym. 7 (3–4), 237–243.

Schütze, A., Jeong, J.Y., Babayan, S.E., Park, J., Selwyn, G.S., Hicks, R.F., 1998. The atmospheric-pressure plasma jet: a review and comparison to other plasma sources. IEEE Trans. Plasma Sci. 26 (6), 1685–1694.

Schwabedissen, A., Soll, C., Brockhaus, A., Engemann, J., 1999. Electron density measurements in a slot antenna microwave plasma source by means of the plasma oscillation method. Plasma Sources Sci. Technol. 8 (3), 440.

Selcuk, M., Oksuz, L., Basaran, P., 2008. Decontamination of grains and legumes infected with *Aspergillus* spp. and *Penicillum* spp. by cold plasma treatment. Bioresour. Technol. 99 (11), 5104–5109.

Shama, G., Kong, M.G., 2012. Prospects for treating foods with cold atmospheric gas plasmas. In: Machala, Z., Hensel, K., Akishev, Y. (Eds.), Plasma for Bio-decontamination. Medicine and Food Security. Springer Science & Business Media, pp. 433–443.

Sikin, A.M., Zoellner, C., Rizvi, S.S.H., 2013. Current intervention strategies for the microbial safety of sprouts. J. Food Prot. 76 (12), 2099–2123.

Stolárik, T., Henselová, M., Martinka, M., Novák, O., Zahoranová, A., Cernák, M., 2015. Effect of low-temperature plasma on the structure of seeds, growth and metabolism of endogenous phytohormones in pea (*Pisum sativum* L.). Plasma Chem. Plasma Process. 35 (4), 659–676.

Sun, D.W. (Ed.), 2005. Emerging Technologies for Food Processing. Elsevier, Amsterdam.

Surowsky, B., Schluter, O., Knorr, D., 2015. Interactions of non-thermal atmospheric pressure plasma with solid and liquid food systems: a review. Food Eng. Rev. 7 (2), 82–108.

Taormina, P.J., Beuchat, L.R., Slutsker, L., 1999. Infections associated with eating seedsprouts: an international concern. Emerg. Infect. Dis. 5 (5), 626.

Tendero, C., Tixier, C., Tristant, P., Desmaison, J., Leprince, P., 2006. Atmospheric pressure plasmas: a review. Spectrochim. Acta B At. Spectrosc. 61 (1), 2–30.

Valerio, F., De Bellis, P., Di Biase, M., Lonigro, S.L., Giussani, B., Visconti, A., Lavermicocca, P., Sisto, A., 2012. Diversity of spore-forming bacteria and identification of *Bacillus amyloliquefaciens* as a species frequently associated with the ropy spoilage of bread. Int. J. Food Microbiol. 156 (3), 278–285.

Viedma, M.P., Abriouel, H., Omar, N.B., López, R.L., Gálvez, A., 2011. Inhibition of spoilage and toxigenic *Bacillus* species in dough from wheat flour by the cyclic peptideenterocin AS-48. Food Control 22 (5), 756–761.

Wagatsuma, K., Hirokawa, K., 1995. Effect of oxygen addition to an argon glow-discharge plasma source in atomic emission spectrometry. Anal. Chim. Acta 306 (2–3), 193–200.

Wagner, H.E., Brandenburg, R., Kozlov, K.V., Sonnenfeld, A., Michel, P., Behnke, J.F., 2003. The barrier discharge: basic properties and applications to surface treatment. Vacuum 71 (3),

417–436.

Walsh, J.L., Shi, J.J., Kong, M.G., 2006. Contrasting characteristics of pulsed and sinusoidal cold atmospheric plasma jets. Appl. Phys. Lett. 88 (17), 171501.

Warriner, K., Huber, A., Namvar, A., Fan, W., Dunfield, K., 2009. Recent advances in the microbial safety of fresh fruits and vegetables. In: Taylor, S.L. (Ed.), Advances in Food and Nutrition Research. Academic Press, Cambridge, pp. 155–208.

Waskow, A., 2017. Inactivation of Microorganisms on Granular Food Products by Non-thermal Plasma or Low-Energy Electron Treatment. (Master thesis) ETH Zurich.

Williamson, J.M., Trump, D.D., Bletzinger, P., Ganguly, B.N., 2006. Comparison of high-voltage ac and pulsed operation of a surface dielectric barrier discharge. J. Phys. D: Appl. Phys. 39 (20), 4400.

Winter, J., Wende, K., Masur, K., Iseni, S., Dünnbier, M., Hammer, M., Tresp, H., Weltmann, K.D., Reuter, S., 2013. Feed gas humidity: a vital parameter affecting a cold atmospheric-pressure plasma jet and plasma-treated human skin cells. J. Phys. D: Appl. Phys. 46(29), 295401.

Zahoranová, A., Kovácik, D., Henselová, M., Hudecová, D., Slováková, L., Bugajova, M., Medvecká, V., 2013. Cold atmospheric pressure plasma effect on the vigour in maize seedlings and destruction of filamentous fungi on the surface of maize seeds. In: 19th Symposium on Application of Plasma Processes - Book of Contributed Papers, pp. 209–213.

Zahoranová, A., Henselová, M., Hudecová, D., Kalináková, B., Kovácik, D., Medvecká, V., Cernák, M., 2014. Study of low-temperature plasma treatment of plant seeds. In: 14th International Symposium on High Pressure Low Temperature Plasma Chemistry - Book of Contributions, pp. 563–567.

第7章

冷等离子体对模拟体系和食品基质中酶的失活作用

1 引言

酶是一类具有催化功能的蛋白质，能够加快化学反应的速率。在催化过程中，酶将底物转化为终产物，形成的终产物可能对食品的营养成分和品质造成不利或有利影响。多酚氧化酶（polyphenol oxidases，PPO）和过氧化物酶（peroxidases，POD）是最常见的两类食品内源酶，能够造成食品发生酶促褐变并降低其营养品质。常见的食品内源酶也包括果胶甲基酯酶（pectin methylesterase）、多聚半乳糖醛酸酶（polygalacturonase）、脂肪酶（Lipases）和脂氧合酶（Lipoxygenase）等，都会对食品感官品质造成不良影响（Surowsky et al.，2015；Khani et al.，2017）。长期以来，主要采用漂烫、巴氏杀菌等热加工单元操作来失活食品内源酶。然而，热加工技术存在耗水、处理温度高、热量损失大、传热效率低和耗时长等缺点（Pereira和Vicente，2010）。如今，消费者越来越多关注食物的营养和感官品质，最小加工食品备受广大消费者青睐。因此，研发新型、环保的食品加工技术是当前食品科学领域的重要研究方向。基于电磁场的欧姆加热、射频加热、微波加热等技术在食品加工领域中的应用受到广泛关注，但这些技术也同样存在样品温度过高等问题。近年来，因其不会造成食品温度明显升高并能够有效保持食品的绝大部分营养和感官品质，超高压（high-pressure processing，HPP）、脉冲电场（pulsed electric fields，PEF）、超声波、紫外线和冷等离子体等食品非热加工技术在食品内源酶失活中的应用受到广泛关注。目前，已有大量关于超声波（O'Donnell等，2010）、超高压（Terefe et al.，2017）、脉冲电场

（Andreou et al.，2016）和脉冲光（Pellicer和Gómez-López，2017）等用于食品钝酶的研究报道。但上述技术也存在一些不足之处，如成本高（如HPP）、缺乏商业化设备（如超声波）、不适用固态食品（如PEF）等（Misra，2015）。作为一种新型非热加工技术，冷等离子体在食品钝酶中的应用潜力受到研究人员和企业界的广泛关注。

近年来，一些学者将冷等离子体技术引入食品安全和品质控制领域（Misra和Jo，2017）。冷等离子体技术的突出优点是其处理温度接近室温，其作用效果与活性氧（reactive oxygen species，ROS）、活性氮（reactive nitrogen species，RNS）等活性物质密切相关（Misra，2015）。上述活性物质可通过抑制酶与底物/辅酶相互作用及随后的催化反应等途径来失活酶，这主要与其改变酶活性位点的构象和/或对位于活性位点的氨基酸残基进行化学修饰等有关（Rodacka et al.，2016）。本章主要综述了近年来冷等离子体失活食品内源酶的研究进展，总结了冷等离子体对氨基酸和蛋白质结构的影响及失活动力学规律，同时展望了今后的研究方向。

2　为什么要失活食品中的酶

许多食品内源酶会导致食品在加工和贮藏过程发生品质劣变，因此需要采取适当的措施对其进行失活控制。Queiroz等（2011）发现酶促褐变会对水果的营养品质和感官品质造成不良影响，降低了消费者对食品的接受度，从而给生产者和整个食品产业造成巨大的经济损失。多酚氧化酶（PPOs）是一类含铜的氧化还原酶，能够催化酚类物质发生氧化，是造成水果和蔬菜发生褐变的主要原因。多酚氧化酶能够催化单酚类化合物发生羟基化，并催化邻二酚（*O*-diphenols）氧化形成邻二醌（*O*-quinones），邻二醌能够发生聚合反应并生成黑色素。过氧化物酶是另一类参与果蔬酶促褐变的酶。过氧化物酶是一种以血红素为辅因子的糖蛋白，其主要功能是在存在供氢化合物（如过氧化氢）的条件下氧化一系列化合物。此外，果胶甲基酯酶（pectin methyl esterase）能够催化水解果胶中的甲酯基，释放甲醇从而降低果胶的甲酯化程度，已被广泛用于果汁澄清处理（Tajchakavit和Ramaswamy，1997）。表7.1总结了一些影响食品品质的常见内源酶。

表7.1 与品质劣变相关的食品内源酶

酶的种类	存在食品	品质影响
脂肪酶	油脂、乳品和肉	酸败
蛋白酶	禽蛋、肉和面粉	产生苦味，造成产品过度嫩化，缩短货架期
果胶酶	水果和蔬菜	破坏结构和完整性，造成食品软化
脂氧合酶	蔬菜	营养素损失及异味
纤维素酶	蔬菜和谷物	破坏质地完整性并造成软化
碱性蛋白酶	乳品	乳制品凝胶化
抗坏血酸氧化酶	果汁	造成维生素C损失
硫胺素酶	水产品和肉	降解维生素B_1
叶绿素酶	叶菜和青菜	降解叶绿素，脱色
多聚半乳糖醛酸酶	水果和蔬菜	分解细胞壁中的果胶，降低果汁黏度

3 冷等离子体在失活食品酶中的应用

3.1 过氧化物酶（PODs）

Khani等（2017）研究了介质阻挡放电（dielectric barrier discharge，DBD）等离子体对西红柿提取物和鲜切西红柿中POD活力的影响。结果表明，经DBD等离子体分别处理60 s和6 min后（以空气为工作气体），西红柿提取物中POD活力分别降低了90%和96.2%；在鲜切西红柿样品中也发现了类似的实验结果。经DBD等离子体处理7 min后，鲜切西红柿样品中POD活力降低至7.32%。同时，作者发现冷等离子体处理未对西红柿提取物和鲜切西红柿的色泽参数造成显著影响，并认为冷等离子体中的活性物质可能与POD的氨基酸残基发生化学反应而造成其失活。Bußler等（2017）研究了微波放电冷等离子体炬对鲜切苹果中POD的失活作用。经冷等离子体处理10 min后，新鲜苹果中POD活力降低了50%，这可能与酶的结构变化有关。但是，作者观察到处理初期鲜切苹果的褐变指数有所升高，由初始的30升高至75，随后保持稳定。作者推测褐变指数的升高可能与冷等离子体诱导鲜切苹果中的酚类物质发生分解、聚合或形成次级产物等有关。Surowsky等（2013）研究了冷等离子体射流（KINPen 09型，neoplasm tools GmbH, Greifswald Germany）处理对来源于蘑菇的POD活力的影响，工作气体是氩气和氧气的混合物（氧气比例为0.01%~0.1%）。结果表明，经冷等离子体射流处理6 min后，POD

活力降低了85%。

Pankaj等（2013）研究了放电电压（30 kV、40 kV和50 kV）对DBD等离子体失活西红柿提取物中POD效果的影响。作者发现，经DBD等离子体处理5 min后，POD几乎被完全失活。作者推断，较高放电电压处理下，POD活力迅速下降，而较低电压处理下酶活降低较为缓慢；但经上述不同放电电压处理5 min后，残存酶活较接近。

在另一项研究中，Tappi等（2016）发现经DBD等离子体（以空气为工作气体，峰峰值电压为15 kV，频率为12.5 kHz）处理10 min后，鲜切甜瓜中POD活力降低至17%。Henselová等（2012）采用冷等离子体处理玉米种子60 s，萌发6天后制备其根系提取物，发现上述提取物中POD活力降低了25%。Ke和Huang（2013）发现氩气电弧放电等离子体能够失活磷酸盐缓冲液中的辣根过氧化物酶，且冷等离子体中的活性组分能够破坏辣根过氧化物酶的主要辅因子－血红素，这可能是冷等离子体失活辣根过氧化物酶的重要机制之一。

3.2 多酚氧化酶（PPOs）

Tappi等（2014）研究了不同处理时间对DBD等离子体失活鲜切苹果中PPO的影响（放电电压为15 kV）。作者发现，经DBD等离子体处理30 min后，鲜切苹果片中PPO活性降低了42%。DBD等离子体处理组苹果样品的褐变面积未发生显著变化，而未处理组样品的褐变面积则增加了62%。Bußler等（2017）发现，经功率为1.2 kW的微波放电冷等离子体处理后，鲜切马铃薯块中PPO活性下降了77%。作者还观察到经冷等离子体处理不同时间后，鲜切马铃薯样品的褐变指数保持稳定。此外，冷等离子体处理也能够显著降低结冷胶食品模型体系（Two-layer gellan gum plate food model system）中的PPO活性。经以氩气和氧气为放电气体的冷等离子体射流处理3 min后，该体系中的PPO活性降低了90%（Surowsky et al.，2013）。作者同时观察到使用氩气和氧气混合气体所产生的冷等离子体对PPO的失活效果优于纯氩气，但并没有深入研究不同比例混合气体对上述冷等离子体射流失活PPO效果的影响。

以上研究主要评价了冷等离子体对PPOs的失活效果，而关于冷等离子体通过间接影响底物来影响酪氨酸酶活力的研究报道则相对较少。Ali等（2016）研究了经冷等离子体射流处理的丁香酚（eugenol）衍生物对酪氨酸酶活力的影响，所用放电气体为氮气。作者发现，未处理组丁香酚衍生物对酪氨酸酶具有一定的抑制作用；而经冷等离子体处理10 min后，丁香酚衍生物对酪氨酸酶的抑制作用显著增强并造成其二级结构发生变化，具体表现为α-螺旋含量升高和β-折叠含量降低；经冷等离子体处理后，丁香酚衍生物对B16F10恶性黑色素瘤细胞中黑色素合成的促进作用也明显增强。同样，Kim等（2014）发现DBD等离子体（功率为250 W，频率为15 kHz，以空气为放电气体）处理组柚皮苷（naringin）对酪氨酸酶的抑制作用也显著增强。未处理组柚皮苷对酪氨酸酶活力的抑制率为6.12%，而经DBD等离子体处理20 min后，柚皮苷对酪氨酸酶活力的抑制率为83.30%。

3.3 脂肪酶和脂氧合酶

Suthar（2016）研究了射频（13.56 MHz）低压冷等离子体对小麦粉品质的影响，发现经放电功率为60 W的冷等离子体处理30 min并贮藏1天后，小麦粉中脂肪酶活性约降低了8.7%，而贮藏90天后，脂肪酶活性降低了35%。Chen等（2015）研究了冷等离子体处理对糙米脂氧合酶活力的影响。经冷等离子体处理后，脂氧合酶活力由217 AU/min降低至197 AU/min；贮藏3个月后，冷等离子体处理组糙米中脂氧合酶活力为226 AU/min，显著低于未处理组样品（251 AU/min）。

3.4 过氧化氢酶

也有一些关于冷等离子体影响种子中过氧化氢酶活性的研究报道。Henselová等（2012）采用冷等离子体处理玉米种子60 s并将其进行萌发处理，发现萌发处理6天后，与未处理样品相比，冷等离子体处理组玉米样品中过氧化氢酶活力降低了75%。Puac等（2017）也在泡桐（*Paulownia tomentosa*）种子研究中得到了类似的研究结果。作者发现，经冷等离子体和萌发处理后，泡桐种子中过氧化氢酶活性显著低于未处理组样品，且冷等离子体压力也显著影响过氧化氢酶的失活效果（600 mTorr压力下的失活效果优于200 mTorr压力下的失活效果）。

3.5 脱氢酶

脱氢酶是一类氧化还原酶，可通过还原电子受体来催化多种底物的氧化。Henselová等（2012）采用冷等离子体处理玉米种子60 s和120 s并将其进行萌发处理6天，研究其根系提取物中脱氢酶活性的变化规律。结果表明，经冷等离子体处理60 s和120 s后，玉米萌发后根系提取物中脱氢酶活力分别降低了18.5%和27%。Zhang等（2015）发现，经DBD等离子体处理300 s后，乳酸脱氢酶活力约低了36%~37%；在4 ℃贮藏12 h过程中，乳酸脱氢酶的活力持续降低；但在后续贮藏过程中，乳酸脱氢酶活力略有升高，这可能与DBD等离子体处理后溶液中产生的过氧化氢等长寿命活性物质有关。Lackmann等（2013）研究了冷等离子体对3-磷酸甘油醛脱氢酶（3-phosphatedehydrogenase，GAPDH）的失活作用。作者将GAPDH溶液（5 μL）滴在盖玻片上，干燥后进行氦气冷等离子体射流处理。结果表明，经冷等离子体处理0~100 s后，GAPDH活力随处理时间的延长而显著降低。作者同时研究了氦气等离子体射流处理对大肠杆菌K12（*E. coli* K12）细胞中GAPDH活力的影响。结果表明，经冷等离子体射流处理0~10 min后，大肠杆菌K12细胞中GAPDH活力也随处理时间的延长而显著降低。

3.6 其他酶

Takai等（2012）研究了低频氦气冷等离子体射流对水溶液中溶菌酶活性的影响，发现经冷等离子体处理30 min后，溶菌酶几乎完全失活。作者推测冷等离子体可能通过诱导溶菌酶二级结构发生去折叠而造成其失活。

Tappi等（2016）发现DBD等离子体处理能够显著失活鲜切甜瓜（*Cucumis melo* L. var. *Reticolatus* cv.‘Raptor’）中的果胶甲基酯酶。采用DBD等离子体处理60 min（双面处理，每面处理30 min）后，鲜切甜瓜中果胶甲基酯酶活力降低了7%（$P<0.05$）；此外，作者发现DBD等离子体处理未对样品色泽、可溶性固形物含量、硬度等品质指标造成不良影响。

碱性磷酸酶（alkaline phosphate，ALP）是天然存在于原料乳中的一种酶，能够被传统的巴氏杀菌处理所失活。ALP活性是评价巴氏杀菌乳卫生安全的重要指标，合格巴氏杀菌乳的ALP测试应该呈阴性。Shamsi等（2008）成功地将脉冲电场应用于牛奶中ALP的失活。在最近的一项研究中，Segat等（2016）研究了DBD等离子体（40、50和60 kV下处理15~300 s）对溶液中ALP的失活效果。结果表明，经DBD等离子体（40、50和60 kV）处理2 min后，ALP活力降低了40%~50%；经放电电压分别为40、50和60 kV的DBD等离子体处理5 min后，ALP残存活性均低于10%。

葡萄糖氧化酶（glucose oxidase，GOD）是一种需氧脱氢酶，可以专一地催化葡萄糖生成葡萄糖酸以及过氧化氢。Dudak等（2007）研究了空气和氩气射频辉光冷等离子体对葡萄糖氧化酶活性和结构的影响。经氩气和空气冷等离子体射频（40 W，30 min）处理后，溶液中葡萄糖氧化酶活性降低了60%；空气射频辉光放电等离子体对葡萄糖氧化酶的失活效果优于氩气射频辉光冷等离子体。作者同时发现，在冷等离子体处理的最初10 min内，葡萄糖氧化酶失活非常迅速，而放电功率对冷等离子体的失活效果无显著影响。作者推测，冷等离子体处理可能造成氨基酸链的断裂，进而造成葡萄糖氧化酶失活。

综上所述，冷等离子体对食品内源酶的失活效果取决于等离子体放电类型、放电所用气体的组成、食品基质、放电功率和处理时间等诸多因素。表7.2总结了冷等离子体失活食品内源酶方面的研究。

4 冷等离子体失活酶的作用机制

4.1 冷等离子体对氨基酸的影响

要阐明冷等离子体失活酶的作用机制，就必须了解氨基酸、蛋白质等生物分子与冷等离子体活性成分之间的相互作用。氨基酸是构成蛋白质的基本单位，由氨基（$—NH_2$）、羧基（—COOH）和侧链组成；根据其侧链的不同，可将氨基酸分为脂肪族氨基酸、芳香族氨基酸等。冷等离子体对氨基酸造成的化学修饰主要包括氧化、磺化、羟基化、开环和酰胺化等（Takai et al.，2014）。据Stadtman和Levine（2003）报道，活性氧（reactive oxygen species，ROS）能够与游离氨基酸发生一系列化学反应，从而造成芳香族基团和脂肪族基团发生羟基化修饰，芳香族基团发生硝基化修饰，巯基发生亚硝基化修饰，甲硫氨酸残基发生磺化修饰，芳香族基团和伯胺发生氯化修饰，并能够将一些氨基酸转化为羰基衍生物。此外，蛋白质中的芳香族氨基酸、半胱氨酸和甲硫氨酸残基更容易在活性氮（reactive nitrogen species，RNS）的作用下发生化学修饰。Misra等（2016）发现冷等离子体中的羟基自由基、超氧阴离子自由基、超氧化氢自由基和一氧化氮可造成蛋白质氨基酸侧链发生化学修饰，从而导致其失活。之前的研究证实冷等离子体能够导致苯丙氨酸、半胱氨酸等少数几种氨基酸和谷胱甘肽发生氧化损伤。氨基酸与冷等离子体反应活性顺序为：含硫氨基酸>芳香族氨基酸>五元环氨基酸>碱性碳链氨基酸（Zhou et al.，2016）。Ke等（2013）研究了冷等离子体对谷胱甘肽的损伤机制。作者发现，冷等离子体与水分子相互作用产生的羟基自由基、硫自由基（Thiyl radicals）能够与谷胱甘肽发生一系列化学反应，从而造成其浓度降低。

Setsuhara等（2013）发现氩气冷等离子体处理（功率为1 kW，压力为0.67~

表7.2 冷等离子体对食品内源酶的失活作用

酶	样品	等离子体类型	气体	处理参数	失活率	参考文献
POD	鲜切西红柿	DBD等离子体	He	10 kV、6 min	95.3%	Khani et al.（2017）
POD	磷酸缓冲液	辉光放电	Ar	1.2 kV、30 min	100%	Ke和Huang et al.（2013）
胰凝乳蛋白酶	缓冲液	APPJ	干燥空气	60 Hz、5 min	99%	Attri和Choi（2013）
PPO	鲜切苹果片	DBD等离子体	空气	15 kV、30 min	58%	Tappi et al.（2014）
脂肪氧合酶	糙米	DBD等离子体	空气	3 kV、30 min	9.2%	Chen et al.（2015）
核糖核酸酶	将RNase A溶液滴在盖玻片上并干燥	DBD等离子体	$He+O_2$	15 kV、10 min	60%	Lackmann et al.（2015）
SOD	DMEM	等离子体射流	He	10 kV、2.5 min	10.2%	Chauvin et al.（2017）
过氧化氢酶	玉米根系提取物	弥散共面表面阻挡放电等离子体	空气	10 kV、2 min	75%	Henselová et al.（2012）
碱性磷酸酶	生牛奶	DBD等离子体	空气	60 kV、5 min	90%	Segat et al.（2016）
酪氨酸酶	冷等离子体射流处理的丁香酚衍生物	APPJ	N_2	1.1 kV、10 min	40%	Ali et al.（2016）
果胶甲基酯酶	鲜切甜瓜	DBD等离子体	O_2	1.8 kV、30 min（每面）	7%	Tappi et al.（2016）
PPO和POD	鲜切苹果片和马铃薯片	微波放电等离子体	空气	1.2 kW、10 min	62%和89%	Bu β ler et al.（2017）

注 APPJ，大气压等离子体射流；DBD，介质阻挡放电；DMEM，杜氏改良Eagle培养基；PME，果胶甲基酯酶；POD，过氧化物酶；PPO，多酚氧化酶；SOD，超氧化物歧化酶。

26 Pa）会造成丙氨酸结构中的—COOH和—CNH_2基团发生降解。作者认为，相对于由粒子轰击、自由基和光子辐照等引起的化学修饰，由活性粒子造成的等离子体表面蚀刻作用在氨基酸降解过程中发挥了更为重要的作用。在冷等离子体蚀刻作用下，氨基酸和冷等离子体活性成分反应后产生了挥发性蚀刻产物。在大气压冷等离子体射流处理牛血清白蛋白过程中，冷等离子体蚀刻作用被认为是导致牛血清白蛋白变性的主要原因（Lackmann et al.，2013）。与上述研究类似，Julák等（2011）也发现电晕放电冷等离子体处理改变了朊病毒表面蛋白质的组成并造成氨基酸残基的缺失。

Takai等（2014）分析了低频大气压冷等离子体射流处理对超纯水溶液中20种氨基酸化学结构的影响。经氦气所产生的冷等离子体处理10 min后，溶液中的甲硫氨酸被完全降解；冷等离子体处理造成色氨酸发生羟基化修饰（Takai et al.，2014）。Zhou等（2016）发现，冷等离子体处理破坏了—OH与苯环之间的化学键，—OH被氧化并进一步被亚硝基所取代；此外，表面冷等离子体处理会引起氨基酸发生羟基化和硝基化修饰。同样，色氨酸等芳香族氨基酸也是羟基自由基、原子氧等ROS的主要作用靶点（Kuo et al.，2004）。在另一项研究工作中，Ke等（2013）发现，氨基酸中的巯基是冷等离子体中活性物质的主要攻击靶点，并在其作用下生成二硫键。Chauvin等（2017）研究了DBD等离子体（10 kV，氦气作为载气）处理过程中甲硫氨酸、酪氨酸、色氨酸和精氨酸等的降解规律。作者发现，甲硫氨酸在30 s内被完全降解，而精氨酸受影响最小。在所研究的几种氨基酸中，仅酪氨酸发生硝基化修饰（Chauvin et al.，2017）。Zhang等（2015）认为多肽链中单个氨基酸残基的氧化会改变蛋白质的活性功能。

4.2　冷等离子体对酶结构的影响

在研究冷等离子体失活酶的作用机制时，有必要研究冷等离子体处理对酶二级结构的影响。由于天然α-螺旋（α-helix）结构的存在，蛋白质存在偶极矩，而外部电场可能造成α-螺旋结构的破坏（Zhao et al.，2012）。冷等离子体主要作用于酶的α-螺旋、β-折叠等二级结构（表7.3）。自由基可造成蛋白质的物理和化学性质发生变化，如侧链基团氧化、主链断裂或片段化、交联、去折叠、疏水性和构象变化、对蛋白水解酶敏感性改变等（Headlam et al.，2006）。研究酶二级结构变化的常用方法主要包括傅里叶变换红外光谱（fourier-transform infrared spectroscopy，FTIR）、差示扫描量热法（differential scanning calorimetry，DSC）、

表7.3　冷等离子体对食品酶二级结构的影响

酶	冷等离子体类型	处理参数	二级结构变化	参考文献
α-胰凝乳蛋白酶	CPJ	气体：空气；频率：60 Hz；时间：5 min	α-螺旋增加（11%），β-折叠减少（20%）	Attri et al.（2012）
乳酸盐脱氢酶	DBD	气体：$He+O_2$；电压：14 kV；时间：60 min	经直接和间接处理后，α-螺旋分别降低了38%和31.7%，β-折叠分别升高了84.5%和76.4%	Zhang et al.（2015）
PPO和POD	CPJ	气体：Ar；频率：1.1 MHz；时间：6 min	PPO的α-螺旋下降了51.7%，β-折叠增加了93.4%；POD的α-螺旋降低了85.6%，β-折叠增加了155.7%	Surowsky et al.（2013）
碱性磷酸酶	DBD	气体：空气；电压：60 kV；时间：5 min	α-螺旋和β-折叠含量均降低	Segat et al.（2016）
酪氨酸酶	APPJ	气体：N_2；电压：1.1 kV；时间：10 min	α-螺旋含量增加6%，β-折叠含量降低6%	Ali et al.（2016）
脂肪酶	APGD	气体：He；功率：180 W；时间：50 s	二级结构发生明显变化	Li et al.（2011）
核糖核酸酶	DBD	气体：$He+O_2$；电压：15 kV；时间：1 min	α-螺旋和β-折叠结构完全消失，未检测到圆二色光谱	Lackmann et al.（2015）
溶菌酶	LFPJ	气体：He；频率：13.9 kHz；时间：30 min	二级结构略有变化	Takai et al.（2012）

注　APGD（atmospheric pressure glow discharge）-大气压辉光放电，APPJ（atmospheric pressure plasma jet）-大气压等离子体射流，CPJ（cold plasma jet）-冷等离子体射流，DBD（dielectric barrier discharge）-介质阻挡放电，LFPJ（low frequency plasma jet）-低频等离子体射流，POD（peroxidase）-过氧化物酶，PPO（polyphenol oxidase）-多酚氧化酶。

小角度X射线散射、圆二色光谱（circular dichroism，CD）、动态光散射和核磁共振（nuclear magnetic resonance，NMR）等（Matsuo et al.，2012）。上述技术已被广泛用于研究酶的α-螺旋、平行（parallel）和反平行β折叠、折叠（protein folding）和去折叠、转角等二级结构。Surowsky等（2013）通过测定样品的200~250 nm范围内的圆二色光谱研究了APPJ处理对模拟食品体系中PPO和过氧化物酶二级结构的影响。作者发现，经冷等离子体处理360 s后，PPO中α-螺旋含量由初始的36.9%降低至17.8%，β-折叠含量则由初始的15.2%增加到29.4%；POD中α-螺旋含量由初始的34.9%降低至5%，β-折叠含量则由初始的15.6%增加到39.9%。Misra等（2016）认为，PPO和POD二级结构的变化主要是归因于其与冷等离子体中活性组分之间的相互作用。Takai等（2012）在研究冷等离子体处理溶菌酶溶液（溶解于磷酸盐缓冲液）时也通过圆二色光谱得到类似的结果。β-折叠结构彼此紧密排列，形成大量带电基团，对β-折叠结构的任何破坏都会影响蛋白质的整体结构及活性（Surowsky et al.，2013）。Zhang等（2015）采用圆二色光谱研究了DBD等离子体对磷酸盐缓冲液中乳酸脱氢酶二级结构的影响，发现随着DBD等离子体处理时间延长，转角（turns）和α-螺旋相对含量显著降低，而无规则卷曲（random coil）和β-折叠相对含量则显著升高。经DBD等离子体处理300 s后，乳酸脱氢酶中α-螺旋含量由初始的33.2%降低至20.6%，而β-折叠含量由初始的12.3%升高至22.7%。作者认为冷等离子体中活性组分可能通过破坏肽键、修饰含硫氨基酸和芳香族氨基酸等而造成乳酸脱氢酶构象发生变化。Segat等（2016）采用多元化学计量学（multivariate chemometric methods）方法研究了DBD等离子体诱导的碱性磷酸酶结构变化。通过对CD光谱进行主成分分析（principal components analysis，PCA），可将CD光谱数据分为α-螺旋（200~205 nm和246 nm）和β-折叠（231 nm）结构。Segat等（2016）发现，经DBD等离子体处理后，碱性磷酸酶结构中α-螺旋和β-折叠含量均明显降低；与放电电压相比，DBD等离子体处理时间对碱性磷酸酶二级结构的影响更为明显。与Zhang等（2015）报道的结果类似，Surowsky等（2013）也发现APPJ处理造成PPO和POD结构中α-螺旋含量的降低及β-折叠含量的升高，但Segat等（2016）发现经DBD等离子体处理后，碱性磷酸酶结构中α-螺旋和β-折叠含量均明显降低。与Segat等（2016）报道相类似，Attri等（2012）发现，经冷等离子体处理5 min后，α-胰凝乳蛋白酶结构中β-折叠含量从初始的45%下降到36%。

据Rodacka等（2016）报道，羟基自由基是冷等离子体中主要的ROS，在冷等离子体失活酶过程中发挥了重要的作用，其反应速率常数为10^{9}~10^{11} $M^{-1}·S^{-1}$。超氧阴离子自由基也具有很强的反应活性，对金黄色葡萄球菌A蛋白（金黄色葡萄球菌表面上发现的一种表面蛋白）、木瓜蛋白酶、乙醇脱氢酶和碱性磷酸酶等具有很强的失活作用（Rodacka et al.，2010）。在氧化和硝化应激条件下，以游离氨基酸存在或存在于多肽链中的酪氨酸是ROS和RNS的主要攻击目标（Houée-Lévin等，2015）。

根据是否含有半胱氨酸，可将蛋白质分为含巯基蛋白质和不含巯基蛋白质两大类（Leung-Toung等，2002）。Houée-Lévin等（2015）发现，相对于不含巯基的酶，含有巯基的酶更容易受到ROS的攻击，这是由于硫原子是重要的反应活性位点。半胱氨酸残基中的巯基能够被ROS氧化为次磺酸（R—SOH）、亚磺酸（R—SO_2H）和磺酸（R—SO_3H）。研究证实，单线态氧等ROS能够与氨基酸、多肽和蛋白质形成氢过氧化物，氢过氧化物参与了含巯基组织蛋白酶（Cathepsin）的失活和其他蛋白质所发生的氧化损伤（Headlam et al.，2006）。

据Li等（2011）报道，ROS和RNS能够氧化氨基酸侧链和蛋白质主链，进而造成蛋白质发生氧化损伤或交联。过氧亚硝酸盐是冷等离子体中形成的一种长寿命活性氮，主要在氮气存在条件下由一氧化氮和超氧自由基之间通过复杂化学反应而产生（Ikawa et al.，2016）。过氧亚硝酸根阴离子（$ONOO^-$）能够氧化和破坏血红素-硫铁蛋白，被认为是造成酶失活的重要原因之一；$ONOO^-$对铁-硫活性中心的破坏也会导致顺乌头酸酶（Aconitase）等的失活（Patel et al.，1999）。该作者同时认为硝基化修饰也是造成酪氨酸酶不可逆失活的重要原因之一。Padmaja等（1998）先前报道了过氧亚硝酸盐对谷胱甘肽过氧化物酶的失活作用；FTIR结果表明，经射频放电冷等离子体处理（以O_2为放电气体）后，谷胱甘肽过氧化物酶中的C—H、C—N和N—H键减少，表明其被氧化形成CO_2、NO_2和H_2O（Hayashi et al.，2009）。FTIR检测结果表明，经射频冷等离子体处理（以Ar或空气为放电气体）后，葡萄糖氧化酶结构中的C═O键、CH_2及CH_3基团信号减弱，表明冷等离子体处理会造成葡萄糖氧化酶发生氧化和碎裂（Dudak et al.，2007）。

Attri等（2012）采用近紫外圆二色光谱（250~300 nm）研究了空气放电冷等离子体处理对α-胰凝乳蛋白酶三级结构的影响，该波长范围的圆二色光谱主要与芳香族氨基酸（如色氨酸、酪氨酸）和二硫键n→σ*跃迁有关。经冷等离子体处理后，α-胰凝乳蛋白酶的构象发生明显变化，其中色氨酰L_b对上述变化极为敏感。Attri等（2012）同时发现，经冷等离子体处理后，α-胰凝乳蛋白酶中的α-螺旋结构发生去折叠；荧光光谱分析结果表明，与未处理α-胰凝乳蛋白酶相比，冷等离子体处理组样品的最大荧光强度升高，表明冷等离子体处理造成α-胰凝乳蛋白酶发生变性。

然而，在失活酶领域，尚未有冷等离子体处理影响蛋白质四级结构的研究报道。以上结果表明，作为一项新型非热加工技术，冷等离子体技术在许多方面仍有待深入研究。

4.3 紫外线辐射对酶失活的影响

由于冷等离子体产生的紫外线（UV）强度较低，因此紫外线在冷等离子体灭酶过程中的作用较小。另外，当在水溶液表面或水下进行等离子体放电时，产生的紫外辐射则较强（Lukes et al.，2008）。然而，目前尚未完全揭示紫外线在冷等离子体灭酶中的作用。等离子体中的紫外线位于不同的波长范围：真空紫外线区域（100~200 nm）、紫外线C（200~280 nm）、紫外线B（280~315 nm）和紫外线A（315~380 nm）（Surowsky et al.，2013）。Zhang等（2015）认为紫外线在冷等离子体灭酶过程中仅发挥次要作用，紫外线与活性组分协同作用是导致酶失活的重要原因。已有研究证实，紫外线辐射与其他新技术联合使用具有良好的钝酶效果。Noci等（2008）发现紫外线单独处理不能显著失活鲜榨苹果汁中的PPO和POD，但紫外线与脉冲电场协同处理则对PPO和POD具有良好的失活效果。研究证实，紫外线辐射能够抑制鲜切苹果片中PPO引发的酶促褐变反应，从而有效降低苹果片的褐变程度（Manzocco和Nicoli，2015）。同样地，经紫外线（254 nm）照射处理5 min后，溶解于磷酸盐缓冲液中PPO（分离自蘑菇）的活力降低了约90%（Haddouche et al.，2015）。Setsuhara等（2013）研究了Ar等离子体所产生真空紫外辐照（vacuum ultraviolet radiation，VUV）和UV光子对L-丙氨酸的降解作用，发现降解效能强弱顺序为：离子>VUV光子>UV光子≈亚稳态自由基。Grist等（1965）发现UV和电离辐射能够破坏半胱氨酸、蛋白质结构中的S—S键和氢键来失活酶，这是由于半胱氨酸、S—S键和氢键对于维持酶的活性构象具有重要作用。需要指出的是，UV辐照的穿透力比较弱，因此其对酶的失活效能较弱。然而，仍需深入研究UV在冷等离子体失活酶过程中的具体作用。

4.4 冷等离子体对pH的影响

冷等离子体造成的溶液pH变化也可能在酶失活过程中发挥了重要作用。众所周知，冷等离子体处理过程中活性组分之间发生一系列化学反应，并生成过氧化氢、硝酸和过氧亚硝酸等酸性物质，从而造成溶液pH的降低。冷等离子体对溶液中酶的失活效果优于粉末态的酶；对于呈粉末状态的酶，其表层蛋白能够有效削弱冷等离子体的失活作用（Tolouie et al.，2017）。冷等离子体处理造成的pH降低可能导致氨基酸的化学降解（Takai et al.，2014）。上述作者认为有必要系统研究冷等离子体造成的溶液酸化对每一种氨基酸的影响。类似地，由于pH影响过氧化氢酶的活力，Puac等（2017）认为在研究冷等离子体失活过氧化氢酶时有必要评价冷等离子体造成的pH变化。Takai等（2012）发现，磷酸盐缓冲液的pH影响冷等离子体对溶菌酶的失活效果；当溶液pH为2时，冷等离子体对溶菌酶的失活效果优于溶液pH为7的样品，这可能是由于冷等离子体造成溶液发生酸化，进而影响了氨基酸侧链的降解反应。经微波放电冷等离子体处理10 min后，鲜切苹果的pH由初始的3.9降低至1.5，而鲜切土豆的pH则由初始的5.9降低至1.4（Bußler et al.，2017），但是该文的作者没有系统研究冷等离子体造成的pH降低对其失活PPO和POD效果的影响。

5　冷等离子体失活食品酶的动力学

由于残存酶活受到多种因素的影响，构建失活动力学数学模型对于优化处理参数具有重要的意义。研究冷等离子体处理过程中酶失活动力学的一个主要挑战是准确描述放电功率和处理时间对酶失活的综合影响。通常采用一级动力学模型来拟合酶失活过程（Terefe et al.，2017）。一级动力学模型较为简单，表现为一条直线；而其他失活动力学模型可能表现为S形或曲线，并需要复杂的数学运算（Guerrero-Beltran和Barbosa-Canovas，2011）。Terefe等（2017）认为一级双相模型假设失活过程涉及单一化学键或结构的变化，该模型并不能很好地拟合酶失活过程。因此，有必要研究其他复杂动力学模型。

常用的复杂模型主要包括Peleg模型、Weibull模型、Gom-pertz模型和Logistic模型（Guerrero-Beltran和Barbosa-Canovas，2011）。采用公式（7.1）计算残存酶活（residual enzyme activity，RA）。

$$RA=\left[\frac{A_t}{A_0}\right] \tag{7.1}$$

采用一级动力学模型研究酶失活规律，见公式（7.2）：

$$\log\left[\frac{A_t}{A_0}\right]=\left[\frac{K}{2.303}\right]t \tag{7.2}$$

式中A_t是处理时间为t时的残存酶活，A_0是初始酶活，K是反应速率常数（min^{-1}）。可以通过将残存酶活自然对数值与处理时间进行线性回归求出失活速率常数K（Cao et al.，2018）。D值是指样品初始酶活降低90%所需的时间，其计算方法如下（Marszałek et al.，2016）。

$$D=\left[\frac{2.303}{K}\right] \tag{7.3}$$

Pankaj等（2013）使用一级动力学方程和Weibull模型、Logistic模型等研究了DBD等离子体处理后分离自西红柿的POD失活动力学规律，具体研究如下。

5.1 Weibull模型

Weibull模型见公式（7.4）。

$$RA_t=RA_0\cdot e^{-(t/\alpha)^{\gamma}} \tag{7.4}$$

式中RA_t（%）是处理时间为t后的POD残留活性；RA_0（%）是未处理组样品的酶活（100%）；t为处理时间（min）；α为尺度因子（Scale factor，min）；γ是形状参数（无量纲），表示曲线的凹凸程度（当$\gamma<1$时，曲线上凸；$\gamma=1$时为直线；$\gamma>1$时，曲线下凹）。

5.2 Logistic模型

Logistic模型见公式（7.5）。

$$RA=\frac{(100-A_{min})}{1+\left(\frac{t}{t_{50}}\right)^{p}}+A_{min} \tag{7.5}$$

式中A_{min}（$\geqslant 0$）为Logistic函数的最小值，t_{50}为半最大值失活时间（min），p是幂项。

作者发现，不同放电电压冷等离子体处理时，采用一级动力学模型得到的数据不能很好地拟合残存酶活。因此，作者采用Weibull模型和Logistic模型来拟合失活动力学。结果表明，Weibull模型能够很好地拟合不同放电电压DBD等离子体处理后的POD残存酶活，但该模型无法解释较低放电电压DBD等离子体处理时出现的拖尾效应。之后，作者采用了Logistic模型评估了POD的失活规律，发现该模型拟合效果较好。Segat等（2016）采用类似预测模型研究了大气压冷等离子体处理时碱性磷酸酶的失活动力学规律。作者发现Weibull模型能够很好地拟合不同放电电压冷等离子体处理时碱性磷酸酶的失活规律。在上述两项研究中，一级动力学模型均不能很好地拟合冷等离子体对酶的失活作用，但一级动力学模型能够较好地拟合热处理、高压处理和超声处理过程中的酶失活规律（Andreou et al.，2016；Zhang et al.，2017）。类似地，Terefe等（2017）发现，高压处理时POD的失活规律并不符合一级动力学模型，而是符合一级双相模型［公式（7.6）］。

$$A = A_S \exp(-K_S t) + A_L \exp(-K_L t) \tag{7.6}$$

其中，A_S和A_L分别是稳定部分和不稳定部分酶的活力，K_S和K_L分别是稳定部分和不稳定部分酶的失活速率常数。

Buβler等（2017）发现在冷等离子体处理过程中，苹果片和土豆块中PPO及POD的失活曲线呈现出典型的双相特征，表现为经冷等离子体分别处理2.5 min和5 min后，残存酶活急剧降低。类似地，Ke等（2013）在研究辉光放电等离子体处理谷胱甘肽时发现，ln（C_t/C_0）与处理时间之间存在良好的相关性，谷胱甘肽浓度降低规律符合一级动力学模型。Misra等（2016）发现冷等离子体对酶的失活效能主要取决于所采用的放电功率、气液界面传质速率、酶本身的结构特点和作用环境等因素。

Ali等（2016）研究了丁香酚衍生物及APPJ处理的丁香酚衍生物对酪氨酸酶的抑制作用。采用L-多巴（L-DOPA）为底物测定酪氨酸酶活力，发现酪氨酸酶催化L-多巴氧化遵循Michaelis-Menten动力学模型（K_m）。作者采用Lineweaver-Burk图（双倒数作图）研究了APPJ处理的丁香酚衍生物对酪氨酸酶的抑制作用。对酶促反应速度的倒数（$1/V$）与底物浓度的倒数（$1/[s]$）进行作图，发现K_m逐渐升高，表明APPJ处理的丁香酚衍生物竞争性地抑制了酪氨酸酶的活力。

6　今后研究方向和讨论

作为一种新型非热加工技术，冷等离子体能够有效失活各种类型的食品内源酶。与传统热加工技术相比，冷等离子体对食品品质造成的不良影响较小。然而，在今后的工作中仍需系统研究冷等离子体对食品品质的影响规律。为了推动冷等离子体在食品领域中的实际应用，还应深入研究冷等离子体失活食品中各种酶的分子作用机制。由于冷等离子体的穿透力较弱且酶一般存在于食品基质中，食品基质会显著影响冷等离子体的钝酶效果；而对于液态食品，食品基质对冷等离子体钝酶作用的影响则相对较弱。在今后的工作中，需要重点开展以下几个方面的研究：一是冷等离子体处理对食品安全性的影响和冷等离子体处理装备的放大问题，由于等离子体化学组成十分复杂，必须系统研究其在食品实际生产中的应用效果；二是过程控制中的等离子体实时诊断问题；三是对比分析冷等离子体与热处理对食品内源酶的失活效果及产品在贮藏过程中的稳定性以及冷等离子体处理对食品其他组分的影响。

由于冷等离子体是近几年发展起来的一种新型非热加工技术，因此关于其失活酶的文献报道较少。冷等离子体可能通过多种机制影响酶的活力。基于已有研究报道，冷等离子体可能通过与氨基酸相互作用而改变酶的结构。冷等离子体处理造成蛋白质的二级结构发生折叠、去折叠等变化，从而造成酶的失活。然而，冷等离子体反应器类型、放电气体组成、放电功率和处理时间等因素显著影响冷等离子体对酶的失活效果。因此，冷等离子体有望在不远的将来，代替传统热处理成为新型食品钝酶技术。

参考文献

Ali, A., Ashraf, Z., Kumar, N., Rafiq, M., Jabeen, F., Park, J.H., Choi, K.H., Lee, S., Seo, S.Y., Choi, E.H., Attri, P., 2016. Influence of plasma-activated compounds on melanogenesis and tyrosinase activity. Sci. Rep. 6, 21779.

Andreou, V., Dimopoulos, G., Katsaros, G., Taoukis, P., 2016. Comparison of the application of high pressure and pulsed electric fields technologies on the selective inactivation of endogenous enzymes in tomato products. Innov. Food Sci. Emerg. Technol. 38, 349–355.

Attri, P., Choi, E.H., 2013. Influence of reactive oxygen species on the enzyme stability and activity in the presence of ionic liquids. PLOS One 8(9), e75096.

Attri, P., Venkatesu, P., Kaushik, N., Han, Y.G., Nam, C.J., Choi, E.H., Kim, K.S., 2012. Effects of atmospheric-pressure non-thermal plasma jets on enzyme solutions. J. Korean Phys. Soc. 60 (6), 959–964.

Buβler, S., Ehlbeck, J., Schlüter, O.K., 2017. Pre-drying treatment of plant related tissues using plasma processed air: impact on enzyme activity and quality attributes of cut apple and potato. Innov. Food Sci. Emerg. Technol. 40, 78–86.

Cao, X., Cai, C., Wang, Y., Zheng, X., 2018. The inactivation kinetics of polyphenol oxidase and peroxidase in bayberry juice during thermal and ultrasound treatments. Innov. Food Sci. Emerg. Technol. 45, 169–178.

Chauvin, J., Judee, F., Yousfi, M., Vicendo, P., Merbahi, N., 2017. Analysis of reactive oxygen and nitrogen species generated in three liquid media by low temperature helium plasma jet. Sci. Rep. 7(1), 4562.

Chen, H.H., Hung, C.L., Lin, S.Y., Liou, G.J., 2015. Effect of low-pressure plasma exposure on the storage characteristics of brown rice. Food Bioprocess Technol. 8 (2), 471–477.

Dudak, F.C., Kousal, J., Seker, U.O.S., Boyaci, I.H., Choukourov, A., Biederman, H., 2007. Influence of the plasma treatment on enzyme structure and activity. In: Proc. 28th ICPIG, Prague, pp. 15–20.

Grist, K.L., Taylor, T., Augenstein, L., 1965. The inactivation of enzymes by ultraviolet light. V. The disruption of specific cystines in ribonuclease. Radiat. Res. 26(2), 198–210.

Guerrero-Beltran, J.A., Barbosa-Canovas, G.V., 2011. Ultraviolet-C light processing of liquid food products. In: Nonthermal Processing Technologies for Food, Wiley-Blackwell, pp. 262–270.

Haddouche, L., Phalak, A., Tikekar, R.V., 2015. Inactivation of polyphenol oxidase using 254 nm ultraviolet light in a model system. LWT-Food Sci. Technol. 62 (1), 97–103.

Hayashi, Y., Hirao, S., Zhang, Y., Gans, T., O'Connell, D., Petrovic, Z.L., Makabe, T., 2009. Argon metastable state densities in inductively coupled plasma in mixtures of Ar and O_2. J. Phys. D: Appl. Phys. 42(14), 145206.

Headlam, H.A., Gracanin, M., Rodgers, K.J., Davies, M.J., 2006. Inhibition of cathepsins and related proteases by amino acid, peptide, and protein hydroperoxides. Free Radic. Biol. Med. 40(9), 1539–1548.

Henselová, M., Slováková, Ľ., Martinka, M., Zahoranová, A., 2012. Growth, anatomy and enzyme activity changes in maize roots induced by treatment of seeds with low temperature plasma. Biologia 67 (3), 490–497.

Houée-Lévin, C., Bobrowski, K., Horakova, L., Karademir, B., Schoneich, C., Davies, M.J., Spickett, C.M., 2015. Exploring oxidative modifications of tyrosine: an update on mechanisms of formation, advances in analysis and biological consequences. Free Radic. Res. 49 (4), 347–373.

Ikawa, S., Tani, A., Nakashima, Y., Kitano, K., 2016. Physicochemical properties of bactericidal plasma-treated water. J. Phys. D: Appl. Phys. 49 (42), 425401.

Julák, J., Janoušková, O., Scholtz, V., Holada, K., 2011. Inactivation of prions using electrical DC discharges at atmospheric pressure and ambient temperature. Plasma Process. Polym. 8 (4), 316–323.

Ke, Z., Huang, Q., 2013. Inactivation and heme degradation of horseradish peroxidase induced by discharge plasma. Plasma Process. Polym. 10 (8), 731–739.

Ke, Z., Yu, Z., Huang, Q., 2013. Assessment of damage of glutathione by glow discharge plasma at the gas–solution interface through Raman spectroscopy. Plasma Process. Polym. 10 (2), 181–188.

Khani, M.R., Shokri, B., Khajeh, K., 2017. Studying the performance of dielectric barrier discharge and gliding arc plasma reactors in tomato peroxidase inactivation. J. Food Eng. 197, 107–112.

Kim, H.J., Yong, H.I., Park, S., Kim, K., Kim, T.H., Choe, W., Jo, C., 2014. Effect of atmospheric pressure dielectric barrier discharge plasma on the biological activity of naringin. Food Chem. 160, 241–245.

Kuo, Y.H., Rozan, P., Lambein, F., Frias, J., Vidal-Valverde, C., 2004. Effects of different germination conditions on the contents of free protein and non-protein amino acids of commercial legumes. Food Chem. 86 (4), 537–545.

Lackmann, J.W., Schneider, S., Edengeiser, E., Jarzina, F., Brinckmann, S., Steinborn, E., Havenith, M., Benedikt, J., Bandow, J.E., 2013. Photons and particles emitted from cold atmospheric-pressure plasma inactivate bacteria and biomolecules independently and synergistically. J. R. Soc. Interface 10(89), 20130591.

Lackmann, J.W., Baldus, S., Steinborn, E., Edengeiser, E., Kogelheide, F., Langklotz, S., Schneider, S., Leichert, L.I.O., Benedikt, J., Awakowicz, P., Bandow, J.E., 2015. A dielectric barrier discharge terminally inactivates RNase A by oxidizing sulfurcontaining amino acids and breaking structural disulfide bonds. J. Phys. D: Appl. Phys. 48(49), 494003.

Leung-Toung, R., Li, W., Tam, T.F., Kaarimian, K., 2002. Thiol-dependent enzymes and their inhibitors: a review. Curr. Med. Chem. 9 (9), 979–1002.

Li, H.P., Wang, L.Y., Li, G., Jin, L.H., Le, P.S., Zhao, H.X., Xing, X.H., Bao, C.Y., 2011. Manipulation of lipase activity by the helium radio-frequency, atmospheric-pressure glow discharge plasma jet. Plasma Process. Polym. 8 (3), 224–229.

Lukes, P., Clupek, M., Babicky, V., Sunka, P., 2008. Ultraviolet radiation from the pulsed corona discharge in water. Plasma Sources Sci. Technol. 17 (2), 024012.

Manzocco, L., Nicoli, M.C., 2015. Surface processing: existing and potential applications of ultraviolet light. Crit. Rev. Food Sci. Nutr. 55 (4), 469–484.

Marszałek, K., Krzyżanowska, J., Woźniak, Ł., Skąpska, S., 2016. Kinetic modelling of tissue enzymes inactivation and degradation of pigments and polyphenols in cloudy carrot and celery juices under supercritical carbon dioxide. J. Supercrit. Fluids 117, 26–32.

Matsuo, K., Sakurada, Y., Tate, S.I., Namatame, H., Taniguchi, M., Gekko, K., 2012. Secondary-structure analysis of alcohol-denatured proteins by vacuum-ultraviolet circular dichroism spectroscopy. Proteins 80 (1), 281–293.

Misra, N.N., 2015. The contribution of non-thermal and advanced oxidation technologies towards dissipation of pesticide residues. Trends Food Sci. Technol. 45 (2), 229–244.

Misra, N.N., Jo, C., 2017. Applications of cold plasma technology for microbiological safety in meat industry. Trends Food Sci. Technol. 4, 74–86.

Misra, N.N., Pankaj, S.K., Segat, A., Ishikawa, K., 2016. Cold plasma interactions with enzymes in foods and model systems. Trends Food Sci. Technol. 55, 39–47.

Noci, F., Riener, J., Walkling-Ribeiro, M., Cronin, D.A., Morgan, D.J., Lyng, J.G., 2008. Ultraviolet irradiation and pulsed electric fields (PEF) in a hurdle strategy for the preservation of fresh apple juice. J. Food Eng. 85 (1), 141–146.

O'Donnell, C.P., Tiwari, B.K., Bourke, P., Cullen, P.J., 2010. Effect of ultrasonic processing on food enzymes of industrial importance. Trends Food Sci. Technol. 21 (7), 358–367.

Padmaja, S., Squadrito, G.L., Pryor, W.A., 1998. Inactivation of glutathione peroxidase by peroxynitrite. Arch. Biochem. Biophys. 349 (1), 1–6.

Pankaj, S.K., Misra, N.N., Cullen, P.J., 2013. Kinetics of tomato peroxidase inactivation by atmospheric pressure cold plasma based on dielectric barrier discharge. Innov. Food Sci. Emerg. Technol. 19, 153–157.

Patel, R.P., McAndrew, J., Sellak, H., White, C.R., Jo, H., Freeman, B.A., DarleyUsmar, V.M., 1999. Biological aspects of reactive nitrogen species. Biochimica et Biophysica Acta (BBA)-Bioenergetics 1411 (2), 385–400.

Pellicer, J.A., Gómez-López, V.M., 2017. Pulsed light inactivation of horseradish peroxidase and associated structural changes. Food Chem. 237, 632–637.

Pereira, R.N., Vicente, A.A., 2010. Environmental impact of novel thermal and nonthermal technologies in food processing. Food Res. Int. 43 (7), 1936–1943.

Puač, N., Škoro, N., Spasić, K., Živković, S., Milutinović, M., Malović, G., Petrović, Z.L., 2017. Activity of catalase enzyme in *Paulownia tomentosa* seeds during the process of germination after treatments with low pressure plasma and plasma activated water. Plasma Process. Polym. 15 (2), 1700082.

Queiroz, C., da Silva, A.J.R., Lopes, M.L.M., Fialho, E., Valente-Mesquita, V.L., 2011. Polyphenol oxidase activity, phenolic acid composition and browning in cashew apple (*Anacardium occidentale*, L.) after processing. Food Chem. 125 (1), 128–132.

Rodacka, A., Serafin, E., Puchala, M., 2010. Efficiency of superoxide anions in the inactivation of selected dehydrogenases. Radiat. Phys. Chem. 79 (9), 960–965.

Rodacka, A., Gerszon, J., Puchala, M., Bartosz, G., 2016. Radiation-induced inactivation of enzymes–molecular mechanism based on inactivation of dehydrogenases. Radiat. Phys. Chem. 128, 112–117.

Segat, A., Misra, N.N., Cullen, P.J., Innocente, N., 2016. Effect of atmospheric pressure cold plasma (ACP) on activity and structure of alkaline phosphatase. Food Bioprod. Process. 98, 181–188.

Setsuhara, Y., Cho, K., Shiratani, M., Sekine, M., Hori, M., 2013. Plasma interactions with aminoacid (l-alanine) as a basis of fundamental processes in plasma medicine. Curr. Appl. Phys. 13, S59–S63.

Shamsi, K., Versteeg, C., Sherkat, F., Wan, J., 2008. Alkaline phosphatase and microbial inactivation by pulsed electric field in bovine milk. Innov. Food Sci. Emerg. Technol. 9 (2), 217–223.

Stadtman, E.R., Levine, R.L., 2003. Free radical-mediated oxidation of free amino acids and amino acid residues in proteins. Amino Acids 25 (3–4), 207–218.

Surowsky, B., Fischer, A., Schlüeter, O., Knorr, D., 2013. Cold plasma effects on enzyme activity in a model food system. Innov. Food Sci. Emerg. Technol. 19, 146–152.

Surowsky, B., Schlüter, O., Knorr, D., 2015. Interactions of non-thermal atmospheric pressure plasma with solid and liquid food systems: a review. Food Eng. Rev. 7 (2), 82–108.

Suthar, S., 2016. Studies on Cold Plasma Processing of Wheat Flour (Master's Thesis). Institute of Chemical Technology, Mumbai, India.

Tajchakavit, S., Ramaswamy, H.S., 1997. Continuous-flow microwave inactivation kinetics of pectin methyl esterase in orange juice. J. Food Process. Preserv. 21 (5), 365–378.

Takai, E., Kitano, K., Kuwabara, J., Shiraki, K., 2012. Protein inactivation by low temperature atmospheric pressure plasma in aqueous solution. Plasma Process. Polym. 9 (1), 77–82.

Takai, E., Kitamura, T., Kuwabara, J., Ikawa, S., Yoshizawa, S., Shiraki, K., Kawasaki, H., Arakawa, R., Kitano, K., 2014. Chemical modification of amino acids by atmospheric pressure cold plasma in aqueous solution. J. Phys. D: Appl. Phys. 47 (28), 285403.

Tappi, S., Berardinelli, A., Ragni, L., Dalla Rosa, M., Guarnieri, A., Rocculi, P., 2014. Atmospheric gas plasma treatment of fresh-cut apples. Innov. Food Sci. Emerg. Technol. 21, 114–122.

Tappi, S., Gozzi, G., Vannini, L., Berardinelli, A., Romani, S., Ragni, L., Rocculi, P., 2016. Cold plasma treatment for fresh-cut melon stabilization. Innov. Food Sci. Emerg. Technol. 33, 225–233.

Terefe, N.S., Delon, A., Versteeg, C., 2017. Thermal and high pressure inactivation kinetics of blueberry peroxidase. Food Chem. 232, 820–826.

Tolouie, H., Hashemi, M., Mohammadifar, M.A., Ghomi, H., 2017. Cold atmospheric plasma manipulation of proteins in food systems. Crit. Rev. Food Sci. Nutr. 58 (15), 2583–2597.

Zhang, H., Xu, Z., Shen, J., Li, X., Ding, L., Ma, J., Lan, Y., Xia, W., Cheng, C., Sun, Q., Zhang, Z., 2015. Effects and mechanism of atmospheric-pressure dielectric barrier discharge cold plasma on lactate dehydrogenase (LDH) enzyme. Sci. Rep. 5, 10031.

Zhang, Z., Niu, L., Li, D., Liu, C., Ma, R., Song, J., Zhao, J., 2017. Low intensity ultrasound as a pretreatment to drying of daylilies: impact on enzyme inactivation, color changes and nutrition quality parameters. Ultrason. Sonochem. 36, 50–58.

Zhao, W., Yang, R., Zhang, H.Q., 2012. Recent advances in the action of pulsed electric fields on enzymes and food component proteins. Trends Food Sci. Technol. 27 (2), 83–96.

Zhou, R., Zhou, R., Zhuang, J., Zong, Z., Zhang, X., Liu, D., Bazaka, K., Ostrikov, K., 2016. Interaction of atmospheric-pressure air microplasmas with amino acids as fundamental processes in aqueous solution. PLoS One 11 (5), 0155584.

进一步阅读材料

Falguera, V., Pagán, J., Garza, S., Garvín, A., Ibarz, A., 2012. Inactivation of polyphenol oxidase by ultraviolet irradiation: protective effect of melanins. J. Food Eng. 110 (2), 305–309.

第8章

冷等离子体处理对食品组分的影响

1 引言

当今消费者越来越追求安全优质的食品和健康均衡的饮食。但是，众所周知，新鲜水果和蔬菜极易引发食源性疾病（Niemira和Sites，2008）。因此，食品安全是食品工业以及食品监管机构关注的重点问题之一。水果、蔬菜、油脂、糖、乳品、肉、面粉和其他食品原料通常含有氨基酸、短链有机酸、维生素、蛋白质、脂质、挥发性有机物和矿物质等，需要进行杀菌处理以保持其营养和感官品质并延长其保质期。一般而言，食品及相关产品通常要进行保鲜处理，其目的是延长产品货架期并实现产品的全年供应。保鲜处理的目的是减少或完全杀灭微生物，从而保障食品的稳定性和安全性（Stumbo，2013；Fellows，2009）。

通常，食品加工过程中主要采用热加工方法失活内源酶和微生物，但热加工处理会对食品的品质和安全性造成不良影响。例如，巴氏杀菌等传统热加工方法被广泛用于食品保鲜。然而，由于某些食品组分对热较为敏感，热处理可能对食品的营养价值、物理化学指标、流变学特性和感官品质造成不良影响（Soares et al.，2017）。此外，一些研究证实，非热加工技术能够有效促进糖类（如蔗糖、葡萄糖和果糖）和有机酸（如柠檬酸、苹果酸和抗坏血酸）等的利用率，这可能与非热加工技术促进果肉提取率有关（Chen et al.，2011；Alves Filho et al.，2016a）。

当前消费者越来越追求优质安全的食品，这极大地促进了食品非热加工技术的发展（Misra et al.，2014）。作为传统热处理的替代或补充方法，食品非热加工技术相关的研究工作受到了各界的广泛关注，其主要目的是减少热加工对食品组分和感官品质所造成的不良影响。近年来，一些非热加工技术被广泛应用于医疗器械及包装食品的表面杀菌、抗菌处理和感染控制（Pankaj et al.，2014；Mai-Prochnow et al.，2014）。常见的非热加工技术主要包括紫外线、脉冲电场、射频电场、超声波、高静水压、超临界二氧化碳、冷等离子体和臭氧等。但是，食物基质会影响上述非热加工技术的处理效果（Almeida et al.，2015）。尽管上述技术能够有效失活食品中的微生物，但其对食品品质的影响规律尚未得到系统研究（Niemira，2012）。因此，有必要系统综述非热加工技术对食品品质的影响，以期为通过优化处理参数来生产高品质产品提供重要的理论参考。

在食品加工领域，冷等离子体（cold plasma，CP）是一种新兴的非热杀菌技术，能够有效杀灭细菌、真菌、孢子和病毒（Thirumdas et al.，2015）。冷等离子体由常温常压下的低密度电离气体组成（Cullen和Milosavljević，2015；Han et al.，2016）。冷等离子体的主要优点是其处理过程中和处理后食品组分能够保持相对稳定、能耗较低和加工时间短（处理时间为几秒钟到几分钟，取决于产品类型）等（Gupta et al.，2017）。与热加工技术相比，冷等离子体对热敏性产品具有明显的优势。因其具有上述特点，冷等离子体在食品杀菌领域具有独特的优势，能够有效延长食品货架期，减少食品物理化学性质的变化，从而有效满足消费者对新鲜食物的需求（Alves Filho et al.，2019）。

2 非热加工技术

根据是否使用热能，食品加工技术可以分为热加工技术和非热加工技术两大类。热加工技术主要包括欧姆加热、微波、射频、红外和感应加热等，非热加工技术主要包括高静水压、脉冲电场、脉冲强光、脉冲X射线、膜技术、振荡磁场、超声波、冷等离子体和臭氧等。1968年，等离子体用于材料灭菌的方法首次获批授权专利，而氧气等离子体在1989年被用于生物医学领域的表面杀菌（Afshari和Hosseini，2014）。美国化学家欧文•朗缪尔（Irving Langmuir，1881—1957）首次提出了等离子体的概念，等离子体被认为是物质存在的第四种状态，主要通过电场和电磁波电离气体产生。等离子体可以存在于很广的温度和压力范围内（Conrads和Schmidt，2000）。

2.1 冷等离子体的基本原理

根据产生机制的不同，等离子体可分为热等离子体和非热（或冷）等离子体。热等离子体温度较高，其全部粒子均具有较高的能量并处于平衡状态，且彼此之间没有能量转移；而非热等离子体主要在常压或真空压力下产生，其温度在30~60℃，且每次碰撞都存在电子能量转移，因此也被称为冷等离子体（Niemira，2012）。冷等离子体由气体放电产生的正负带电离子、电子和带电粒子等组成，常用的放电气体主要包括氩气（Ar）、氦气（He）、氮气（N_2）、氧气（O_2）和空气等（Misra et al.，2011）。在上述气体中，氦气更容易被电离，能够降低所需的放电电压和能耗，进而降低能耗成本。从这个角度来说，氦气适宜作为产生冷等离子体的工作气体（Niemira，2012）。但氦气的价格相对较高，与使用空气或氮气/氧气混合气体的冷等离子体发生系统相比，氦气冷等离子体发生系统在商业化应用时存在成本高的问题。图8.1介绍了介质阻挡放电等离子体的一般结构，介质阻挡放电等离子体常用于固态和液态食品的处理。

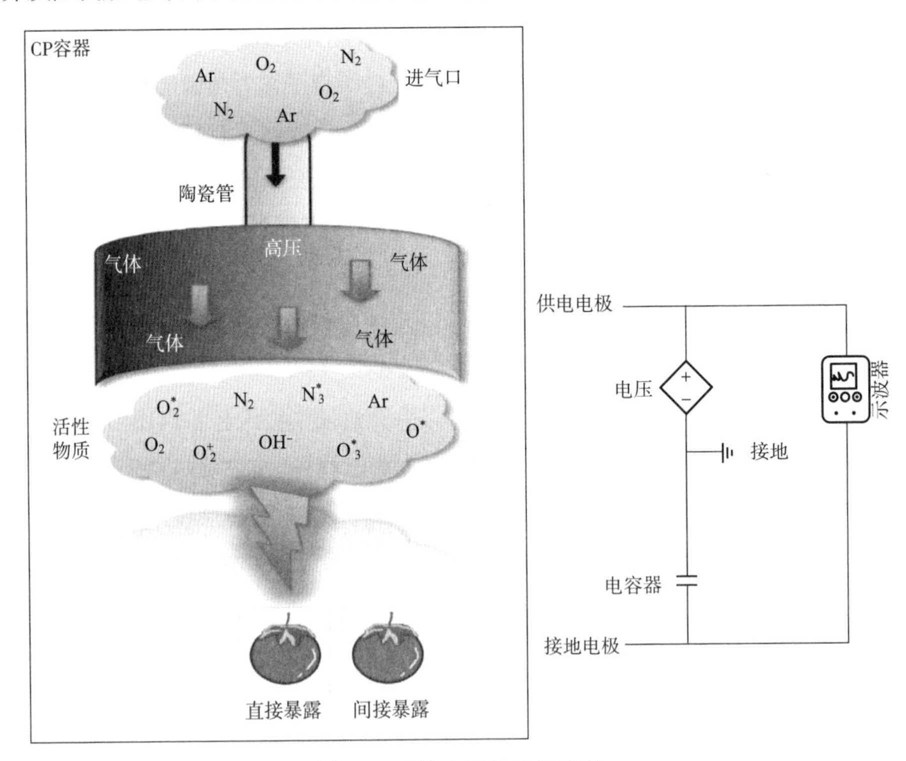

图8.1 冷等离子体设备概述

由于空气放电冷等离子体中产生的化学物质（活性氧和活性氮、高能离子和带电粒子等）能够有效失活病原微生物，冷等离子体有望用于食品的杀菌保鲜，但冷等离子体对食品组分的影响尚未得到系统研究。活性氧和自由基是冷等离子体的主要活性物质，其半衰期相对较长（Joshi et al.，2011）。在放电过程中，样品本身可看作一个绝缘介质，样品所在位置可看作另一个电极。在这种情况下，食品可看作绝缘介质，因此可以实现设备容器内部气体的电离。上述过程产生了多种分子和离子，包括过氧化氢、臭氧和氮氧化物等。这些活性物质能够与食品成分发生相互作用，从而造成食品组分发生变化。研究证实，冷等离子体能够造成食品中碳水化合物解聚、维生素从蔬菜组织中释放出来和脂质发生氧化等。由于食品组分的复杂性，食品基质中发生的冷等离子体化学反应极为复杂。最近，非目标化学分析（nontarget analysis）和核磁共振（nuclear magnetic resonance，NMR）技术被广泛用于食品基质研究。然而，冷等离子体处理对食品品质的影响是一个新兴的研究课题，相关报道较少，有待后续深入研究（Alves Filho et al.，2016a；Alves Filho et al.，2019）。

2.2　等离子体化学

气体电离过程中产生的活性物质与放电气体种类和等离子体放电类型等因素密切相关。当使用纯氩气或纯氮气时，所产生活性物质较为单一；而当使用混合气体时，所产生活性物质较为复杂。当使用空气进行放电时，能够产生臭氧和NO_x等活性氧/氮；以湿润空气进行放电时，则会形成H_2O_2。与水分子类似，其他一些化合物也能够影响冷等离子体的化学组成（Niemira，2012）。鉴于冷等离子体活性物质组成的复杂性及其相互作用的多样性，冷等离子体与食品基质之间的相互作用尚未得到完全阐明。因此，冷等离子体对不同食品基质可能产生不同的影响，必须系统研究冷等离子体处理对每一种食品品质和组成的影响规律。

2.3　冷等离子体在食品加工中的应用

冷等离子体在食品加工中具有广泛的应用潜力，已被应用于食品、食品相关材料、包装材料等的表面杀菌处理及生鲜农产品、禽蛋表面及熟肉、奶酪等加工食品的杀菌处理（Stoica et al.，2013；Niemira，2012）。另外，冷等离子体处理可以将待处理材料的疏水表面转变为亲水表面，也可以形成亲水涂层（Kim et al.，2006）。然而，目前关于冷等离子体影响食品组成的研究报道相对较少。一些冷等离子体处理实验条件及影响食品组分的研究报道见表8.1。

表8.1 冷等离子体处理对食品组分的影响

食品类型	实验条件	效果	参考文献
果蔬产品			
橙汁	时间：15、30、45和60 s；直接和间接处理；电压：70 kV；频率：25 kHz	未对氨基酸、有机酸和糖含量造成影响	Alves Filho et al.（2016a）
橙汁	时间：15、30、45和60 s；直接和间接处理；电压：70 kV；频率：25 kHz	造成柠檬烯和对伞花烃的降解；形成芳樟醇、α-松油醇和松油烯-4-醇	Alves Filho et al.（2019）
低聚果糖（含蔗糖、果糖、蔗果三糖、蔗果四糖和蔗果五糖）	时间：15、30、45和60 s；直接和间接处理；电压：70 kV	未对蔗糖、果糖和低聚果糖含量造成显著影响	Alves Filho et al.（2016b）
腰果梨（Cashew apple）汁	时间：5、10和15 min；气体流速：10、30和50 mL/min；间接接触；电压：80 kV	当气流较低时，维生素C和多酚含量升高，抗氧化活性增强；当气流较高时，多酚和黄酮含量升高；造成活性物质降解	Rodríguez et al.（2017）
蓝莓	时间：0、1和5 min；电压：60和80 kV；频率：50 kHz	长时间处理会降低维生素C含量；在60 kV处理5 min或80 kV处理1 min，未对蓝莓营养品质造成明显影响	Sarangapani et al.（2017）
谷物			
淀粉	时间：1、3和5 min；直接处理；电压：80 kV；贮藏时间：0、1、24 h	随处理时间延长，ROS水平升高	Gupta et al.（2017）
面粉	时间：5和10 min；直接处理；电压：60和70 kV	改变了面筋蛋白二级结构，造成β-折叠含量减少，α-螺旋和β-转角含量增加	Misra et al.（2015）
肉和肉制品			
猪肉干	时间：0、20、40和60 min；直接处理；电压：3.8 kV	随处理时间延长，a^*值（红度）、亚硝基血红素和残留亚硝酸盐含量升高，脂质氧化水平降低；与添加亚硝酸钠样品相比，冷等离子体处理40 min样品的亚硝基血红素、亚硝酸盐、脂质氧化水平等指标均未发生显著变化	Yong et al.（2017）

续表

食品类型	实验条件	效果	参考文献
火腿罐头	时间：10、20、30、40、50和60 min；直接处理；电压：7 kV；频率：25 kHz	与添加亚硝酸钠样品相比，冷等离子体处理组样品的亚硝基血红素、色泽、残留亚硝酸盐、质地、脂质和蛋白质氧化水平均未发生显著变化	Lee et al.（2018）
乳制品			
原料乳	时间：0、3、6、9、12、15和20 min；直接处理；电压：9 kV	脂质组成、总酮和乙醇含量未发生显著变化；处理20 min后，总醛含量增加；随处理时间延长，1-辛醇、2-庚酮、2-己醛、2-辛烯醛、壬醛和苯甲醛含量变化显著	Korachi et al.（2015）
乳清分离蛋白	时间：1、5、10、15、30和60 min；直接处理；电压：70 kV	由于ROS和RNS的作用，pH略有降低；处理15 min造成蛋白质轻度氧化，蛋白羰基含量升高，表面疏水性增强；处理时间延长至30 min和60 min时，蛋白结构发生明显变化	Segat et al.（2015）

注　FOS，低聚果糖（Fructooligosaccharides）；ROS，活性氧（Reactive oxygen species）；RNS，活性氮（Reactive nitrogen species）。

2.3.1 果蔬产品

Alves Filho等（2016a）采用定量核磁共振（quantitative nuclear magnetic resonance，qNMR）光谱与化学计量学相结合的方法研究了直接或间接大气压冷等离子体处理（15 s、30 s、45 s和60 s）对橙汁组分的影响，评价指标包括氨基酸（如丙氨酸、精氨酸、2-甲基脯氨酸、谷氨酸、组氨酸、苯丙氨酸、脯氨酸、脯氨酸甜菜碱、苏氨酸、酪氨酸、缬氨酸等）、有机酸（如乙酸、柠檬酸、甲酸、γ-氨基丁酸、乳酸、苹果酸、奎宁酸、琥珀酸等）、糖类物质（如蔗糖、果糖、α-葡萄糖和β-葡萄糖等）及其他类物质（如乙醇和5-羟甲基糠醛等）。作者发现冷等离子体处理未对橙汁上述指标造成显著影响，表明冷等离子体技术可望用于橙汁的加工。

在另一项研究中，Alves Filho等（2019）评价了冷等离子体处理对橙汁中挥发性有机物（volatile organic compounds，VOC）的影响。通过检测橙汁中柠檬烯（limonene）、对伞花烃（p-cymene）、α-松油醇（α-terpineol）和松油烯-4-醇（terpinen-4-ol）和芳樟醇（linalool）等指标，发现冷等离子体处理后橙汁中VOC发生明显变化。经冷等离子体处理后，橙汁中的挥发性组分柠檬烯（一种芳香化合物）和对伞花烃（一种异味化合物）能够转化为γ-松油烯（γ-terpinene，一种芳香化合物）、α-松油醇（是热加工橙汁中代表性异味化合物）、松油烯-4-醇（一种异味化合物）和芳樟醇（Linalool，一种芳香化合物），其化学反应途径见图8.2。因此通过检测上述物质的含量变化可以评价冷等离子体对橙汁中挥发性组分的影响。研究证实，经冷等离子体直接或间接处理后，橙汁中生成的异味物质较少，加工前后的色泽、气味和味道等感官品质均未发生明显变化。

低聚果糖（fructooligosaccharides，FOS）是一类具有益生元活性的碳水化合物，也是食品工业中应用最为广泛的功能性碳水化合物。Alves Filho等（2016b）评价了大气压冷等离子体（直接或间接处理）、超高压（high-pressure processing，HPP）、超声波和HPP协同处理对FOS溶液中蔗果三糖（kestose，GF2）、蔗果四糖（nystose，GF3）、蔗果五糖（f-fructofuranosyl nystose，GF4）、果糖和蔗糖稳定性的影响。根据FOS的人体推荐摄入剂量，作者配制了浓度为70 g/L的FOS溶液（Al-Sheraji et al.，2013），并采用DBD等离子体（放电电压为70 kV）将上述溶液直接或间接处理15 s、30 s、45 s和60 s。HPP处理采用Hiperbaric 300型超高压设备，处理压力为450 MPa，温度为11.5℃，处理时间为5 min。结果表明，大气压冷等离子体（直接或间接处理）单独处理、HPP单独处理或超声波/HPP依次处理均未对上述FOS溶液的糖类物质组成及其聚合度造成显著影响。上述结果表明，冷等离子体、超声波和HPP等非热加工技术能够有效保持FOS的益生元活性，有望应用于含FOS液体食品的加工处理。相对于传统热加工技术（在100℃下处理15 min后，FOS损失了65%，Courtin et al.，2009），上述非热加工技术能够更好地维持FOS的稳定性。

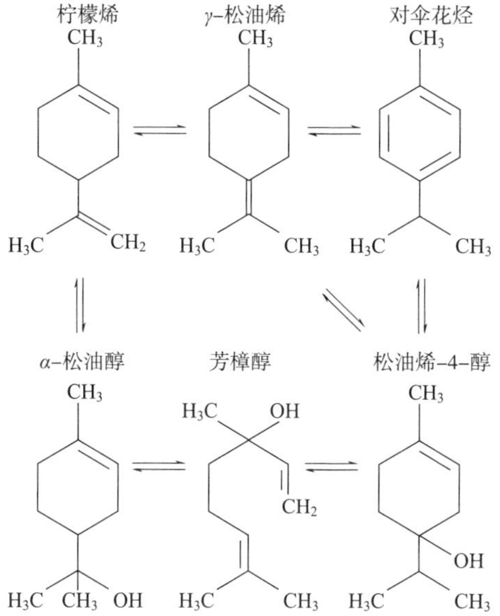

图8.2　冷等离子体处理橙汁过程中萜烯类物质发生氧化、水解和还原反应（引自Alves Filho, E.G. et al., 2019）

由于处理条件的不同，冷等离子体处理可能会对果汁品质造成不同影响。Rodríguez等（2017）发现经短时间冷等离子体处理后，腰果梨（*Cashew apple*）汁中维生素C、黄酮和酚类物质含量均有所升高；而延长处理时间（5 min、10 min和15 min）时，冷等离子体处理则会造成上述活性成分的降解。Sarangapani等（2017）发现，蓝莓经空气放电冷等离子体（80 kV）处理1 min后，其维生素C含量升高至14.01 mg/100 g，显著高于未处理组样品（8.91 mg/100 g）。

2.3.2　谷物和谷类

淀粉是一种重要的食品组成成分，但在实际应用时存在溶解度差、黏度不稳定、易回生、冻融稳定性差等缺陷。因此，可采用冷等离子体处理以改善淀粉的功能特性，促进其在食品中的应用。冷等离子体可通过作用于支链淀粉侧链形成聚合两个淀粉分子释放水分子，从而造成淀粉颗粒解聚和交联（Gupta et al.，2017）。Misra等（2015）评价了冷等离子体处理对高筋面粉和低筋面粉流变学特性的影响，发现冷等离子体处理能够改善面团流变性能，如提高了面团强度并缩短了和面时间（mixing time）。此外，该研究还表明，经冷等离子体处理后，面筋蛋白的β-折叠含量降低，而α-螺旋和β-转角含量有所升高。

冷等离子体处理也能够影响小麦某些过敏原的致敏性。研究发现，经冷等离子体处理5 min后，小麦蛋白的致敏性降低了37%（Nooji，2011）。上述研究表明，除工作气体和冷等离子体产生装置以外，食品基质也显著影响冷等离子体的处理效果。

2.3.3 肉及相关产品

亚硝酸盐是一种广泛用于肉制品腌制加工的食品添加剂，能够有效改善产品的色泽和风味（Parthasarathy和Bryan，2012）。在冷等离子体处理液体样品过程中，会产生亚硝酸盐（Kojtari et al.，2013）。经过冷等离子体处理后，NO_2、NO_3、N_2O、N_2O_3和N_2O_4等氮氧化物溶解在样品中并形成硝酸和亚硝酸，硝酸和亚硝酸能够与水反应生成硝酸盐（NO_3^-）和亚硝酸盐（NO_2^-）[公式（8.1）~公式（8.4）]。在酸性介质中，亚硝酸盐能够继续转化为亚硝酸，而亚硝酸继续分解成硝酸盐和氮氧化物[公式（8. 5 ）~公式（8. 7 ）]。下列化学反应式引自Lee等（2017）。

$$NO+NO_2+H_2O \rightarrow 2HNO_2 \leftrightarrow 2NO_2^-+2H^+ \tag{8.1}$$

$$2NO_2+NO_2 \rightarrow HNO_2+HNO_3 \leftrightarrow NO_2^-+NO_3^-+2H^+ \tag{8.2}$$

$$N_2O_3+H_2O \rightarrow 2HNO_2 \leftrightarrow 2NO_2^-+2H^+ \tag{8.3}$$

$$N_2O_4+H_2O \rightarrow HNO_2+HNO_3 \leftrightarrow NO_2^-+NO_3^-+2H^+ \tag{8.4}$$

$$HNO_2+H^+ \rightarrow H_2NO_2^+ \rightarrow NO^++H_2O \tag{8.5}$$

$$2HNO_2 \rightarrow NO+NO_2+H_2O \tag{8.6}$$

$$3HNO_2 \leftrightarrow H^++NO_3^-+2NO+H_2O \tag{8.7}$$

因此，鉴于消费者对“天然”和“无化学添加”食品需求的提高，作为亚硝酸钠的替代品，大气压冷等离子体已被用于猪肉干的腌制（Yong et al.，2017）。结果表明，随处理时间的延长，猪肉干中亚硝基血红素和亚硝酸盐残留量显著升高，但脂质氧化水平降低。与添加亚硝酸钠样品相比，经冷等离子体处理40 min后，样品的亚硝基血红素、亚硝酸盐、脂质氧化水平等指标均未发生显著变化。以上结果表明，冷等离子体有望用于猪肉干等肉制品的腌制。

在2018年，Lee等（2018）研究了大气压冷等离子体对罐装火腿的影响。与经亚硝酸钠咸芹菜粉腌制的罐装火腿相比，经冷等离子体处理30 min后，火腿的亚硝基血红素、色泽、亚硝酸盐残留量、质地、脂质和蛋白质氧化水平均未发生显著变化。作者认为冷等离子体有望作为亚硝酸盐的替代品用于罐装火腿的腌制。

食品过敏原通常是水溶性糖蛋白。在与蛋白质相互作用时，冷等离子体中的活性物质可能影响蛋白质的构象并造成肽链断裂，也可能通过氧化氨基酸残基等破坏蛋白质的完整性并诱导蛋白质发生变性，从而有效降低其致敏性。冷等离子体造成的蛋白质变性也可能与通过诱导蛋白质聚集而降低其溶解性有关。蛋白质交联也可能造成食品过敏原含量的降低（Ekezie et al.，2018）。研究证实，经DBD等离子体（电压为30 kV，频率为60 Hz）直接处理5 min后，虾原肌球蛋白的致敏性降低了76%（Shriver和Yang，2011）。

2.3.4　乳制品

物理化学性质和感官品质是影响乳制品质量的重要参数。目前主要采用巴氏杀菌来提高乳制品的安全性和保质期，但巴氏杀菌同时也会造成蛋白质变性、热敏性的维生素及风味物质的损失等问题（Barba et al.，2012）。目前关于冷等离子体影响乳制品理化指标和感官品质的研究报道相对较少。一些研究证实，冷等离子体可能会对乳制品造成不良影响，特别是一些营养价值较高的组分。2015年发表的一篇论文报道研究了冷等离子体对原料乳中蛋白质、游离脂肪酸和挥发性成分的影响（Korachi et al.，2015）。作者发现，电晕放电冷等离子体处理未对原料乳中1-辛醇、2-庚酮、2-己醛、2-辛烯醛、壬醛和苯甲醛和脂质含量造成了显著影响而其脂质含量未有明显的变化；电晕放电冷等离子体处理20 min后，总醛含量有所升高，但总酮类物质和乙醇含量未发生明显变化。

Segat及其同事分析了大气压冷等离子体处理（1~60 min）对乳清分离蛋白（whey protein isolate，WPI）溶液性质的影响（Segat et al.，2015）。该研究表明，冷等离子体处理能够改变WPI的结构，改善其功能特性和利用率。经冷等离子体处理15 min后，WPI的3D结构发生明显变化，进而造成起泡性和乳化性降低，但同时增强了其泡沫稳定性。

3　结论

综上所述，冷等离子体可通过作用于蛋白质、碳水化合物、氨基酸、维生素和其他大分子物质来对食品进行定向改性。作为传统加工方法的新型替代技术，冷等离子体在有效杀灭微生物的同时也能够较好地维持食品的感官品质。冷等离子体也具有能够有效保持食品组分、能耗成本低、处理时间短（大多数产品仅需几秒至几分钟）等优点。因此，冷等离子体是一种相对简单和节能的加工技术；相对于传统热加工技术，冷等离子体更适用于热敏性食品的加工处理。

冷等离子体在不同食品加工领域均具有广阔的应用潜力。然而冷等离子体技术目前仍处于起步阶段，尚未系统揭示其对食品感官和应用品质的影响规律，制约了该技术的进一步发展和实际应用。同时，由于某些方面缺乏科学实验数据的支撑，冷等离子体技术的放大问题也是制约其实际应用的关键瓶颈之一。此外，将冷等离子体与其他技术联合使用可望实现协同处理效果。

目前尚未有关于冷等离子体造成食品感官和营养品质发生劣变的研究报道。因此，有必要系统研究冷等离子体对食品化学和营养特性的影响。此外，在今后的研究工作中也应系统评估冷等离子体处理食品的潜在安全风险。

参考文献

Afshari, R., Hosseini, H., 2014. Non-thermal plasma as a new food preservation method, its present and future prospect. J. Paramed. Sci. 5 (1), 116–120.

Almeida, F.D.L., Cavalcante, R.S., Cullen, P.J., Frías, J.M., Bourke, P., Fernandes, F.A., Rodrigues, S., 2015. Effects of atmospheric cold plasma and ozone on prebiotic orange juice. Innov. Food Sci. Emerg. Technol. 32, 127–135.

Al-Sheraji, S.H., Ismail, A., Manap, M.Y., Mustafa, S., Yusof, R.M., Hassan, F.A., 2013. Prebiotics as functional foods: a review. J. Funct. Foods 5, 1542–1553.

Alves Filho, E.G., Almeida, F.D., Cavalcante, R.S., De Brito, E.S., Cullen, P.J., Frias, J.M., Bourke, P., Fernandes, F.A., Rodrigues, S., 2016a. ^{1}H NMR spectroscopy and chemometrics evaluation of non-thermal processing of orange juice. Food Chem. 204, 102–107.

Alves Filho, E.G., Cullen, P.J., Frias, J.M., Bourke, P., Tiwari, B.K., Brito, E.S., Rodrigues, S., Fernandes, F.A., 2016b. Evaluation of plasma, high-pressure and ultrasound processing on the stability of fructooligosaccharides. Int. J. Food Sci. Technol. 51, 2034–2040.

Alves Filho, E.G., Rodrigues, T.H.S., Fernandes, F.A.N., de Brito, E.S., Cullen, P.J., Frias, J.M.,

Bourke, P., Cavalcante, R.S., Almeida, F.D.L., Rodrigues, S., 2019. An untargeted chemometric evaluation of plasma and ozone processing effect on volatile compounds in orange juice. Innov. Food Sci. Emerg. Technol. 53, 63–69.

Barba, F.J., Esteve, M.J., Frígola, A., 2012. High pressure treatment effect on physicochemical and nutritional properties of fluid foods during storage: a review. Compr. Rev. Food Sci. Food Saf. 11, 307–322.

Chen, D., Sharma, S.K., Mudhoo, A., 2011. Handbook on Applications of Ultrasound: Sonochemistry for Sustainability. CRC press.

Conrads, H., Schmidt, M., 2000. Plasma generation and plasma sources. Plasma Sources Sci. Technol. 9, 441.

Courtin, C.M., Swennen, K., Verjans, P., Delcour, J.A., 2009. Heat and pH stability of prebiotic arabinoxylooligosaccharides, xylooligosaccharides and fructooligosaccharides. Food Chem. 112, 831–837.

Cullen, P., Milosavljević V., 2015. Spectroscopic characterization of a radio-frequency argon plasma jet discharge in ambient air. Prog. Theor. Exp. Phys. 2015, 063J01.

Ekezie, F.-G.C., Cheng, J.-H., Sun, D.-W., 2018. Effects of nonthermal food processing technologies on food allergens: a review of recent research advances. Trends Food Sci. Technol.

Fellows, P.J., 2009. Food Processing Technology: Principles and Practice. Elsevier.

Gupta, A., Nanda, V., Singh, B., 2017. Cold plasma for food processing. In: Nanda, V., Sharma, S. (Eds.), Novel Food Processing Technologies. New India Publishing Agency, New Delhi, India, pp. 623–660.

Han, L., Patil, S., Boehm, D., Milosavljević, V., Cullen, P.J., Bourke, P., 2016. Mechanisms of inactivation by high-voltage atmospheric cold plasma differ for *Escherichia coli* and *Staphylococcus aureus*. Appl. Environ. Microbiol. 82, 450–458.

Joshi, S.G., Cooper, M., Yost, A., Paff, M., Ercan, U.K., Fridman, G., Friedman, G., Fridman, A., Brooks, A.D., 2011. Nonthermal dielectric-barrier discharge plasma induced inactivation involves oxidative DNA damage and membrane lipid peroxidation in *Escherichia coli*. Antimicrob. Agents Chemother. 55, 1053–1062.

Kim, J.-H., Liu, G., Kim, S.H., 2006. Deposition of stable hydrophobic coatings with in-line CH_4 atmospheric RF plasma. J. Mater. Chem. 16, 977–981.

Kojtari, A., Ercan, U., Smith, J., Friedman, G., Sensenig, R., Tyagi, S., Joshi, S., Ji, H., Brooks,

A., 2013. Chemistry for antimicrobial properties of water treated with nonequilibrium plasma. J. Nanomed. Biother. Discov. 4 (2), 1–5.

Korachi, M., Ozen, F., Aslan, N., Vannini, L., Guerzoni, M.E., Gottardi, D., Ekinci, F.Y., 2015. Biochemical changes to milk following treatment by a novel, cold atmospheric plasma system. Int. Dairy J. 42, 64–69.

Lee, J., Lee, C.W., Yong, H.I., Lee, H.J., Jo, C., Jung, S., 2017. Use of atmospheric pressure cold plasma for meat industry. Korean J. Food Sci. Anim. Resour. 37, 477–485.

Lee, J., Jo, K., Lim, Y., Jeon, H.J., Choe, J.H., Jo, C., Jung, S., 2018. The use of atmospheric pressure plasma as a curing process for canned ground ham. Food Chem. 240, 430–436.

Mai-Prochnow, A., Murphy, A.B., Mclean, K.M., Kong, M.G., Ostrikov, K., 2014. Atmospheric pressure plasmas: infection control and bacterial responses. Int. J. Antimicrob. Agents 43, 508–517.

Misra, N., Tiwari, B., Raghavarao, K., Cullen, P., 2011. Nonthermal plasma inactivation of food-borne pathogens. Food Eng. Rev. 3, 159–170.

Misra, N.N., Keener, K.M., Bourke, P., Mosnier, J.-P., Cullen, P.J., 2014. In-package atmospheric pressure cold plasma treatment of cherry tomatoes. J. Biosci. Bioeng. 118, 177–182.

Misra, N., Kaur, S., Tiwari, B.K., Kaur, A., Singh, N., Cullen, P., 2015. Atmospheric pressure cold plasma (ACP) treatment of wheat flour. Food Hydrocoll. 44, 115–121.

Niemira, B.A., 2012. Cold plasma decontamination of foods. Annu. Rev. Food Sci. Technol. 3, 125–142.

Niemira, B.A., Sites, J., 2008. Cold plasma inactivates *Salmonella* Stanley and *Escherichia coli* O157: H7 inoculated on golden delicious apples. J. Food Prot. 71, 1357–1365.

Nooji, J.K., 2011. Reduction of Wheat Allergen Potency by Pulsed Ultraviolet Light, High Hydrostatic Pressure, and Non-Thermal Plasma. University of Florida.

Pankaj, S.K., Bueno-Ferrer, C., Misra, N.N., O’Neill, L., JimEnez, A., Bourke, P., Cullen, P.J., 2014. Characterization of polylactic acid films for food packaging as affected by dielectric barrier discharge atmospheric plasma. Innov. Food Sci. Emerg. Technol. 21, 107–113.

Parthasarathy, D.K., Bryan, N.S., 2012. Sodium nitrite: the “cure” for nitric oxide insufficiency. Meat Sci. 92, 274–279.

Rodríguez, Ó., Gomes, W.F., Rodrigues, S., Fernandes, F.A., 2017. Effect of indirect cold plasma treatment on cashew apple juice (*Anacardium occidentale* L.). LWT–Food Sci. Technol. 84, 457–463.

Sarangapani, C., O'Toole, G., Cullen, P., Bourke, P., 2017. Atmospheric cold plasma dissipation efficiency of agrochemicals on blueberries. Innov. Food Sci. Emerg. Technol. 44, 235–241.

Segat, A., Misra, N., Cullen, P., Innocente, N., 2015. Atmospheric pressure cold plasma (ACP) treatment of whey protein isolate model solution. Innovative Food Sci. Emerg. Technol. 29, 247–254.

Shriver, S.K., Yang, W.W., 2011. Thermal and nonthermal methods for food allergen control. Food Eng. Rev. 3, 26–43.

Soares, M.V.L., Alves Filho, E.G., Silva, L.M.A., Novotny, E.H., Canuto, K.M., Wurlitzer, N.J., Narain, N., De Brito, E.S., 2017. Tracking thermal degradation on passion fruit juice through nuclear magnetic resonance and chemometrics. Food Chem. 219, 1–6.

Stoica, M., Mihalcea, L., Borda, D., Alexe, P., 2013. Non-thermal novel food processing technologies. An overview. J. Agroaliment. Process. Technol. 19, 212–217.

Stumbo, C.R., 2013. Thermobacteriology in Food Processing. Elsevier.

Thirumdas, R., Sarangapani, C., Annapure, U.S., 2015. Cold plasma: a novel non-thermal technology for food processing. Food Biophys. 10, 1–11.

Yong, H.I., Lee, S.H., Kim, S.Y., Park, S., Park, J., Choe, W., Jo, C., 2019. Color development, physiochemical properties, and microbiological safety of pork jerky processed with atmospheric pressure plasma. Innov. Food Sci. Emerg. Technol. 53, 78–84.

第9章

冷等离子体处理对包装食品和包装材料的杀菌作用

1 引言

前面几章综述了冷等离子体在食品安全和食品保鲜领域的研究进展，本章将主要介绍冷等离子体在包装食品保鲜和食品包装材料杀菌领域的应用研究进展。

在实际生产过程中，对包装食品进行保鲜处理和对食品包装材料进行杀菌处理是保障食品工业快速发展和消费者健康的关键环节。许多生产线在食品加工最初工艺中引入了杀菌步骤，然而产品在后续加工过程中容易再次受到微生物污染。由于食品包装通常处于食品生产的最后阶段，同时生鲜农产品中的农药残留也会对消费者健康构成严重威胁。因此，对食品包装进行消毒或杀菌处理对于控制产品或包装材料引入的污染具有重要意义，也能够有效去除生鲜农产品和包装材料引入的农药等化学危害物。对食品和食品包装材料进行杀菌处理不仅关乎消费者的身体健康，也关系到现代食品产业的经济效益和可持续发展，同时也会影响食品的保质期，而保质期又会影响产品的运输和销售。而抗菌包装材料能够有效抑制食品在运输和贮藏过程中发生的微生物污染（Pankaj et al.，2014a）。

由于传统热加工技术极易破坏生鲜农产品的营养品质和质构特性，以冷等离子体为代表的非热加工技术具有不破坏产品营养和质构特性等诸多优点，有望用于包装食品的消毒/杀菌处理。包装食品杀菌处理是冷等离子体技术在食品工业领域的一种新的应用。相对于未包装食品，冷等离子体在包装食品杀菌中的应用研究报道相对较少，只是在最近几年来才开始受到关注。事实上，冷等离子体应用于包装食品处理的研究是从21世纪开始的。截至目前，将冷等离子体应用于包装食品的相关研究多集中于介质阻挡放电（Dielectric barrier discharge, DBD）等离子体，这主要是因为DBD等离子体具有一些突出的优势（详见2.1部分）。相对于包装食品杀菌，冷等离子体直接处理也被广泛用于食品包装处理，但相关研究多集中于冷等离子体对包装材料的表面修饰等方面。

冷等离子体在食品包装材料杀菌中的应用可分为直接处理和间接处理两大类。在直接处理过程中，将食品包装材料放置于冷等离子体放电区域内，并通过将食品包装材料暴露于冷等离子体中的活性物质、高能光子和UV而实现杀菌；在间接处理中，将食品包装材料放置于冷等离子体放电区域外部，这样一些活性物质能够作用于待处理材料的表面，从而实现材料改性。不同于生物医学用途材料的改性处理，DBD等离子体在食品包装领域的应用更加关注其生物可降解性、对包装材料表面农药的降解作用、抗菌作用及对产品保质期的延长效果（Pankaj et al.，2014a）。由于许多食品包装，尤其是塑料薄膜材料，仅在高温和高压条件下才会发生降解；而冷等离子体具有温度低、常压处理等优点，因此是一种适用于食品包装材料的杀菌方法。此外，冷等离子体用于食品包装材料灭菌的另一个突出优点是绿色环保，其副产物主要是气体（如二氧化碳和水蒸气）及微量的一氧化碳和其他碳氢化合物，不会造成有毒物质残留（Prysiazhnyi et al.，2012）。

2 包装食品杀菌

如前面所述，已经包装好的食品仍然可能在包装材料内部污染微生物。本小节综述了DBD等离子体对食品表面微生物的失活效果，也论述了其对食品加工和包装过程中微生物交叉污染的影响。

2.1 DBD等离子体的优点

DBD等离子体常用于食品的加工处理，典型的DBD等离子体设备示意图见图9.1。DBD系统中设置一个或两个电极，其表面覆盖着陶瓷、石英等绝缘材料，上述绝缘材料具有低介电损耗和高击穿强度等特点（Fridman，2008）。DBD反应器产生的微放电有效面积的直径通常在0.1毫米至几厘米之间，产生的活性物质主要包括光子、离子和电子等。除放电气体的化学组成以外，影响DBD等离子体性能的因素还包括电极的形状和材料、电极间距、频率和放电电压等（Fridman，2008）。如图9.1所示，DBD等离子体两个电极之间存在绝缘层。

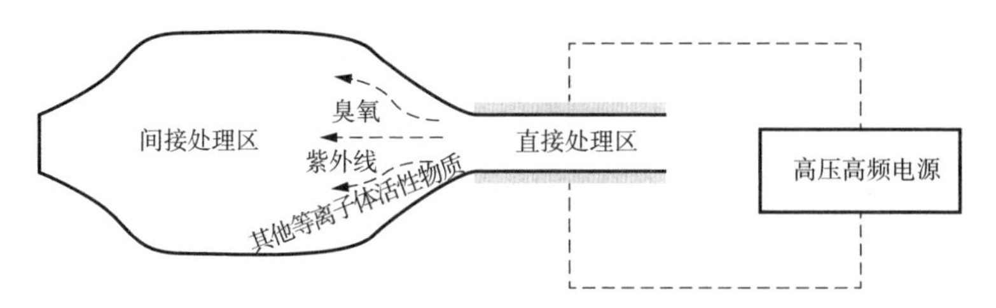

图9.1 使用冷等离子体处理包装食品的示意图

与其他类型的等离子体相比，DBD等离子体的突出优势在于其操作/维护成本较低且操作压力范围较广（5~10^5 Pa）(Wang et al.，2011；Liu et al.，2006；Conrads和Schmidt，2000；Schütze et al.，1998)。另外，在氩气条件下，与微波放电等离子体相比，DBD等离子体产生的电子密度和原子氧浓度更高，且处理温度却相对更低。高能电子和氧自由基具有抗菌活性，同时不会像热处理那样造成食品或包装的降解。近年来，DBD等离子体对液态和固态食品的杀菌效果已被广泛报道，影响其作用效果的因素主要包括电源频率、施加电压和介电通道距离（Deng et al.，2005，2007；Lin et al.，2010）。

综上所述，DBD等离子体具有处理成本低、工作压力范围广等优点，比较适合于包装食品的杀菌处理。DBD等离子体的另一个突出优势是装置设计较为简单，可以充分借助食品包装的介电性能（Keener et al.，2012）进行放电。换言之，对于DBD等离子体而言，食品包装可用作DBD等离子体装置的绝缘层（图9.1）并在密封包装内部产生一个局部的等离子体场，从而实现对包装内食品的杀菌。食品或食品模拟物均可放置在DBD等离子体直接或间接处理区域。

2.2 冷等离子体在包装内食品的杀菌中的应用

表9.1和表9.2总结了冷等离子体处理包装内生鲜农产品、禽肉和食品模拟物领域的研究进展。冷等离子体在包装内食品的杀菌应用研究多集中于水果和蔬菜等生鲜农产品。一般来说，用冷等离子体对包装内生鲜产品进行处理类似于冷等离子体直接处理。不同微生物对冷等离子体具有不同的敏感性，以微波放电冷等离子体为例，鲜切果蔬表面微生物降低2~7 log所需时间为5~15 min（Schnabel et al.，2015）。有趣的是，食品表面的质构特性也影响冷等离子体对微生物的杀灭效能。相同条件下，冷等离子体对圣女果的杀菌效果优于草莓，这是因为草莓的表面组织更为复杂（Ziuzina et al.，2014），从而降低了冷等离子体的杀菌效果。

如前所述，DBD等离子体装置中电极间隙较小，通常仅为几毫米到几厘米。

表9.1 冷等离子体对包装内生鲜农产品的杀菌作用

食品	污染物	处理条件	最优失活效果	处理时间	其他结论	参考文献
菠菜	大肠杆菌O157:H7（*E. coli* O157:H7）	将DBD等离子体产生的臭氧注入包装袋内	5 log	5 min	研究了贮藏过程中菠菜的品质变化	Klockow和Keener（2009）
草莓	好氧嗜温细菌、酵母和霉菌	DBD等离子体（60 kV，50 Hz），在PP包装袋内产生	3 log（5 min）	5 min	研究了不同气体条件（N_2+O_2和$N_2+O_2+CO_2$）	Misra et al.（2014a）
草莓	农药混合物（嘧菌酯、嘧菌环胺、咯菌腈和蚊蝇醚）	DBD等离子体（60~80 kV，50 Hz），在PET包装内产生，接地电极由PP制成	上述四种农药分别降低69%、45%、71%和46%	5 min	分析了DBD等离子体中活性氧和激发氮组分	Misra et al.（2014a）
草莓	好氧嗜温细菌、酵母和霉菌	DBD等离子体（60 kV，50 Hz），在PP包装袋内产生，空气为放电气体	2 log	5 min	冷等离子体处理未对草莓的呼吸速率、色泽和硬度造成影响	Misra et al.（2014c）
圣女果和草莓	大肠杆菌（*E. coli*）、沙门氏菌（*Salmonella*）和单增李斯特菌（*L. monocytogenes*）	DBD等离子体（70 kV，50 Hz），在PP包装袋内产生，空气为放电气体	圣女果：3种菌分别降低6.3、3.1和6.7 log；草莓：3种菌分别降低3.8、3.5和4.2 log	圣女果：2 min；草莓：5 min；	圣女果表面微生物被完全杀灭	Ziuzina（2014）
长叶莴苣（Romaine Lettuce）	大肠杆菌O157:H7（*E. coli* O157:H7）	DBD等离子体（42.6 kV，2400 Hz），生菜叶堆放	上层叶片降低1.1 log	10 min	生菜物理和生物学特性未发生变化	Min et al.（2017）

注 DBD，介质阻挡放电；PP，聚丙烯；PET，聚对苯二甲酸乙二醇酯。

表9.2 冷等离子体对包装内食品模拟物、芽孢菌片和肉制品的杀灭作用

研究对象	微生物	处理条件	最优失活效果	处理时间	其他结论	参考文献
液态食品模拟物	大肠杆菌（*E. coli* ATCC 25922）	DBD等离子体（40 kV，50 Hz），空气，PP袋内	7 log	65 s	冷等离子体处理后样品的贮藏时间影响其杀菌效果	Ziuzina et al.（2013）
芽孢菌片（用于检测灭菌过程是否合格）	枯草芽孢杆菌（*B. subtilis*）芽孢	DBD等离子体（13.5和80 kV，60 Hz）	13.5 kV：6 log（混合气体）和2.5 log（空气）；80 kV：6 log（混合气体和空气）	13.5 kV，300 s；80 kV，15 s	放电电压和样品放置位置影响其杀菌效果	Keener et al.（2012）
芽孢菌片	萎缩芽孢杆菌（*B. atrophaeus*）芽孢	DBD等离子体（70 kV，50 Hz），空气或混合气体，PP袋内	> 6 log	60 s	间接或直接冷等离子体处理具有不同的杀菌效果	Patil et al.（2014）
鸡胸肉片	嗜温菌、嗜冷菌和假单胞菌（*Pseudomonas* spp.）	DBD等离子体（80 kV），空气或混合气体	货架期延长；贮藏7天，> 6 log（空气）；< 4 log（混合气体）	180 s	包装袋内使用空气的杀菌效果优于混合气体（$O_2:CO_2:N_2$=65:30:5）	Wang et al.（2016）
液态食品模拟物	荧光假单胞菌（*P. fluorescens*）、鼠伤寒沙门氏菌（*S. typhimurium*）和空肠弯曲杆菌（*C. jejuni*）	DBD等离子体（80 kV，60 Hz），空气或混合气体	3种菌均降低1 log	*C. jejuni*：120 s（空气）和30 s（混合气体）；*S.* Typhimurium：60 s（混合气体）；*P. fluorescens*：180 s（混合气体）	采用混合气体放电所产生冷等离子体能够完全杀灭*P. fluorescens*和*S.* Typhimurium	Rothrock et al.（2017）
牛肉干	大肠杆菌O157:H7（*E. coli* O157:H7）、单增李斯特菌（*L. monocytogenes*）、鼠伤寒沙门氏菌（*S.* Typhimurium）和黄曲霉（*A. flavus*）孢子	DBD等离子体（15 kHz），空气，PTFE包装袋	3 log	10 min	除过氧化值和*L**降低外，其他指标未发生显著变化，未对感官品质造成不良影响	Yong et al.（2017）

注 DBD，介质阻挡放电；PP，聚丙烯；PTFE，聚四氟乙烯，*L**，样品的色泽指标参数。

由于食品一般很难放置在电极间隙，因此DBD等离子体处理不适用于大多数食品。但是，已有学者开展了DBD等离子体用于杏仁、种子等小颗粒样品处理的相关研究（Deng et al.，2005，2007；Niemira，2012；Randeniya和de Groot，2015）。

可采用冷等离子体对包装食品进行处理，这为不能放置在DBD等离子体放电区域的食品提供了一种间接处理方法。在表9.1所总结的包装食品杀菌处理相关研究中，DBD等离子体一般在包装的一侧产生放电，两个电极之间的距离较小。待处理食品通常被置于放电区域的旁边，此方法的处理效果依赖于包装内等离子体活性组分的扩散情况。

冷等离子体处理可能会对食品的理化指标造成不同程度的不良影响。例如，Misra等（2015）发现冷等离子体处理会降低聚对苯二甲酸乙酯（poly ethylene terephthalate，PET）包装内草莓中抗坏血酸和花青素含量。目前，涉及冷等离子体处理影响包装食品营养品质的研究报道相对较少。色泽是评价食品品质变化研究中最常用的一个指标。研究证实，冷等离子体处理可造成菠菜等农产品的色泽发生变化（Klockow和Keener，2009），这可能与放电过程中所产生的臭氧环境导致菠菜发生氧化有关。因此，在研究冷等离子体处理包装食品时，通常测定包装内臭氧浓度等指标来评价食品品质变化；但冷等离子体处理一般不会对生鲜农产品的呼吸速率造成影响（Min et al.，2017；Misra et al.，2014c）。在包装内进行等离子体放电时，冷等离子体组分可能与包装材料发生反应并形成NO_x和CO等产物（Keener et al.，2012）。但由于上述活性物质的寿命一般小于24 h，因此不会对生鲜农产品造成明显的氧化损伤（Ziuzina et al.，2013；Misra et al.，2014c）。需要特别指出的是，Fernández-Gutierrez等（2010）发现，在苹果表面涂抹香兰素抗菌膜能够有效延长其保质期；而间接冷等离子体处理能够增强香兰素抗菌膜对苹果的保鲜效果。

3　食品包装杀菌

如上所述，冷等离子体处理也可用于食品包装材料的杀菌处理。本节系统论述了冷等离子体在食品包装材料杀菌领域的应用研究进展。

3.1　使用冷等离子体直接对食品包装材料进行杀菌处理

表9.3总结了冷等离子体在直接处理食品包装材料杀菌中的应用研究进展。

表9.3 冷等离子体用于食品包装材料的杀菌实例

包装材料	微生物	处理条件	最优失活效果	处理时间	其他结论	参考文献
PET片	多种营养细胞和真菌孢子	CDBD等离子体、氮气、数千伏电压，10 kHz	营养细胞：6.6 log；黑曲霉孢子：5 log	营养细胞：1 s；黑曲霉孢子：5 s	黑曲霉孢子对冷等离子体的耐受性最强	Muranyi et al.（2007）
PET片	黑曲霉（*A. niger*）孢子和枯草芽孢杆菌（*B. subtilis*）芽孢	CDBD等离子体、放电气体为不同湿度的N_2和O_2混合物（80：20）、10 kHz	2 log	7 s	CDBD等离子体对黑曲霉孢子的失活效果随气体湿度的升高而增强，对枯草芽孢杆菌芽孢的失活效果随气体湿度的升高而降低	Muranyi et al.（2008）
PET薄膜	铜绿假单胞菌（*P. aeruginosa*）	射频辉光放电等离子体、10 MHz、O_2	4.26 log	30 s	冷等离子体的杀菌作用与氧自由基损伤细胞膜中的脂肪酸有关	Yang et al.（2009）
PE、PET、PE/PET复合塑料和PS	萎缩芽孢杆菌（*B. atrophaeus*）芽孢和营养细胞	CDBD等离子体、空气（相对湿度50%）、10~50 kHz	芽孢：7 log；营养细胞：4 log	芽孢：7 s；营养细胞：10 s	冷等离子体未对上述塑料的机械性能造成显著影响	Muranyi et al.（2010）
CC、PP和PET	大肠杆菌O157:H7（*E. coli* O157:H7）、单增李斯特菌（*L. monocytogenes*）和鼠伤寒沙门氏菌（*S.* Typhimurium）	APP射流等离子体、放电气体为N_2和O_2	3~4 log	10 min	在不同包装材料上的微生物对冷等离子体具有不同的敏感性	Kim et al.（2015）

续表

包装材料	微生物	处理条件	最优失活效果	处理时间	其他结论	参考文献
PE、PP、尼龙、铝箔纸和羊皮纸	大肠杆菌O157:H7（*E. coli* O157:H7）、鼠伤寒沙门氏菌（*S.* Typhimurium）和金黄色葡萄球菌（*S. aureus*）	DBD等离子体、O_2、10 kV、35 kHz	大肠杆菌：＞4 log；鼠伤寒沙门氏菌和金黄色葡萄球菌：3~3.5 log	10 min	DBD等离子体处理未对上述塑料的表面温度、光学特性、抗拉强度和应力形变等指标造成显著影响	Puligundla et al.（2016）
PE、PP、尼龙、铝箔纸和羊皮纸	大肠杆菌O157:H7（*E. coli*O157:H7）、金黄色葡萄球菌（*S. aureus*）和鼠伤寒沙门氏菌（*S.* Typhimurium）	CDPJ等离子体、20 kV、58 kHz	大肠杆菌和金黄色葡萄球菌：＞4.5~5.0 log；鼠伤寒沙门氏菌：3 log	120 s	微生物失活动力学复合Weibull tail模型，冷等离子体处理未对上述材料造成显著影响	Lee et al.（2017）

注　PET：聚对苯二甲酸乙酯；CDBD，级联介质阻挡放电；PE，聚乙烯；PS：聚苯乙烯；CC，胶原肠衣（Collagen casing）；PP：聚丙烯；APP：大气压等离子体；DBD：介质阻挡放电；CDPJ：电晕放电等离子体射流。

由表9.3可知，处理包装内食品多采用DBD等离子体，而在处理食品包装材料时所用的等离子体类型更为多样化。由于大多数所研究的食品包装材料为薄膜状，这些材料可以很容易放在冷等离子体装置的电极之间进行处理。Muranyi等设计了一种级联DBD（cascaded dielectric barrier discharge，CDBD）等离子体装置并开展了应用研究工作（Muranyi et al.，2007，2008，2010）。如表9.3所示，采用上述装备处理不同种类的食品包装材料，细菌营养细胞/芽孢和真菌孢子可降低2~4 log。作者认为该装置能够产生更强的紫外线，从而增强杀菌作用。除DBD等离子体外，冷等离子体射流也被广泛应用于食品包装材料表面杀菌处理。在冷等离子体射流处理过程中，包装材料并没有被放电区域产生的冷等离子体直接处理。相反，冷等离子体射流利用高速气流将产生的活性物质吹到包装材料表面。因此，冷等离子体射流属于一种间接处理方式，其杀菌效能弱于CDBD等离子体直接处理。在表9.3中，经CDBD等离子体处理后，包装材料表面的营养细胞最多可降低6.6 log，而细菌芽孢最多可降低7 log（Muranyi et al.，2007，2010）。

目前，进行冷等离子体处理研究的食品包装材料主要包括PET、聚乙烯（polyethylene，PE）、聚苯乙烯（polystyrene，PS）、尼龙和铝箔纸等。如表9.3所示，冷等离子体处理未对上述材料的物理和机械性能造成显著影响；而空气湿度是影响冷等离子体消毒/杀菌效果的重要因素之一（Muranyi et al.，2008），微生物种类和塑料材料类型等也会影响冷等离子体的杀菌效果（Kim et al.，2015）。除了上文和表9.3提及的塑料包装材料以外，关于DBD等离子体影响可生物降解聚合物的研究报道较少。Pankaj等研究了DBD等离子体对两种可生物降解食品包装材料聚乳酸（polylactic acid，PLA）和玉米淀粉膜的影响（Pankaj et al.，2014b，2015）。作者发现，经DBD等离子体处理后，PLA膜表面粗糙度增加。而与微生物失活所需条件相比，用于上述可生物降解包装材料处理所需冷等离子体处理强度（70~80 kV，3.5 min）相对更高（Pankaj et al.，2014b）。除了增加表面粗糙度外，DBD等离子体处理也造成了高直链玉米淀粉膜的氧化并提高了其疏水性（Pankaj et al.，2015）。

3.2　使用冷等离子体增强食品包装材料对微生物的抵抗力

尽管冷等离子体对聚合物材料的表面改性功能已被广泛研究，在食品包装材料表面涂覆抗菌剂是当前新的研究领域。由于冷等离子体处理对材料表面具有一定的改性修饰作用，因此冷等离子体处理能够有效增强食品包装材料对微生物的抵抗力。具体而言，冷等离子体处理可将溶菌酶、香兰素和抗菌肽等抗菌物质接枝/沉淀在食品包装材料表面（Fernández-Gutierrez et al.，2010；Mastromatteo et al.，2011；Pankaj et al.，2014a；Song et al.，2015）。Sutida等采用DBD等离子体处理将ZnO沉积在PP膜上，所制备的PP膜对革兰氏阳性金黄色葡萄球菌和革兰氏阴性大肠杆菌具有良好的失活作用（Paisoonsin et al.，2013）。除ZnO外，研究人员也将壳聚糖、银、三氯生和洗必泰等抗菌剂涂覆在食品包装材料表面，进而显著增强食品包装材料对革兰氏阳性细菌和革兰氏阴性细菌的抗菌效能（Joerger et al.，2009；Popelka et al.，2012）。在最近的两项研究中，300 W氮气冷等离子体处理可将新型酚类抗菌剂Auranta FV和乳酸链球菌素（nisin）结合到聚乙烯包装材料上，上述物质对革兰氏阴性细菌、酵母和霉菌具有良好的选择性抗菌活性。也有研究发现，将抗菌剂涂覆在食品包装材料表面能够显著延长包装袋中即食牛肉等食品的保质期（Karam et al.，2016；Clarke et al.，2017）。上述研究为冷等离子体在食品安全领域的应用提供了新的思路。在今后的工作中，在关注冷等离子体技术杀菌效能的同时，也应重点关注冷等离子体技术对包装食品贮藏特性的影响；此外，还应该关注冷等离子体技术对人类造成的潜在健康风险。

4　结论与展望

综上所述，冷等离子体能够用于包装食品和食品包装材料的杀菌，同时不会对食品或包装材料的理化性质造成不良影响。目前，DBD等离子体被广泛应用于包装食品的杀菌处理，该技术可采用塑料作为绝缘介质，在包装袋内产生冷等离子体。研究证实，DBD等离子体既能在几分钟内有效失活生鲜农产品中的细菌并降解农药残留，也能有效杀灭食品模拟物中的微生物孢子。鉴于目前的研究多采用冷等离子体处理包装后的果蔬等生鲜农产品，在今后的工作中应系统研究冷等离子体处理对包装肉制品、乳制品和液态食品的影响。此外，也应该重点关注冷等离子体对食品中微生物孢子的失活作用。

食品包装材料消毒和杀菌的相关研究证实冷等离子体直接处理能够将聚对苯二甲酸乙酯、聚乙烯、聚苯乙烯等包装材料表面的细菌营养细胞和芽孢分别降低6 log和4 log以上。最近的一些研究将抗菌剂涂覆在食品包装材料表面以延长食品的保质期。在今后的工作中，在利用冷等离子体用于包装食品和食品包装材料进行灭菌处理的同时，还应重点关注其商业化应用。由于合成聚合包装材料存在潜在环境风险，可降解食品包装材料或“绿色包装”受到食品领域的广泛关注。因此，在今后的工作中还应重点研究冷等离子体对新型可降解包装材料的影响。

参考文献

Clarke, D., Tyuftin, A.A., Cruz-Romero, M.C., Bolton, D., Fanning, S., Pankaj, S.K., Bueno-Ferrer, C., Cullen, P.J., Kerry, J.P., 2017. Surface attachment of active antimicrobial coatings onto conventional plastic-based laminates and performance assessment of these materials on the storage life of vacuum packaged beef sub-primals. Food Microbiol. 62, 196–201.

Conrads, H., Schmidt, M., 2000. Plasma generation and plasma sources. Plasma Sources Sci. Technol. 9, 441.

Deng, S., Ruan, R., Mok, C.K., Huang, G., Chen, P., 2005. Non-thermal plasma disinfection of *Escherichia coli* on almond. In: 2005 ASAE Annual International Meeting.

Deng, S., Ruan, R., Mok, C.K., Huang, G., Lin, X., Chen, P., 2007. Inactivation of *Escherichia coli* on almonds using nonthermal plasma. J. Food Sci. 72, M62–M66.

Fernández-Gutierrez, S., Pedrow, P.D., Pitts, M.J., Powers, J., 2010. Cold atmosphericpressure plasmas applied to active packaging of apples. IEEE Trans. Plasma Sci. 38, 957–965.

Fridman, A., 2008. Plasma Chemistry. Cambridge University Press.

Joerger, R.D., Sabesan, S., Visioli, D., Urian, D., Joerger, M.C., 2009. Antimicrobial activity of chitosan attached to ethylene copolymer films. Packag. Technol. Sci. 22, 125–138.

Karam, L., Casetta, M., Chihib, N., Bentiss, F., Maschke, U., Jama, C., 2016. Optimization of cold nitrogen plasma surface modification process for setting up antimicrobial low density polyethylene films. J. Taiwan Inst. Chem. Eng. 64, 299–305.

Keener, K.M., Jensen, J., Valdramidis, V., Byrne, E., Connolly, J., Mosnier, J., Cullen, P., 2012. Decontamination of *Bacillus subtilis* spores in a sealed package using a non-thermal plasma system. In: Plasma for Bio-Decontamination, Medicine and Food Security. Springer.

Kim, H.-J., Jayasena, D.D., Yong, H.I., Alahakoon, A.U., Park, S., Park, J., Choe, W., Jo, C., 2015. Effect of atmospheric pressure plasma jet on the foodborne pathogens attached to commercial food containers. J. Food Sci. Technol. 52, 8410–8415.

Klockow, P.A., Keener, K.M., 2009. Safety and quality assessment of packaged spinach treated with a novel ozone-generation system. LWT-Food Sci. Technol. 42, 1047–1053.

Lee, T., Puligundla, P., Mok, C., 2017. Corona discharge plasma jet inactivates food-borne pathogens adsorbed onto packaging material surfaces. Packag. Technol. Sci. 30, 681–690.

Liu, C., Brown, N.M., Meenan, B.J., 2006. Uniformity analysis of dielectric barrier discharge (DBD) processed polyethylene terephthalate (PET) surface. Appl. Surf. Sci. 252, 2297–2310.

Mastromatteo, M., Lecce, L., De Vietro, N., Favia, P., Del Nobile, M.A., 2011. Plasma deposition processes from acrylic/methane on natural fibres to control the kinetic release of lysozyme from PVOH monolayer film. J. Food Eng. 104, 373–379.

Min, S.C., Roh, S.H., Niemira, B.A., Boyd, G., Sites, J.E., Uknalis, J., Fan, X., 2017. In-package inhibition of *E. coli* O157:H7 on bulk Romaine lettuce using cold plasma. Food Microbiol. 65, 1–6.

Misra, N., Moiseev, T., Patil, S., Pankaj, S., Bourke, P., Mosnier, J., Keener, K., Cullen, P., 2014a. Cold plasma in modified atmospheres for post-harvest treatment of strawberries. Food Bioprocess Technol. 7, 3045–3054.

Misra, N., Pankaj, S., Walsh, T., O'Regan, F., Bourke, P., Cullen, P., 2014b. In-package nonthermal plasma degradation of pesticides on fresh produce. J. Hazard. Mater. 271, 33–40.

Misra, N., Patil, S., Moiseev, T., Bourke, P., Mosnier, J., Keener, K., Cullen, P., 2014c. In-package atmospheric pressure cold plasma treatment of strawberries. J. Food Eng. 125, 131–138.

Misra, N., Pankaj, S., Frias, J., Keener, K., Cullen, P., 2015. The effects of nonthermal plasma on chemical quality of strawberries. Postharvest Biol. Technol. 110, 197–202.

Muranyi, P., Wunderlich, J., Heise, M., 2007. Sterilization efficiency of a cascaded dielectric barrier discharge. J. Appl. Microbiol. 103, 1535–1544.

Muranyi, P., Wunderlich, J., Heise, M., 2008. Influence of relative gas humidity on the inactivation efficiency of a low temperature gas plasma. J. Appl. Microbiol. 104, 1659–1666.

Muranyi, P., Wunderlich, J., Langowski, H.C., 2010. Modification of bacterial structures by a low-temperature gas plasma and influence on packaging material. J. Appl. Microbiol. 109, 1875–1885.

Niemira, B.A., 2012. Cold plasma reduction of *Salmonella* and *Escherichia coli* O157:H7 on almonds using ambient pressure gases. J. Food Sci. 77, M171–M175.

Paisoonsin, S., Pornsunthorntawee, O., Rujiravanit, R., 2013. Preparation and characterization of ZnO-deposited DBD plasma-treated PP packaging film with antibacterial activities. Appl. Surf.

Sci. 273, 824–835.

Pankaj, S.K., Bueno-Ferrer, C., Misra, N., Milosavljević, V., O'Donnell, C., Bourke, P., Keener, K., Cullen, P., 2014a. Applications of cold plasma technology in food packaging. Trends Food Sci. Technol. 35, 5–17.

Pankaj, S.K., Bueno-Ferrer, C., Misra, N., O'Neill, L., Jiménez, A., Bourke, P., Cullen, P., 2014b. Characterization of polylactic acid films for food packaging as affected by dielectric barrier discharge atmospheric plasma. Innov. Food Sci. Emerg. Technol. 21, 107–113.

Pankaj, S., Bueno-Ferrer, C., Misra, N., O'Neill, L., Tiwari, B., Bourke, P., Cullen, P., 2015. Dielectric barrier discharge atmospheric air plasma treatment of high amylose corn starch films. LWT-Food Sci. Technol. 63 (2), 1076–1082.

Patil, S., Moiseev, T., Misra, N., Cullen, P., Mosnier, J., Keener, K., Bourke, P., 2014. Influence of high voltage atmospheric cold plasma process parameters and role of relative humidity on inactivation of *Bacillus atrophaeus* spores inside a sealed package. J. Hosp. Infect. 88, 162–169.

Popelka, A., Novák, I., Lehocký, M., Chodák, I., Sedliačik, J., Gajtanska, M., Sedliačiková, M., Vesel, A., Junkar, I., Kleinová, A., 2012. Anti-bacterial treatment of polyethylene by cold plasma for medical purposes. Molecules 17, 762–785.

Prysiazhnyi, V., Zaporojchenko, V., Kersten, H., Černák, M., 2012. Influence of humidity on atmospheric pressure air plasma treatment of aluminium surfaces. Appl. Surf. Sci. 258, 5467–5471.

Puligundla, P., Lee, T., Mok, C., 2016. Inactivation effect of dielectric barrier discharge plasma against foodborne pathogens on the surfaces of different packaging materials. Innov. Food Sci. Emerg. Technol. 36, 221–227.

Randeniya, L.K., De Groot, G.J., 2015. Non-thermal plasma treatment of agricultural seeds for stimulation of germination, removal of surface contamination and other benefits: a review. Plasma Process. Polym. 12, 608–623.

Rothrock, M.J., Zhuang, H., Lawrence, K.C., Bowker, B.C., Gamble, G.R., Hiett, K.L., 2017. In-package inactivation of pathogenic and spoilage bacteria associated with poultry using dielectric barrier discharge-cold plasma treatments. Curr. Microbiol. 74, 149–158.

Schnabel, U., Niquet, R., Schlüter, O., Gniffke, H., Ehlbeck, J., 2015. Decontamination and sensory properties of microbiologically contaminated fresh fruits and vegetables by microwave plasma processed air (PPA). J. Food Process. Preserv. 39, 653–662.

Schütze, A., Jeong, J.Y., Babayan, S.E., Park, J., Selwyn, G.S., Hicks, R.F., 1998. The atmospheric-pressure plasma jet: a review and comparison to other plasma sources. IEEE Trans. Plasma Sci. 26, 1685–1694.

Song, A.Y., Oh, Y.A., Roh, S.H., Kim, J.H., Min, S.C., 2015. Cold oxygen plasma treatments for the improvement of the physicochemical and biodegradable properties of polylactic acid films for food packaging. J. Food Sci. 81, E86–E96.

Wang, Q., Chen, P., Jia, C., Chen, M., Li, B., 2011. Effects of air dielectric barrier discharge plasma treatment time on surface properties of PBO fiber. Appl. Surf. Sci. 258, 513–520.

Wang, J., Zhuang, H., Hinton, A., Zhang, J., 2016. Influence of in-package cold plasma treatment on microbiological shelf life and appearance of fresh chicken breast fillets. Food Microbiol. 60, 142–146.

Lin, X., Li, Y., Huang, B., Cheng, Y., Zhang, H., Zhu, R., Roger, R., 2010. Inactivation of *E. coli* in fresh fruit juice using dielectric barrier discharge plasma (DBDP). Trans. Chin. Soc. Agric. Eng. 6 (9), 345–349.

Yang, L., Chen, J., Gao, J., Guo, Y., 2009. Plasma sterilization using the RF glow discharge. Appl. Surf. Sci. 255, 8960–8964.

Yong, H.I., Lee, H., Park, S., Park, J., Choe, W., Jung, S., Jo, C., 2017. Flexible thin-layer plasma inactivation of bacteria and mold survival in beef jerky packaging and its effects on the meat's physicochemical properties. Meat Sci. 123, 151–156.

Ziuzina, D., Patil, S., Cullen, P., Keener, K., Bourke, P., 2013. Atmospheric cold plasma inactivation of *Escherichia coli* in liquid media inside a sealed package. J. Appl. Microbiol. 114, 778–787.

Ziuzina, D., Patil, S., Cullen, P.J., Keener, K., Bourke, P., 2014. Atmospheric cold plasma inactivation of *Escherichia* coli, *Salmonella enterica* serovar Typhimurium and *Listeria monocytogenes* inoculated on fresh produce. Food Microbiol. 42, 109–116.

第3部分

冷等离子体设备

第10章

用于食品杀菌的冷等离子体装备设计

1 引言

在非极端条件下，物质通常以固体、液体和气体三种状态存在。当被加热后，固态物质就可以转变成液体，进而继续转变成气体。当对气态物质施加足够的能量使之电离化便形成等离子体（plasma）。因此，等离子体被看作除去固态、液态、气态以外物质存在的第四种形态（Nandkumar，2014）。等离子体由电子、离子、中性粒子以及带电活性粒子等组成（Fridman，2012）。等离子体中正电荷数与负电荷数几乎相等，因此整体呈电中性。但等离子体存在局部带电的现象，因此又被称为准电中性（quasi-neutral state）。等离子体中处于激发态的原子和分子极不稳定，非常容易跃迁回到基态，此时以紫外光等形式辐射多余的能量。

等离子体的分类方法有很多，根据温度和内部的热力学平衡状态，可将等离子体分为热力学平衡态等离子体（也称为热等离子体）和非热力学平衡态等离子体（也称为非热等离子体）（Scholtz et al.，2015；Fridman和Kennedy，2004）。当压力升高时，单位时间内粒子碰撞次数会增加；在这种条件下，电子和重粒子具有较大的动能。因此，在等离子体中，电子、气体和离子的温度几乎相等，形成所谓的“热力学平衡态等离子体”。

但是，在另外一种条件下，电子的平均动能很高，与重离子平均动能差异较大。在这种条件下，电子温度（T_e）≫离子温度（T_i）≈气体温度（T_n），所形成等离子体的温度相对较低（接近室温），因此被称为“非热等离子体”“非热力学平衡态等离子体”或“冷等离子体”。由于其温度较低，这种类型的等离子体适用于处理热敏性材料。在消毒、生物医学、环保等领域实际应用的多是冷等离子体。

冷等离子体消毒技术领域的最新研究揭示了冷等离子体能够在相对较低的温度下产生大量活性化学物质（Ekezie et al.，2017；Misra et al.，2011）。冷等离子体杀菌技术的发展推动了其在生物医学（Laroussi et al.，2012）和口腔医学（Hoffmann et al.，2013；Cha和Park，2014）领域的实际应用。此外，冷等离子体技术还被应用于环境工程领域，如水的净化和废气处理（Hashim et al.，2016；Magureanu et al.，2011）。更为重要的是，在农业食品领域，冷等离子体技术可用于食品、包装材料和食品加工设备、农业生产资料（如种子、肥料、水和土壤）等的杀菌处理。最近的研究证实，冷等离子体处理可以促进种子的萌发和生长（Ito et al.，2017）。此外，也有研究证实，冷等离子体也可用于去除运输过程中农产品在包装容器内所产生的乙烯等挥发性有机化合物（Nishimura et al.，2016）。

等离子体在消毒/杀菌领域的应用可分为以下三种类型：①在待处理样品产生等离子体（直接等离子体处理）；②在远端产生等离子体并将其转移至目标部位（间接等离子体处理）；③等离子体处理溶液用作杀菌剂。这些经过等离子体处理的溶液被称为等离子体活化水（plasma-activated water，PAW）、等离子体活化溶液（plasma-activated medium，PAM）、等离子体激活溶液（plasma-stimulated medium，PSM）或等离子体处理水（plasma-treated water，PTW）。上述溶液可通过洗涤、喷洒或喷雾等用于生鲜农产品或食品加工设备的消毒（Schnabel et al.，2016）。感兴趣的读者可深入阅读最新发表的相关文献（Takamatsu et al.，2015；Kamgang-Youbi et al.，2009；Park et al.，2017）。

在本章中，将着重介绍冷等离子体的产生方法和装置、冷等离子体的杀菌效能及存在问题，并系统评价该技术在食品工业中的应用前景。

2 等离子体产生方法

用于等离子体杀菌的放电方法主要包括电晕放电（corona discharge）、介质阻挡放电（dielectric barrier discharge，DBD）、微波放电（microwave discharge）、脉冲放电（pulse discharge）、高频放电（high-frequency discharge）或辉光放电（glow discharge）。放电类型取决于电源频率（如直流电和交流电）、周围气压（如低压和常压）以及电极的几何形状（Fridman，2012）。本节将着重介绍适用于食品工业的冷等离子体产生方法。

2.1 电晕放电

电晕放电（corona discharge）是指气体介质在不均匀电场中的局部自持放电，是常见的一种放电形式。当电极曲率半径很小或者电极距离很远时，由于电场极不均匀，电压达到一定程度后，局部电场强度超过气体的电离场强，引起气体电离的放电现象；主要发生在高度弯曲的尖端电极附近，如尖头、针尖或小直径导线。在上述条件下，电极周围的电场因施加的高电压而变得不均匀。此时，弯曲电极表面附近的中性气体被电离，从而通过局部介电击穿产生电晕放电等离子体。

2.2 辉光放电

辉光放电（glow discharge）是当直流电压（100 V到数千伏）作用于低压气体（1~1000 Pa）时产生的一种可持续放电现象。在辉光放电过程中，电子的能量高于离子和中性气体。因此，辉光放电产生的等离子体属于非热/非热力学平衡态等离子体。与其他放电形式相比，辉光放电在空间上较为均匀，能够在低温和大范围空间内产生等离子体。

2.3 介质阻挡放电（DBD）

在介质阻挡放电（dielectric barrier discharge，DBD）装置中，两个电极上覆盖固体绝缘材料（如玻璃、塑料、硅片或陶瓷等），目的是减弱能够产生热等离子体的电弧放电。由于介质阻挡放电发生时间很短，因此不会造成离子和中性粒子温度的明显升高。目前，主要通过施加频率从10赫兹到几千赫兹不等的交流高压脉冲来产生DBD等离子体。

DBD等离子体的典型用途是在玻璃或陶瓷管中产生等离子体余辉，并在冷却后流出。在对条件的优化研究中，有学者采用脉冲电源进行介质阻挡放电，其优点是在常压下不会产生热效应，但能形成大气压等离子体炬（也称为“等离子体射流”）（Teschke et al.，2005；Sakudo et al.，2018）；一般使用几千赫兹和数千伏的交流高压放电；常用的气体包括He、N_2、O_2和空气。典型的DBD等离子体炬见图10.1。

2.4 脉冲放电

脉冲放电（pulse discharge）通过施加一系列100 V/ns或更高短脉冲电压来产

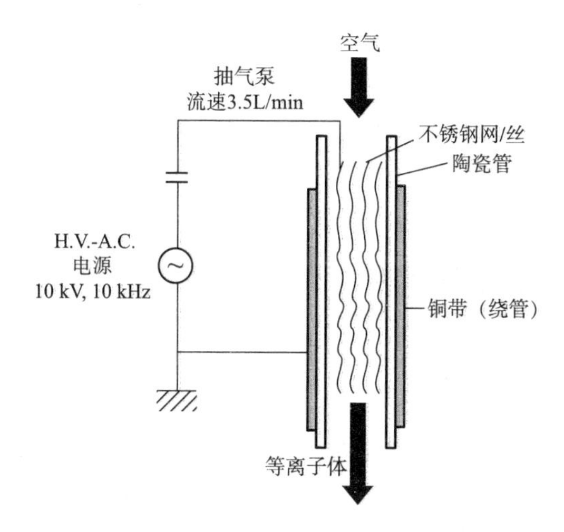

图10.1 典型DBD等离子体发生设备。等离子体装置包括陶瓷管（Al_2O_3），内含不锈钢网；陶瓷管紧贴着铜带（copper tape）；不锈钢网和铜带与一个10 kVp-p、10 kHz的电源相连接，空气流速为3.5 L/min。（图片改自Sakudo, A. et al., 2018）

生等离子体。在上述条件下，重离子不会被加速，而电子会被加速；且该方法能够在常压条件下进行稳定放电。由于该方法采用的是脉冲电压，因此可以有效避免其过渡到电弧放电。同时，短脉冲和高稳定性的高压脉冲电源技术越来越成熟，推动了脉冲放电等离子体技术的发展和实际应用。BLP-TES是一种代表性的脉冲放电等离子体设备，该设备采用静电感应晶闸管（static induction thyristor，SITH）产生脉冲电源，详见图10.2。

2.5 高频放电

高频放电（high-frequency discharge）是指放电电源频率在1 MHz以上的气体放电现象，常用的放电电源频率为13.56 MHz。高频放电可按电极或线圈的形状进行分类。在电容耦合等离子体（capacitively coupled plasma，CCP）中，射频电源施加在相对放置的电极之间，然后在电极周围产生等离子体；在电感耦合等离子体（inductively coupled plasma，ICP）中，射频电源向电感耦合线圈通入射频电流并在线圈内部产生高频等离子体。通过高频放电，可以在低大气压条件下产生较大体积的高密度等离子体，同时其产热量最少。高频放电的优点是所产生冷等离子体不会对待处理样品造成破坏作用；此外，可以根据待处理样品的尺寸来选择所需要产生等离子体的类型。

2.6 微波放电

微波放电等离子体通常由频率介于300 MHz和300 GHz之间的电磁辐射产生。微波放电不需要电极，可以使用天线或波导产生放电，并能够在低气压下实现大面积放电，但其装置上需要设置屏蔽结构。

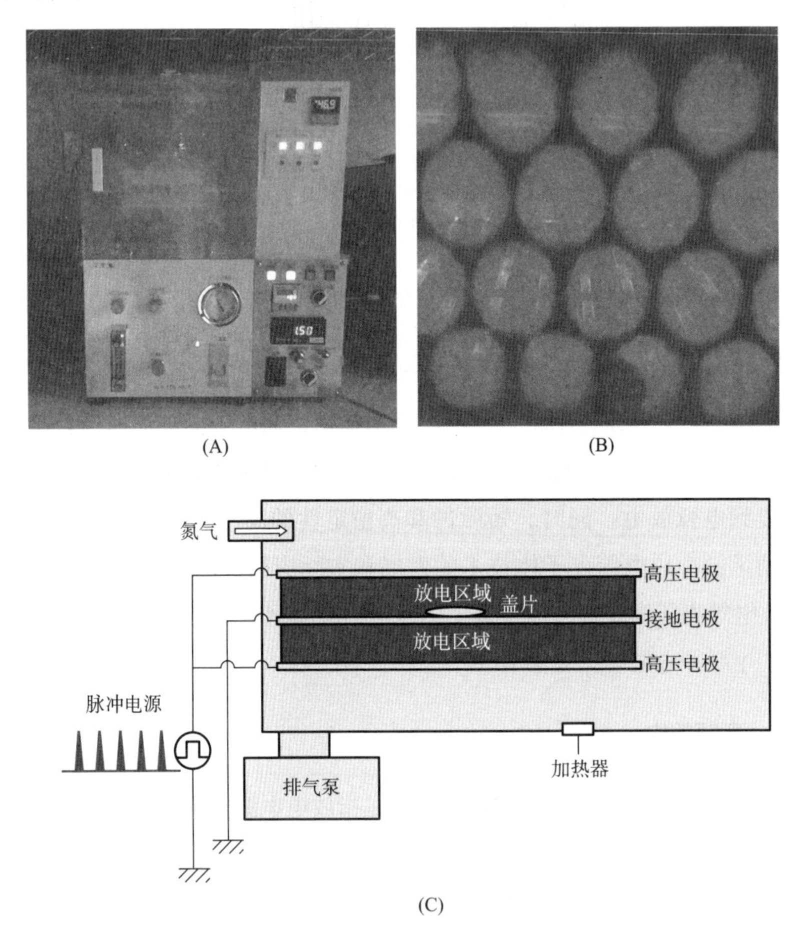

图10.2 典型氮气等离子体发生装置（BLP-TES）。（A）BLP-TES装置的实物图（NGK insulators, Ltd.）；采用静电感应晶闸管电源（SITH）产生高压脉冲产生氮气冷等离子体。在该装置中，一个阴极电极（接地电极）被置于两个阳极电极（高压电极）之间。（B）图为BLP-TES装置运行时观察到的蓝色发光区域照片。（C）氮气等离子体装置示意图，阴极和阳极之间的距离为50 mm；样品室在放电前需进行减压和气体吹扫处理，然后通入流速为10 L/min的氮气，反应器压力维持在0.5个大气压；采用SITH产生脉冲电源，脉冲频率为1.5 kpps（千脉冲/s）。（修改自Sakudo, A. et al., 2017, 2013）。

3　冷等离子体杀菌在食品工业中的应用和应用于农产品处理的冷等离子体装备研发

最近的一项综述论文指出，在采用冷等离子体杀菌的食品中，新鲜水果和蔬菜约占40%，干果、坚果和种子约占21%，肉和冷切肉（cold cuts）等蛋白类产品约占19%，香辛料约占10%，液态食品约占6%，禽蛋约占4%（Pignata et al.，2017）。上述产品包括西红柿（Aguirre et al.，2013）、白菜（Lee et al.，2015）、圣女果（Misra et al.，2014a）、生菜（Bermúdez-Aguirre et al.，2013；Lee et al.，2015；Banu et al.，2012；Wang et al.，2012）、胡萝卜（Bermúdez-Aguirre et al.，2013；Wang et al.，2012）和黄瓜（Wang et al.，2012）等各种蔬菜。冷等离子体也被用于一些水果和干制农产品的杀菌，主要包括梨（Wang et al.，2012）、草莓（Misra et al.，2014b）、苹果（Banu et al.，2012）、瓜类（Banu et al.，2012）、芒果（Banu et al.，2012）以及苹果汁（Surowsky et al.，2014）；采用冷等离子体处理的干制农产品主要包括植物种子（Nishioka et al.，2014；Kim et al.，2017）、红辣椒（Kim et al.，2014）、坚果（Banu et al.，2012）、无花果干（Lee et al.，2015）和谷类（Wang et al.，2012）。此外，冷等离子体也被用于培根（Kim et al.，2011）、火腿（Banu et al.，2012）和即食肉制品（Rod et al.，2012）等肉制品（Noriega et al.，2011；Fröhling et al.，2012；Rod et al.，2012；Xiang et al.，2018）、牛奶（Kim et al.，2015）和奶酪（Banu et al.，2012）等乳制品以及禽蛋（Ragni et al.，2010）的杀菌处理。

在食品领域，包装材料被认为是造成外部污染的主要因素（Davies和Breslin，2003）。因此，为了保障食品安全，需要对食品包装材料及其生产设备进行杀菌处理。与其他技术相比，冷等离子体处理不会改变食品包装材料的主要性能，也不会产生废液或有毒物质的残留（Pankaj et al.，2014）。因此，冷等离子体技术特别适用于食品相关包装材料的表面杀菌处理。

尽管越来越多的研究证实冷等离子体处理是一种有效的食品杀菌方法，但冷等离子体设备研发相对滞后。Toyokawa等（2017）设计和制造出了适用于传送带上蔬菜杀菌的冷等离子体设备，但目前该设备仅处于实验室研究阶段，尚未进行商业化生产。该设备通过DBD产生等离子体（图10.3），主要由滚动电极和高压电源（峰峰值电压为10 kV，频率为10 kHz）组成。滚动电极包括一根塑料棒（直径为30 mm），上面依次覆盖着一层薄薄的铝片和硅片，相邻两根塑料棒的间距为50 mm；高压电极与接地电极交替与滚动电极相连，并在高压电极上施加交流电。

将金属、蔬菜等导电样品置于铝片上时，样品同时接触高压电极和接地电极，在通电条件下硅片上就会产生等离子体（见图10.3）。

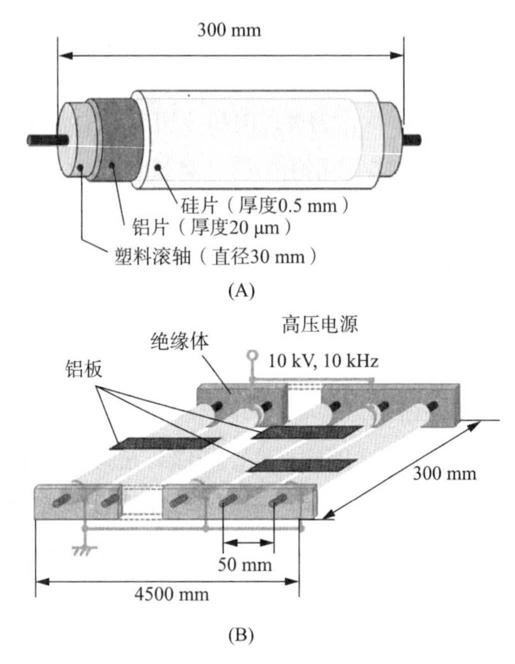

图10.3　典型的滚轴输送式等离子体消毒系统和分析模型。该设备采用大气压介质阻挡放电（Atmospheric pressure dielectric barrier discharge，APDBD）。（A）电极是用铝片（厚度为20 μm）和硅片（厚度为0.5 mm）覆盖的塑料棒。铝片连接高压电源（峰峰值电压为10 kV，频率为10 kHz）。（B）将样品放在铝板上（具体相对位置见上图）。在铝板（厚度为0.3 mm）和硅片之间通过大气压介质阻挡放电产生冷等离子体用以评价冷等离子体的杀菌效果（改编自Toyokawa, Y. et al., 2017）

作者同时采用FLIR i5型红外热像仪（FLIR Systems Japan K.K）检测了冷等离子体处理过程中样品的温度变化。结果表明，经运行5 min后，铝板的温度从初始的25.0℃升高至27.0℃。该结果表明上述冷等离子体处理不会造成样品温度的显著升高。

Toyokawa等（2017）也评价了该装置对不同样品的杀菌效果。野油菜黄单胞菌野油菜致病变种（*Xanthomonas campestris* p.v. *campestris*, *Xcc*）可引起甘蓝黑腐病，主要危害甘蓝的叶片和叶球。在世界范围内，黑腐病是十字花科作物重要的病害之一，能够危害所有栽培的芸薹属、萝卜属植物和许多十字花科杂草（Williams，1980），造成减产并带来严重的经济损失。Toyokawa等（2017）研究发现，该冷等离子体设备能够在常压条件下有效杀灭*Xcc*；经处理2 min后，*Xcc*由初始的9.8×10^5 CFU/mL降低至检测限以下（见图10.4）。

此外，Toyokawa等（2018）评价了该冷等离子体设备对农药的降解作用，发现经冷等离子体处理5 min后，马拉硫磷（malathion）等农药降低了95%以上。作者评价了该冷等离子体设备对有机磷农药混合标准溶液FA-2的作用效果，该标准溶液包含22种有机磷农药，分别为灭线磷（ethoprophos）、甲拌磷（phorate）、甲基乙拌磷（thiometon）、特丁硫磷（terbufos）、乙嘧硫磷（etrimfos）、乐果（dimethoate）、除线磷（dichlofenthion，ECP）、甲基立枯磷（tolclofos-methyl）、安硫磷（formothion）、毒死蜱（chlorpyrifos）、杀螟硫磷（fenitrothion，MEP）、倍硫磷（fenthion，MPP）、异柳磷（isofenphos）、稻丰散（phenthoate，PAP）、丙硫磷（prothiofos）、抑草磷（butamifos）、杀扑磷（methidathion，DMTP）、甲丙硫磷（sulprofos）、苯胺磷（fensulfothion）、苯硫磷（EPN）、亚胺硫磷（phosmet，PMP）和吡唑硫磷（pyraclofos）。经冷等离子体处理0~5 min后，气相色谱-质谱（gas chromatography-mass spectrometry，GC-MS）和总离子色谱（total ion chromatogram，TIC）的分析结果表明，上述农药残留量均低至检测限以下。

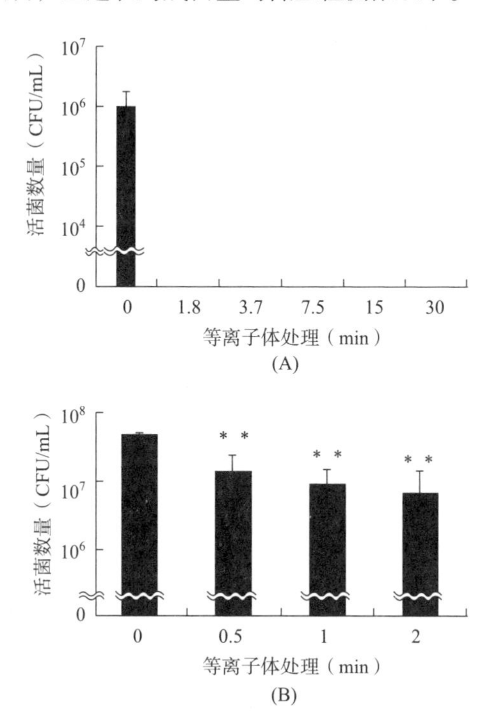

图10.4 经滚轴输送式等离子体消毒系统处理后，野油菜黄单胞菌野油菜致病变种（*Xanthomonas campestris* p.v. *campestris*, *Xcc*）数量显著降低。*Xcc*悬液接种于铝板上并进行干燥处理，然后进行冷等离子体处理，采用平板计数法测定活菌数。（A）处理时间为0 min、1.8 min、3.7 min、7.5 min、15 min或30 min；（B）处理时间为0 min、0.5 min、1 min或2 min。与对照组（处理时间为0 min）相比，$^{**}P<0.01$（引自Toyokawa et al., 2017）

与此同时，冷等离子体处理也被证实能够有效杀灭接种于卷心菜叶片上的野油菜黄单胞菌野油菜致病变种（*Xcc*），同时不会对叶片结构造成不良影响。以上实验结果表明该设备可以在滚轴转动过程中对卷心菜等农产品进行杀菌处理（见图10.5）。尽管如此，为了使该设备能够应用于其他种类农产品的处理，还需要考虑设备的放大问题并进行全面评估。

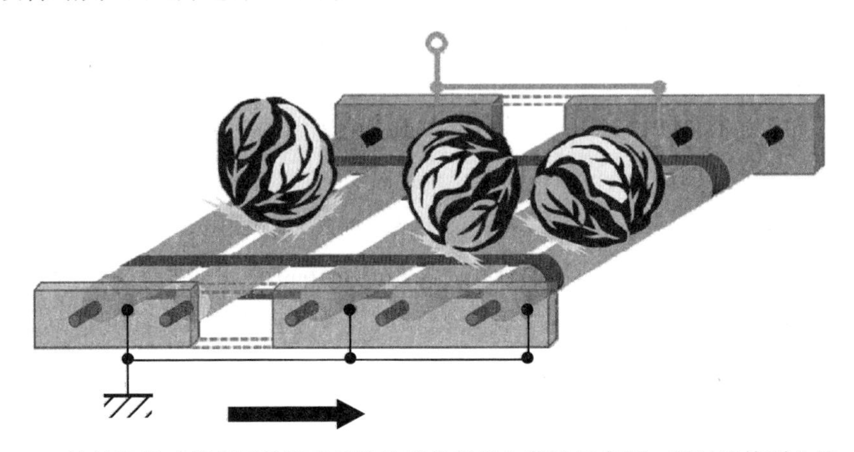

图10.5　滚轴输送式等离子体消毒系统连续处理卷心菜的示意图。通过连接到电机，滚轴输送式等离子体消毒系统可以将蔬菜和水果转移到滚轴上，然后通过输送机传送蔬菜、水果或其他农产品，并产生冷等离子体对传送过程中的农产品进行杀菌处理（改编自Toyokawa, Y. et al., 2017）

在将上述冷等离子体设备进行实际推广应用之前，需系统评价该技术的应用成本，本段将对冷等离子体技术进行非常基本和简单的成本分析。然而，如果读者对冷等离子体的完整成本分析感兴趣，就需要考虑更多影响因素，如每个国家的能源成本。Toyokawa等（2017）以温州蜜柑（*Citrus unshiu*）为研究对象，计算了滚轴输送式等离子体消毒系统的能耗成本，从而评估了其运行成本。根据作者的计算，当处理一个重约60 g的温州蜜柑时，放电功率为20 W。此外，达到足够杀菌效果（定义为减少到初始细菌数量的1/10）所需的时间约为0.34 min（Toyokawa et al.，2017）。根据家用电器公平贸易会议（Home Electric Appliances Fair Trade Conference，2014）的信息，目前日本的电价为0.24美元/（kW·h）[约合27.0日元/（kW·h）]；因此，在设备运行30 min内处理1000 kg温州蜜柑所需的电费估计约为40.58美元（约合4500日元，根据2018年8月的汇率）。但到目前为止，尚未明确一个高压电源可以处理多少个温州蜜柑。一般来说，随着样品数量的增加，单个样品的能耗会随着杀菌效果的降低而降低。因此，如果处理量增大，则需要功率更大的电压。此外，还需重点考虑放电气体的成本。尽管可以采用常压空气进行放电，但需要控制空气的含水量以达到最佳应用效果。在今后的研发工作中，还需进一步优化电源和单位时间的样品处理量，然后才能将该设备应用于实际生产。虽然冷等离子体设备有待改进，但仍有希望将冷等离子体设备的运营成本控制在市场可接受的范围内，从而满足其产业化应用的要求。

在另一项研究中，Feroz等（2016）开发了一种用于干制和半干制食品原料（如香料、香草、松子和植物种子）杀菌的冷等离子体处理装置（见图10.6）。该

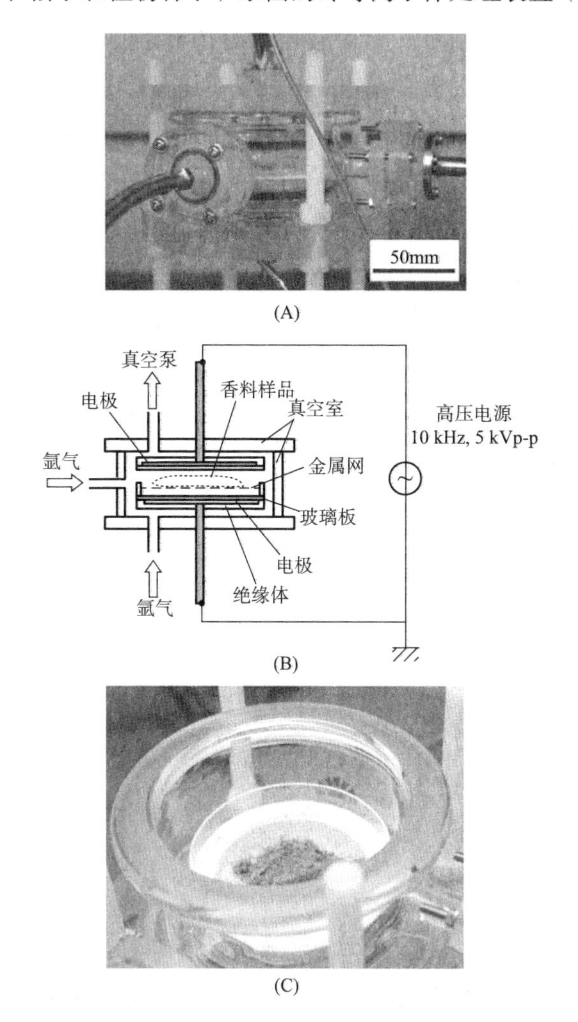

图10.6 用于干制和半干制食品原料处理的低压冷等离子体设备。（A）为该设备的照片；（B）为该设备的示意图。样品室内部压力保持在10.7 kPa，Ar流量为0.5 L/min。采用交流高压电源产生冷等离子体，电源电压的频率为10 kHz，峰峰值电压为5 kV。（C）将大约2 g香料样品放置在冷等离子体发生器电极之间的网片上。经冷等离子体处理后，采用平板计数法测定活菌数。（引自Feroz, F. et al., 2016）

装置使用介质阻挡放电产生等离子体，采用交流高压电源（频率为10 kHz，峰峰值电压为5 kV）。在设备运行期间，Ar的流量为0.5 L/min，压力保持在10.7 kPa。将样品（约2 g）置于聚四氟乙烯网片上，网片下方有玻璃板作为阻挡介质。聚四氟乙烯网片和玻璃板置于两个铝电极中间。研究人员评价了低压等离子体对干制、半干制食品原料中细菌和真菌的杀灭作用（Feroz et al.，2016）。值得注意的是，经上述装置处理5 min后，细菌和真菌均降低1 log以上（细菌降低了1.38~5.06 log，真菌降低了1.08~5.04 log）；经上述装置处理40 min后，细菌和真菌均降低2 log以上（细菌降低了2.37~5.75 log。真菌降低了2.15~5.91 log）。经上述装置处理20 min或40 min后，均未在罂粟籽和松子样品中检测到细菌。经上述装置处理20 min后，未在松子样品中检测到真菌。此外，经上述装置处理0~40 min时，所有样品的色泽均未发生显著变化。总之，这些结果表明该冷等离子体处理装置对干制和半干制食品原料具有良好的杀菌作用，同时不影响其品质。

综上所述，冷等离子体技术能够有效杀灭食品中的致病微生物，降解其表面农药残留，在食品安全控制领域具有巨大的应用潜力和发展前景。但在推动冷等离子体技术在农业领域的商业化应用之前，还需综合考虑该技术的应用效果和成本。

4 小结

本章主要综述了产生冷等离子体的方法和装备，并总结了冷等离子体对细菌和真菌的杀灭作用。研制满足实际应用需求的冷等离子体装备将有效推动该技术在农业领域的推广应用。

本章所介绍冷等离子体设备的优缺点比较见表10.1。相对于DBD等离子体炬、BLP-TES等静态设备及适用于干制和半干制食品的冷等离子体设备，滚动传送式冷等离子体设备可以实现农产品的连续化处理。分批式冷等离子体设备（通常压力<0.1 MPa）的处理空间较小，制约了其处理量。因此，当务之急是研发能够在常压条件下对大体积样品实现快速处理的冷等离子体装备。虽然DBD等离子体炬可以在常压条件下使用，但只适用于分批处理样品；在滚动传送式冷等离子体设备中，采用旋转电极来实现在滚筒上分拣时对蔬菜的有效消杀。因此，设计和制造连续式冷等离子体处理装备是推动其实际应用的关键。此外，在冷等离子体技术实际应用之前还应采取措施提高其杀菌效能和降低使用成本；这可通过优化冷等离子体产生条件来实现，例如，使用不同的气体混合物和控制所用放电气

表10.1　代表性冷等离子体设备的比较

设备类型	压力	电源	频率	电极材料	放电气体	处理5min后的温度	处理方式	参考文献
等离子体炬（Torch）	常压（0.1 MPa）	高压电源（峰峰值电压为10 kV）	10 kHz,	陶瓷管、不锈钢网和铜带	空气	30.3℃	分批式处理	Sakudo et al.（2018）
脉冲放电等离子体设备（BLP-TES）	0.5个大气压（0.05 MPa）	静电感应晶闸管（SITH）	1.5 kHz（1.5 kpps）	陶瓷和金属	N_2	<42℃	分批式处理	Sakudo et al.（2017）
滚轴输送式等离子体（Roller conveyor instrument）	常压（0.1 MPa）	高压电源（峰峰值电压为10 kV）	10 kHz	硅片和铝片	空气	27℃	连续式处理	Toyokawa et al.（2017）
用于干制和半干制食品的冷等离子体设备（Apparatus for dried and semi-dried foods）	10.7 MPa	高压电源（峰峰值电压为5 kV）	10 kHz	Teflon网、璃板和铝板	Ar	80℃	分批式处理	Feroz et al.（2016）

注　kpps，千脉冲每秒（kilo pulses per second）。

体的相对湿度等。

在推动冷等离子体技术产业化应用时还应考虑该技术的应用安全性。欧盟委员会（European Commission，EC）下属的有机生产技术咨询专家组（Expert Group for Technical Advice on Organic Production，EGTOP）对冷等离子体在内的食品加工新技术进行了讨论。尽管由于缺乏评估标准（例如“对公共健康的风险”“对营养的不利影响”和“不会误导消费者”）（Bourke et al.，2018），欧盟对食品冷等离子体技术的监管审批程序尚不确定，然而欧盟委员会表示，没有针对冷等离子体应用于食品和饲料保鲜的监管限制（欧盟委员会，2014）。尽管美国农业部（US Department of Agriculture，USDA）讨论了冷等离子体技术应用于食品杀菌的可行性（Niemira，2012），但截至目前USDA和美国食品药品监督管理局（US Food and Drug Administration，FDA）尚未发布关于冷等离子体应用于食品或食品接触面的相关法规。在直接或间接处理食品和食品包装时，美国环境保护署（US Environmental Protection Agency，EPA）将冷等离子体归为杀虫剂，而FDA将其归为食品接触物质（FDA，2017）。

5 结论

在设计和研发商业化应用的冷等离子体装备时，除了要综合考虑如上所述的冷等离子体类型等因素外，还要考虑其他影响因素。在冷等离子体技术进行大规模商业化应用之前，还需系统评价冷等离子体对食品和人类健康的影响，以确保其安全性。此外，还应系统揭示冷等离子体与各种样品（包括食品和食品包装）之间发生的生物化学作用，以及冷等离子体加工系统可能造成的潜在污染，这将有助于食品和食品包装领域冷等离子体设备的优化设计。

参考文献

Banu, S.M., Sasikala, P., Dhanapal, A., Kavitha, V., Yazhini, G., Rajamani, L., 2012. Cold plasma as a novel food processing technology. Int. J. Emerg. Trends Eng. Dev. 4, 803–818.

Bermúdez-Aguirre, D., Wemlinger, E., Pedrow, P., Barbosa-Cánovas, G., GarciaPerez, M., 2013. Effect of atmospheric pressure cold plasma (APCP) on the inactivation of *Escherichia coli* in fresh produce. Food Control 34, 149–157.

Bourke, P., Ziuzina, D., Boehm, D., Cullen, P.J., Keener, K., 2018. The potential of cold plasma for safe and sustainable food production. Trends Biotechnol. 36, 615–626.

Cha, S., Park, Y.S., 2014. Plasma in dentistry. Clin. Plasma Med. 2, 4–10.

Davies, R.H., Breslin, M., 2003. Investigation of *Salmonella* contamination and disinfection in farm egg-packing plants. J. Appl. Microbiol. 94, 191–196.

Ekezie, F.G.C., Sun, D.W., Cheng, J.H., 2017. A review on recent advances in cold plasma technology for the food industry: current applications and future trends. Trends Food Sci. Technol. 69 (Pt. A), 46–58.

European Commission, 2014. 3.19. Plasma Gas Technique as Electronic Preservation Practice of Organic Food and Feed, EGTOP/2014, Directorate-General for Agriculture and Rural Development, Directorate B. Multilateral Relations, Quality Policy, B.4. Organics, Expert Group for Technical Advice on Organic Production EGTOP, Final Report on Food (Ⅲ). European Commission.

Feroz, F., Shimizu, H., Nishioka, T., Mori, M., Sakagami, Y., 2016. Bacterial and fungal counts of dried and semi-dried foods collected from Dhaka, Bangladesh, and their reduction methods. Biocontrol Sci. 21 (4), 243–251.

Food and Drug Administration, 2017. Packaging & Food Contact Substances (FCS).

Fridman, A., 2012. Plasma Chemistry. Cambridge University Press, Cambridge, UK.

Fridman, A., Kennedy, L., 2004. Plasma Physics and Engineering. Taylor & Francis, New York, USA.

Fröhling, A., Durek, J., Schnabel, U., Ehlbeck, J., Bolling, J., Schlüter, O., 2012. Indirect plasma treatment of fresh pork: decontamination efficiency and effects on quality attributes. Innov. Food Sci. Emerg. Technol. 16, 381–390.

Hashim, S.A., Samsudin, F.N., Wong, C.S., Abu Bakar, K., Yap, S.L., Mohd Zin, M.F., 2016. Non-thermal plasma for air and water remediation. Arch. Biochem. Biophys. 605, 34–40.

Hoffmann, C., Berganza, C., Zhang, J., 2013. Cold atmospheric plasma: methods of production and application in dentistry and oncology. Med. Gas Res. 3, 21.

Home Electric Appliances Fair Trade Conference 2014, Revision concerning the standard price of electricity charges.

Ito, M., Oh, J.S., Ohta, T., Shiratani, M., Hori, M., 2017. Current status and future prospects of agricultural applications using atmospheric-pressure plasma technologies. Plasma Process.

Polym. 15(2), e1700073.

Kamgang-Youbi, G., Herry, J.M., Meylheuc, T., Brisset, J.L., Bellon-Fontaine, M.N., Doubla, A., Naitali, M., 2009. Microbial inactivation using plasma-activated water obtained by gliding electric discharges. Lett. Appl. Microbiol. 48, 13–18.

Kim, B., Yun, H., Jung, S., Jung, Y., Jung, H., Choe, W., Jo, C., 2011. Effect of atmospheric pressure plasma on inactivation of pathogens inoculated onto bacon using two different gas compositions. Food Microbiol. 28, 9–13.

Kim, J.E., Lee, D.U., Min, S.C., 2014. Microbial decontamination of red pepper powder by cold plasma. Food Microbiol. 38, 128–136.

Kim, H.J., Yong, H.I., Park, S., Kim, K., Choe, W., Jo, C., 2015. Microbial safety and quality attributes of milk following treatment with atmospheric pressure encapsulated dielectric barrier discharge plasma. Food Control 47, 451–456.

Kim, J.W., Puligundla, P., Mok, C., 2017. Effect of corona discharge plasma jet on surface borne microorganisms and sprouting of broccoli seeds. J. Sci. Food Agric. 97, 128–134.

Laroussi, M., Kong, M.G., Morfill, G., Stolz, W., 2012. Plasma Medicine: Application of Low-Temperature Gas Plasmas in Medicine and Biology. Cambridge University Press, Cambridge, UK.

Lee, H., Kim, J.E., Chung, M.S., Min, S.C., 2015. Cold plasma treatment for the microbiological safety of cabbage, lettuce, and dried figs. Food Microbiol. 51, 74–80.

Magureanu, M., Piroi, D., Mandache, N.B., David, V., Medvedovici, A., Bradu, C., Parvulescu, V.I., 2011. Degradation of antibiotics in water by non-thermal plasma treatment. Water Res. 45, 3407–3416.

Misra, N.N., Kadam, S.U., Pankaj, S.K., 2011. An overview of nonthermal technologies in food processing. Indian Food Ind. 30, 45–52.

Misra, N.N., Keener, K.M., Bourke, P., Mosnier, J.P., Cullen, P.J., 2014a. In-package atmospheric pressure cold plasma treatment of cherry tomatoes. J. Biosci. Bioeng. 118, 177–182.

Misra, N.N., Patil, S., Moiseev, T., Bourke, P., Mosnier, J.P., Keener, K.M., Cullen, P.J., 2014b. In-package atmospheric pressure cold plasma treatment of strawberries. J. Food Eng. 125, 131–138.

Nandkumar, N., 2014. Plasma—the fourth state of matter. Int. J. Sci. Technol. Res. 3 (9), 49–52.

Niemira, B.A., 2012. Cold plasma decontamination of foods. Annu. Rev. Food Sci. Technol. 3,

125–142.

Nishimura, J., Takahashi, K., Takaki, K., Koide, S., Suga, M., Orikasa, T., Teramoto, Y., Uchino, T., 2016. Removal of ethylene and by-products using dielectric barrier discharge with Ag nanoparticle-loaded zeolite for keeping freshness of fruits and vegetables. Trans. Mat. Res. Soc. Japan 41, 41–45.

Nishioka, T., Takai, Y., Kawaradani, M., Okada, K., Tanimoto, H., Misawa, T., Kusakari, S., 2014. Seed disinfection effect of atmospheric pressure plasma and low pressure plasma on *Rhizoctonia solani*. Biocontrol Sci. 19, 99–102.

Noriega, E., Shama, G., Laca, A., Diaz, M., Kong, M.G., 2011. Cold atmospheric gas plasma disinfection of chicken meat and chicken skin contaminated with *Listeria innocua*. Food Microbiol. 28, 1293–1300.

Pankaj, S.K., Bueno-Ferrer, C., Misra, N.N., Milosavljević, V., O'Donnell, C.P., Bourke, P., Keener, K.M., Cullen, P.J., 2014. Applications of cold plasma technology in food packaging. Trends Food Sci. Technol. 35, 5–17.

Park, J.Y., Park, S., Choe, W., Yong, H.I., Jo, C., Kim, K., 2017. Plasma-functionalized solution: a potent antimicrobial agent for biomedical applications from antibacterial therapeutics to biomaterial surface engineering. ACS Appl. Mater. Interfaces 9, 43470–43477.

Pignata, C., D'angelo, D., Fea, E., Gilli, G., 2017. A review on microbiological decontamination of fresh produce with nonthermal plasma. J. Appl. Microbiol. 122, 1438–1455.

Ragni, L., Berardinelli, A., Vannini, L., Montanari, C., Sirri, F., Guerzoni, M.E., Guarnieri, A., 2010. Non-thermal atmospheric gas plasma device for surface decontamination of shell eggs. J. Food Eng. 100, 125–132.

Rod, S.K., Hansen, F., Leipold, F., Knochel, S., 2012. Cold atmospheric pressure plasma treatment of ready-to-eat meat: inactivation of *Listeria innocua* and changes in product quality. Food Microbiol. 30, 233–238.

Sakudo, A., Shimizu, N., Imanishi, Y., Ikuta, K., 2013. N_2 gas plasma inactivates influenza virus by inducing changes in viral surface morphology, protein, and genomic RNA. Biomed. Res. Int. 2013, 694269.

Sakudo, A., Toyokawa, Y., Misawa, T., Imanishi, Y., 2017. Degradation and detoxification of aflatoxin B_1 using nitrogen gas plasma generated by a static induction thyristor as a pulsed power supply. Food Control 73B, 619–626.

Sakudo, A., Miyagi, H., Horikawa, T., Yamashiro, R., Misawa, T., 2018. Treatment of *Helicobacter pylori* with dielectric barrier discharge plasma causes UV induced damage to genomic DNA leading to cell death. Chemosphere 200, 366–372.

Schnabel, U., Niquet, R., Schmidt, C., Stachowiak, J., Schlüter, O., Andrasch, M., Ehlbeck, J., 2016. Antimicrobial efficiency of non-thermal atmospheric pressure plasma processed water (PPW) against agricultural relevant bacteria suspensions. Int. J. Environ. Agric. Res. 2, 212–224.

Scholtz, V., Pazlarova, J., Souskova, H., Khun, J., Julak, J., 2015. Nonthermal plasma—a tool for decontamination and disinfection. Biotechnol. Adv. 33, 1108–1119.

Surowsky, B., Fröhling, A., Gottschalk, N., Schlüter, O., Knorr, D., 2014. Impact of cold plasma on *Citrobacter freundii* in apple juice: inactivation kinetics and mechanisms. Int. J. Food Microbiol. 174, 63–71.

Takamatsu, T., Uehara, K., Sasaki, Y., Hidekazu, M., Matsumura, Y., Iwasawa, A., Ito, N., Kohno, M., Azuma, T., Okino, A., 2015. Microbial inactivation in the liquid phase induced by multigas plasma jet. PLoS One, 10(7), e0132381.

Teschke, M., Kedzierski, J., Finantu-Dinu, E.G., Korzec, D., Engemann, J., 2005. High-speed photographs of a dielectric barrier atmospheric pressure plasma jet. IEEE Trans. Plasma Sci. 33, 310–311.

Toyokawa, Y., Yagyu, Y., Misawa, T., Sakudo, A., 2017. A new roller conveyer system of non-thermal gas plasma as a potential control measure of plant pathogenic bacteria in primary food production. Food Control 72A, 62–72.

Toyokawa, Y., Yagyu, Y., Yamashiro, R., Ninomiya, K., Sakudo, A., 2018. Roller conveyer system for the reduction of pesticides using non-thermal gas plasma—a potential food safety control measure? Food Control 87, 211–217.

Wang, R.X., Nian, W.F., Wu, H.Y., Feng, H.Q., Zhang, K., Zhang, J., Zhu, W.D., Becker, K.H., Fang, J., 2012. Atmospheric-pressure cold plasma treatment of contaminated fresh fruit and vegetable slices: inactivation and physiochemical properties evaluation. Eur. Phys. J. D 66, 276.

Williams, P.H., 1980. Black rot: a continuing threat to world crucifers. Plant Dis. 64, 736–742.

Xiang, Q., Liu, X., Li, J., Ding, T., Zhang, H., Zhang, X., Bai, Y., 2018. Influences of cold atmospheric plasma on microbial safety, physicochemical and sensorial qualities of meat products. J. Food Sci. Technol. 55, 846–857.

进一步阅读材料

Bansode, A.S., More, S.E., Siddiqui, E.A., Satpute, S., Ahmad, A., Bhoraskar, S.V., Mathe, V.L., 2017. Effective degradation of organic water pollutants by atmospheric non-thermal plasma torch and analysis of degradation process. Chemosphere 167, 396–405.

Ikawa, S., Tani, A., Nakashima, Y., Kitano, K., 2016. Physicochemical properties of bactericidal plasma-treated water. J. Phys. D: Appl. Phys. 49, 425401.

Maeda, K., Toyokawa, Y., Shimizu, N., Imanishi, Y., Sakudo, A., 2015. Inactivation of *Salmonella* by nitrogen gas plasma generated by a static induction thyristor as a pulsed power supply. Food Control 52, 54–59.

Sakudo, A., Imanishi, Y., 2017. Degradation and inactivation of Shiga toxins by nitrogen gas plasma. AMB Express 7 (1), 77.

Sakudo, A., Toyokawa, Y., Imanishi, Y., 2016. Nitrogen gas plasma generated by a static induction thyristor as a pulsed power supply inactivates adenovirus. PLoS One 11, e0157922.

Suhem, K., Matan, N., Nisoa, M., Matan, N., 2013. Inhibition of *Aspergillus flavus* on agar media and brown rice cereal bars using cold atmospheric plasma treatment. Int. J. Food Microbiol. 161, 107–111.

第11章
微波和射频放电冷等离子体在食品安全和保藏领域的应用

1 引言

等离子体是一种完全或部分电离的气体，主要包含分子、原子、正负离子、自由基、光子、亚稳态粒子、电子等活性物质。目前，可在较大的温度和压力范围内产生等离子体。根据电子、离子和中性粒子相对温度的不同，可将等离子体分为三类：热力学平衡等离子体、非热力学平衡等离子体和局部热力学平衡（local thermal equilibrium，LTE）等离子体。在热力学平衡等离子体中，大部分等离子体接近热力学平衡状态（$T_e \approx T_i \approx T_g$，$T_p$=$10^6$~$10^8$ K，其中T_e为电子的温度，T_i为离子的温度，T_g为气体的温度，T_p为等离子体的温度）。对于非热力学平衡等离子体，其T_e和T_g之间处于非热力学平衡状态（$T_e \gg T_i \approx T_g$），其电子密度为10^9~10^{12}/cm^3，电子能量为1~10 eV（Jacobs和Lin，2001）。一方面，非热力学平衡等离子体中电子或其他组分的反应活性很强，能够破坏分子键且其温度接近室温，因此非热力学平衡等离子体非常适合用于热敏感材料的杀菌或消毒。另一方面，局部热力学平衡等离子体处于准平衡状态，其电子温度为3000~10000 K（0.4~1 eV），远低于非热等离子体（2~10 eV）。目前，可通过直流（direct current，DC）和射频（radio-frequency，RF）放电或电感耦合炬管（inductively coupled torch）产生局部热力学平衡等离子体（Liu和Lu，2010）。

射频等离子体和微波等离子体可用于杀灭细菌和病毒等微生物。除能够有效杀灭微生物外，射频和微波等离子体也能够有效清除处理对象表面的死细菌、病毒及热原（pyrogen）（Chau et al.，1996）。

2　微波等离子体

频率在几百兆赫兹范围内的电磁波（通常是2.45 GHz下）可用来产生微波放电。磁控管（magnetron）产生的能量在低压和常压条件下均可产生微波等离子体。采用微波放电产生的等离子体具有电子密度高、活性组分产生效率高和无污染等优点（Ekezie et al.，2017）。微波冷等离子体设备的基本组成见图11.1。

2.1　低压微波等离子体对微生物和芽孢的杀灭作用

使用微波等离子体进行杀菌或消毒处理具有低温、省时和无毒等优点。微波等离子体对微生物的杀灭效果与其微波功率密度成正比。一项研究表明，经功率密度为1.47 W/cm^3、2.63 W/cm^3和4.21 W/cm^3的低压微波等离子体（气压为50 Pa，Ar）处理30 min后，接种于聚丙烯试管盖表面的大肠杆菌（*E.coli*，平均初始浓度为1.88×10^8 CFU/mL）分别降低了4.47 log、5.19 log和6.29 log（Purevdorj et al.，2002）。在另一项研究中，低温微波等离子体（电源频率为2.45 GHz，气压约为100 Pa，以Ar+0.3%NO为放电气体）处理300 s后，大肠杆菌降低了8 log以上；而单独使用Ar或O_2作为放电气体时，大肠杆菌仅分别降低了6 log和4 log（Hueso et al.，2008）。

Song等（2015）研究了低压微波等离子体（压力为667 Pa，功率分别为400 W和900 W）对接种于生菜表面的大肠杆菌O157:H7（*E. coli* O157:H7）和鼠伤寒沙门氏菌（*Salmonella* Typhimurium）的杀灭效果。该研究分别采用N_2、N_2+O_2和He作为放电气体，生菜表面大肠杆菌O157:H7和鼠伤寒沙门氏菌的初始菌量约为5.5 log CFU/g；以N_2为放电气体，经功率为900 W的微波等离子体处理5.5 min或功率为474 W的微波等离子体处理8.8 min后，上述两种致病菌降低了约2.8 log CFU/g。经功率为400 W或900 W的微波等离子体处理后，生菜的感官品质未发生显著变化。

Oh等（2017）研究了低压微波冷等离子体（功率为900 W，压力为667 Pa）对萝卜芽苗菜（radish sprouts）表面鼠伤寒沙门氏菌的杀灭作用。该研究以流速为1 L/min的N_2作为放电气体，处理时间分别为0 min、2 min、5 min、10 min和20 min。经上述低压微波冷等离子体处理20 min后，接种于萝卜芽苗菜的鼠伤寒沙门氏菌减少了（2.6 ± 0.4）log CFU/g。将处理后的萝卜芽苗菜分别于4℃和10℃贮藏12天，萝卜芽苗菜的色泽、抗氧化活性和维生素C含量均未发生显著变化；但与未处理组样品相比，低压微波冷等离子体处理造成了萝卜芽苗菜水分的流失。

低压微波等离子体也被用于杀灭圣女果表面的沙门氏菌，以提高其微生物安全性

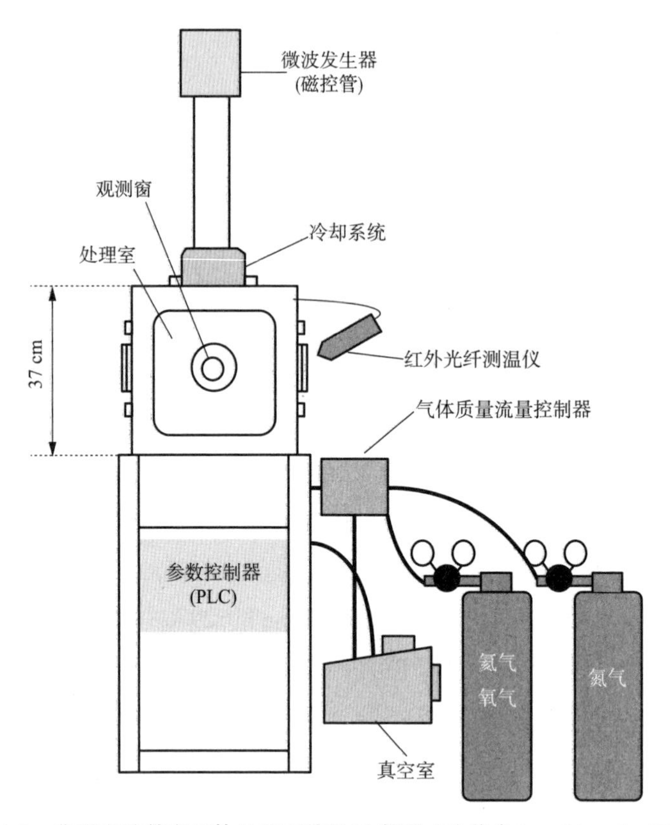

图11.1　典型微波等离子体处理系统的示意图（改编自Lee, H. et al.,2015）

（Kim和Min，2017）。将鼠伤寒沙门氏菌（*S. typhimurium*）、肠炎沙门氏菌（*S.* Enteritidis）和肠炎沙门氏菌蒙得维亚种（*S. enterica* subspecies *enterica* serovar Montevideo）的混合菌液接种于圣女果表面，其初始菌落数约为（6.0±0.4）log CFU/颗圣女果；然后进行低压微波等离子体处理，放电气体为He或He+O_2混合气体（比例为99.8%和0.2%，v/v），压力为0.7 kPa，功率为400~900 W，处理时间为2~10 min。作者采用响应面分析法中的中心组合设计（central composite design，CCD）来优化低压微波冷等离子体处理参数；结果表明，经He或He+O_2所产生的低压微波等离子体（827 W）处理9 min后，圣女果表面沙门氏菌分别降低（3.5±0.1）log CFU/颗圣女果和（3.5±0.5）log CFU/颗圣女果。在最优处理条件下（以He为放电气体、功率为900 W和处理时间为10 min），低压微波冷等离子体处理未影响圣女果表面形态。以He作为放电气体所产生的低压微波冷等离子体前处理并不能有效抑制在25℃贮藏期间中圣女果表面沙门氏菌的生长，但能够有效抑制4℃贮藏过程中圣女果表面沙门氏菌的生长，同时也不影响圣女果的呼吸速率（Kim和Min，2017）。

嗜热脂肪地芽孢杆菌（*Geobacillus stearothermophilus*）芽孢是抗热性最强的芽孢之一，极易造成罐装液态食品发生平酸腐败（flat-sour spoilage），常用作压力蒸汽灭菌效果评价的标准检测菌株。Singh等（2009）发现微波冷等离子体能够在40 min内有效杀灭接种于不锈钢片的嗜热脂肪地芽孢杆菌芽孢，该研究以N_2+O_2为放电气体，气压为10^{-5} Torr；而当采用特卫强®（Tyvek®，美国杜邦公司于1955年开始研发的一种烯烃材料）包裹接菌后的不锈钢片时，微波冷等离子体处理60 min才能有效杀灭嗜热脂肪地芽孢杆菌芽孢，这可能是由于特卫强能够屏蔽一些冷等离子体中的热、光子等杀菌因子。

Kim等（2014）研究了微波冷等离子体对接种于红辣椒粉中黄曲霉（*Aspergillus flavus*）孢子和蜡样芽孢杆菌（*Bacillus cereus*）芽孢的杀菌效果，气压为667 Pa，功率为900 W，分别采用N_2、He、N_2+O_2和He+O_2进行放电，气体流速为1 L/min。经以N_2放电所产生微波冷等离子体处理20 min后，辣椒粉中黄曲霉孢子降低（2.5 ± 0.3）log CFU/g；经微波激发上述4种气体所产生的冷等离子体处理20 min并不能有效失活蜡样芽孢杆菌芽孢。然而，依次经热处理（90℃、30 min）与微波冷等离子体（900 W，He+O_2，20 min）处理后，蜡样芽孢杆菌芽孢［初始量为（6.3 ± 0.1）log CFU/g］降低了（3.4 ± 0.7）log CFU/g，表明上述处理能够协同杀灭蜡样芽孢杆菌芽孢。红辣椒粉中总需氧细菌的初始值为（5.9 ± 0.1）log CFU/g；经微波冷等离子体处理20 min后，总需氧细菌降低约1 log CFU/g。同时，上述微波冷等离子体处理未对辣椒粉的色泽参数（L^*、a^*、b^*和ASTA色价）造成不良影响。

Kim等（2014）和Lee等（2015）研究了上述微波冷等离子体对卷心菜、生菜和无花果干的杀菌效果。结果表明，经以N_2放电所产生的微波冷等离子体（功率为900 W）处理10 min后，接种于卷心菜和生菜表面的鼠伤寒沙门氏菌（*S.* Typhimurium）约降低了1.5 log CFU/g。经微波冷等离子体处理后（功率为400~900 W，以He+O_2为放电气体，压力为667 Pa，处理时间为1~10 min），接种于卷心菜表面的单增李斯特菌（*Listeria monocytogenes*）降低了0.3~2.1 log CFU/g。微波冷等离子体处理也可有效杀灭接种于无花果干表面的微生物，且杀菌效果与无花果干的水分活度成正比。随着无花果干水分活度从0.70升高至0.93，微波冷等离子体的杀灭作用也明显增强。例如，当水分活度为0.70时，无花果干表面的单增李斯特菌和大肠杆菌O157:H7分别降低了1.0 log CFU/g和0.5 log CFU/g；当水分活度为0.93时，无花果干表面的单增李斯特菌和大肠杆菌O157:H7分别降低了1.6 log CFU/g和1.3 log CFU/g。

在另一项研究中，Won等（2017）使用微波冷等离子体处理接种于柑橘表面的意大利青霉（*Penicillium italicum*）孢子，所用设备见Kim和Min（2017）的研究论文。经微波冷等离子体（压力为0.7 kPa，功率为900 W，放电气体为N_2）处理10 min后，意大利青霉孢子的失活率最高（柑橘发病率降低了84%）。同时，经微波冷等离子体处理后，柑橘皮的抗氧化活性和总酚含量均有所提高。此外，在温度分别为4℃和25℃的储存过程中，经微波冷等离子体处理的柑橘重量、表面色泽、CO_2生成量、可滴定酸、抗坏血酸浓度、pH和可溶性固形物含量也均无明显变化。

Kim等（2017a）研究了微波冷等离子体对接种于洋葱粉中的蜡样芽孢杆菌（*B. cereus*）芽孢和巴西曲霉（*Aspergillus brasiliensis*）孢子及大肠杆菌O157:H7的杀灭作用。在该研究中，放电气体为He，洋葱粉暴露于170 mW/m^2的低强度微波冷等离子体处理（low microwave density coldplasma treatment，LMCPT）或250 mW/m^2的高强度微波冷等离子体处理（high microwave density cold plasma treatment，HMCPT）条件下。结果发现，HMCPT对蜡样芽孢杆菌芽孢的杀灭效果优于LMCPT。经功率为400 W的微波冷等离子体处理40 min（最优条件）后，蜡样芽孢杆菌芽孢、巴西曲霉孢子和大肠杆菌O157:H7分别减少了2.1 log CFU/cm^2、1.6 log CFU/cm^2和1.9 log CFU/cm^2。经HMCPT处理的洋葱粉在4和25℃贮藏60天期间，蜡样芽孢杆菌和大肠杆菌O157:H7的生长仍然受到不同程度的抑制，表明HMCPT处理提高了洋葱粉的微生物安全性。此外，在贮藏过程中，HMCPT处理组洋葱粉的色泽参数和槲皮素含量也未发生显著变化。在Kim团队的一项类似研究中发现，相对于功率密度为1700 W/cm^2的LMCPT，功率密度为2500 W/cm^2的HMCPT对接种于红辣椒片（3.0 cm × 1.5 cm）上的蜡样芽孢杆菌芽孢具有更强的杀灭效果（Kim et al.，2017b）。该研究中微波冷等离子体的功率为900 W，以He为放电气体，气压为0.7 kPa，处理时间为20 min，流速为1标准L/min。经HMCPT和LMCPT处理20 min后，真空干燥（50 kPa，85℃，2 h）红辣椒片上芽孢的失活率高于远红外干燥（7~20 μm，85℃，6 h）的样品，这可能是由于真空干燥的样品表面比较光滑和均匀。当水分活度（A_w）为0.4时，经HMCPT处理后，样品中蜡样芽孢杆菌芽孢降低了1.7 log；当A_w为0.9时，经HMCPT处理后，样品中蜡样芽孢杆菌芽孢降低了2.6 log。由此说明，辣椒片的表面积体积比（surface area to volumeratios）越低，所以微波冷等离子体处理对芽孢的杀灭效果越强。上述两种处理方式均未对样品的色泽参数造成不良影响。

2.2 微波等离子体紫外灯（MPUVL）

微波等离子体紫外灯（microwave plasma UV lamp，MPUVL）能够发出波长为245 nm（杀菌区域）和185 nm（臭氧形成区域）的紫外线。与电极配置灯（electrode configuration lamp）相比，MPUVL的突出优势在于其在功率和形状方面没有限制（Pandithas et al.，2003）。在一项研究中，采用MPUVL等处理涂有大肠杆菌（*E. coli*）、铜绿假单胞菌（*Pseudomonas aeruginosa*）、金黄色葡萄球菌（*Staphylococcus aureus*）和蜡样芽孢杆菌（*B. cereus*）的培养皿（10^5~10^7 CFU），电源频率为2.45 GHz，灯内为氩气和汞蒸汽的低压混合物；结果发现，处理时间<2 s（相当于<20 J/m^2）时，大肠杆菌和铜绿假单胞菌降低了6 log以上。金黄色葡萄球菌需要20~50 J/m^{2}的处理强度才能实现类似的杀菌效果。蜡样芽孢杆菌芽孢的营养细胞需要在600 J/m^{2}下其活菌数能够减少6 log，而在600 J/m^{2}下，蜡样芽孢杆菌芽孢仅降低了2 log。作者认为该研究使用的MPUVL可以用作商业紫外线灯的替代品（Ortoneda et al.，2008）。

2.3 电子回旋共振（ECR）微波等离子体

电子回旋共振（electron cyclotron resonance，ECR）与自由电子在静磁场和均匀磁场作用下的圆周运动有关。ECR微波等离子体具有电子平均温度低（5~10 eV）、电离度高、工作温度和压力灵活等优点。Chau等（1996）研究了ECR微波等离子体用于玻片上大肠杆菌（*E.coli*）、荧光假单胞菌（*Pseudomonas fluorescens*）、普通变形杆菌（*Proteus vulgaris*）和嗜热脂肪芽孢杆菌（*Bacillus stearothermophilus*）的失活作用，所用压力分别为40 mTorr、220 mTorr和400 mTorr，处理时间分别为0 min、2 min、5 min、10 min、15 min和20 min，以N_2O为放电气体。结果表明，经压力为40 mTorr的ECR微波等离子体处理20 min后，所有试验微生物均被完全杀灭。

2.4 食品包装材料的杀菌

包装材料在食品贮藏过程中发挥着重要的作用。Schneider等（2005）研究了电源频率为2.45 GHz的低压微波冷等离子体对均匀喷洒在聚对苯二甲酸乙二酯（polyethylene terephthalate，PET）薄膜表面枯草芽孢杆菌（*Bacillus subtilis*）芽孢的杀灭作用，芽孢初始浓度分别为2×10^4 cm^2、6.4×10^4 cm^{2}和1.4×10^7 cm^2。将接菌后的PET薄膜直接暴露于不同功率的低压微波冷等离子体下进行处理。经功率为850 W的低压微波冷等离子体处理0.5 s后，未用石英覆盖的PET样品表面枯草芽孢杆菌芽孢降低了4.1 log，而覆盖石英的PET样品表面枯草芽孢杆菌芽孢在处理时间延长至3 s时降低了4.2 log。然而，在连续波模式下，功率增加至1400 W时，处理0.5 s后，枯草芽孢杆菌芽孢降低了4.7 log，而在脉冲波模式下，在4000 W处理0.16 s后，枯草芽孢杆菌芽孢数量降低了4.65 log（Schneider et al.，2005）。

Deilmann等（2008b）研发了一种低压微波冷等离子体装置并用于PET瓶的杀菌处理。该装置采用N_2、O_2和H_2混合气体进行放电，从而在PET瓶内产生微波冷等离子体，压力为1 Pa。经上述微波冷等离子体处理<5 s后，接种于PET瓶内壁的萎缩芽孢杆菌（*Bacillus atrophaeus*）芽孢和黑曲霉（*Aspergillus niger*）孢子均被有效杀灭。该技术不会造成化学残留，而且不使用有毒化合物，因此适用于饮料的无菌灌装。

2.5 包装材料阻隔涂层的制备

Deilmann等（2008a）使用低压微波等离子体（f=2.45 GHz，最大功率P_{CW}=2 kW）在PET薄膜上涂覆二氧化硅（SiO_x）阻隔层。该研究以氧气和六甲基二硅氧烷作为脉冲涂覆类SiO_x透明阻挡涂层的工艺气体。应用低压微波等离子体制备的涂层可使单面涂层的阻隔改善系数高于65，双面涂层的阻隔改善系数大于1000。结果发现，阻隔涂层显著降低了PEF膜的渗透性［J=（1 ± 0.3）cm^3/m^2/天/bar］，因此适合应用于食品包装。阻隔涂层的成分组成与阻隔性能密切相关。

2.6 大气压微波等离子体的杀菌效果

研究证实，以氩气为放电气体的大气压微波等离子体可用于杀灭某些细菌和真菌。该微波等离子体装置包括一个功率为1 kW的磁控管电源（magnetron power supply）、WR-284型铜波导管、2.45 GHz的波导辐射器（waveguide-based applicator）和喷嘴。经该大气压微波等离子体设备处理20 s内，枯草芽孢杆菌（*B. subtilis*）、大肠杆菌（*E. coli*）、假单胞菌（*P. aeruginosa*）和鼠伤寒沙门氏菌（*S. typhimurium*）均完全被杀灭。经上述大气压微波等离子体设备处理1 s后，所测试的真菌黑曲霉（*A. niger*）和桔青霉（*Penicillium citrinum*）也被完全灭活（Park et al.，2003）。

Yu等（2011）采用微波等离子体杀菌装置控制泡菜卤水的微生物污染。在该研究中，将大肠杆菌、大肠菌群、酵母和霉菌接种于卤水，发现微生物数量随卤水使用次数的增多而升高。经微波等离子体（电压频率为2450 MHz）处理后，卤水中微生物数量显著降低。大肠杆菌O157:H7、鼠伤寒沙门氏菌和单增李斯特菌的D_{10}值（微生物数量降低90%所需要的处理强度）分别为0.48、0.52和0.45个处理周期。

Schnabel等（2015）将微波等离子体处理过的空气（plasma processed air，PPA）用于苹果皮和果肉、草莓、羊生菜（*Lamb's lettuce*）和胡萝卜等生鲜果蔬的杀菌保鲜，用到的微生物包括萎缩芽孢杆菌（*B.atrophaeus* Nakamura 1989）芽孢、英诺克李斯特菌（*L. innocua*）和金黄色葡萄球菌（*S. aureus*）等革兰氏阳性细菌、大肠杆菌K12（*E. coli* K12）、边缘假单胞菌（*P. marginalis*）、胡萝卜软腐果胶杆菌（*Pectobacterium carotovorum*）等革兰氏阴性细菌及白假丝酵母（*Candida albicans*）。在鲜切果蔬样品表面（2 cm × 2 cm）均接种以上7种微生物菌悬液（100 μL，10^8 CFU/mL）。微波等离子体启动7 s后，分别采用PPA处理鲜切果蔬样品5 min、10 min或15 min。在上述实验条件下，微生物最多可降低6.2 log，同时也发现鲜切果蔬种类和微生物类型也显著影响PPA的杀菌效果。此外，作者还发现，微波等离子体未对上述鲜切果蔬产品的外观、气味和质构等指标造成明显不良影响。

在另一项研究中，Schnabel等（2016）将微波等离子体（电源频率为2.45 GHz，功率为1.1 kW）产生的PPA用于新鲜西蓝花（*Broccoli florets*）的杀菌保鲜。在西蓝花表面接种大肠杆菌K12、胡萝卜软腐果胶杆菌（*P. carotovorum*）、边缘假单胞菌（*P. marginalis*）、金黄色葡萄球菌、英诺克李斯特菌（*L. innocua*）、萎缩芽孢杆菌（*B.atrophaeus* Nakamura 1989）芽孢和白假丝酵母（*C. albicans*）（50 μL，10^8 CFU/mL）。微波等离子体启动5 s后，采用PPA处理置于玻璃瓶中的西蓝花样品。之后，将瓶子盖上并分别保持5 min、10 min和15 min。PPA的主要成分为空气和具有杀菌功能的活性氮（reactive nitrogen species，RNS）。经PPA处理15 min后，上述待测微生物最多可降低5 log以上。萎缩芽孢杆菌的芽孢最难被杀灭，处理15 min仅降低2.7 log。感官评价和贮藏试验结果表明，PPA处理会影响西蓝花样品的外观、质构、风味和保质期。因此需要优化处理条件以避免对产品感官品质等指标造成不良影响。

最近的一项研究评估了微波等离子体所制备的PPA对不同样品表面微生物的杀灭效果，所使用微生物包括大肠杆菌K12（*E. coli* K12，DSM 11250）、荧光假单胞菌（*P. fluorescens*，RIPAC）、荧光假单胞菌（*P. fluorescens*，DSM50090）、英诺克李斯特菌（*L. innocua*，DSM 20649）、胡萝卜软腐果胶杆菌（*P. carotovorum*，DSM 30168）和边缘假单胞菌（*P. marginalis*，DSM 13124），所使用样品包括聚对苯二甲酸乙二酯（polyethylene terephthalate，PET）、鲜切生菜（*L. sativa*）和绿豆芽（Schnabel et al.，2017）。在该研究中，分别将微波等离子体运行5 s、15 s或50 s来制备PPA。经PPA处理5 min，两株荧光假单胞菌由初始的10^8 CFU/mL降低至6 log CFU/mL；绿豆芽表面的胡萝卜软腐果胶杆菌降低了5 log以上；但是，PPA对其他样品和菌株的失活效果则相对较弱。

常压微波等离子体产生的PPA也被用于失活香料和香草表面的微生物，包括辣椒粉、胡椒粒和切碎的牛至叶（Hertwig et al.，2015a）。在该研究中，微波等离子体炬的电源频率为2.45 GHz，功率为1.2 kW，运行时间为7 s。PPA处理样品的最长时间为90 min，处理温度为22℃。结果表明，经PPA处理60 min后，辣椒粉和胡椒粒中微生物降低了3 log以上，PPA对牛至叶表面微生物的失活作用相对较弱，这可能是由于其起始微生物污染水平较低。然而，作者同时发现，PPA处理（5 min）会破坏辣椒粉的色泽，而对黑胡椒粒和切碎牛至叶色泽的影响较小（Hertwig et al.，2015a）。

在该研究团队的另一项工作中，Hertwig等（2015b）比较了射频冷等离子体直接处理和微波冷等离子体所产生PPA间接处理对黑胡椒的杀菌效果。在该研究中，采用射频氩气等离子体射流或PPA处理黑胡椒中天然菌群及接种的萎缩芽孢杆菌（*B. atrophaeus*）芽孢、枯草芽孢杆菌（*B. subtilis*）芽孢和肠道沙门氏菌（*S. enterica*）。经PPA处理30 min后，接种于黑胡椒表面的肠道沙门氏菌、枯草芽孢杆菌芽孢和萎缩芽孢杆菌芽孢分别降低4.1 log、2.4 log和2.8 log；经PPA处理30 min后，黑胡椒本身所污染的总嗜温需氧菌数和孢子则分别降低了2.0 log和1.7 log。另外，射频冷等离子体直接处理15 min对微生物的杀灭效果最强，肠道沙门氏菌降低了2.7 log，而枯草芽孢杆菌芽孢和萎缩芽孢杆菌芽孢仅分别降低了0.8 log和1.3 log。经射频冷等离子体直接处理15 min后，黑胡椒本身所污染自然菌群中总嗜温需氧菌和总孢子则分别降低0.7 log和0.6 log。以上结果表明，相对于人工接种的细菌和细菌芽孢，黑胡椒本身所污染的微生物对射频冷等离子体直接处理具有更强的抵抗性。上述两种冷等离子体处理均未对黑胡椒的色泽、胡椒碱含量、挥发油含量等造成不良影响。

鲜切果蔬在采后加工过程中极易发生由多酚氧化酶（polyphenol oxidase，PPO）和过氧化物酶（peroxidase，POD）等引发的酶促褐变；目前主要采用巴氏杀菌法或添加抗褐变剂等方法抑制鲜切果蔬褐变。作为以上酶促褐变防控技术的替代方法，PPA有望用于鲜切果蔬酶促褐变的控制。Bußler等（2017）研究发现，经PPA处理10 min后，鲜切苹果和鲜切马铃薯中PPO酶活力分别降低了62%和77%；在上述相同处理条件下，鲜切苹果和鲜切马铃薯中PPO酶活力分别降低了65%和89%。

Park等（2007）采用以Ar所产生的微波等离子体降解黄曲霉毒素B_1、雪腐镰刀菌烯醇（nivalenol）和脱氧雪腐镰刀菌烯醇（deoxynivalenol，DON）3种真菌毒素；该研究所使用的微波等离子体装置主要包括频率为2.45 GHz的波导辐射器（waveguide-based applicator）和一个功率为1 kW的磁控管电源。结果表明，经以Ar所产生的微波等离子体处理5 s后，以上3种真菌毒素均被完全降解，且其细胞毒性随处理时间的延长而显著降低。该研究结果表明上述微波等离子体装置有望应用于食品和饲料加工过程中真菌毒素的降解（Park et al.，2007）。

2.7 微波等离子体的杀菌机制

微波冷等离子体失活枯草芽孢杆菌芽孢可能与其损伤DNA和蛋白质有关（Roth et al.，2010）。冷等离子体产生的UV辐射会损伤DNA，进而造成芽孢失活。Ar+NO微波低压放电冷等离子体对大肠杆菌的失活作用主要归因于放电过程中所产生的O^*和Ar^*等活性组分的蚀刻作用和UV辐射（来源于NO^*的猝灭）（Hueso et al.，2008）。Judee等（2014）认为，UV-C辐射（190~280 nm）在Ar微波冷等离子体杀灭野生型和缺失突变型大肠杆菌过程中发挥了主要作用。而光辐射（UV/VUV）和自由基的协同作用被认为在微波冷等离子体失活嗜热脂肪地芽孢杆菌（*Geobacillus stearothermophilus*）芽孢过程中发挥了重要作用（Singh et al.，2009）。在HMCPT或LMCPT处理过程中，HMCPT可有效杀灭蜡样芽孢杆菌芽孢，这可能是由于相对于LMCPT，HMCPT所产生等离子体对蜡样芽孢杆菌芽孢具有更强的穿透力（Kim et al.，2007a）。有学者指出，"高微波功率密度可能有助于芽孢衣蛋白质中二硫键的断裂"（Boucher，1980），这些结构和化学变化会使芽孢更容易受到激发分子或活性物质的攻击（Kim et al.，2007a）。

3 射频等离子体

可以采用不同的方法来产生射频（radio-frequency，RF）电磁场，常用的是在两个平行电极上施加射频电压或者在线圈/天线中施加循环射频电流，线圈或天线浸入等离子体中，或者通过阻挡介质与等离子体分离。电磁场和等离子体中的电子耦合促进了能量向它们的传递，有助于维持等离子体。射频激励的设计决定了进入带电粒子的功率耦合效率和等离子体均匀性（Chabert和Braithwaite，2011）。

大多数射频源使用的是13.56 MHz的工业标准频率。射频等离子体主要有三种类型：①电容耦合等离子体（capacitively coupled plasmas，CCPS），②电感耦合等离子体（inductively coupled plasmas，ICPS）和③螺旋等离子体波源（helicon wave sources，HWSS）。射频冷等离子体设备的示意图如图11.2所示。

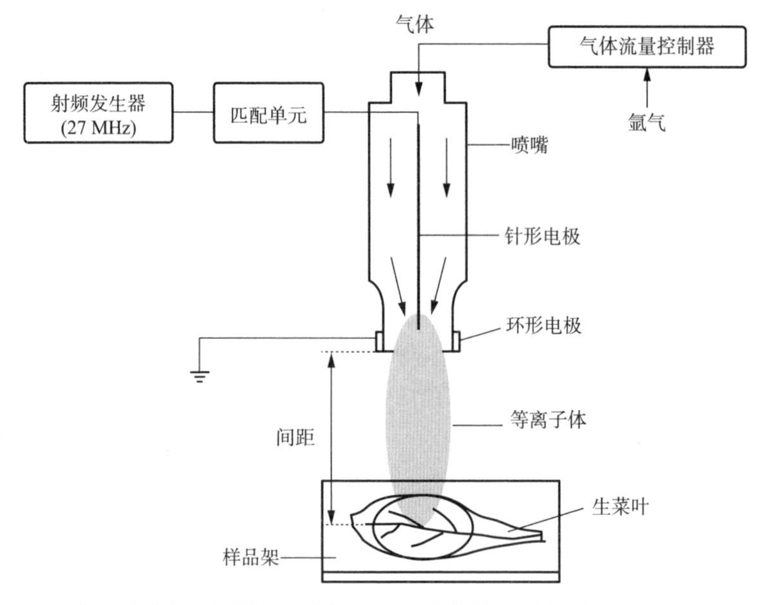

图11.2 典型的射频（RF）等离子体处理系统示意图。（改编自Baier, M. et al., 2013）

3.1 射频等离子体在杀菌领域的应用

Sharma等（2005）利用可以产生余辉羽流的开放式中空电极等离子体反应器来灭活大肠杆菌、萎缩芽孢杆菌和萎缩芽孢杆菌芽孢。在该研究中，反应器电极由射频供电（13.56 MHz），当Ar和O_2的混合气体分别以32 L/min和6 sccm的流速流经电极进入开放环境时，通过电容放电激发其产生等离子体。反应器的功率为177 W，电流为1.5 A，射频电压为203 V。作者将待测微生物放在射频等离子体设备中处理一定时间，采用平板计数法评价杀灭效果。结果显示，经处理1 s后，大肠杆菌数量降低了5 log，而萎缩芽孢杆菌仅降低了1 log；处理10 min后萎缩芽孢杆菌芽孢减少了3 log。

Sureshkumar等（2010）研究了N_2或N_2+O_2所产生射频等离子体（13.56 MHz）对接种于载玻片表面金黄色葡萄球菌的杀灭效果。结果表明，经N_2所产生射频等离子体处理5 min后，金黄色葡萄球菌降低了5.8 log，而经$N_2+2\%O_2$所产生射频等离子体处理5 min后，金黄色葡萄球菌降低了6.5 log。以上结果表明，在输入功率为100 W、处理时间5 min的条件下，使用N_2+O_2所产生射频等离子体可以使金黄色葡萄球菌降低6 log以上。

Sharma等（2006）评价了大气压射频等离子体对大肠杆菌的杀灭作用。在该研究中，放电气体为$Ar+O_2$，Ar的流速为5~20 L/min，O_2的流速为6~20 sccm；反应器由60 MHz的射频电源供电；将大肠杆菌暴露于由射频驱动的空心电极发出的等离子体区域进行处理。结果发现，经$Ar+O_2$所产生的大气压射频冷等离子体处理< 2 s后（功率为150 W，Ar的流速为20 L/min，O_2的流速为6 sccm），大肠杆菌降低了5 log以上（Sharma et al.，2006）。

Hong等（2009）研究了大气压射频等离子体（13.56 MHz）对大肠杆菌和枯草芽孢杆菌芽孢的杀灭作用，放电气体为O_2+He，其中O_2含量为0%~2%。结果表明，在功率为75 W，O_2浓度为1%条件下，经射频等离子体处理7 s后，大肠杆菌降低了约1 log；处理60 s后，大肠杆菌完全被杀灭；当O_2含量为2%时，需要20 s才能将大肠杆菌降低1 log，完全杀灭大肠杆菌需要120 s。经功率为75 W、O_2浓度为0.2%所产生冷等离子体处理24 s后，枯草芽孢杆菌芽孢降低了1 log，并在处理120 s后完全被杀灭。以上结果表明，当O_2含量为0.2%时，所产生射频等离子体对大肠杆菌和枯草芽孢杆菌芽孢的杀灭效果最好，杀菌效果与等离子体中氧自由基水平呈正相关（Hong et al.，2009）。

Kim等（2013）使用大气压射频等离子体对接种于琼脂培养基和鸡肉火腿表面的空肠弯曲杆菌（*Campylobacter jejuni*）进行杀菌处理，放电气体为氩气。结果表明，经射频等离子体处理88 s后，接种于琼脂培养基表面的空肠弯曲杆菌NCTC 11168减少了7 log以上，而处理2 min后，空肠弯曲菌ATCC 49943就减少了5 log。大气压射频等离子体对鸡肉火腿表面的上述两株空肠弯曲杆菌（初始菌量为10^6 CFU/块）的灭活效果均显著低于琼脂平板。经射频等离子体处理6 min后，接种于琼脂平板表面的空肠弯曲菌NCTC 11168减少了3 log；而经射频等离子体处理10 min后，接种于琼脂平板表面的空肠弯曲菌ATCC 49943仅减少了1.5 log。以上结果表明，大气压射频冷等离子体在禽肉空肠弯曲杆菌防控领域中具有很好的应用潜力。

Yun等（2010）研究了电容耦合射频等离子体对接种于铝箔、一次性塑料托盘和纸杯上单增李斯特菌的杀灭作用，电源频率为13.56 MHz，以氦气为放电气体，放电功率为75 W、100 W、125 W和150 W，处理时间分别为30 s、60 s、90 s和120 s。结果表明，随着放电功率的升高和处理时间的延长，射频等离子体对接种于铝箔、一次性塑料托盘和纸杯上单增李斯特菌的杀灭作用也逐渐增强。当输入功率分别为75 W、100 W、125 W和150 W时，接种于铝箔中单增李斯特菌的D_{10}值（微生物数量降低90%所需要的时间）分别为133 s、111 s、76.9 s和31.6 s，接种于一次性塑料托盘中单增李斯特菌的D_{10}值分别为49.3 s、47.7 s、36.2 s和17.9 s，接种于纸杯上的则分别为526 s、65.8 s、51.8 s和41.7 s。经功率为150 W的射频等离子体处理90 s和120 s后，接种于一次性塑料托盘上的单增李斯特菌被完全杀灭；然而，相同处理条件下，接种于铝箔和纸杯上的单增李斯特菌则没有明显减少。以上研究结果表明，射频等离子体能够有效杀灭一次性食品容器表面的单增李斯特菌，在食品接触材料杀菌方面具有很好的应用前景（Yun et al.，2010）。

同一团队进行的另一项研究发现，射频等离子体（处理时间为60 s、90 s和120 s，频率为13.56 MHz，功率为75~150 W）可以有效杀灭奶酪片和火腿片中的微生物，进而提高其安全性（Song et al.，2009）。在实验过程中，作者在奶酪片和火腿片表面接种了3株单增李斯特菌的混合菌液（ATCC 19114、19115和19111）。经放电功率为75 W、100 W和125 W的射频等离子体处理120 s后，奶酪片中的单增李斯特菌分别减少了1.70 log、2.78 log和5.82 log。经放电功率为150 W的射频等离子体处理120 s，单增李斯特菌降低了8 log以上。而经射频等离子体处理后，火腿切片中单增李斯特菌降低了0.25~1.73 log。当放电功率为75 W、100 W、125 W和150 W时，接种于奶酪片中单增李斯特菌的D_{10}值分别为71.43 s、62.50 s、19.65 s和17.27 s，接种于火腿切片中单增李斯特菌的D_{10}值则分别为476.19 s、87.72 s、70.92 s和63.69 s。经放电功率为125 W和150 W的射频等离子体处理60~120 s并将奶酪片贮藏1周，未在样品中检测活的单增李斯特菌（检测限为10 CFU/g）。以上结果表明，射频等离子体对单增李斯特菌的灭活效果与待处理食品的种类密切相关。

Kim等（2011）采用类似的射频等离子体（输入功率为75 W、100 W和125 W，处理时间为60 s和90 s）处理接种了食源性致病菌的培根样品，所用食源性致病菌包括单增李斯特菌（KCTC 3596）、大肠杆菌（KCTC 1682）和鼠伤寒沙门氏菌

（KCTC 1925）。经He所产生射频等离子体处理后，接种于培根的食源性致病菌降低了1~2 log；而经过He/O_2所产生射频等离子体处理后，接种于培根的食源性致病菌降低了2~3 log。经功率为125 W的射频等离子体处理90 s后，单增李斯特菌、大肠杆菌和鼠伤寒沙门氏菌由初始的7~8 log CFU/g分别显著降低至5.79 log CFU/g、4.80 log CFU/g和6.46 log CFU/g。另外两项关于射频等离子体在食品安全中的应用研究见表11.1。

3.2　射频冷等离子体的杀菌机制

Sharma等（2005）认为射频冷等离子体（电压频率为13.56 MHz）可能通过破坏细菌细胞壁结构及核酸等杀灭细菌。研究发现，紫外线被认为在大气压射频冷等离子体（60 MHz）失活大肠杆菌过程中发挥了主要作用，而自由基则发挥次要作用（Sharma et al.，2006）；此外，紫外线、自由基等可能在杀菌过程中发挥了协同作用。Hong等（2009）发现射频冷等离子体（以He与不同浓度O_2为放电气体）产生的氧自由基在灭活大肠杆菌和枯草芽孢杆菌（*B. subtilis*）芽孢过程中发挥了重要作用。Sureshkumar等（2010）认为射频冷等离子体（以N_2+O_2为放电气体）对金黄色葡萄球菌（*S. aureus*）的失活作用主要与放电产生的一氧化氮（NO）等各种活性组分（除UV辐射外）有关。另外，仅使用N_2为工作气体的射频冷等离子体仅能产生UV辐射。

4　结论

低压和常压微波冷等离子体均能够有效杀灭食源性致病菌和产真菌毒素的真菌。此外，微波冷等离子体在特定处理条件下也能够有效杀灭大多数具有耐热性的细菌芽孢，同时不会对食品的理化特性造成不良影响。研究证实，微波和射频冷等离子体也能够用于食品包装材料的杀菌处理。其中低压微波冷等离子体还可用于包装材料表面阻隔层（barrier coatings）的制备。微波和射频冷等离子体杀灭微生物的作用机制较为复杂，可能与其产生的大量活性组分有关，这需要在今后进行深入研究。

在今后的工作中，应重点优化冷等离子体处理条件，从而提高其杀菌效率；同时还需设计和研发商业化冷等离子体处理系统，进行装备的中试和放大研究工作；此外，还应系统评价微波和射频冷等离子体对不同类型食品品质的影响。

表11.1　射频（RF）冷等离子体用于食品杀菌的研究进展

等离子体类型	研究目的	方法	结果	参考文献
射频驱动大气压等离子体射流	研究近似模拟条件下等离子体射流的杀菌效果	电压频率为27.12 MHz，以20 L/min的Ar（99.999%）作为放电气体，功率为10、20、30和40 W，样品距离等离子体射流喷嘴1 cm	经功率为10、20和30 W的等离子体处理125、70和25 s后，玉米沙拉表面的最高温度分别达到39、44.4和60.1℃。经20 W等离子体处理15 s，接种在叶片上的大肠杆菌（初始浓度为10^4 CFU/cm^2）降低3.6 log；在功率分别为10 W和20 W的条件下，等离子体射流可应用于生鲜农产品的最长处理时间分别为5 min和1 min。叶绿素荧光图像分析（chlorophyll fluorescence image analysis，CFIA）结果表明，最优处理条件为20 W和1 min	Baier et al.（2013）
非热低压氧射频等离子体	研究等离子体处理对接种于菠菜、生菜、西红柿和马铃薯表面的鼠伤寒沙门氏菌LT2（*S. typhimurium* LT2）的杀灭效果	频率为13.56 MHz，最大输出功率为600 W，腔体内径为15 cm，电极间距为2.5 cm	暴露时间和功率密度是影响射频等离子体杀菌效果的两个关键参数；在功率密度为0.34 W/cm^3（输出功率为150 W）的射频等离子体处理600 s后，菠菜表面鼠伤寒沙门氏菌LT2降低了约3 log；射频等离子体对菠菜表面鼠伤寒沙门氏菌LT2的杀灭效果比3% H_2O_2高出1个数量级；短时间氧气放电射频等离子体（0.34 W/cm^3）处理仅影响样品的蜡质层；经0.34 W/cm^3射频等离子体处理600 s，所用样品表面均未发生明显损伤	Zhang et al.（2013）

参考文献

Baier, M., Foerster, J., Schnabel, U., Knorr, D., Ehlbeck, J., Herppich, W.B., Schlüter, O., 2013. Direct non-thermal plasma treatment for the sanitation of fresh corn salad leaves: evaluation of physical and physiological effects and antimicrobial efficacy. Postharvest Biol. Technol. 84, 81–87.

Boucher, R.M.G., 1980. Seeded gas plasma sterilization method. US patent 4207286.

Bußler, S., Ehlbeck, J., Schlüter, O.K., 2017. Pre-drying treatment of plant related tissues using plasma processed air: impact on enzyme activity and quality attributes of cut apple and potato. Innov. Food Sci. Emerg. Technol. 40, 78–86.

Chabert, P., Braithwaite, N., 2011. Physics of Radio-Frequency Plasmas. Cambridge University Press.

Chau, T.T., Kao, K.C., Blank, G., Madrid, F., 1996. Microwave plasmas for low-temperature dry sterilization. Biomaterials 17, 1273–1277.

Deilmann, M., Grabowski, M., Theiß, S., Bibinov, N., Awakowicz, P., 2008a. Permeation mechanisms of pulsed microwave plasma deposited silicon oxide films for food packaging applications. J. Phys. D: Appl. Phys. 41, 135207.

Deilmann, M., Halfmann, H., Bibinov, N., Wunderlich, J., Awakowicz, P., 2008b. Low-pressure microwave plasma sterilization of polyethylene terephthalate bottles. J. Food Prot. 71 (10), 2119–2123.

Ekezie, F.G.C., Sun, D.W., Han, Z., Cheng, J.H., 2017. Microwave-assisted food processing technologies for enhancing product quality and process efficiency: a review of recent developments. Trends Food Sci. Technol. 67, 58–69.

Hertwig, C., Reineke, K., Ehlbeck, J., Erdogdu, B., Rauh, C., Schlüter, O., 2015a. Impact of remote plasma treatment on natural microbial load and quality parameters of selected herbs and spices. J. Food Eng. 167, 12–17.

Hertwig, C., Reineke, K., Ehlbeck, J., Knorr, D., Schlüter, O., 2015b. Decontamination of whole black pepper using different cold atmospheric pressure plasma applications. Food Control 55, 221–229.

Hong, Y.F., Kang, J.G., Lee, H.Y., Uhm, H.S., Moon, E., Park, Y.H., 2009. Sterilization effect of atmospheric plasma on *Escherichia coli* and *Bacillus subtilis* endospores. Lett. Appl. Microbiol.

48 (2009), 33–37.

Hueso, J.L., Rico, V.J., Frias, J.E., Cotrino, J., Gonzalez-Elipe, A.R., 2008. Ar + NO microwave plasmas for Escherichia coli sterilization. J. Phys. D: Appl. Phys. 41, 092002.

Jacobs, P.T., Lin, S.-M., 2001. Sterilization processes utilizing low-temperature plasma. In: Block, S.S. (Ed.), Disinfection, Sterilization, and Preservation. Lippincott Williams & Wilkins, Philadelphia, PA, p. 747.

Judee, F., Wattieaux, G., Merbahi, N., Mansour, M., Castanie-Cornet, M.P., 2014. The antibacterial activity of a microwave argon plasma jet at atmospheric pressure relies mainly on UV-C radiations. J. Phys. D: Appl. Phys. 47, 405201.

Kim, J.H., Min, S.C., 2017. Microwave-powered cold plasma treatment for improving microbiological safety of cherry tomato against *Salmonella*. Postharvest Biol. Technol. 127, 21–26.

Kim, B., Yun, H., Jung, S., Jung, Y., Jung, H., Choe, W., Jo, C., 2011. Effect of atmospheric pressure plasma on inactivation of pathogens inoculated onto bacon using two different gas compositions. Food Microbiol. 28, 9–13.

Kim, J.S., Lee, E.J., Cho, E.A., Kim, Y.J., 2013. Inactivation of *Campylobacter jejuni* using radio-frequency atmospheric pressure plasma on agar plates and chicken hams. Korean J. Food Sci. Anim. Resour. 33 (3), 317–324.

Kim, J.E., Lee, D.U., Min, S.C., 2014. Microbial decontamination of red pepper powder by cold plasma. Food Microbiol. 38, 128–136.

Kim, J.E., Oh, Y.J., Won, M.Y., Lee, K.S., Min, S.C., 2017a. Microbial decontamination of onion powder using microwave-powered cold plasma treatments. Food Microbiol. 62, 112–123.

Kim, J.E., Choi, H.S., Lee, D.U., Min, S.C., 2017b. Effects of processing parameters on the inactivation of *Bacillus cereus* spores on red pepper (*Capsicum annum* L.) flakes by microwave-combined cold plasma treatment. Int. J. Food Microbiol. 263, 61–66.

Lee, H., Kim, J.E., Chung, M.S., Min, S.C., 2015. Cold plasma treatment for the microbiological safety of cabbage, lettuce, and dried figs. Food Microbiol. 51, 74–80.

Liu, D.W., Lu, X.P., 2010. Introduction. In: Chu, P.K., Lu, X.P. (Eds.), Low Temperature Plasma Technology: Methods and Applications. CRC Press, Taylor & Francis Group, Boca Raton, FL, USA, p. 3.

Oh, Y.J., Song, A.Y., Min, S.C., 2017. Inhibition of *Salmonella typhimurium* on radish sprouts using nitrogen-cold plasma. Int. J. Food Microbiol. 249, 66–71.

Ortoneda, M., O'Keeffe, S., Cullen, J.D., Al-Shamma'a, A.I., Phipps, D.A., 2008. Experimental investigations of microwave plasma UV lamp for food applications. J. Microw. Power Electromagn. Energy 42 (4), 13–23.

Pandithas, I., Brown, K., Al-Shamma'a, A.I., Lucas, J., Lowke, J.J., 2003. Biological applications of a low pressure microwave plasma UV lamp. In: Proceedings of the 14th IEEE International Pulsed Power Conference (Ppc '03) vol. 1–2. , pp. 1112–1115.

Park, B.J., Lee, D.H., Park, J.C., Lee, I.S., Lee, K.Y., Hyun, S.O., Chun, M.S., Chung, K.H., 2003. Sterilization using a microwave-induced argon plasma system at atmospheric pressure. Phys. Plasmas 10, 4539–4544.

Park, B.J., Takatori, K., Sugita-Konishi, Y., Kim, I.H., Lee, M.H., Han, D.W., Chung, K.H., Hyun, S.O., Park, J.C., 2007. Degradation of mycotoxins using microwave-induced argon plasma at atmospheric pressure. Surf. Coat. Technol. 201, 5733–5737.

Purevdorj, D., Igura, N., Hayakawa, I., Ariyada, O., 2002. Inactivation of *Escherichia coli* by microwave induced low temperature argon plasma treatments. J. Food Eng. 53 (4), 341–346.

Roth, S., Feichtinger, J., Hertel, C., 2010. Characterization of *Bacillus subtilis* spore inactivation in low-pressure, low-temperature gas plasma sterilization processes. J. Appl. Microbiol. 108 (2), 521–531.

Schnabel, U., Niquet, R., Schlüter, O., Gniffke, H., Ehlbeck, J., 2015. Decontamination and sensory properties of microbiologically contaminated fresh fruits and vegetables by microwave plasma processed air (PPA). J. Food Process. Preserv. 39, 653–662.

Schnabel, U., Niquet, R., Andrasch, M., Jakobs, M., Schlüter, O., Katroschan, K.U., Weltmann, K.D., Ehlbeck, J., 2016. Broccoli: antimicrobial efficacy and influences to sensory and storage properties by microwave plasma-processed air treatment. Plasma Med. 6 (3–4), 375–388.

Schnabel, U., Schmidt, C., Stachowiak, J., Bösel, A., Andrasch, M., Ehlbeck, J., 2017. Plasma processed air for biological decontamination of PET and fresh plant tissue. Plasma Process Polym. 15, e1600057.

Schneider, J., Baumgärtner, K.M., Feichtinger, J., Krüger, J., Muranyi, P., Schulz, A., Walker, M., Wunderlich, J., Schumacher, U., 2005. Investigation of the practicability of low-pressure microwave plasmas in the sterilisation of food packaging materials at industrial level. Surf. Coat. Technol. 200 (1–4), 962–966.

Sharma, A., Pruden, A., Yu, Z., Collins, G.J., 2005. Bacterial inactivation in open air by the afterglow plume emitted from a grounded hollow slot electrode. Environ. Sci. Technol. 39, 339–344.

Sharma, A., Pruden, A., Stan, O., Collins, G.J., 2006. Bacterial inactivation using an RF-powered atmospheric pressure plasma. IEEE Trans. Plasma Sci. 34 (4), 1290–1296.

Singh, M.K., Ogino, A., Nagatsu, M., 2009. Sterilization efficiency of inactivation factors in a microwave plasma device. J. Plasma Fusion Res. SERIES 8, 560–563.

Song, H.P., Kim, B., Choe, J.H., Jung, S., Moon, S.Y., Choe, W., Jo, C., 2009. Evaluation of atmospheric pressure plasma to improve the safety of sliced cheese and ham inoculated by 3-strain cocktail *Listeria monocytogenes*. Food Microbiol. 26, 432–436.

Song, A.Y., Oh, Y.J., Kim, J.E., Song, K.B., Oh, D.H., Min, S.C., 2015. Cold plasma treatment for microbial safety and preservation of fresh lettuce. Food Sci. Biotechnol. 24 (5), 1717–1724.

Sureshkumar, A., Sankar, R., Mandal, M., Neogi, S., 2010. Effective bacterial inactivation using low temperature radio frequency plasma. Int. J. Pharm. 396, 17–22.

Won, M.Y., Lee, S.J., Min, S.C., 2017. Mandarin preservation by microwave-powered cold plasma treatment. Innov. Food Sci. Emerg. Technol. 39, 25–32.

Yu, D.J., Shin, Y.J., Kim, H.J., Song, H.J., Lee, J.H., Jang, S.A., Jeon, S.J., Hong, S.T., Kim, S.J., Song, K.B., 2011. Microbial inactivation in kimchi saline water using microwave plasma sterilization system. J. Kor. Soc. Food Sci. Nutr. 40 (1), 123–127.

Yun, H., Kim, B., Jung, S., Kruk, Z.A., Kim, D.B., Choe, W., Jo, C., 2010. Inactivation of Listeria monocytogenes inoculated on disposable plastic tray, aluminum foil, and paper cup by atmospheric pressure plasma. Food Control. 21, 1182–1186.

Zhang, M., Oh, J.K., Cisneros-Zevallos, L., Akbulut, M., 2013. Bactericidal effects of nonthermal low-pressure oxygen plasma on *S. typhimurium* LT2 attached to fresh produce surfaces. J. Food Eng. 119, 425–432.

第4部分

冷等离子体特殊应用及监管

第12章

冷等离子体在太空种植农产品杀菌中的应用

1 太空飞行中生鲜农产品的微生物风险

按照美国国家航空航天局（National Aeronautics and Space Administration，NASA）的要求，航天器中多采用预包装和预加工食品，从而能够为航天员提供安全、优质和营养的食物。用于火星登陆等的太空飞行要求食品能在室温条件下保藏3~5年，而食品中的营养物质和品质一般仅能保持1~3年（Catauro和Perchonok，2012；Cooper et al.，2017）。为此，有研究提出通过在太空飞行器上种植新鲜蔬菜来补充预包装食品并增强航天员的营养，实现膳食多样化，但上述操作可能会引入食品微生物污染风险。

在太空飞行器发射前，需要检查植物种子及其种植装置的杀菌情况（Massa et al.,2017b），但太空飞行器本身及其设备并不要求无菌。目前植物一般种植在航天员的居住环境中；因此，飞行器中的气体或航天员均可能造成所种植的植物发生微生物污染。NASA制定了非商业无菌航天食品微生物限量标准（详见表12.1），但最近的一些研究表明，在飞行中种植的生鲜农产品含有的微生物数量可能会超过上述标准（Hummerick et al.，2010；Massa et al.，2017a）。太空飞行环境对农产品的杀菌提出了巨大的挑战，因此必须在将种植的植物性农产品引入太空飞行器之前解决该问题。鉴于太空飞行环境中有限的医疗条件、微重力环境和有限的资源，因此应该对在太空飞行任务中可能发生的任何食源性疾病风险进行严格控制。

表12.1　非商业无菌航天食品的微生物限量标准

检测指标	限量标准
总需氧菌数	单个样品：20000 CFU/g；任意两个样品：10000 CFU/g
肠菌群	单个样品：100 CFU/g；任意两个样品：10 CFU/g
沙门氏菌	单个样品：0
酵母和霉菌	单个样品：1000 CFU/g；任意两个样品：100 CFU/g； 任意两个样品中的黄曲霉菌：10 CFU/g；

注　CFU/g指菌落形成单位/g；检测限基于每批5个样本。

2　太空飞行中农产品杀菌的挑战

微重力环境和有限的资源给太空飞行器中所种植农产品的杀菌处理带来了巨大的挑战。例如，在国际空间站（International Space Station，ISS）中，水是循环利用的，但循环系统的容量和航天员总用水量极为有限（Bagdigian et al.，2015），因此应关闭任何浪费水的系统以提高水的利用率，同时收集植物灌溉用水并将其引入水资源循环系统。适用于微重力环境下生鲜农产品的理想杀菌技术应该是无水、非热、不会对密闭和微重力环境下的航天员造成安全隐患，同时对设备等要求较少并产生较少的废弃物。

目前，位于美国密歇根州斯特灵海茨市（Sterling Heights）的Microcide公司所生产的PRO-SAN产品已被用于国际空间站所种植生菜的消毒处理。PRO-SAN是一种基于柠檬酸的农产品消毒剂，其所有组分都属于“通常被认为对人体是安全的（Generally Recognized As Safe，GRAS）”物质。PRO-SAN已集成到一次性湿巾中，飞行前地面测试结果表明PRO-SAN能将新鲜生菜表面微生物降低3 log以上（来源于未公开发表的研究数据），可以使当前在国际空间站种植的绿叶蔬菜等生鲜农产品满足NASA规定的非商业无菌航天食品微生物限量标准（见表12.1）。然而，在实际应用过程中，需要定期发射货运飞船补充PRO-SAN产品，同时该产品在使用过程中也会产生一些废弃物，制约了该产品的实际应用。萝卜是有望在未来太空飞行中种植的作物品种之一，但PRO-SAN对萝卜等表面不规则农产品的杀菌效果有限。以冷等离子体为代表的一些新型替代技术有望解决上述问题，本章就论述了冷等离子体技术在太空飞行领域食品杀菌的应用优势和存在的技术瓶颈。

3 冷等离子体是一种适用于太空飞行的杀菌技术

冷等离子体应用于太空领域的突出优点是该技术不需要水，产生冷等离子体仅需要大气或室内空气，而不需要其他资源。但冷等离子体可能造成安全隐患，主要涉及在封闭的太空飞行环境中用到加压气体、真空室、电磁场和放电过程中产生的自由基或臭氧等化学物质（Bermúdez-Aguirre等，2013；Niemira，2012）。最近，NASA评估了两种能够利用室内空气的冷等离子体发生装置，一种是由位于威斯康星州麦迪逊市（Madison）Orbital Technologies公司所生产的设备，该设备适用于常压条件（Remiker et al.，2016）；另一种是由位于德国埃布豪森市（Ebhausen）Diener Electronic公司生产的Pico低压等离子体系统，该设备适用于0.1~1.0 mbar的低压条件（Hintze et al.，2017）（图12.1）。

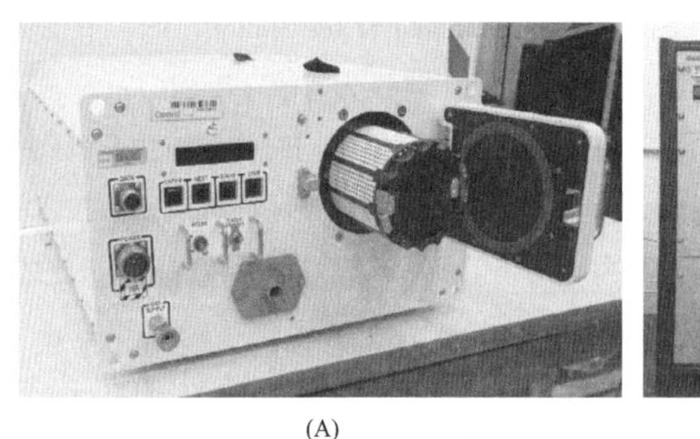

(A)

(B)

图12.1 （A）大气压冷等离子体设备（Orbital Technologies公司，麦迪逊市，美国威斯康星州）和（B）低压冷等离子体设备（Diener Electronic公司，埃布豪森市，德国）

大气压冷等离子体装置利用室内空气在密闭腔室中产生等离子体，有望用于太空环境中蔬菜和医疗器械的杀菌。此外，上述装置的腔室能够旋转，进而保证冷等离子体能够与农产品表面充分接触。应用于微重力环境时，不一定要求腔室进行旋转，但需要对比分析其与地球上作用效果的差异。低压冷等离子体设备也需要通过压缩气瓶（约0.3 bar）提供放电所需要的气体。当真空室达到适宜的压力后，启动放电就会产生冷等离子体。尽管该设备工作时气压较低，使用压缩气瓶能够满足放电需求，但仍需系统评价其对太空飞行安全的影响。

圣女果和生菜是有望在国际空间站上进行种植的果蔬品种。Hintze等（2017）评价了大气压冷等离子体和低压冷等离子体对圣女果、生菜、萝卜和灯笼椒的杀菌效果。结果表明，要实现冷等离子体在太空领域的实际应用，仍需解决以下一些关键技术瓶颈。

首先，目前所使用的冷等离子体设备并未能够有效降低样品的微生物污染水平，这可能与旋转腔室的机械运动有关（相关数据尚未正式发表）。低压冷等离子体系统对金属材料表面微生物的失活效果高于农产品，但造成上述差异的原因尚不明确。经低压冷等离子体处理10 min后，接种于铝板表面的短小芽孢杆菌（*Bacillus pumilus*）芽孢降低值超过5 log（Hintze et al.，2017）；而对于国际空间站所使用的饮水机出水口（potable water dispenser needle，内径为1 mm），达到上述杀菌效果所需冷等离子体处理时间为60 min（相关数据尚未正式发表）。研究发现，冷等离子体处理30 min对螺纹杆（threaded rods）表面短小芽孢杆菌芽孢具有类似的杀灭效果，因此金属材料特有的质构特性可能不是造成上述差异的主要原因。

其次，冷等离子体处理可能会对农产品品质造成不良影响。经冷等离子体处理后，生菜叶子明显变暗和枯萎［图12.2（A）］，而圣女果样品则受伤裂开［图12.2（B）］。一些未正式发表的研究结果表明，冷等离子体处理会对一些生菜和番茄样品的风味造成不良影响。冷等离子体处理更容易对成熟农产品品质造成不良影响。Remiker等（2016）也报道了上述大气压冷等离子体对生菜风味造成一定的不良影响。早期一些研究发现，冷等离子体可造成多种农产品色泽发生劣变并造成营养物质的损失（Baier et al.，2015；Grzegorzewski et al.，2011；Misra et al.，2014）。尽管活性自由基在冷等离子体杀菌过程中发挥了重要作用，但也可能对农产品营养和感官品质造成不良影响。此外，低压冷等离子体系统也可能造成农产品蒸发冷却和冻结（Hintze et al.，2017）。冷等离子体对农产品品质的影响与农产品类型有关，对于表面极易发生损伤的农产品，冷等离子体造成的损伤可能会更为严重（图12.3）。

对于一些应用于地面的高新技术，当其被少数人接受时，就可能进行商业化推广，但这不一定适用于太空飞行。由于太空飞行中食品种类的选择余地较小，因此食品供应对于太空飞行极为重要。航天员需要亲自采收农产品和加工食品，因此很容易发现其发生的任何质量或风味变化。如果航天员难以接受冷等离子体造成的食品品质劣变，那么就会影响该技术在太空生鲜农产品保鲜领域的实际应用。虽然尚未观察到冷等离子体对萝卜品质造成不良影响，但考虑到太空飞行中各种资源极为有限，因此对冷等离子体技术的通用性提出了更高的要求。

冷等离子体系统还可能造成一些环境方面的问题，特别是考虑到航天飞机的密闭环境。大气压冷等离子体系统工作时会产生臭氧并释放到环境中，因此需要

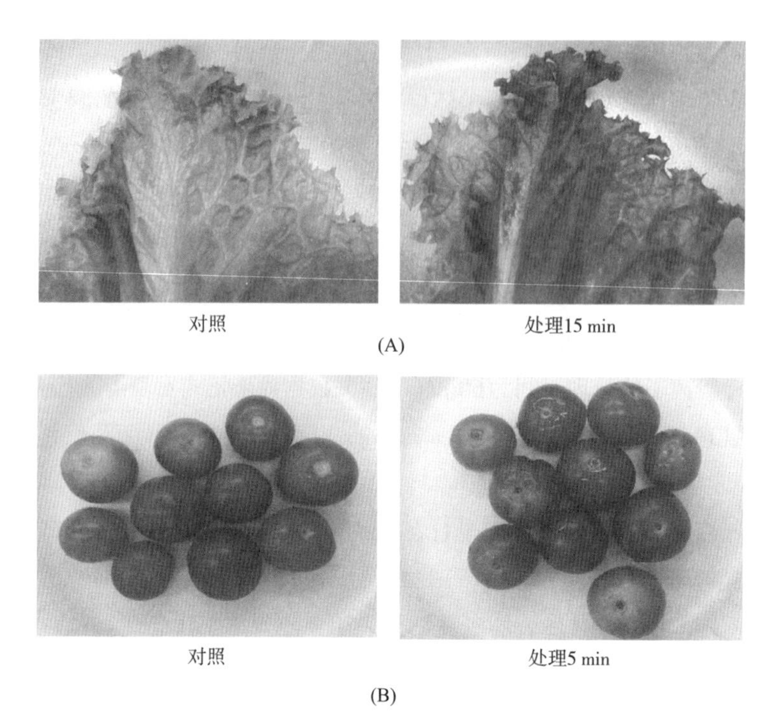

图12.2 冷等离子体处理对生菜（A）和圣女果（B）外观的影响。经冷等离子体处理后，生菜叶子变暗和枯萎，圣女果样品受伤裂开（圣女果照片引自Daniela Bermudez-Aguirre）

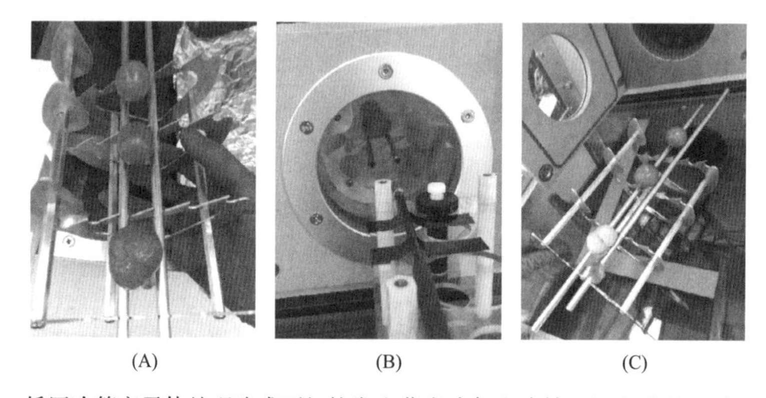

图12.3 低压冷等离子体处理造成西红柿发生蒸发冷却和冻结。（A）为处理前的西红柿，（B）为处理过程中的西红柿，（C）为处理后的西红柿

采取措施清除臭氧。在不使用通风设备的条件下，在冷等离子体设备2英寸以外的区域也能检测到浓度为0.2~0.4 ppm的臭氧；而在循环模式下，臭氧浓度可升高至0.8~1.5 ppm（Remiker et al.，2016）。低压冷等离子体系统产生的臭氧浓度很低，一般检测不到；这是因为上述低压冷等离子体设备运行时，其内部压力一般低于0.1%标准大气压，在上述条件下只有极少量的氧气会转化为臭氧，因此所产生臭

氧的浓度较低。冷等离子体设备运行时也会造成一定程度的噪声污染；此外，目前一般采用电场（射频和微波等）产生冷等离子体，因此必须充分考虑其所产生的电磁干扰对国际空间站的影响。

4　结论与讨论

在今后的工作中，除需要评价冷等离子体设备对微生物的杀灭效果以外，也需要系统评价其对农产品营养成分、毒理学和品质（色泽、质构、香气）等指标的影响。任何应用于太空的杀菌技术均需达到或超过现有PRO-SAN技术的使用效果，也要满足NASA专家委员会等制定的相关要求。冷等离子体技术适用于金属材料表面杀菌，但仍需在今后进行深入系统的研究。

参考文献

Bagdigian, R.M., Dake, J., Gentry, G., Gault, M., 2015. International space station environmental control and life support system mass and crewtime utilization in comparison to along duration human space exploration mission. In: 45th International Conference on Environmental Systems.

Baier, M., Ehlbeck, J., Knorr, D., Herppich, W.B., Schlüter, O., 2015. Impact of plasma processed air (PPA) on quality parameters of fresh produce. Postharvest Biol. Technol. 100, 120–126.

Bermúdez-Aguirre, D., Wemlinger, E., Pedrow, P., Barbosa-Cánovas, G., GarciaPerez, M., 2013. Effect of atmospheric pressure cold plasma (APCP) on the inactivation of *Escherichia coli* in fresh produce. Food Control 34, 149–157.

Catauro, P.M., Perchonok, M.H., 2012. Assessment of the long-term stability of retort pouch foods to support extended duration spaceflight. J. Food Sci. 77, 529–539.

Cooper, M., Perchonok, M., Douglas, G.L., 2017. Initial assessment of the nutritional quality of the space food system over three years of ambient storage. npj Microgravity 3, 17.

Grzegorzewski, F., Ehlbeck, J., Schlüter, O., Kroh, L.W., Rohn, S., 2011. Treating lamb's lettuce with a cold plasma–Influence of atmospheric pressure Ar plasma immanent species on the phenolic profile of *Valerianella locusta*. LWT–Food Sci. Technol. 44, 2285–2289.

Hintze, P., Franco, C., Hummerick, M., Maloney, P., Spencer, L., 2017. Evaluation of low pressure cold plasma for disinfection of ISS grown produce and metallic instrumentation. In: 47th

International Conference on Environmental Systems.

Hummerick, M.E., Garland, J.L., Bingham, G., Sychev, V.N., Podolsky, I.G., 2010. Microbiological analysis of Lada Vegetable Production Units (VPU) to define critical control points and procedures to ensure the safety of space grown vegetables. In: 40th International Conference on Environmental Systems, Barcelona, Spain.

Massa, G.D., Dufour, N.F., Carver, J.A., Hummerick, M.E., Wheeler, R.M., Morrow, R.C., Smith, T.M., 2017a. VEG-01: Veggie hardware validation testing on the International Space Station. Open Agriculture 2, 33–41.

Massa, G.D., Newsham, G., Hummerick, M.E., Morrow, R.C., Wheeler, R.M., 2017b. Plant pillow preparation for the veggie plant growth system on the International Space Station. Gravit. Space Res. 5(1), 24–34.

Misra, N.N., Keener, K.M., Bourke, P., Mosnier, J.-P., Cullen, P.J., 2014. In-package atmospheric pressure cold plasma treatment of cherry tomatoes. J. Biosci. Bioeng. 118, 177–182.

Niemira, B.A., 2012. Cold plasma reduction of*Salmonella* and *Escherichia coli* O157: H7 on almonds using ambient pressure gases. J. Food Sci. 77, M171–M175.

Remiker, R., Surdyk, R.J., Morrow, R., 2016. Non-thermal fresh food sanitation by atmospheric pressure plasma. In: 46th International Conference on Environmental Systems.

第13章

冷等离子体在食品领域应用的监管法规

1 引言

冷等离子体是一种新兴的食品非热加工技术，其杀菌作用主要归因于离子化气体（Niemira，2012；Pankaj et al.，2018）。近年来，冷等离子体领域的相关研究得到迅速发展，受到企业界、学术界和政府研究机构的广泛关注（Joshi et al.，2018；Sarangapani et al.，2018）。冷等离子体具有处理温度低、广泛有效、无化学物质残留、操作简便等诸多优点，能够适用于不同条件下多种样品的处理。此外，冷等离子体的产生仅需要气体和电能，造成的化学残留较少。冷等离子体及其应用已发展成为一个独具特色的研究领域，具有典型的多学科交叉融合特征（Sarangapani et al.，2018）。目前，食品研究人员正在与电气工程师、等离子体物理学家一起设计、研发能够满足食品加工应用需要的冷等离子体技术和装备（Hori和Niemira，2017；Misra et al.，2018）。鉴于电源、电极结构、冷等离子体控制系统、气流模式、样品处理系统等的多样性，目前有多种不同的冷等离子体产生方法。此外，冷等离子体处理条件也较为复杂，例如微生物种类、处理条件及待处理样品等均显著影响其作用效果。因此，冷等离子体适用于常规抗菌方法难以处理的环境消毒，例如杀灭一些能够形成生物被膜的微生物（Niemira，2012；Misra et al.，2018）。

由于具有灵活、便捷等优点，冷等离子体在杀菌领域的实际应用备受关注（Niemira，2012；Misra et al.，2018）。然而，在将冷等离子体技术进行大规模推广应用之前，仍有许多工作要做（Sarangapani et al.，2018）。同时，冷等离子体技术给食品安全监管带来了新的挑战。随着冷等离子体技术的日趋成熟和商业化应用的发展，冷等离子体技术正处于由概念发展到“技术储备”的成长阶段。

类似于其他可以提高食品安全和质量的食品加工技术，早期冷等离子体研究主要集中于评价其作用效果，例如，冷等离子体技术有效果吗？如果有效果，冷等离子体处理在什么条件下有效果？本书的其他章节详细论述了上述问题。而在当前，冷等离子体技术的终端用户提出了一系列新的问题，例如冷等离子体技术适用于特定产品的处理吗？冷等离子体处理是否会对食品品质造成不良影响？除此之外，冷等离子体技术的商业化应用也面临一系列问题，例如，冷等离子体技术的使用成本和相关监管法规。

本章暂不讨论冷等离子体技术的经济成本和投资回报率（economics and return on investment，ROI）等问题，这是因为目前冷等离子体技术在食品工业领域的应用仍处于早期阶段，目前尚未对其进行系统研究。随着技术的发展，相信在未来几年内，上述问题将得到有效解决。

本章讨论的另一个基本问题是“使用冷等离子体技术合法吗”。在美国，截至目前的答案是否定的（Yan，2018），下面将讨论对冷等离子体技术的监管现状。

2 食品技术法规

对食品加工技术进行监管的目的是确保其处理结果的一致性和可靠性，保护消费者的合法权利。食品法规也保护生产者的权益，以确保特殊的处理技术受到全面的强制执行来满足相关的行业要求。制定关于食品加工工艺、成分或添加剂等的相关技术法规将有助于避免虚假宣传或误导性宣传，最终有利于生产者并保护消费者。

申请一项技术被批准用于食品加工过程，首先要明确希望采用该技术解决的具体问题是什么，并向监管机构提出相关申请。在众多食品加工技术中，超高压、辐照、脉冲电场和紫外线等已通过相关监管机构的审批，可用于一些食品的生产和加工。在美国，负责食品、食品加工技术和农产品监管的机构主要包括美国食品药品监督管理局（US Food and Drug Administration，USFDA）、美国农业部（US Department of Agriculture，USDA）下属的食品安全检疫局（Food Safety Inspection Service，FSIS）和动植物健康检疫局（Animal Plant Health Inspection Service，APHIS），以及一些设在州政府和地方政府的监管机构（APHIS，2018；FDA，2011；FSIS，2018）。在上述机构中，一般有特定的部门负责审查属于其职责范围内的监管申请书。

作为一种新技术，目前冷等离子体发挥杀菌作用的物理和化学机制尚未得到完全阐释。一般来说，冷等离子体的主要作用及作用机制是政府监管机构关注的重点，也是影响其能否获得监管审批的关键。研究发现，冷等离子体会产生紫外线（Niemira，2012；Sarangapani et al.，2018），而紫外线已被批准应用于食品加工。《美国联邦法典》（Code of Federal Regulations）第21章第179.39部分规定，紫外线可用于食品的处理和消毒，并详细说明了紫外线的来源、所使用紫外线的性质及其用途（CFR，2018）。由于冷等离子体与《美国联邦法典》第21章第179部分中列出的电离辐射、射频、脉冲光等辐射食品加工并不完全相同，因此需要对冷等离子体技术进行重新评估。在欧盟，一些基于冷等离子体技术的医疗设备已经获得监管许可。欧盟制定了《新食品法规》（Novel Foods Regulation）对在1997年之前未进行销售的食品和食品成分进行监管（EU，1997）。作为一种新型食品加工技术，可能依据上述法规对冷等离子体进行监管审批。

大量关于冷等离子体杀灭微生物的研究表明，真空冷等离子体杀灭微生物主要与其产生的紫外线有关，而大气压冷等离子体对微生物的杀灭作用主要与其含有的单线态氧（$^1O_2$）和其他活性化学物质有关（Niemira，2012；Sarangapani et al.，2018）。考虑到实际应用，大气压冷等离子体设备更适用于食品加工。因此一般条件下，相对于自由基等活性化学物质，紫外线在冷等离子体杀灭微生物过程中的作用就可以忽略不计。冷等离子体可作为食品添加剂或食品成分进行监管（FDA，2018）。综上所述，推测FDA下属的负责食品添加剂监管的办公室可能负责受理冷等离子体作为食品加工新技术的申请，也有可能由多部门共同参与上述申请的审批工作（FDA，2011）。

3 驱动申请批准的因素

在正常情况下，一项食品加工新技术的监管审批一般由一个团体推动，要求该技术能够获准在特定条件下应用以实现其既定目的。在国际上，向任何一个国家的监管机构提出上述申请都有一个特定的流程。根据具体监管法律等的不同，申请过程的时间、所需证明材料、审查过程的性质、公众评论的机会、审查和/或索赔的反驳、支持或反对决定的上诉权以及其他因素因国家和地区而异。不过监管机构的评审过程也存在一些共同点。

在提交冷等离子体应用的有关监管申请之前，需要明确该申请要解决的关键问题是什么。这可能包括一份现有技术如何无法满足食品质量、安全性、保质期、营养价值等需求的陈述；此类陈述将需要提供相关证据的支撑，并需要在申请书中进行详细说明。为了克服现有技术存在的缺陷，需要对拟申请技术（如冷等离子体）进行详细论述和说明，以便监管机构清楚地了解申请人为什么要申请使用该新技术。申请人需详细阐明新技术的优势、需解决的问题及拟实现或达到的食品加工性能指标等，上述内容都必须有科学研究数据的支撑（Niemira et al.，2018；Pankaj et al.，2018；Sarangapani et al.，2018）。

需要注意的是，新技术能否进行商业化应用并不是监管机构关注的重点。例如，有许多食品加工技术已被监管机构批准，但其产业化应用较为有限。在进行监管审批时，监管机构并不关注技术的应用成本、盈利能力、消费者的接受程度等市场因素。政府监管机构进行监管评价的主要目的是确保技术的有效性和标准化，以便供应商、加工企业、零售商和消费者能够针对该技术做出合理的选择。

4 监管审查中的关键因素

针对每种技术的监管审查都有所不同，并且该过程也因不同国家或地区监管法规的不同而存在较大差异。然而，在申请中有一些关键因素需要详细阐明。首先，申请人必须证明新技术的有效性，即该技术具有的功能指标必须与申请人的表述相一致；所提交的实验数据必须能够有效支撑申请内容。冷等离子体的各种应用已被广泛报道，例如，清除食品接触材料表面上的生物被膜（Niemira et al.，2014，2018；Joshi et al.，2018）、减少混合沙拉中的食源性致病菌数量（Min et al.，2017；Hertrich et al.，2017）和去除坚果、谷物等中的真菌毒素等（Misra et al.，2018）。申请书必须提供相关的科学研究数据，可以是收集的科学文献，也可以是申请人通过研究所获得的实验数据。申请书所提供的支撑数据的性质和范围必须与所提出权利要求的范围以及所寻求的使用许可相一致。

围绕申请书，监管机构一般会进行文献查阅，以确保使用的科学数据能够被用于审批决策。监管机构在审查申请人所提交的材料时，一般会要求提供额外的数据支撑，或要求对与申请书中提出的主张不一致的文献作出回应。这可能要求申请人进行额外的研究以得到所需的实验数据、咨询相关领域的专家，或重新进行文献检索和分析等。

申请人通常还必须提供实验数据以证明提交审批的新技术将在商业化应用过程中保持相关性能的稳定。科学文献中的数据通常是基于有限的、实验室规模的试验，所处理样本量较小，运行时间较短。从监管机构的角度来看，证明食品加工技术具有申请书中所声称的性能极为重要。本质上，要求提交审批的新技术在处理数以千万计的食品或运行几十、一百或一千小时后仍然保持性能稳定。换句话说，监管机构通常需要关于该新技术加工性能的详细信息，以便明确该新技术可能在什么时间和什么条件发生偏差。在一些情况下，这可能需要研发额外的过程监控和过程控制技术，同时有效记录保存相关数据将是过程监控的重要组成部分。

除了个别监管机构所提出的其他要求外，申请人一般会被要求提供相关数据以证明所涉及的技术不会给消费者造成新的化学、物理及健康危害。例如，如果一项技术在能够有效杀灭沙门氏菌的同时也产生了一些有害产物或造成有毒物质残留，那么即使该技术具有很强的杀菌作用，也不可能被政府监管机构所批准。证明不同技术安全性所需要的数据可能存在很大差异。例如，研究证实，来自冷等离子体的化学残留几乎可以忽略不计（Niemira，2012；Misra et al.，2018；Sarangapani et al.，2018）。然而，冷等离子体与塑料容器的相互作用可能会引起再聚合；虽然上述现象尚未被证实（Min et al.，2016，2017，2018；Hertrich et al.，2017），但所形成的短链低聚物可能会从冷等离子体处理的塑料材料迁移到食品表面，从而造成潜在食品安全风险。这种类型的食品危害物迁移一直是美国FDA监管的重点，同时也是世界各国监管的重点（FDA，2014）。

5 结论

近年来，冷等离子体相关研究发展极为迅速（Niemira，2012；Pankaj et al.，2018；Sarangapani et al.，2018）。越来越多的科学研究证实，冷等离子体是一种便捷、有效的食品杀菌新技术。目前，一些研究人员正致力于将冷等离子体从实验室推广到商业化应用（Heraldkeeper，2018）。从另一个角度来说，目前在纺织、材料制造、电子产品等领域已经出现了一些商业化应用的冷等离子体设备，这些设备有望应用于食品和食品接触面杀菌等领域。作为推动冷等离子体产业化应用的关键，产业界正在推动冷等离子体技术获得政府监管机构的批准（欧盟，1997；FDA，2014）。工业界、学术界和政府正紧密合作和优化申请方案，以期冷等离子体技术尽快获得政府监管机构的批准。毫无疑问，相关机构将在未来几年向政府监管机构提交冷等离子体技术的应用申请，这将为冷等离子体技术在食品加工领域的商业化应用构建监管框架。

参考文献

Animal Plant Health Inspection Service (APHIS), 2018. Petitions for determination of nonregulated status.

CFR, 2018. 21 CFR 179.39 ultraviolet radiation for the processing and treatment of food.

European Union (EU), 1997. Regulation (EC) No 258/97 of the European Parliament and of the Council of 27 January 1997 concerning novel foods and novel food ingredients.

FDA, 2014. Guidance for industry: assessing the effects of significant manufacturing process changes, including emerging technologies, on the safety and regulatory status of food ingredients and food contact substances, including food ingredients that are color additives.

FDA, 2018. Determining the regulatory status of a food ingredient.

Food and Drug Administration (FDA), 2011. Guidance for industry: questions and answers about the petition process.

Food Safety Inspection Service (FSIS), 2018. Petitions.

Gardner, S., n.d. Consumers and food safety: a food industry perspective.

Heraldkeeper, 2018. Cold plasma technology market 2018 global analysis, research, review, applications and forecast to 2025.

Hertrich, S.M., Boyd, G., Sites, J., Niemira, B.A., 2017. Cold plasma inactivation of *Salmonella* in pre-packaged, mixed salads is influenced by cross-contamination sequence. J. Food Prot. 80 (12), 2132–2136.

Hori, M., Niemira, B.A., 2017. Plasma agriculture and innovative food cycles. J. Phys. D: Appl. Phys. 50, 323001: 20–21.

Joshi, I., Salvi, D., Schaffner, D.W., Karwe, M.V., 2018. Characterization of microbial inactivation using plasma-activated water and plasma-activated acidified buffer. J. Food Prot. 81 (9), 1472–1480.

Min, S., Roh, S.H., Niemira, B.A., Sites, J.E., Boyd, G., Lacombe, A., 2016. Dielectric barrier discharge atmospheric cold plasma inhibits *Escherichia coli* O157:H7, *Salmonella*, *Listeria monocytogenes*, and Tulane virus in Romaine lettuce. Int. J. Food Microbiol. 237 (2016), 114–120.

Min, S.C., Roh, S.H., Niemira, B.A., Boyd, G., Sites, J.E., Uknalis, J., Fan, X., 2017. Inpackage inhibition of *E. coli* O157:H7 on bulk Romaine lettuce using cold plasma. Food Microbiol. 65, 1–6.

Min, S.C., Roh, S.H., Niemira, B.A., Boyd, G., Sites, J.E., Fan, X., Sokorai, K., Jin, T.Z., 2018. In-package atmospheric cold plasma treatment of bulk grape tomatoes for their microbiological safety and preservation. Food Res. Int. 108 (2018), 378–386.

Misra, N.N., Yadav, B., Roopesh, M.S., Jo, C., 2018. Cold plasma for effective fungal and mycotoxin control in foods: mechanisms, inactivation effects, and applications. Compr. Rev. Food Sci. Saf. 18(1), 106–120.

Niemira, B.A., 2012. Cold plasma decontamination of foods. Annu. Rev. Food Sci. Technol. 3, 125–142.

Niemira, B.A., Boyd, G., Sites, J., 2014. Cold plasma rapid decontamination of food contact surfaces contaminated with *Salmonella* biofilms. J. Food Sci. 79 (5), M917–M922.

Niemira, B.A., Boyd, G., Sites, J., 2018. Cold plasma inactivation of *Escherichia coli* O157:H7 biofilms. Front. Sustain. Food Syst. 2, 47.

Pankaj, S.K., Wan, Z., Keener, K.M., 2018. Effects of cold plasma on food quality: a review. Foods. 7(1), 4.

Sarangapani, C., Patange, A., Bourke, P., Keener, K., Cullen, P.J., 2018. Recent advances in the application of cold plasma technology in foods. Annu. Rev. Food Sci. Technol. 9, 609–629.

Yan, W., 2018. Scientists look to new technologies to make food safer.